UN VIAJE POR LOS CAMINOS Y PUENTES DE LAS COMARCAS OCCIDENTALES DE CANTABRIA

Costa Occidental, Saja-Nansa y Liébana

Colección: Divulgación Científica, 17

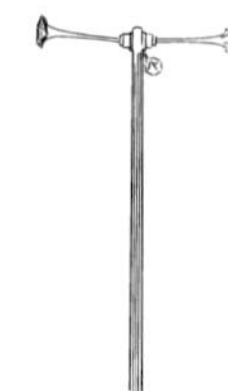

Luis Villegas Cabredo

UN VIAJE POR LOS CAMINOS Y PUENTES DE LAS COMARCAS OCCIDENTALES DE CANTABRIA

Costa Occidental, Saja-Nansa y Liébana

DIVULGACIÓN CIENTÍFICA - 17

Ediciones Universidad Cantabria

Villegas, L., autor.
    Un viaje por los caminos y puentes de las comarcas occidentales de Cantabria : costa occidental, Saja-Nansa y Liébana / Luis Villegas Cabredo. — Santander : Editorial de la Universidad de Cantabria, [D.L. 2024]
    620 páginas : ilustraciones ; 23 cm. – (Divulgación científica ; 17)

    D.L. SA. 622-2024. – ISBN 978-84-19024-73-2

    1. Carreteras-España-Cantabria-Historia.   2. Ferrocarriles-España-Cantabria-Historia. 3. Puentes-España-Cantabria- Historia

    625.7(460.13)(091)
    625.1(460.13)(091)
    624.2/.8(460.13)(091)

THEMA: TNH, TNCJ, 1DSE-ES-F

Texto sometido a evaluación externa

Maquetación | tratamiento imagen: Manuel Ángel Ortiz Velasco [emeaov]

© Luis Villegas Cabredo [Universidad de Cantabria]

© mapas.cantabria: Gobierno de Cantabria. Información gratuita disponible en
  https://mapas.cantabria.es

© Pablo Ortiz Recio (mapas 11.1-11.4)

© Editorial de la Universidad de Cantabria
  Edificio «Tres Torres», Torre C, planta −1
  Avda. de los Castros, 52 - 39005 Santander
  Tlfno.: +34 942 201 087
  ISNI: 0000 0005 0686 0180
  www.editorial.unican.es

ISBN: 978-84-19024-73-2 (TAPA)
D. L.: SA 622-2024

ISBN: 978-84-19024-74-9 (PDF)
DOI: https://doi.org/10.22429/Euc2024.029

Impreso en España. *Printed in Spain*
Impresión: Compobell S.L.

A la memoria de mis padres Luis e Isabel.
A mi hermana Marisol y a Chema.

… Se entra por un bello y largo puente de treinta y dos arcos, todos de piedra, que proporciona una vista muy hermosa del brazo de mar que se atraviesa sobre dicho puente. Todavía hay otro puente a la otra parte de la villa, que parece una isla por los brazos de mar que la rodean, faltando apenas cuarenta pasos para que ambos se junten.

(Zuyer, en 1660, al visitar San Vicente de la Barquera).

Barca de la Rabia, evitada, porque se vadea el río en baja mar … Callejones frondosísimos; vega muy fértil para llegar a Comillas … el pueblo todo renovado; buen caserío, indicio de riqueza … Posada regular … Monte de Tramalón. Cigüenza … Oreña … A comer a Santillana … Barca de Barreda, sobre el río que viene de Las Caldas…

(Viaje, en 1791, de Jovellanos por la Costa Occidental).

… un desfiladero respecto del cual puede afirmarse con conocimiento de causa que, en cuanto a grandeza, carece de rival en Europa … No es el nuestro el sentimentalismo del viajero inexperto, sino el sentimiento sincero de quienes saben qué es la belleza, el de quienes acaban de hallar algo excepcionalmente majestuoso … Hemos dicho que la carretera es perfecta … Los elegantes puentes de piedra que cruzan el río y otras corrientes son un modelo de los de su especie … Esta carretera se terminó hacia 1868, ciertamente honra al Gobierno español.

(Mars Ross y Stonehewer-Cooper, en 1884, dos viajeros ingleses que describen la carretera del desfiladero de La Hermida en *Las montañas de Cantabria o a tres días de Inglaterra*.

SUMARIO

PRESENTACIÓN

*A*UNQUE quizá en el momento actual no siempre reparamos en ello, los caminos, las comunicaciones entre los pueblos y las regiones, han sido y son críticos para entender el desarrollo de las sociedades. En este libro, el autor conjuga la historia y el progreso técnico de las infraestructuras, al que tanto ha aportado en su etapa moderna la ingeniería, como un factor clave para comprender la transformación no sólo del territorio, sino también —y de forma muy especial— de la vida humana. La obra refleja además una parte de la diversidad de saberes que se reúnen en la Universidad de Cantabria, una diversidad que genera un enriquecimiento mutuo entre distintas disciplinas y ámbitos de conocimiento. Esa intersección de los conocimientos da siempre lugar a resultados valiosos: *Un viaje por los caminos y puentes de las comarcas occidentales de Cantabria* que ahora nos propone el catedrático de Ingeniería de Caminos, Canales y Puertos, Luis Villegas, es un buen ejemplo.

El progreso se ha basado, en buena parte, en el desarrollo de los caminos. El avance progresivo de las comunicaciones entre pueblos y regiones genera, en paralelo, la mejora de las posibilidades de comercio y desarrollo, y ha actuado, además, como elemento vertebrador del territorio. El significado de la calzada romana es un buen ejemplo de ello. A su vez, el progreso de las sociedades a lo largo de la historia aparece siempre íntimamente asociado al conocimiento, a su incuestionable capacidad transformadora, de avance y de mejora, de la sociedad.

Ese progreso y ese camino de superación constante, se pone de manifiesto en la historia de Cantabria y de sus vías de comunicación. La superación de una geografía física que fue siendo dominada, haciéndola accesible, transitable para sus pobladores. Y con ello, bajo un progresivo refinamiento de las infraestructuras viarias y de los medios de locomoción, se fue haciendo posible una actividad económica, social y cultural que hicieron del territorio un espacio habitable con crecientes cotas de bienestar hasta la actualidad.

Como señalaba al principio, Luis Villegas combina en este libro el conocimiento del ingeniero con la inquietud humanística y científico social por la historia, la cultura, el patrimonio y el territorio. Fruto de un gran trabajo y de la capacidad de integración y síntesis de la información relacionada con todas esas disciplinas, surge este camino de largo recorrido por la historia de Cantabria que nos ofrece una triple vertiente sobre la transformación del medio físico a través de las infraestructuras y las comunicaciones: la transformación del territorio por medio del progreso tecnológico; la contribución a la transformación de la propia Cantabria, como región; y, sin duda, el proceso de transformación de la vida humana y de la sociedad, contribuyendo a su mejora y bienestar.

La misión fundamental de la universidad es contribuir a la generación, progreso y transmisión del conocimiento, con el fin de mejorar el entorno y la vida de las personas. En nuestro caso, esa misión, de vocación universal, tiene su primer reflejo en el entorno social y humano más inmediato, que es Cantabria. Por esta razón, la Universidad de Cantabria ha respaldado e impulsado esta iniciativa, en colaboración con el Gobierno de Cantabria, contribuyendo a editar este magnífico trabajo por el que felicito y doy las gracias a Luis Villegas. Creo que, con este nuevo libro, enmarcado en una colección de «Divulgación Científica», la Universidad cumple con una de sus misiones: contribuye a difundir y compartir con un público amplio el vasto conocimiento que el profesor Villegas ha sabido reunir y exponer en esta obra.

Ángel Pazos Carro
Rector
Universidad de Cantabria

 STE es el tercer tomo de una trilogía de libros en los que se nos plantea un viaje en el tiempo y en el conocimiento histórico de los diversos caminos para el tráfico viario y de ferrocarril en las diez comarcas de Cantabria. Se trata del proyecto editorial *Un viaje por los caminos y puentes de Cantabria*, auspiciado por la Universidad y el Gobierno de Cantabria, en el que se persigue tener una historia completa, ordenada y detallada de la génesis y desarrollo de las infraestructuras de transporte terrestre de nuestra Comunidad Autónoma. Su autor, Luis Villegas Cabredo, catedrático de la Escuela de Ingenieros de Caminos, Canales y Puertos, hoy jubilado, culmina con este documento su larga, amplia y detallada investigación sobre la materia.

Después de haber abordado en las dos primeras entregas los «caminos y puentes» de las áreas central y oriental de Cantabria, ahora se describen los existentes en su zona occidental, en las comarcas Costa Occidental, Saja-Nansa y Liébana. Dentro de este amplio territorio destacan unas vías de gran trascendencia para sus comunicaciones y las de las demarcaciones vecinas, tres son de dirección este-oeste y otras tres de trayectoria norte-sur.

Entre las primeras, dos de ellas recorren la franja litoral paralela al mar Cantábrico, bien junto a la costa o algo más al interior, y son continuación de las que vienen desde el límite oriental de nuestra región;

su origen se remonta a los tiempos medievales y constituyen dos vías de comunicación que enlazan las poblaciones más dinámicas de Cantabria. El camino ribereño devino en una ruta jacobea a Santiago por el Norte y es hoy Patrimonio de la Humanidad; con el tiempo, una parte del mismo en esta zona occidental, es la carretera autonómica de primer orden (CA-131). Por el itinerario del interior, entre Torrelavega, Cabezón de la Sal, San Vicente de la Barquera y Unquera, se construyó, primero una carretera nacional (N-634) y luego una autovía de largo recorrido (A-8), sendas vías enlazan las regiones septentrionales de España, desde el País Vasco hasta Galicia; y paralelo a este importante corredor de transporte va el ferrocarril del Cantábrico. El tercer eje este-oeste está constituido por las carreteras CA-182 y CA-282, que conecta los valles interiores de Cabuérniga, Rionansa, Lamasón y Peñarrubia, esta «vía de los tres collados» (de Carmona, de Ozalba y de Hoz) es importante para articular las comunicaciones de esta amplia zona rural del oeste regional.

Los tres corredores norte-sur comunican la Marina Occidental de nuestra región con las comarcas Saja-Nansa y Liébana y, una vez superados los puertos de la Cordillera Cantábrica, con la comunidad autónoma de Castilla y León. El primero de ellos, al oriente, está conformado por las carreteras CA-180 y CA-280, a lo largo del curso medio y alto del río Saja, y conecta los valles de Cabezón y de Cabuérniga con la comarca de Campoo-Los Valles. El eje central, constituido por las vías CA-181 y CA-281, comunica los municipios vecinos al río Nansa y alcanza el puerto de Piedrasluengas, que da paso al norte de la provincia de Palencia. Finalmente, y a poniente, se encuentra la carretera que conecta Unquera con Potes, construida en la segunda mitad del siglo XIX y que consiguió superar el gran y complejo Desfiladero de La Hermida, es hoy la carretera nacional N-621 que continua hacia el sur hasta el puerto de San Glorio, puerta al noroeste de la provincia de León.

El profesor Luis Villegas Cabredo, une en esta exhaustiva obra sus conocimientos técnicos con su afición por la historia y la cultura regional, forma parte de la Real Academia de Doctores de España, del Centro de Estudios Montañeses y de la Sociedad Cántabra de Escritores, y con ella culmina su ciclópeo proyecto sobre nuestras infraestructuras de transporte terrestre.

Creo que esta es una obra indispensable, no sólo para los profesionales que se dedican a planificar, proyectar y construir la red viaria de Cantabria, sino también para aquellos que disfrutan del conocimiento de nuestra historia, territorio y del patrimonio vial y vecino al mismo; la obra permite ver su evolución y mejora con el tiempo, y el porqué de los cambios habidos. Además, por su carácter esencialmente divulgativo y didáctico considero que resultará atractivo para toda persona amante de la lectura.

Como consejero de Fomento, Vivienda, Ordenación del Territorio y Medio Ambiente del Gobierno de Cantabria sólo me resta agradecer a Luis Villegas su implicación y el esfuerzo realizado con esta trilogía de documentos que nos permite realizar un recorrido integral por nuestro territorio, al tiempo que nos ilustra sobre la historia y características de los caminos y puentes de Cantabria.

ROBERTO MEDIA SAINZ

Consejero de Fomento, Vivienda, Ordenación del Territorio y Medio Ambiente

Gobierno de Cantabria

PRÓLOGO

*P*OR diversas razones me cabe el gozo, al tiempo que me honra, de prologar este tercer y último volumen de lo que su autor, en el primero de ellos, publicado en 2020, definió como «un proyecto sobre los principales Caminos y Puentes de Cantabria». Un proyecto concebido intelectualmente y resuelto editorialmente en clave de tres: un trío de comarcas de Cantabria a estudiar –las orientales, las centrales y las occidentales– y una trilogía de textos en los que plasmar los hallazgos de la investigación.

Que Luis Villegas Cabredo haya ido abordando sectorialmente el análisis de esos caminos y puentes no merma para nada la concepción del proyecto como un único objeto de conocimiento, como un todo. Es precisamente esto lo que dota a la trilogía de unidad, por supuesto que no sólo temática, sino también metodológica, heurística –los materiales utilizados por Villegas, bien sean fotográficos, textuales, cuantitativos, cartográficos o bibliográficos, rayan en la exhaustividad– y narrativa. En definitiva, los problemas planteados a los que busca dar respuesta son tan merecedores de atención en el estudio de un lugar como en el de un valle, una comarca o una región.

Mas plantear idénticos problemas en absoluto significa, ocioso resulta explicitarlo, obtener idénticas respuestas en los mencionados tres grandes conjuntos territoriales. El lector hallará semejanzas entre lugares, valles o comarcas, pero también diferencias derivadas de la multiplicidad de variables –configuración natural del terreno, recursos técnicos, disponibilidades financieras, decisiones políticas, gestiones administrativas, agentes humanos, etcétera– confluyentes en la construcción o en la remodelación de un camino o de un puente. Semejanzas y diferencias que dotan, en última instancia, de especificidad, y hasta de identidad, a las distintas unidades de análisis, productos, por antonomasia, de la historia.

Luis Villegas es ingeniero de caminos, canales y puertos, lo cual, dicho así, sin más, desde la lógica de los campos de aplicación de los conocimientos académicos, de inmediato se asocia su oficio a la construcción de grandes y contundentes obras civiles, con poco o nada que dialogar con las disciplinas humanísticas. Sin embargo, en este caso, semejante imagen se desvanece del todo, pues en el análisis de los caminos y puentes de la Cantabria occidental –al igual que ya hizo en el de los de la central y de la oriental– Luis Villegas trasciende con mucho los tan convencionales como acotados márgenes en los que se desenvuelve la ingeniería; hasta el punto de que, en un balance de conjunto de los contenidos de su monografía, el peso de lo historiográfico se impone a lo estrictamente ingenieril. Afirmo esto desde mi condición de historiador, y, como tal, me considero afortunado deudor de Luis Villegas en cuanto al conocimiento de la historia de la red viaria de Cantabria. Ya los prologuistas de los dos primeros volúmenes de la trilogía, mis colegas de la Universidad de Cantabria Mª Luisa Ruiz Bedia y Miguel Ángel Aramburu-Zabala subrayaron lo que de humanismo –vuelvo a él– habita en la mirada que Luis Villegas dirige a todo aquello relacionado, desde la Antigüedad hasta el presente, con cómo se desplazaban las personas por el espacio. La pulsión o estímulo de desplazamiento, fruto de necesidades biológicas y sociológicas, halló su respuesta, en una creciente complejidad, en forma de caminos, puentes, barcas, carretas, ventas, etcétera; y latiendo siempre en unos y en otras la presencia humana. Así, al llamar a escena, como principales protagonistas, al espacio, al tiempo y al hombre, Luis Villegas está convocando a la historia y a la geografía como disciplinas científicas. De aquí su categorización de humanista, de ser merecedor, en mi opinión, de incorporarse a la nómina de ingenieros civiles que aunaron y aúnan las exigencias de su profesión con la literatura, el ensayo o la escritura de historia; nómina de la que forman parte, entre otros, José Antonio Fernández Ordóñez, Juan José Arenas de Pablo, Juan Benet o Clemente Sáenz —no en vano, estos dos últimos promovieron, en el Colegio de Ingenieros de Caminos, Canales y Puertos de Madrid, la creación de la colección de libros «Ciencias, Humanidades e Ingeniería»—.

Leer el texto que prologo es tomar conciencia de lo que, en términos de recursos materiales y humanos, representó, sustancialmente desde el siglo XIX, el proceso de expansión y mejora de la red caminera y ferrocarrilera de la Cantabria occidental, favorecedoras una y otra de la articulación de sus núcleos de población, cuya estructura venía caracterizándose históricamente por la fragmentación. Tramo a tramo, década a década se va avanzando, vía carreteril, vía férrea, desde Santander hasta Torrelavega, luego hacia Cabezón de la Sal —con un ramal hacia Reinosa—, San Vicente de la Barquera, Unquera, Liébana, Asturias. Al mismo tiempo se va relativamente ampliando, mejorando y densificando la red que pone en contacto esos núcleos de población principales con los secundarios e, incluso, la red que interconecta a éstos en los tres grandes ámbitos comarcales del oeste de Cantabria: el mencionado de Liébana, el de Costa Occidental y el de Saja-Nansa. Y aun con todo lo que de positivo tuvo esto, quienes nacimos en los años de la década de los 40 o de los 50 del siglo pasado sabemos bien, por pura experiencia, que desplazarse en tren o en autobús desde Santander hasta un pueblo periférico respecto a las localidades con paradas de autobús o con estaciones de ferrocarril podía llegar a alcanzar rasgos de «epopeya», por más romanticismo con que queramos sazonar su recuerdo.

Por todo lo dicho, concluyo afirmando que quien en el momento actual desee o precise conocer cómo se desarrolló, en perspectiva histórica, el proceso de construcción de la red caminera y pontonera en Cantabria, acudir a la trilogía de Luis Villegas Cabredo no es una opción, sino un imperativo. Afirmación compatible, no obstante, con la aceptación de que todo conocimiento es provisional, huésped del estatuto de transitoriedad.

RAMÓN MARURI VILLANUEVA
Catedrático de Historia Moderna (Jubilado)
Universidad de Cantabria
Académico Correspondiente
Real Academia de la Historia

INTRODUCCIÓN

ᴇsᴛᴇ es el tercer libro de una trilogía sobre los principales «Caminos y Puentes de Cantabria» que el autor de este documento ha planteado para describir la historia y evolución de las principales vías de comunicación de la Región y de sus puentes más notables. El primero y segundo tomo de la colección se dedicaron a estas infraestructuras de transporte terrestre en la zona central y oriental de Cantabria, ahora el marco geográfico de la exposición será la zona occidental.

En la introducción general a la obra, que ahora se recoge en parte, se exponía que dada la amplitud de este trabajo de síntesis documental y de ordenación de los caminos y puentes de Cantabria, el mismo se ha dividido en tres partes, correspondientes a las zonas en que se ha dividido la región. Así, considerando las diez comarcas que se contemplan habitualmente para el estudio y análisis detallado de Cantabria, cada uno de los tres libros que completan el programa trazado abordarán las infraestructuras terrestres en los ámbitos geográficos y comarcas asociadas que siguen:

- Comarcas Centrales de Cantabria: Santander, Besaya, Pas-Pisueña y Campoo-Los Valles.

- Comarcas Orientales: Trasmiera, Costa Oriental y Asón-Agüera.

- Comarcas Occidentales: Costa Occidental, Saja-Nansa y Liébana.

El autor ha dedicado a esta temática de los «caminos y puentes de Cantabria», y su estrecha ligazón con la «historia regional», varios años de estudio, lo que constituye para él una gran afición y disfrute, en los cuales ha leído y analizado gran parte de la bibliografía que se cita, ha consultado un amplio número de mapas, ha recorrido los caminos de las diferentes comarcas y visitado la mayoría de los puentes que se adjuntan, al tiempo que los ha fotografiado, junto a otras construcciones del patrimonio cultural.

El libro pretende ser divulgativo y busca una primera aproximación a la temática tratada. Contempla la historia y desarrollo de las vías de transporte en Cantabria de un modo ordenado y didáctico, pero deliberadamente no lo hace con el detalle minucioso que es habitual en los historiadores; ahora bien, recoge una amplia bibliografía que permite profundizar en la temática de este estudio si el lector lo desea.

Está escrito pensando en un «viajero» que va recorriendo Cantabria en las diferentes etapas de la Historia y se va encontrando los diferentes lugares, las dificultades orográficas del paso de los puertos de montaña y collados asociados, los ríos y estuarios a atravesar, y los hitos del camino (iglesias, humilladeros, cruceros, torres, casonas, puentes, ventas, fuentes, etc.). A lo largo del texto, diferentes personalidades que han visitado la zona occidental de Cantabria nos contarán sus experiencias en los caminos y cómo eran éstos en el momento que ellos los transitaron.

Para facilitar la lectura y mejorar la comprensión de la temática que se contempla, el libro contiene un amplio material de tipo gráfico, que trata de favorecer el seguimiento y el disfrute de los caminos que se presentan. Así, este tercer tomo, recoge unos 60 mapas, ortofotografías y perfiles altimétricos (un quinto de ellos preparados por el autor, con líneas y leyendas explicativas), cerca de 800 fotografías (la mayoría de ellas son del autor) que ayudan a conocer los puentes (hay 228 fotos de estas estructuras de paso) y otros hitos del camino (miriámetros, monumentos viarios, miradores, etc.) e imágenes de edificaciones del patrimonio cultural, que ambientan el texto, ponen en contexto el momento histórico de que se trate y son referencias del escenario por donde discurren los caminos. Asimismo, se han preparado unas 25 tablas resumen de datos e información que permiten integrar y facilitar su compresión.

Todo ello hace que este libro puede utilizarse, también, a modo de «guía de viaje» y de apoyo para plantear una excursión a lo largo de una comarca concreta e ir recorriendo sus caminos, contemplando sus puentes y viendo y disfrutando del patrimonio construido más notable de un periodo histórico concreto.

En el libro se expone la formación temporal de las diferentes vías de comunicación que han tramado la Cantabria Occidental a lo largo de la Historia y trata de poner de manifiesto la importancia que tienen los caminos en la ordenación y funcionamiento territorial, a modo de «sistema circulatorio vital», y cómo han sido claves en el desarrollo de sus pueblos y villas. Además, estas rutas han sido testigos principales de su historia y constituyen una parte importante de su patrimonio, siendo sus construcciones asociadas (puentes, ventas, muros, etc.) y demás jalones del camino (puertos de montaña, vados, revueltas, etc.) hitos paisajísticos de primer orden y referencia sustancial de la memoria de sus gentes.

El contenido de este libro se ha estructurado en seis capítulos, que describen la temática que es su objeto al ritmo del devenir histórico. El primero de ellos trata de mostrar el escenario geográfico donde se implantarán los caminos; así, después de exponer las características generales de las diez comarcas en que se divide Cantabria, se centra en ofrecer los datos principales de las tres que comprende el territorio al que se refiere este libro. Además, se analiza su geografía física, prestando atención a su orografía e hidrografía, que son los condicionantes que explican el porqué de los trazados que los constructores de los caminos han elegido en los diferentes momentos históricos. Asimismo, se reflexiona sobre los caminos antiguos que han existido en este amplio territorio.

El segundo capítulo contempla las vías del Medievo, importante periodo histórico donde se densifican los caminos de este territorio, interconectando las decenas de pueblos que van ocupando los valles interiores y la costa de la Cantabria Occidental, y se ponen las bases de la red de vías que hoy conocemos; al tiempo que la «ruta jacobea del norte», que une las villas costeras más importantes de la región, se configura como uno de los grandes ejes viarios de esta zona.

El capítulo tercero se dedica a los caminos de la Edad Moderna, cuando se mejoran sustancialmente las vías anteriores, especialmente las que sirven los itinerarios principales, y se aborda ya la construcción de importantes puentes de varias bóvedas de piedra que permiten cruzar los estuarios del litoral (los dos brazos de la ría San Vicente de la Barquera y la ría de Tina Menor) y los ríos más importantes (Saja, Nansa y Deva) de esta zona occidental de Cantabria.

El capítulo cuarto contempla las importantes novedades que se producen durante el siglo XIX, que van a mejorar las comunicaciones, así: la incorporación de los Ingenieros de Caminos en la planificación, proyecto y ejecución de las obras de carreteras, la erección de numerosos puentes pétreos, la generalización de los firmes de «macadam», el uso de las «diligencias» para el transporte de personas, entre otras.

En el Ochocientos contamos con una serie sucesiva de guías y mapas de caminos que nos permiten seguir la evolución de éstos en el territorio que contempla este libro; al tiempo, el famoso diccionario de Madoz (1845-50) nos ofrece una panorámica de los mismos y del nivel de las comunicaciones en los pueblos de la zona occidental de Cantabria.

En la segunda parte del siglo XIX, se aborda la construcción de las carreteras del occidente regional; así, en los años 60 se culminan dos importantes vías: la que va en dirección este-oeste entre Torrelavega, Cabezón de la Sal, San Vicente de la Barquera y Unquera; y la que consigue atravesar el desfiladero de La Hermida, que conecta Potes con la vía anterior, lo que resulta decisivo para romper el aislamiento de la comarca de Liébana. Los años 70 continúan esta vía por el valle del río Bullón hasta el puerto de Piedrasluengas y, también, se aborda la carretera por el valle del Saja hacia el puerto de Palombera, que se finaliza en los años 80. En los años 90 le toca el turno a la carretera que sigue al Nansa hasta el paso de la cordillera, también por Piedrasluengas; y se comienza la carretera que por el valle del Quiviesa comunica Liébana con el noroeste de León, vía el puerto de San Glorio.

De modo que, a finales de la centuria decimonónica, el número de kilómetros de carretera que se han creado es importante y conforman el mallado de vías que se han venido utilizando durante una buena parte del siglo XX.

El capítulo quinto se dedica a describir cómo, en la parte final del siglo XIX, se llevó a cabo la construcción del ferrocarril de Santander a Cabezón de la Sal, que entra en servicio en 1895, y ya en los primeros años del siglo XX esta infraestructura llega a Unquera y permite la conexión de Santander con Oviedo en 1905. Esta línea ferroviaria recorre una parte sustancial del territorio objeto de este libro, 50 kilómetros por la subcomarca del Saja y parte de la Costa Occidental, la cual se detalla en esta parte del libro.

Finalmente, en el capítulo sexto se aborda la evolución de la red viaria de Cantabria en los últimos ciento veinte años. El siglo XX comienza con la aparición de unos nuevos vehículos sobre las carreteras, los de tracción mecánica que pueden alcanzar altas velocidades, esto va a condicionar la renovación y mejora de la red existente. Pasada la guerra civil, que en la zona occidental de Cantabria conllevó, en agosto de 1937, a la destrucción de varios puentes durante la batalla por la toma de Santander y en la retirada del ejército republicano hacia Asturias, los cambios del modo de vida que se producen en la sociedad y el desarrollo económico conducen a un incremento continuo del tráfico, a que la red de carreteras existente resulte insuficiente, y a que se sucedan acciones sistemáticas de acondicionamiento de la misma a las crecientes exigencias.

Es a partir de la nueva Constitución de 1978 y del Estatuto de Autonomía de Cantabria de 1981 cuando el gobierno regional adquiere competencia exclusiva en las carreteras de ámbito provincial y promueve una serie de planes de mejora continua que hacen que al principio del siglo XXI Cantabria cuente con una densa y excelente red de carreteras autonómicas, que llega hasta los pueblos más alejados.

Además, en las últimas décadas el Estado ha mejorado sustancialmente la red de carreteras nacionales de esta zona occidental de Cantabria. Primero, en los años 70 del siglo XX, se realizaron obras importantes en la carretera N-634 que recorre de este a oeste la zona norte de nuestro estudio. Entre 1998 y 2002 entraron en servicio los tramos de la autovía del Cantábrico A-8 a su paso por este territorio, desde Torrelavega hasta Unquera. Y ya desde la segunda década del siglo XXI se están haciendo mejoras en la carretera N-621 entre Unquera y el puerto de San Glorio, principalmente en el tramo del desfiladero de La Hermida.

Antes de finalizar esta introducción, deseo agradecer a los diferentes investigadores sobre «caminería histórica», historiadores en general y amigos que me han aportado conocimientos y datos que me han permitido escribir este estudio.

Destacar las aportaciones: de la Universidad de Cantabria, de su Rector el profesor Ángel Pazos Carro por su presentación, y de la Editorial UC, de su directora Belmar Gándara Sancho y de Manuel Ángel Ortiz Velasco, por la publicación del libro, gestión y profesionalidad. De la Consejería de Fomento, Vivienda, Ordenación del Territorio y Medio Ambiente del Gobierno de Cantabria y del consejero Roberto Media Sainz, por el impulso dado al proyecto, por la presentación aportada y por el copatrocinio de este tercer tomo. Y del catedrático de la Universidad de Cantabria Ramón Maruri Villanueva por su prólogo al libro.

Finalmente, a la memoria de mis padres Luis e Isabel, y a mi herma-na Marisol y Chema, por su cariño, ejemplo y compañía a lo largo de una parte importante del camino de mi vida, y a los que dedico el libro.

Por último, señalar que el autor ha pretendido prestar un servicio a su querida región natal y donde ha vivido, Cantabria, tratando de compilar la historia y características de sus caminos y puentes más importantes. Y desea que el amable lector disfrute de este libro y le anime a conocer las obras que en él se recogen.

LUIS VILLEGAS CABREDO
Dr. Ingeniero de Caminos, Canales y Puertos
Catedrático de la Universidad de Cantabria - Jubilado
Correspondiente de la Real Academia de Doctores de España
Santander, 24 de mayo de 2024.

1.
LAS COMARCAS, GEOGRAFÍA Y VÍAS ANTIGUAS DE LA ZONA OCCIDENTAL DE CANTABRIA

1.1 LAS COMARCAS OCCIDENTALES DE CANTABRIA

ANTABRIA tiene 102 municipios que están agrupados en diez comarcas naturales, tal como recoge la *figura 11.1*. Estos territorios están ligados a los principales ríos que fluyen por la región, que configuran los diferentes valles históricos y dan nombre a varias de tales comarcas, cuyos datos principales se ofrecen en la *tabla 11.1*. Adicionalmente, la *tabla 11.2* clasifica las comarcas por superficie y población.

Para este estudio sobre los caminos y puentes de Cantabria, se ha dividido la región en tres grandes áreas (central, oriental y occidental), que comprenden varias comarcas, tal como recoge la *tabla 11.3* y cuyos datos globales aparecen en la *tabla 11.4*.

En el libro que nos ocupa se contempla el territorio que comprende las tres comarcas de la zona occidental, el mismo supone el 32 % de la superficie regional y tiene el 8,4 % de su población, esto conlleva que es el territorio menos poblado de Cantabria, con una densidad de 29,1 habitantes/km^2, lejos de la media regional de 110,2. En los dos primeros

Figura 11.1. *Mapa de Cantabria y las diez comarcas en que se divide su territorio (Pablo Ortiz Recio [POR]).*

tomos de este proyecto editorial se han contemplado las cuatro comarcas centrales (Villegas 2020) y las tres orientales (Villegas 2022); ahora, en el tercer y último libro, como se ha expuesto en la Introducción, se analizarán las tres comarcas occidentales.

Puede observarse (*tabla 11.2*), que esta zona occidental de Cantabria tiene dos comarcas de superficie grande (Saja-Nansa y Liébana, de unos 789 y 574 km², respectivamente) y una de las que tiene menor superficie de la región (Costa Occidental, de 318 km²). En cuanto a la población, dos comarcas se encuentran en la zona media baja de la *tabla 11.2* (Saja-Nansa y Costa Occidental, con unas 22 000 personas, ocupan las posiciones sexta y séptima por número de habitantes) y otra muy poco poblada (Liébana, que con unas 5 000 personas ocupa el último lugar en número de habitantes).

COMARCA	MU-NIC. Nº	SUPERFICIE		HABITANTES (2017)		DENSIDAD (Habit./km²)
		KM²	% CA	Nº	% CA.	
Santander	8	268,26	5,11	269 005	46,46	1 002,78
Besaya	11	426,82	8,13	90 393	15,61	211,78
Pas-Pisueña	13	599,00	11,40	25 644	4,43	42,81
Campoo-Los Valles	11	1 012,09	19,27	18 426	3,18	18,21
Trasmiera	19	558,96	10,64	58 902	10,17	105,38
Costa Oriental	4	144,38	2,75	52 668	9,10	364,79
Asón-Agüera	9	561,28	10,69	15 120	2,61	26,94
Costa Occidental	8	317,84	6,05	19 641	3,39	61,80
Saja-Nansa	12	789,19	15,02	23 883	4,12	30,26
Liébana	7	574,83	10,94	5 360	0,93	9,32
CANTABRIA	**102**	**5 252,65**	**100,00**	**579 042**	**100,00**	**110,24**

Tabla 11.1. *Diez comarcas de Cantabria y sus datos más significativos (Luis Villegas Cabredo [LVC] y datos Wikipedia).*

ZONA DE CANTABRIA	MUNIC. Nº	SUPERFICIE		HABITANTES		DENSIDAD (Habit./km²)
		KM²	%	Nº	%	
Central	43	2 306,17	43,90	403 468	69,68	174,95
Oriental	32	1 264,62	24,08	126 690	21,88	100,18
Occidental	27	1 681,86	32,02	48 884	8,44	29,07
CANTABRIA	**102**	**5 252,65**	**100,00**	**579 042**	**100,00**	**110,24**

Tabla 11.4. *Tres grandes áreas de Cantabria con sus datos (LVC).*

Nº	POR SUPERFICIE		POR POBLACIÓN	
	COMARCA	KM²	COMARCA	HABITANTES
1	Campoo-Los Valles	1012,09	Santander	269005
2	Saja-Nansa	789,19	Besaya	90393
3	Pas-Pisueña	599,00	Trasmiera	58902
4	Liébana	574,83	Costa Oriental	52668
5	Asón-Agüera	561,28	Pas-Pisueña	25644
6	Trasmiera	558,96	Saja-Nansa	23883
7	Besaya	426,82	Costa Occidental	19641
8	Costa Occidental	317,84	Campoo-Los Valles	18426
9	Santander	268,26	Asón-Agüera	15120
10	Costa Oriental	144,38	Liébana	5360

Tabla 11.2. *Clasificación de las comarcas de Cantabria por tamaño y población (LVC).*

CANTABRIA	COMARCAS QUE COMPRENDE
Central	Santander, Besaya, Pas-Pisueña y Campoo-Los Valles
Oriental	Trasmiera, Costa Oriental y Asón-Agüera
Occidental	Costa Occidental, Saja-Nansa y Liébana

Tabla 11.3. *Zonas geográficas y comarcas de Cantabria (LVC).*

Las *figuras 11.2* a *11.4* y las *tablas 11.5* a *11.7* recogen los datos principales de los municipios que se agrupan en las tres comarcas que se ubican en la zona occidental de Cantabria y cuyo territorio será el espacio protagonista donde se implantan los caminos que analizamos en este libro.

MUNICIPIOS DE LA COMARCA COSTA OCCIDENTAL	HABITANTES N° (2017)	SUPERFICIE (km²)	DENSIDAD (Habit./km²)
Santillana del Mar	4 154	28,46	145,96
Alfoz de Lloredo	2 446	46,34	52,78
Ruiloba	748	15,13	49,44
Udías	903	19,64	45,98
Comillas	2 195	18,61	117,95
Valdáliga	2 218	97,76	22,69
San Vicente de la Barquera	4 173	41,04	101,68
Val de San Vicente	2 804	50,86	55,13
8	19 641	317,84	61,80

Figura 11.2 y Tabla 11.5. *Mapa de la Comarca Costa Occidental con los municipios que comprende y sus datos (POR y LVC).*

Figura 11.3 y Tabla 11.6. *Mapa de la Comarca Saja-Nansa con los municipios que comprende y sus datos (POR y LVC).*

MUNICIPIOS DE LA COMARCA COSTA ORIENTAL	HABITANTES Nº (2017)	SUPERFICIE (km^2)	DENSIDAD (Habit./km^2)
Reocín	8 312	32,09	259,02
Cabezón de la Sal	8 326	33,56	248,09
Mazcuerras	2 125	55,65	38,19
Ruente	1 031	65,86	15,65
Cabuérniga	1 001	86,45	11,58
Los Tojos	402	89,50	4,49
Rionansa	1 045	118,02	8,85
Tudanca	145	52,44	2,77
Polaciones	239	89,77	2,66
Herrerías	623	40,34	15,44
Lamasón	302	71,23	4,24
Peñarrubia	332	54,28	6,12
12	23 883	789,19	30,26

Figura 11.4 y Tabla 11.7.
Mapa de la Comarca de Liébana con los municipios que comprende y sus datos (POR y LVC).

MUNICIPIOS DE LA COMARCA DE LIÉBANA	HABITANTES Nº (2017)	SUPERFICIE (km²)	DENSIDAD (Habit./km²)
Potes	1 342	7,64	175,65
Cillorigo	1 320	104,52	12,63
Tresviso	70	16,23	4,31
Camaleño	970	161,81	5,99
Vega de Liébana	765	133,21	5,74
Cabezón de Liébana	595	81,43	7,31
Pesaguero	298	69,99	4,26
7	5 360	574,83	9,32

1.2 LA GEOGRAFÍA DEL TERRITORIO CONTEMPLADO

Cantabria se caracteriza por ser muy montañosa y el 40 % de su superficie se encuentra por encima de los 700 metros de altitud, este hecho ha conducido a que a la región también se la nombre como «La Montaña». Tiene una orografía muy peculiar, tal como muestra el esquema de la *figura 12.1* (Cendrero *et al.* 1986), en el cual puede apreciarse como existen dos líneas de montañas paralelas al mar y una serie de montes perpendiculares a las dos cadenas anteriores y que configuran los bellos valles interiores de la región, por donde discurren los ríos más importantes de Cantabria, desde el Deva en el occidente al Asón y Agüera en el oriente. Este complicado relieve ha condicionado la red viaria de Cantabria y ha dificultado su desarrollo.

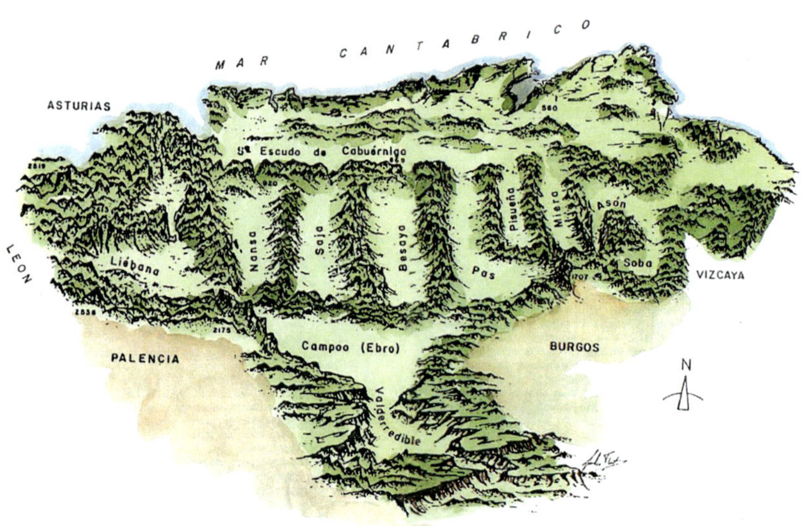

Figura 12.1. *Las montañas de Cantabria (Cendrero et al., 1986).*

La línea de montes más cercana a la costa, y paralela a ésta, (*figura 12.1*) se encuentra a unos 20 kilómetros de la misma y da lugar a una zona litoral denominada «La Marina» de valles amplios y pequeños desniveles. Tales montes limítrofes alcanzan cotas del orden de los 900 metros de altitud en la zona occidental del Escudo de Cabuérniga (entre Valdáliga y Cabuérniga), en Ibio 799 metros (entre Mazcuerras y Los Corrales de Buelna), en la Sierra de los Hombres o del Dobra alcanza 605 metros (entre Torrelavega y San Felices de Buelna) y más al este la Sierra Caballar llega a los 659 metros (entre los Valles de Cayón y de Carriedo), en la zona de Alisas se superan los 700 metros (entre Riotuerto y Arredondo), y ya en el oriente la Muela (795 m) entre Voto y Ruesga.

A unos 45 kilómetros de la línea de la costa se halla la cordillera cantábrica, también paralela al mar, con altitudes importantes (*figura 12.1*). Como, el Coriscao (2 246 m) entre Camaleño y la provincia de León, Peña Prieta (2 575 m) entre Vega de Liébana y la provincia de Palencia, Pico Tres Mares (2 171 m) e Híjar (1 950 m) en el límite entre Campoo de Suso y Palencia. Más al oriente nos encontramos con Coteru la Brena (1 500 m) o Castro Valnera (1 718 m) entre los valles Pasiegos y Burgos. El Picón del Fraile (1 625 m) y Zalama (1 335 m) entre Soba y Burgos. O, finalmente, cotas algo menores en el Mazo (823 m), el Picón del Carlista (737 m) y Betayo (750 m) entre Ramales, Rasines y Guriezo, en el límite con la provincia de Vizcaya.

De acuerdo con esta orografía general del territorio, los caminos de la zona occidental de Cantabria los analizaremos ubicados dentro de los tres grandes espacios que corresponden a las comarcas que se analizan en este libro. En lo que sigue se describen estas áreas, primero se hace una breve introducción de las mismas; después, se refieren los ríos de cada territorio; y, finalmente, se analiza su relieve.

En las dos comarcas más extensas, Saja-Nansa y Liébana, su área se ha dividido, a su vez, en zonas más limitadas de modo de comprender mejor la compartimentación existente en el territorio, producida por la red fluvial y los valles que origina ésta. Así, la primera se desglosa en dos áreas correspondiente a los dos grandes ríos que la conforman, el Saja y el Nansa, y la comarca de Liébana se ha dividido en cuatro subáreas correspondientes a sus cuatro valles principales, dos de ellos regados por el Deva y los otros dos por el Quiviesa y el Bullón, respectivamente. En todos los casos se facilitan perfiles altimétricos de las principales vías que recorren estas demarcaciones.

A. *La comarca de la Costa Occidental*

Este territorio tiene 318 kilómetros cuadrados y 8 municipios (*figura 11.2*), su superficie y población son del orden del 6% y 3,4%, respectivamente, de Cantabria, y su densidad de ocupación (62 habitantes por kilómetro cuadrado) es menor a la media regional (110). El mapa de la *figura 12.2* muestra los diferentes lugares de esta comarca y nos sirve de marco de referencia para posicionar los principales ríos, montes y vías de la misma.

Sus bordes geográficos están constituidos al norte por el mar Cantábrico, con una longitud de costa de unos 40 kilómetros; al este por el municipio de Suances y el curso de los ríos Saja y Besaya, que fluyen juntos, desde Torrelavega, sus últimos kilómetros hasta el mar; al oeste por el río Deva, límite con la vecina región de Asturias, y al sur por los montes que se citarán más adelante.

Ríos de la comarca Costa Occidental. En lo que sigue, primero se describen los principales cursos de agua de la comarca, aquí tienen especial importancia cuatro estuarios que van a condicionar el paso de la vía más próxima a la costa (*figura 12.3*); y, luego, para comprender la orografía de la Costa Occidental se verán los principales montes que por su parte meridional la separan de la comarca Saja-Nansa.

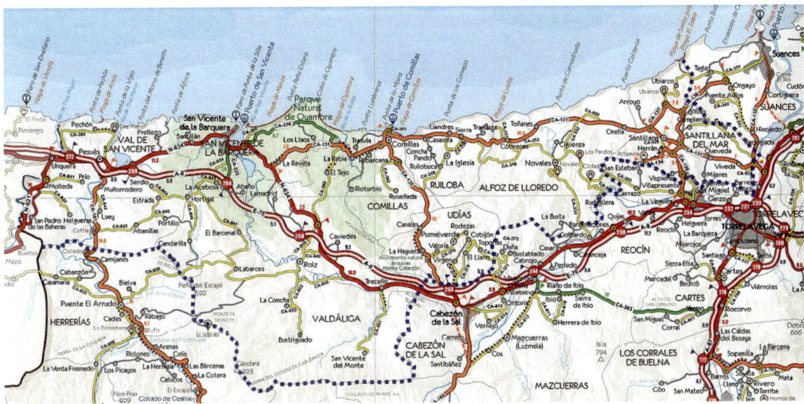

Figura 12.2. *Municipios, lugares y carreteras de la comarca Costa Occidental (Mapa del Gobierno de Cantabria y LVC).*

Figura 12.3. *Las grandes rías de la comarca Costa Occidental han condicionado el desarrollo de sus vías de comunicación y han requerido de importantes puentes. A la derecha la ría de la Rabia y la gran ría de San Vicente de la Barquera y hacia poniente las rías de Tina Menor y Tina Mayor, en el borde con Asturias (mapas.cantabria y LVC).*

Al este de la comarca Costa Occidental se encuentra el municipio de Suances y la parte oriental del de Santillana del Mar, en la zona del pueblo de Viveda, todo este territorio es recorrido al este por la parte baja de los **ríos Saja y Besaya**. Este gran curso fluvial es realmente el borde geográfico de la comarca que ahora nos ocupa, si se incluyera Suances, que por otros motivos está comprendido en la del Besaya. Por Viveda, cruzando este cauce, ha estado la entrada histórica a este distrito desde la zona central de Cantabria: primero, y durante siglos, a través de la denominada «barca de Barreda»; y ahora, desde finales del siglo XIX, utilizando el «puente la Barca».

Al oeste del municipio de Comillas, se encuentra otro importante curso de agua, la **ría de La Rabia** que tiene una superficie de 100 hectáreas y un perímetro de 13,6 kilómetros, con una superficie intermareal del 86% (Wikipedia). Tiene dos brazos: el este, más ancho y profundo, donde desemboca el pequeño rio Turbio, que sirve de límite entre los municipios de Comillas y Valdáliga; y el oeste, ya en este segundo distrito, confluye en la ría el arroyo del Capitán, donde crea la marisma Zapedo.

Seguidamente, viene la gran **ría de San Vicente de la Barquera**, tiene una superficie de 390 hectáreas, un perímetro de 32 kilómetros y una superficie intermareal del 77% (Wikipedia) y en ella desembocan dos ríos que rodean la histórica villa. Por el sur, confluye el **río Escudo**, que nace en la Sierra del Escudo de Cabuérniga, al sur de Valdáliga, y recorre 20 kilómetros antes de alcanzar San Vicente, en la marisma de Rubín. Por el oeste, accede el **río Gandarilla**, de 8,6 kilómetros, y forma la marisma de Pombo; este río viene de la vertiente norte de la Peña del Escajal (577 m), límite de San Vicente de la Barquera, Valdáliga y Herrerías.

Más a poniente, viene el importante **río Nansa**, que atraviesa de sur a norte el municipio de Val de San Vicente, y en su desembocadura forma la **ría de Tina Menor**, que tiene una superficie de 155 hectáreas y un perímetro de 17,5 kilómetros, con una superficie intermareal del 50%.

Finalmente, recorriendo el oeste de este citado municipio y actuando de separación con el asturiano de Rivadedeva, va el **río Deva** que en su desembocadura forma la **ría de Tina Mayor**, la cual tiene una superficie de 82 hectáreas y un perímetro de 14,4 kilómetros, con una superficie intermareal del 50%.

Montes de la comarca Costa Occidental. Se citan, ahora, los principales hitos orográficos que aparecen al sur de la comarca y que la separan de la del Saja-Nansa, iremos de levante a poniente. En la parte meridional de **Santillana del Mar**, se encuentra Sierra Llana con Cotío Mayor (141 metros), que hace de límite con Torrelavega, y más al oeste, «Altamira» (159 metros) y el Monte La Garita (282 m), en el borde con el municipio de Reocín.

Pasando a **Alfoz de Lloredo**, se encuentra, al este Cildad (287 m), lindando con Reocín, y al sur Valsanero (350 m) en el borde con Cabezón de la Sal. También, con este municipio linda, **Udías**, que al este tiene Jupando (411 m) y Cornijera (362 m); y al sur, Peña el Gallo (204 m), Cotera de la Mationa (234 m) y Cerro del Turujal (231 m).

Más al oeste se encuentra **Valdáliga**, que limita al sudeste con Cabezón de la Sal, con el Pico del Turujal (358 m), Alto de la Cerra (393 m) y Canto Redondo (677 m), en su encuentro ya con la gran Sierra del Escudo de Cabuérniga (*figura 12.4*); este gran cordal montañoso, separa el sur de Valdáliga de Ruente, siguiendo desde el último monte por El Raspanal (750 m) y Cueto de Herranz García (853 m); la sierra continua como borde con el norte del municipio de Cabuérniga, con Cotero Castillo (892 m) y Vado Collado (768 m); ya en el sudoeste, Valdáliga linda con Rionansa, con Cueto Turis (925 m) y Corona de Arnero (654 m); en el oeste, con el municipio de Herrerías, y el hito de Peña del Escajal (577 m).

Figura 12.4. *La Sierra del Escudo de Cabuérniga es un importante cordal montañoso que separa parte de la comarca Costa Occidental de la del Saja-Nansa (LVC).*

San Vicente de la Barquera limita con Herrerías, con la última Peña citada y La Rehoya (325 m). Y, con este municipio, de la comarca del Nansa, lo hace, asimismo, **Val de San Vicente**, cuyo borde meridional no ofrece, en general, montes relevantes y una parte del límite entre las dos comarcas lo hace el río Nansa, en la zona de El Bejar, no lejos del Pico de los Moros (357 m).

A modo de resumen, puede escribirse que la separación entre las comarcas de la Costa Occidental y la del Saja-Nansa, está definida en general por montes de no gran altura; sí que existe un cordal de gran presencia como la Sierra del Escudo de Cabuérniga, con cotas del orden de los 900 metros de altura, que es un linde claro entre la zona meridional de Valdáliga y los municipios de Ruente, Cabuérniga y Rionansa.

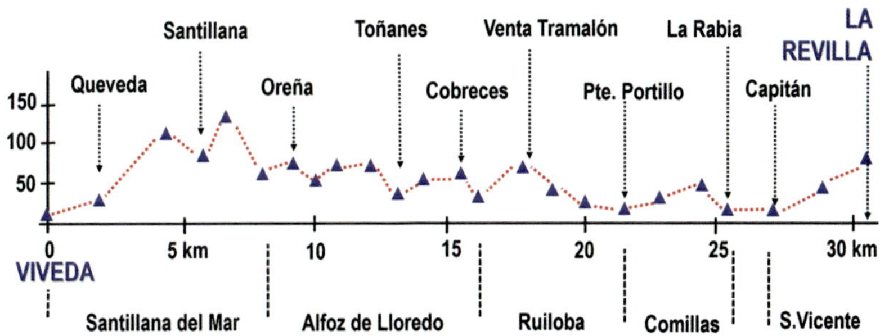

Figura 12.5. *Perfil altimétrico de la vía costera de Viveda a La Revilla, por Santillana del Mar y Comillas (mapas.cantabria y LVC).*

Altimetría de los principales caminos. A lo largo de la Historia, en este territorio se han desarrollado dos grandes vías de dirección este-oeste y una serie de caminos perpendiculares a los anteriores (*figura 12.2*); se ha conformado así una red viaria que ha servido a los intereses de los pueblos aquí asentados.

La carretera de la costa entre Viveda y La Revilla. La *figura 12.5* recoge el perfil altimétrico de la vía que, cercana al litoral, ha unido los pueblos ubicados en estos parajes; la misma va, de este a oeste, desde Viveda, junto al cauce Saja-Besaya, hasta las proximidades de San Vicente de la Barquera, recorriendo a lo largo de unos 30 kilómetros, los municipios de Santillana del Mar, Alfoz de Lloredo, Ruiloba, Comillas, el norte de Valdáliga, por un corto espacio, y San Vicente de la Barquera: se observa que, a excepción del área de la villa de Santillana del Mar, donde en dos zonas supera los 100 metros de cota, el camino se desenvuelve sin grandes desniveles.

La carretera nacional N-634 entre Cabezón de la Sal y Unquera. La *figura 12.6* muestra el perfil altimétrico de otra importante vía que atraviesa la comarca Costa Occidental, la carretera nacional N-634

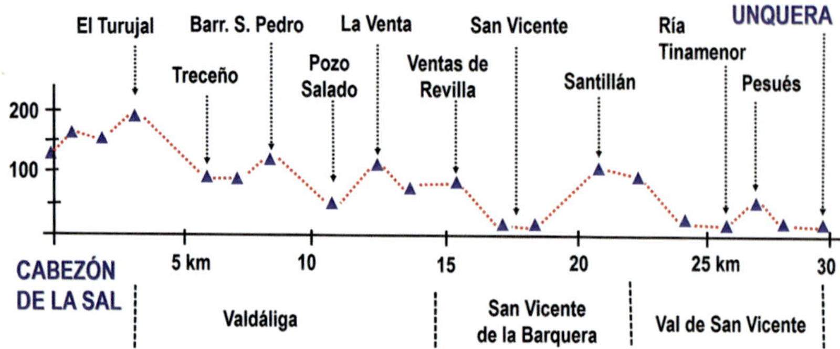

Figura 12.6. *Perfil altimétrico de la N-634 desde Cabezón de la Sal a Unquera en la comarca Costa Occidental (mapas.cantabria y LVC).*

que enlaza Torrelavega con Unquera y que, algo más adelante de la villa de Cabezón de la Sal, recorre tres municipios de la comarca que ahora se contempla, los de Valdáliga, San Vicente de la Barquera y Val de San Vicente. Puede observarse, que excepto el Alto del Turujal (187 m), que se encuentra después de Cabezón, la vía discurre a cotas por debajo de los 100 metros de altitud y que, en San Vicente, el paso de la ría de Tina Menor, cerca de Pesués, y en Tina Mayor, en Unquera, se encuentra casi a nivel del mar.

B. *La comarca Saja-Nansa de Cantabria.*

Este gran territorio de 789 kilómetros cuadrados comprende doce municipios; supone el 15 % del área regional y el 4,1 % de su población; se trata de una demarcación poco ocupada, con 30 habitantes por kilómetro cuadrado, del orden del 27 % de la media regional (110). El mapa de la *figura 12.7* muestra los diferentes lugares de esta comarca y nos sirve de marco de referencia para posicionar los principales ríos, montes y vías de la misma.

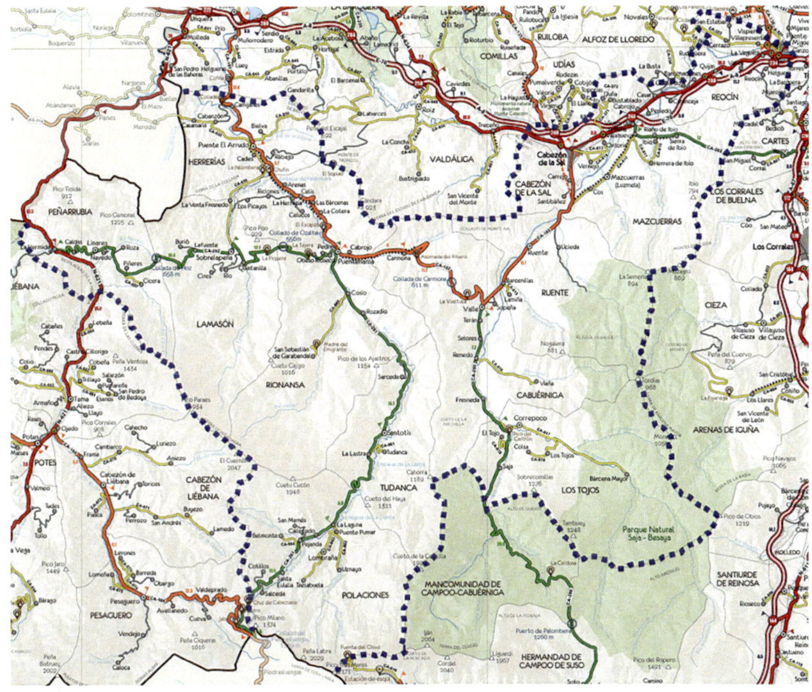

Figura 12.7. *Municipios, lugares y carreteras de la comarca Saja-Nansa (Mapa del Gobierno de Cantabria y LVC).*

Sus bordes geográficos están constituidos por otras cuatro comarcas de Cantabria: al norte la Costa Occidental, descrita en 1.2A; al este se ubica la cuenca del Besaya y al sur el territorio de Campoo, territorios descritos en el tomo I de esta obra; al oeste Liébana, que se verá en 1.2C; y al noroeste, los municipios de Peñarrubia y Herrerías, lindan con el asturiano de Peñamellera Baja.

Ríos de la comarca Saja-Nansa. Este territorio recibe su nombre de los dos grandes ríos que la conforman y que da lugar a sendas subcomarcas: la del **Saja**, con seis municipios (Reocín, Cabezón de la

Sal, Mazcuerras, Ruente, Cabuérniga y Los Tojos) y una superficie de 363 kilómetros cuadrados; y la del **Nansa**, con otros seis municipios (Herrerías, Rionansa, Tudanca, Polaciones, Lamasón y Peñarrubia) y un área de 426 kilómetros cuadrados. Señalar, que Peñarrubia vierte sus aguas al río Deva, aunque es un valle históricamente ligado a la comarca del Nansa.

El **río Saja** tiene 72 kilómetros de longitud, nace en la parte septentrional de la Sierra del Cordel, en los puertos de Sejos, a unos 1900 metros de altitud, en el amplio territorio de la Mancomunidad de Campoo-Cabuérniga (de unos 70 kilómetros cuadrados), y desemboca en el mar Cantábrico por la ría de San Martín de la Arena entre los municipios de Suances y Miengo.

En su parte alta recibe las aguas de los arroyos Diablo, Infierno y Cambillas, al entrar en el municipio de Los Tojos pasa por el pueblo de Saja y poco después, en la zona de Correpoco, recibe por su derecha las aguas del **río Argonza** (también denominado Argoza o Lodar), importante afluente de 24 kilómetros de recorrido a lo largo del cual recibe las aguas de los ríos Fuentes, Queriendo y Juzmeana; el Argonza baja por el pueblo de Bárcena Mayor y tiene una parte importante de su cuenca en el municipio de Los Tojos.

Ya con menor pendiente el Saja recorre el valle de Cabuérniga, donde recibe por la derecha los ríos Viaña, Barcenillas y Bayones, al sur de una amplia llanura aluvial, donde se ubican los bellos pueblos de este valle, cruza, por la hoz de Santa Lucía, la sierra del Escudo de Cabuérniga, y entra y recorre los valles de Cabezón y de Reocín, hasta alcanzar Torrelavega donde se le une por su derecha el importante río Besaya, y ya juntos afrontan su recorrido hasta su desembocadura.

El **río Nansa** tiene una longitud de 53 kilómetros, nace en la parte norte de la Sierra de Peña Labra a unos 1800 metros de altura y desemboca en el mar Cantábrico, cruzando el municipio costero de Val de San Vicente, por la ría de Tina Menor.

En su parte alta recorre el valle de Polaciones y a unos 10 kilómetros de sus fuentes se encuentra con una estrecha garganta, la hoz de Bejo, donde en los años 40 del siglo xx se construyó la gran presa de La Cohilla, entre los macizos de El Potro y Peña Bejo; en este municipio recibe, por Puente Pumar, al río Collavín.

A lo largo de unos 12 kilómetros, el Nansa, recorre el municipio de Tudanca; sigue, otros 15 kilómetros por el de Rionansa, donde recibe importantes afluentes, así: en Cosío, lo hace el **río Vendul**, de unos 11,5 kilómetros de longitud, que tiene sus fuentes en la parte noreste de la Sierra de Peña Sagra; en Puentenansa, recibe las aguas del **río Quivierda**, que recorre 8 kilómetros desde el monte de Carmona; y, en el límite con el municipio de Herrerías, recibe el **río Lamasón**, de 17 kilómetros, que viene también de Peña Sagra.

Poco después de la última confluencia, se hizo en los años 40 del siglo xx la presa y embalse de Palombera. A partir de aquí, y ya con menores pendientes, el Nansa recorre sus últimos kilómetros por los municipios de Herrerías y de Val de San Vicente, donde forma el estuario de Tina Menor y entrega sus aguas al mar.

Montes de la comarca Saja-Nansa. Se citan, ahora, los principales hitos orográficos de este territorio. Por el norte, le separan de la Costa Occidental los montes citados en 1.2A, que en general no tienen una altura relevante, a excepción de la Sierra del Escudo de Cabuérniga.

El interfluvio entre el Saja y el Besaya. Ha sido detallado en el tomo I de esta obra y, ahora, se recorre de norte a sur donde alcanza cotas importantes. Los límites entre Reocín, el municipio más oriental de la subcomarca del Saja, con Torrelavega y Cartes, no presentan montes con cotas relevantes; Sierra Elsa, con unos 200 metros es una referencia visual entre Reocín y Cartes.

A lo largo del borde oriental de Mazcuerras, el cordal montañoso que lo separa de los municipios de Cartes, Los Corrales de Buelna y Cieza empieza a ser considerable; al norte se encuentra un collado, el Alto de San Cipriano o Puerto de Moranca (271 m) que permite la comunicación entre las dos cuencas, la zona de Ibio y Villanueva de la Peña, en el Saja, y la de Yermo y Riocorvo, en el Besaya. Los montes de Ibio (798 m), Acebo (864 m), Mozagro (872 m) y Alto del Toral (907 m) son jalones que señalan la progresiva elevación del cordal.

El límite entre Ruente y Cieza (*figura 12.8*) lo marca la línea que va del último pico al de Tordías (968 m). Esta elevación y las del Moral (1 050 m), La Guarda (1 083 m) y Obios (1 223 m) separan a Los Tojos de Arenas de Iguña; se trata de la Sierra de Bárcena Mayor, donde se encuentran las fuentes del río Juzmeana, afluente del Argonza y a la postre del Saja.

De Obios, el cordal continúa hasta el Pico del Ropero (1 491 m), esta alineación se encuentra ya en el límite entre la Hermandad de Campoo de Suso, Santiurde de Reinosas y Campoo de Enmedio; en este último tramo, y en su vertiente occidental, se encuentran parte de los arroyos que dan lugar al río Fuentes, otro importante afluente del río Argonza.

Las sierras que limitan el sur de la comarca Saja-Nansa (*figura 12.8*). Se encuentran aquí las mayores montañas de este territorio, donde varias de ellas superan los 2 000 m de altura; desde el citado Pico del Ropero hacia occidente, nos encontramos con las fuentes del río Queriendo que baja a Bárcena Mayor, donde confluye en el Argonza, algo más a poniente se halla el **Puerto de Palombera** (1 260 m), lugar de paso entre la subcomarca del Saja y el Alto Campoo.

Sigue hacia el oeste por la **Sierra del Cordel** y los importantes picos de Liguardi (1 967 m), Cordel (2 040 m), Iján (2 064 m) y Pico Tres Mares (2 171 m). A continuación la Sierra de Peña Labra, con el monte

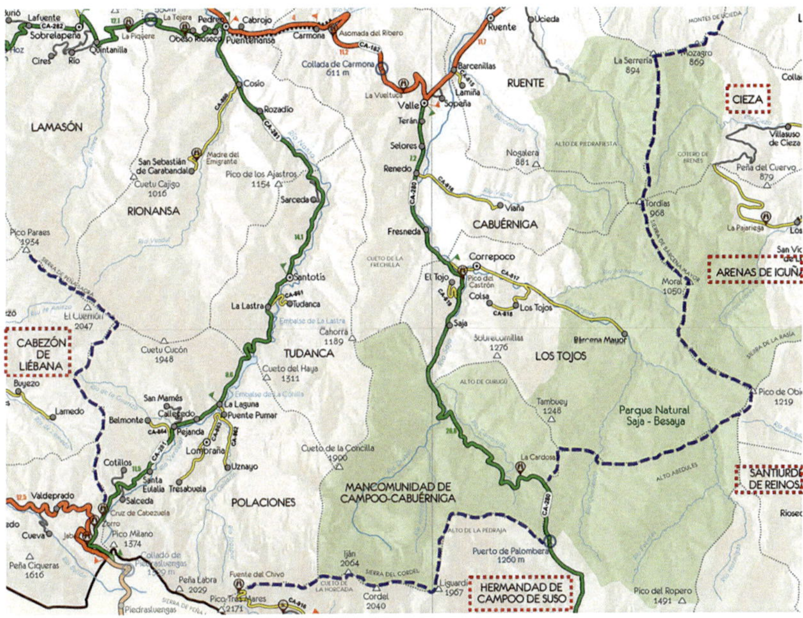

Figura 12.8. *Municipios, lugares, carreteras y picos en las cabeceras de los ríos Saja y Nansa (Mapa del Gobierno de Cantabria).*

homónimo (2 029 m), en cuya vertiente meridional se halla el collado de Piedrasluengas (1 355 m), que permite la conexión de Polaciones y el valle del Nansa y la comarca de Liébana con La Pernía palentina.

Los montes al oeste del valle del Nansa que lindan con Liébana y Asturias (*figura 12.8*). A poniente de la Sierra de Peña Labra se encuentra el Pico Milano (1 374 m), de ahí sigue, hacia el norte, una alineación de montes que se topan con la Sierra de Peña Sagra, cerca de El Cornón (2 047 m), y que separan Polaciones de los municipios lebaniegos de Pesaguero y Cabezón; cerca del citado pico Milano, se encuentra el collado de la Cruz de Cabezuela que permite la conexión entre las dos comarcas cántabras.

La Sierra de Peña Sagra continua hacia el noroeste con Pico Paraes (1 934 m) y la Sierra de las Cuerres (con el monte homónimo de 1 562 m), que separan primero Lamasón y luego Peñarrubia del valle de Cillorigo de Liébana (*figura 12.13*). El linde alcanza el rio Deva y el desfiladero de La Hermida, que marcan hacia el norte el nuevo límite: primero, entre estos dos últimos municipios cántabros citados y más al norte entre Peñarrubia y Asturias, hasta la zona de Estragueña. Desde aquí (*figura 12.7*), la región asturiana es el límite del norte de Peñarrubia, con Pico Tiolda (912 m), Cueto de Palía (861 m) y Pico Gamonal (1 225 m), y una nueva alineación hacia el norte, sin accidentes geográfico reseñables, separa el oeste de Herrerías de Asturias, con lo que acaban los hitos que marcan el occidente de la subcomarca del Nansa.

Altimetría de los principales caminos. A lo largo de la Historia, en este territorio se han desarrollado dos grandes vías de dirección este-oeste y otros dos caminos norte-sur, éstos siguiendo a los ríos Saja y Nansa hasta los puertos de montaña de Palombera y de Piedrasluengas en la cordillera cantábrica (*figura 12.7*); se ha conformado así una red viaria básica que ha servido a los intereses de los pueblos que integran la comarca que se contempla.

La carretera nacional N-634 entre Torres y Cabezón de la Sal (*figura 12.7*). Esta vía sigue al río Saja en su recorrido este-oeste, aguas arriba por los valles de Reocín y Cabezón, a lo largo de unos 17 kilómetros; la misma devino en el siglo XX, como se verá, en parte de la carretera nacional N-634 que recorre la costa cantábrica desde el País Vasco hasta Galicia. Esta importante vía, en su recorrido desde Vizcaya hasta alcanzar Torrelavega, ha sido analizada en los tomo I y II de esta obra, y en el tramo que resta de la misma en el occidente de Cantabria ha sido descrita en la sección previa (1.2B).

Como se muestra en la *figura 12.9*, que visualiza el desarrollo altimétrico de esta carretera, la misma presenta un perfil relativamente suave, y se desarrolla en cotas poco importantes. Parte del puente sobre el río Besaya, entre Torrelavega y Torres, a una cota de 17 metros sobre el nivel

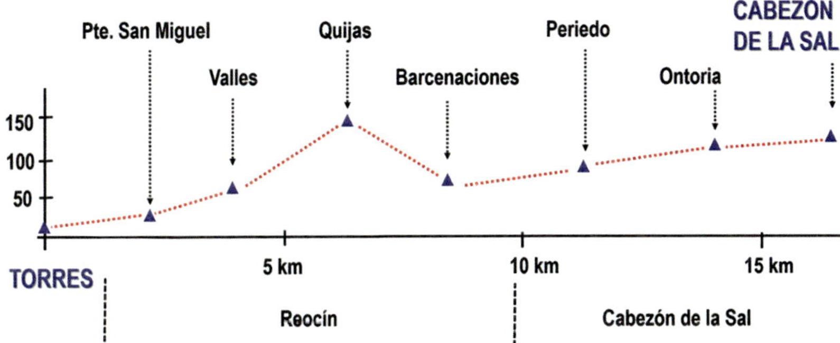

Figura 12.9. *Perfil altimétrico de la N-634 de Torres a Cabezón de la Sal en la subcomarca del Saja (mapas.cantabria y LVC).*

del mar, y finaliza en Cabezón de la Sal (a 128 m); en este itinerario el punto más elevado es el Alto de Quijas (148 m).

La carretera regional desde Cabezón de la Sal al Puerto de Palombera: aguas arriba del Saja (*figuras 12.7 y 12.8*). Se trata de otro itinerario con una larga historia que ha articulado las comunicaciones entre los valles de Cabezón, Cabuérniga y Campoo. En la *figura 12.10* se muestra su perfil altimétrico entre Cabezón y el puerto de Palombera, que cruza la cordillera cantábrica a 1 260 metros de altitud, en un recorrido de unos 40 kilómetros. Señalar que, este desarrollo del trazado en altura, recoge ya en la parte más alta, entre el lugar de la confluencia del río Argonza en el Saja y el paso de montaña citado, el nuevo itinerario que se abrió a finales del siglo XIX, como veremos, siguiendo a este río hasta cotas más elevadas, vía el pueblo homónimo hasta el puente del Pozo del Amo, un bello salto de agua que hace el río Saja.

Como puede apreciarse en la *figura 12.10*, la vía va ganando en altura con una pendiente mantenida hasta la zona de Renedo de Cabuérniga; esta inclinación se incrementa hasta el pueblo de Saja y lo vuelve a hacer en el tramo final hasta el puerto de Palombera.

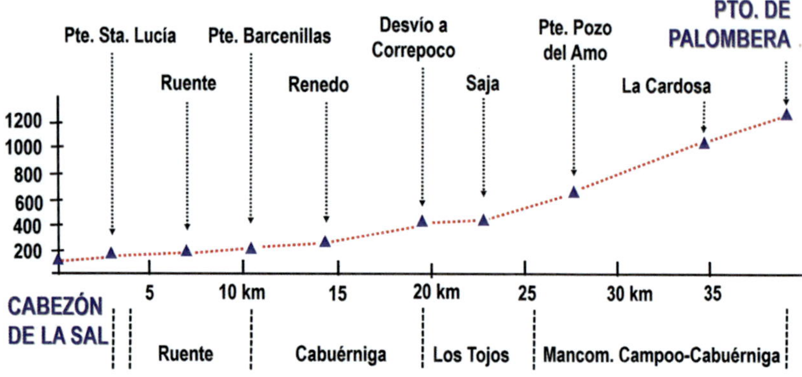

Figura 12.10. *Perfil altimétrico de la carretera de Cabezón de la Sal al Puerto de Palombera (1 260 m) en la subcomarca del Saja (mapas.cantabria y LVC).*

La carretera regional desde Pesués al Puerto de Piedra Luengas: aguas arriba del Nansa (*figuras 12.7 y 12.8*). Es este otro itinerario con cientos de años de historia, el mismo se desarrolla desde el encuentro con la carretera de la costa en el puente que existe sobre la ría de Tina Menor, hasta el norte de Polaciones en la Cruz de Cabezuela, a lo largo de unos 52 kilómetros, siguiendo al río Nansa. Desde aquí, hasta alcanzar el collado de Piedrasluengas (1 355 m), todavía la vía recorre otros seis kilómetros, tres en la parte alta del municipio lebaniego de Pesaguero y otro tres en el norte de La Pernía palentina.

La *figura 12.11* muestra el desarrollo altimétrico de su trazado: el mismo sigue una pendiente relativamente uniforme hasta el bello pueblo de Cosío, en Rionansa; a partir de aquí, la carretera se empina algo más hasta Santotís, cerca del conjunto histórico del pueblo de Tudanca. Desde aquí, en la Lastra, hasta superar la hoz de Bejos la pendiente es la máxima del itinerario, este tramo se abrió a finales del siglo XIX, y su ejecución, como se verá, es un logro de la ingeniería de caminos; finalmente, ya en el valle de Polaciones y en lo que resta para alcanzar el paso de montaña

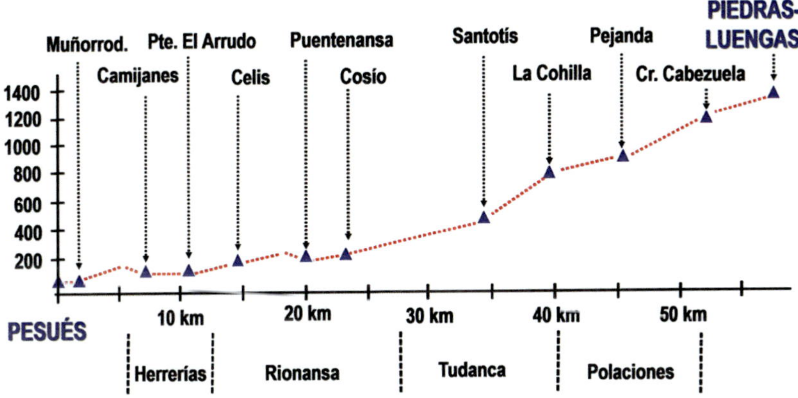

Figura 12.11. *Perfil altimétrico de la carretera de Pesués al Puerto de Piedrasluengas (1 355 m) en la subcomarca del Nansa (mapas.cantabria y LVC).*

de Piedrasluengas, a la vera de la Sierra de Peñalabra, la carretera asciende con una pendiente importante, aunque algo menor que en el singular tramo de la garganta de Bejo.

La carretera regional desde Valle de Cabuérniga a La Hermida (*figuras 12.7 y 12.8*). Esta vía, de unos 46 kilómetros, discurre al sur del Escudo de Cabuérniga y es de gran importancia para la cuenca media de los ríos Saja, Nansa y Deva, al poner en comunicación un número amplio de pueblos ubicados en esta latitud; va paralela a la costa, a unos 17 kilómetros de la misma en línea recta.

En la *figura 12.12* se recoge el perfil altimétrico de esta vía al recorrerla de levante a poniente; a la vista de éste, se podría llamar la **«carretera de los tres collados»**, pues estos son los que se pasan al recorrerla, los mismos se cruzan a unos 600 metros de altitud sobre el nivel del mar. Los puntos bajos del desarrollo en altura, donde se atraviesan los ríos Nansa y Lamasón se encuentran a 159 y 223 metros de altura. Este perfil de subidas y bajadas hace que el recorrer esta vía sea pesado y un pequeño desafío, aunque la belleza del recorrido, junto a varios hitos patrimoniales que se comentarán, compensa el esfuerzo.

En los collados segundo y tercero, de Ozalba y de Hoz, se encuentran los límites municipales de Lamasón y de Peñarrubia, y estos singulares puntos geográficos son las divisorias de las aguas que van a los ríos Nansa, Lamasón o Tanea, y Deva. Sin embargo, el límite municipal de Cabuérniga está después del primer collado, de Carmona, que nos encontramos, perteneciendo el pueblo homónimo al citado municipio del valle del Saja, aunque toda esta zona de la ladera, al oeste del paso de montaña, vierte ya sus aguas al río Nansa.

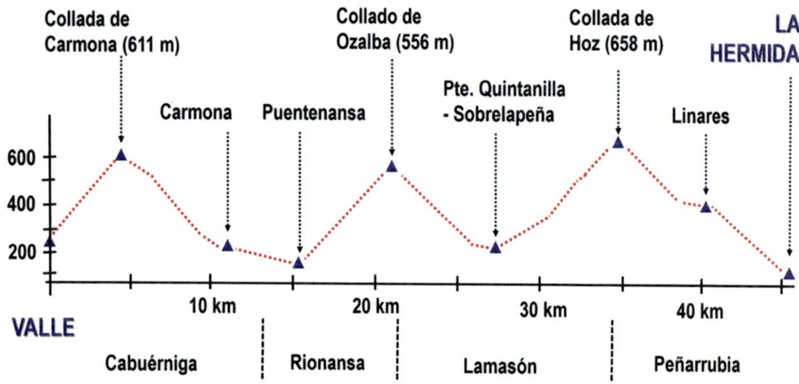

Figura 12.12. *Perfil altimétrico de la carretera de Valle, en Cabuérniga junto al Saja, a La Hermida, junto al río Deva (mapas.cantabria y LVC).*

C. La comarca de Liébana

Este territorio de 575 kilómetros cuadrados comprende 7 municipios, supone el 10,9 % del área regional y un 0,93 % de su población; su densidad de ocupación es de 9,3 habitantes por kilómetro cuadrado, lo que es una cifra muy baja (8,5 % de la media regional, que es de 110 habitantes/km^2).

El mapa de la *figura 12.13* muestra los diferentes lugares de esta comarca y nos sirve de marco de referencia para posicionar los principales ríos, montes y vías de la misma.

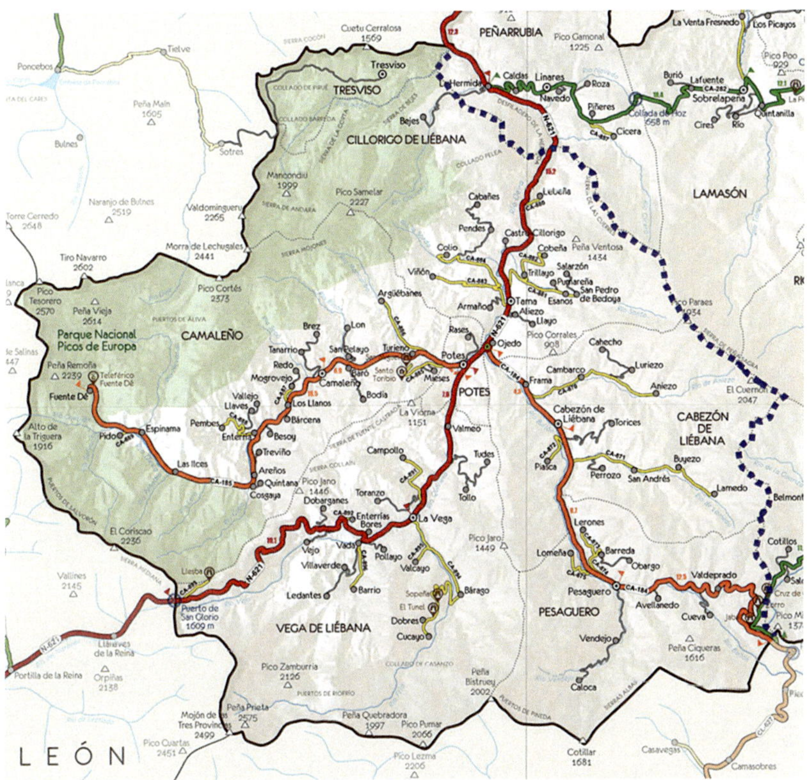

Figura 12.13. *Municipios, lugares y carreteras de la comarca de Liébana (Mapa del Gobierno de Cantabria).*

Sus bordes geográficos están constituidos al este por la subcomarca del Nansa, en concreto los municipios de Peñarrubia, Lamasón, Rionansa y Polaciones; al sur por Palencia; al sudoeste por León; al oeste y noroeste por Asturias; y al nordeste por Peñarrubia, nuevamente.

Ríos de la comarca de Liébana. Tres son los principales ríos que conforman este singular y bello territorio, el Deva, el Quiviesa y el Bullón. Los dos primeros confluyen en el centro de la villa de Potes, capital de la comarca, y el tercero lo hace poco después (*figura 12.14*).

Este territorio que en la Edad Moderna llevó el nombre de Provincia de Liébana, estaba constituido por los valles de Valdebaró, Cillórigo, Cereceda y Valdeprado: los dos primeros están regados por el río Deva, el más importante curso fluvial de la comarca, y los otros dos por el Quiviesa y Bullón respectivamente.

En el siglo XIX, al formarse los municipios contemporáneos, estos cuatro «valles» dieron lugar a 5 municipios: Camaleño y Cillorigo de Liébana, que recorre el Deva; Vega de Liébana, regado por el Quiviesa; y Cabezón de Liébana y Pesaguero, partes baja y alta del antiguo valle de Valdeprado, bañados por el río Bullón.

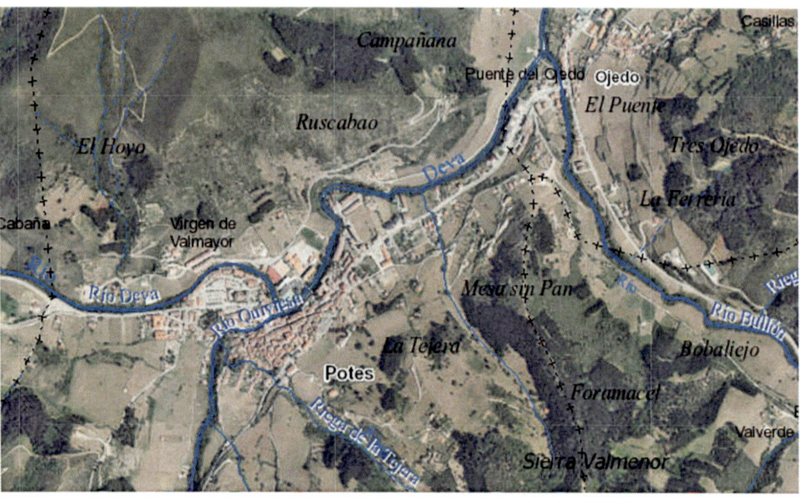

Figura 12.14. *En el centro de Potes, capital de Liébana, confluye el río Quiviesa en el Deva, y el río Bullón al nordeste de la citada villa, en el pueblo de Ojedo (mapas.cantabria 2017).*

El **río Deva** tiene una longitud de 64 kilómetros, nace en Fuente Dé (1 100 m), un circo glaciar con abundantes hayedos, al oeste de Camaleño, y desemboca en el mar Cantábrico en Tina Mayor, en Unquera. Recorre el antiguo Valdebaró y alcanza Potes, donde se le incorporan por su derecha, primero el Quiviesa y un poco más adelante el Bullón; sigue por el valle de Cillorigo y recorre, durante 25 kilómetros, el impar desfiladero de La Hermida. Poco antes de su comienzo recibe por su margen derecha el río Santo, que baja del valle de Bedoya; a mitad del desfiladero, en la zona de La Hermida, recibe por la izquierda los ríos Corvera y Urdón, que bajan de Bejes y Tresviso, respectivamente.

Desde Urdón, y durante 5 kilómetros, el Deva es el límite entre Cantabria, al oeste de Peñarrubia, y Asturias. En el sitio de Estragüeña entra en esta última comunidad, en el valle de Peñamellera Baja, que recorre durante otros 10 kilómetros y recibe por su izquierda el río Cares, principal afluente del Deva, al oeste de la villa asturiana de Panes. Finalmente, este río vuelve a ser límite entre las dos regiones en sus últimos 5 kilómetros bañando antes de alcanzar el mar las orillas de los pueblos de Unquera y Bustio, a levante y poniente del estuario de Tina Mayor.

Añadir que el **río Quiviesa** tiene 17 kilómetros, nace en la vertiente norte de Peña Prieta (2 575 m) y recoge las aguas de los Puertos de Riofrío, entre la anterior elevación y Peña Bistruey (2 002 m); y que el **río Bullón** tiene 24 kilómetros y nace en la Sierra de Peña Labra (2 029 m).

Montes de la comarca de Liébana. Es por éstos por los que este territorio atrae a decenas de miles de personas anualmente, en busca de las bellezas paisajísticas y naturales que ellos ofrecen; la comarca está rodeada de altas montañas, muchas de ellas superando los dos mil metros. Esto origina un gran espacio encerrado por alto picos, lo que origina en el fondo de los valles un microclima de tipo mediterráneo, que permite el cultivo de la vid, mientras que en las zonas medias y altas tiene un clima atlántico húmedo.

Parte del territorio de Liébana, 154 kilómetros cuadrados (el 27% de su superficie), al norte y oeste de la comarca, forma parte del Parque Nacional de los Picos de Europa (de 671 kilómetros cuadrados) uno de los más importantes ecosistemas de bosque atlántico y la mayor formación caliza de Europa occidental. En lo que sigue se recogerán las principales sierras y montes que delimitan los cuatro valles de esta comarca.

Montes del valle de Camaleño (*figura 12.15*). El antiguo territorio de Valdebaró (161 kilómetros cuadrados) está limitado al norte y al oeste por parte de los picos de Europa: en el septentrión, de este a oeste, lindando con Cillorigo de Liébana se encuentran Samelar (2 227 m), El Santo (2 212 m) y Morra de Lechugales (2 441 m); aquí comienza el límite con Asturias, donde siguen, Cortés (2 370 m), El Escamellao (2 079 m) y Tesorero (2 570 m), en esta última zona y hacia el interior del municipio se encuentra Peña Vieja (2 614 m), la cima más alta de Cantabria, a cuyas faldas se encuentran los Puertos de Áliva.

El oeste y sudoeste de Camaleño limita con la provincia de León, con picos importantes a sendos lados del linde: como los cántabros de San Carlos (2 390 m) y Peña Remoña (2 239 m), o los leoneses (Torre Blanca (2 617 m) o Torre Salinas (2 447 m); ya en el sudoeste se encuentran los Puertos de Salvorón, el Coriscao (2 236 m) y el collado de Yesba, en el límite con el municipio de Vega de Liébana y cerca del puerto de San Glorio.

El sudeste de Valdebaró, lindando con el último municipio citado, lo marca una alineación de montes en los que destacan Jano (1 446 m), Viorna (1 151 m) y Cruz de la Viorna (1 087 m) cerca ya de Potes, por donde abandona Camaleño el río Deva que lleva ya recorridos unos 23 kilómetros desde Fuente Dé en las faldas de Peña Remoña. Finalmente, el borde nordeste, vuelve a limitar con Cillórigo de Liébana, en una alineación que va desde Nogalón (782 m), en el norte de Potes, con el citado Samelar (2 227 m).

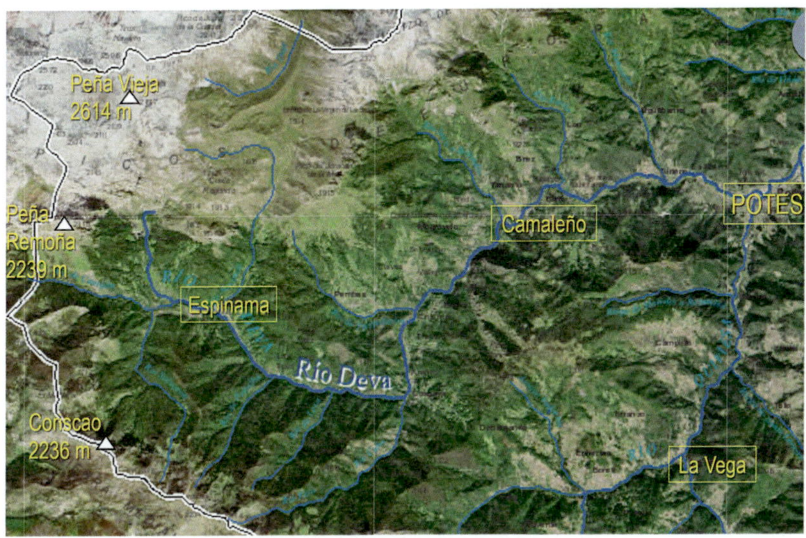

Figura 12.15. *El bellísimo marco geográfico del valle de Camaleño con los Picos de Europa al norte, oeste y sudoeste, con varias cumbres que superan los 2 000 metros, y el río Deva fluyendo desde Fuente Dé hacia la villa de Potes (mapas.cantabria 2020).*

Montes del valle de Vega de Liébana. Este histórico territorio del valle de Cereceda, de 133 kilómetros cuadrados, tiene sus más elevadas cumbres a sur, que lo separan de la provincia de Palencia, las mismas recorridas de levante a poniente son: Peña Bistruey (2 000 m), lindando con el municipio de Pesaguero, Peña Cuchilluda (1 922 m), Pumar (2 065 m), Peña Quebrada (2 001) y la gran Peña Prieta (2 538 m). Cerca de aquí, en el Mojón de las Tres Provincias (2 499 m), comienza el borde sudoeste del municipio, limitando ya con el territorio de León, esta alineación llega al citado Puerto de San Glorio (1 609 m), uno de los más elevados de la cordillera cantábrica; este paso, antiguamente se llamaba San Clovis o San Clovio, del que deriva el nombre actual.

Desde este puerto de montaña arranca la alineación, ya citada, que marca el noroeste del municipio y lo separa del de Camaleño (con Pico Jano y La Viorna). El frente norte de Vega de Liébana es corto, lo separa del pequeño municipio de Potes, y es por donde tiene su salida el río Quiviesa, que se encuentra poco después con el Deva.

Finalmente, el límite de levante es un potente cordal que se eleva desde Midiajo (1 000 m), cerca del extremo nororiental con Potes, sigue por Jaro (1 449 m), Corona (1 868 m) y la gran Peña Bistruey (2 000 m), que separa el antiguo valle de Cereceda de los municipios de Cabezón de Liébana y Pesaguero.

Montes del valle de Pesaguero. Este municipio, con 70 kilómetros cuadrados de superficie, es la parte alta del antiguo valle de Valdeprado y en sus montes meridionales se encuentran las fuentes del río Bullón.

La alineación sur de este territorio limita con la provincia de Palencia: al occidente se encuentra la citada Peña Bistruey, yendo hacia levante, hasta Cotillar (1 681 m), se encuentran los Puertos de Pineda, y siguiendo hacia Peña Ciqueras (1 616 m), las denominadas Sierras Albas, toda esta zona, y la de Pineda, se encuentra al norte del pueblo de Caloca (1 108 m), uno de los más altos de Cantabria; ya en el extremo oriental de la alineación se encuentra Pico Milano (1 374 m) y el Puerto de Piedrasluengas (1 355 m), ya en tierras palentinas, en la falda meridional de la Sierra de Peña Labra, donde nacen parte de los arroyos que originan el importante río Pisuerga.

Pesaguero limita al oeste con Vega de Liébana y al este con Polaciones y sus bordes geográficos ya han sido expuestos. Queda por recoger su lado septentrional que lo separa de Cabezón de Liébana: a poniente de la alineación pasa el río Bullón y luego, hacia levante, se encuentra un cordal de montes cuyas cotas más elevadas superan los 1 000 metros: Peña Porrera (1 278 m), Peña Boya (1 276 m) y Carbonera (1 176 m) cerca de Polaciones.

Montes del valle de Cabezón de Liébana. Este municipio, con 81 kilómetros cuadrados de superficie, es la parte baja del antiguo valle de Valdeprado. Se han visto ya sus límites al sur, con Pesaguero, al este con Polaciones y al oeste con Vega de Liébana.

Destacar, ahora su borde noreste de la Sierra de Peña Sagra, con El Cornón (2 046 m) y Pico Pares (1 934 m), que limita con Rionansa y Lamasón; y la alineacaión norte que une el último pico citado y el de Corrales (908 m), que es el linde con Cillorigo de Liébana, y finaliza en el occidente por el paso del río Bullón al encuentro cercano con el gran Deva.

Montes del valle de Cillorigo de Liébana y de Tresviso. El primero, con 105 kilómetros cuadrados de superficie, es el cuarto gran valle de la comarca. Sus límites sur, con Cabezón de Liébana, y noreste con Lamasón y Peñarrubia (sierra de las Cuerres) ya han sido comentados. Al noroeste se encuentra el imponente macizo oriental o de Ándara de los Picos de Europa cuyo borde y picos más notables que lo separan de Camaleño ya se han citado.

Al norte citar la Sierra de la Corta y la de Bejes, que lo separan del pequeño municipio de Tresviso (16 kilómetros cuadrados) y su pueblo, único, de nombre homónimo; territorio que a septentrión tiene un cordal con Cuetu La Cerralosa (1 560 m) y Horcadura del Cantio (1 268 m) que lo separan de Asturias.

Altimetría de los principales caminos. A lo largo de la Historia, en este territorio se han desarrollado cuatro importantes caminos, que organizan las comunicaciones de los cuatro grandes valles de Liébana; éstos confluyen en Potes, que por su posición geográfica y el encuentro aquí de los tres ríos conformadores de la comarca, justifican que sea su capital indiscutible.

Como se verá, la salida de este territorio hacia la costa, se hizo durante gran parte de la historia vía Peñarrubia y Lamasón, y ya en la zona de Sobrelapeña y Quintanilla, por el río Lamasón aguas abajo, se alcanzaba el Nansa y la Marina. En el tercio final del siglo XIX, se construyó la impresionante carretera del desfiladero de La Hermida y con ello una nueva y definitiva conexión abrió la puerta de Liébana al mar.

En lo que sigue se recoge el desarrollo en altura de las vías que posibilitan las comunicaciones de los valles de Liébana y esta conexión contemporánea de la comarca con la costa occidental de Cantabria, junto al río Deva hasta su encuentro, en Unquera, con la carretera que recorre la cornisa cantábrica.

Altimetría de la carretera nacional N-621 entre Unquera y el Puerto de San Glorio *(figura 12.16)*. Esta vía, de unos 65 kilómetros, sigue al río Deva desde su encuentro con la carretera N-634 en Unquera (15 m) hasta Potes (291 m), y desde esta villa, siguiendo al río Quiviesa, por el valle de Vega de Liébana, hasta el citado puerto que atraviesa la cordillera cantábrica.

Esta vía tiene una pendiente muy suave en sus primeros 38 kilómetros, hasta alcanzar Potes. Luego se incrementa ligeramente hasta alcanzar La Vega (467 m). A partir de aquí, y en los últimos 20 kilómetros debe superar unos 1 150 m de desnivel.

Altimetría de la carretera regional de Ojedo a Piedrasluengas *(figura 12.17)*. Esta vía debe superar unos 1 000 metros en 29 kilómetros. Hasta Pesaguero, a 13 kilómetros del origen, la pendiente media es del orden del 2,3 %. En los 16 kilómetros que quedan hasta el puerto, la pendiente casi se duplica pasando al 4,5 %.

Altimetría de la carretera regional de Potes a Fuente Dé *(figura 12.18)*. Esta vía debe superar 800 metros de desnivel en 23 kilómetros; lo que hace con una pendiente media del 3,5 %, siendo algo mayor en la segunda parte del itinerario.

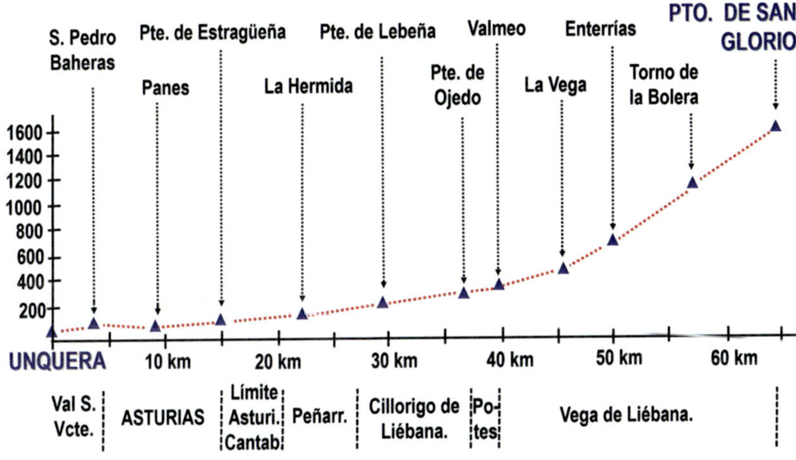

Figura 12.16. *Perfil altimétrico de la carretera nacional N-621 desde Unquera (15 m) al Puerto de San Glorio (1 609 m) junto a los ríos Deva y Quiviesa (mapas.cantabria y LVC).*

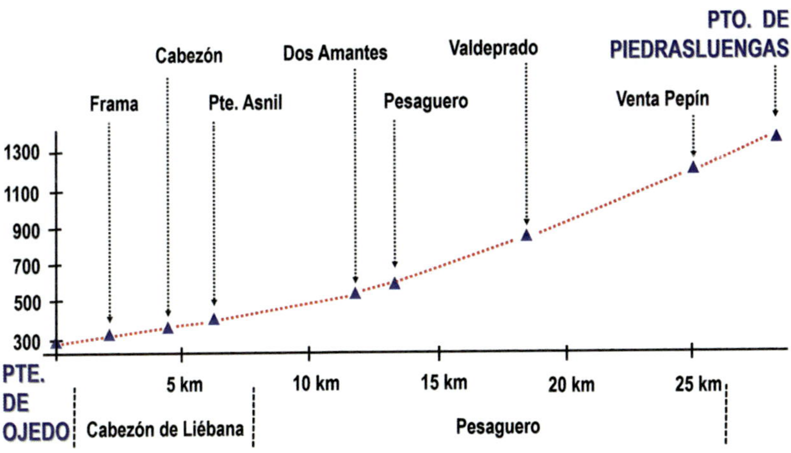

Figura 12.17. *Perfil altimétrico de la carretera desde el Puente de Ojedo (280 m) al Puerto de Piedrasluengas (1 355 m) junto al río Bullón (mapas.cantabria y LVC).*

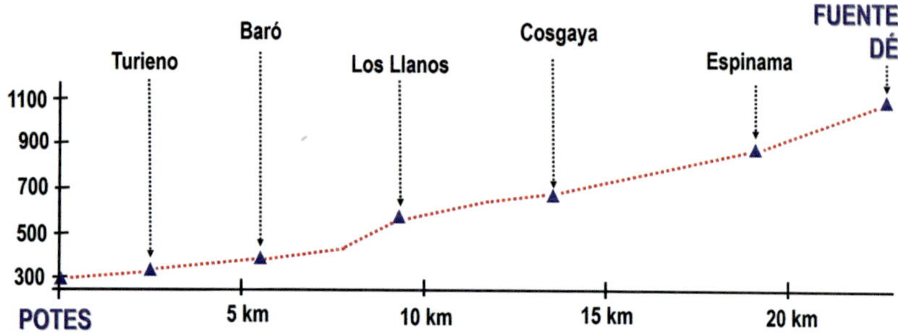

Figura 12.18. *Perfil altimétrico de la carretera de Potes (291 m) a Fuente Dé (1 100 m) junto al río Deva (mapas.cantabria y LVC).*

1.3 LOS CAMINOS ANTIGUOS EN LAS COMARCAS OCCIDENTALES

El capítulo dos del tomo I de este proyecto editorial se dedicó a «Los caminos antiguos en las comarcas centrales de Cantabria», y en cuatro apartados se trataron: los caminos de altura entre los castros del valle del Besaya, la vía prerromana del Escudo, la calzada romana *Pisoraca-Iuliobriga-Portus Blendium* (Herrera de Pisuerga-Retortillo-Suances) y otras vías romanas en la zona central de Cantabria.

La amplitud de estudios, campañas arqueológicas y conocimientos acumulados sobre las vías antiguas en las cuatro comarcas del centro de la región, nos permitió esa extensión narrativa, y dedicarle un capítulo del citado libro a la hora de sintetizar tal saber. No es el caso en el área occidental de Cantabria que ahora nos ocupa, ni lo fue en el tomo II dedicado a la zona oriental de la región; en estos territorios el grado de conocimiento que se tiene sobre este tipo de vías es menor, lo que nos ha llevado a tratar lo que se conoce sobre ellas en sólo un apartado.

En la Cantabria oriental y occidental desconocemos los itinerarios de las vías anteriores a la ocupación romana de esta región, que se produjo algo antes del cambio de Era. Del periodo de la romanización se sabe algo más, pero todavía hay falta de vestigios arqueológicos suficientes que nos permitan conocer las vías utilizadas; y, como veremos, esta ausencia de hallazgos es aún mayor en esta área occidental.

Así, en la parte oriental de Cantabria (ver tomo II), hay mayor consenso entre los expertos en vías romanas sobre el itinerario de un camino que unía «*Pisoraca con Flaviobriga*» (Herrera de Pisuerga con Castro Urdiales), habiéndose hallado un buen número de restos romanos en esta ciudad del oeste de Cantabria y en el cercano valle de Otañes; en concreto, aquí se han encontrado ocho miliarios, lo que es infrecuente, y la famosa «pátera de Otañes», una impar joya de la orfebrería hispanorromana, que apoyan firmemente una parte del recorrido.

Sin embargo, en la parte occidental de la región no se han encontrado miliarios, y los historiadores basándose en otros hallazgos sólo indican las posibles rutas por donde debieron discurrir estos caminos romanos en los primeros siglos de nuestra Era.

A modo de pórtico de las páginas que vienen, se recomienda la lectura de lo escrito sobre este asunto en los tomo I y II de esta obra, para enmarcar lo que sigue dentro del contexto global de las vías antiguas en Cantabria. Este apartado se ha dividido en dos secciones: la primera contempla las vías prerromanas y, en segundo término, se describen los posibles itinerarios de los caminos romanos que existieron en la zona occidental de la región.

A. *Los caminos de altura entre los castros de la Edad del Hierro*

Sabemos que los pastores del Neolítico se movían por las zonas altas de los montes, las líneas de interfluvios entre valles, por donde era relativamente fácil comunicarse, y allí, en el escenario habitual de sus vidas y cerca de las brañas donde pastaban sus reses, dejaron sus llamativas manifestaciones megalíticas y túmulos funerarios. Posteriormente, el poblamiento de los cántabros en la Edad del Hierro (del 700 a.C. al cambio de Era) se localizó, igualmente, en las zonas montañosas, según el patrón de ocupación del territorio anterior.

Es probable que estas «vías de cordal» transitaran por los pasos naturales y collados entre valles, de hecho, cerca de ellos han aparecido túmulos funerarios neolíticos. Así en la zona de nuestro estudio, estos caminos de altura atravesarían los diferentes puertos de la cordillera cantábrica con Asturias, León y Palencia («Aliva», «Salvorón», «Collado de Llesba», «Riofrío», «Pineda», «Sierras Albas» y «Piedrasluengas»); junto con los collados existentes en los cordales interiores del territorio que nos ocupa, «Sejos» entre Polaciones y la Mancomunidad de Campoo-Cabuérniga, los pasos de la «Sierra de las Cuerres» entre Cillorigo de Liébana y los valles de Peñarrubia y de Lamasón, el «puerto de Palombera» entre Campoo y el valle del Saja y otros.

Pero con la escasa información que ahora se tiene, dado el pequeño número de ubicaciones megalíticas y castros cántabros localizados, es difícil dilucidar por donde iría la traza de estos caminos que utilizaron nuestros antepasados y, al respecto, no hay estudios en esta línea.

La *tabla 13.1* nos ofrece los principales hallazgos arqueológicos habidos en la zona occidental de Cantabria relativos a un largo periodo, de unos 5 000 años, de ocupación de este territorio, desde la época neolítica al cambio de Era; dentro de esta tabla, destacan con diferencia los hallazgos existentes en la comarca de Liébana. Las fuentes de esta información se encuentran en los trabajos de Teira Mayolini (1994) *El megalitismo en Cantabria: Aproximación a una realidad arqueológica olvidada*, Acanto 2010 *Castros y Castra en Cantabria* y la web *«Regio Cantabrorum»* de López Cadavieco.

MEGALITISMO. TÚMULOS	CASTROS CÁNTABROS	CAMPAMENTOS ROMANOS
Coterio de Peñalba (Oreña. Toñanes)	El Cincho (Yuso. Santillana del Mar)	Cueto de El Haya (Cabuérniga. Rionansa)
Collado de Las Llaves. Peñarrubia	Castillo de Prellezo (Val de San Vicente)	Pico Jano (Dobarganes. Vega de Liébana) ¿Castro?
Túmulos de Áliva. Camaleño	El Peñuco. Colio (Cillorigo de Liébana)	Castro Negro (Vega de Liébana)
Peña Oviedo. Camaleño	Sebrango. Camaleño	Castellum Vistrió (Pesaguero)
Combranda. Vega de Liébana	Llan de la Peña (Dobarganes. Vega Liébana)	Estruc. defens. Robadoiro (cerca Puerto San Glorio)
Palmedián. Vega de Liébana	Los Cantones (Cahecho. Peñasagra. Cabezón de Liébana)	
Estación megalítica del collado de Sejos-Cuquillo BIC. (Polaciones. Mancom. Campoo-Cabuérniga)	Lerones (Pesaguero)	
	La Corona (Vega de Liébana)	

Tabla 13.1. *Hallazgos arqueológicos en la zona occidental de Cantabria desde la época neolítica hasta las «Guerras Cántabras» (Teira, Acanto, Regio Cantabrorum y LVC).*

En esta tabla se recogen tres tipos de descubrimientos: la primera columna se refiere a las manifestaciones megalíticas (túmulos dólmenes y menhires) propias del periodo neolítico y calcolítico, hasta hace unos 2 000 años antes de Cristo; la segunda recoge los castros que ocupaban los cántabros de la Edad del Hierro, en un periodo que va desde el 700 a. C. hasta las «guerras cántabras», que tuvieron lugar entre el año 29 a. C. al 19 a. C.; y la tercera recoge los campamentos que organizaron las legiones romanas dentro del conflicto armado que les enfrentó a los pueblos indígenas que habitaban Cantabria.

Sobre los restos de megalitos hallados en las tres comarcas occidentales, además de los citados en la *tabla 13.1*, hay constancia de la existencia de algunos más. La enciclopedia Wikipedia recoge: un par de lugares adicionales en la comarca Costa Occidental (con 15 túmulos en los municipios de San Vicente de la Barquera y Val de San Vicente); en la comarca Saja-Nansa otras tres zonas más (con 20 túmulos en los municipios de Rionansa y Lamasón); y otros tres lugares en la comarca de Liébana (con 25 túmulos y 3 menhires en los municipios de Camaleño, Tresviso y Cabezón de Liébana).

En cuanto a los castros de la Edad del Hierro de la *tabla 13.1*, las excavaciones llevadas a cabo en alguno de ellos han suministrado información valiosa (molinos rotatorios, azuelas, manilla de un escudo, materiales cerámicos hechos a mano y en torno, etc.). Pero, como se ha adelantado, con la información disponible no es viable conocer por donde discurrían los caminos que comunicaban tales poblados.

Al respecto, en el libro *Los Cántabros en la Antigüedad: la Historia frente al Mito* de Aja, Cisneros y Ramírez Sádaba (2008) se recoge un interesante texto de este último profesor: «*Ignoramos cómo se comunicaban los indígenas entre sí antes de la intervención romana. Hay que presuponer que se servirían de caminos naturales, pues los castros dominan, desde la altura de sus emplazamientos, amplios espacios, generalmente valles, por donde circularían hombres y productos. Pero no existe documentación literaria ni arqueológica que pueda permitir un trazado verosímil, porque incluso los topónimos de las campañas bélicas son inutilizables*».

B.   Las vías romanas en el occidente de Cantabria

El territorio que nos ocupa es obvio que fue transitado por las legiones romanas durante las guerras cántabras de conquista y, a posteriori, durante los más de cuatro siglos en que aquí convivieron con los indígenas, el tiempo de la romanización. Ya a comienzos del siglo v, la llegada de los pueblos bárbaros a la península Ibérica, condujo a la recuperación de la autonomía por parte de los cántabros.

En lo que sigue, primero se revisan los restos que tenemos de la presencia romana en la zona occidental de Cantabria y luego se describen los itinerarios tentativos que se manejan por parte de dos libros que se han consultado: el de Solana Sainz (1981) que dedica un capítulo a «*La red viaria*» y el de Iglesias y Muñiz (1992) que es un texto monográfico y de referencia sobre «*Las comunicaciones en la Cantabria romana*», y que nos va a servir de guía en este asunto.

De la época de las guerras cántabras se conoce en la zona occidental de Cantabria la existencia de algunos campamentos romanos (*tabla 13.1*). De especial importancia son los dos descubiertos en la segunda década del siglo XXI que controlan sendos pasos de la cordillera Cantábrica en la zona de Liébana: el de «Castro Negro», que se ubica cerca de los Puertos de Riofrío, y el «Castellum de Vistrió», que está próximo al puerto de Sierras Albas. Estos campamentos refuerzan la existencia de una o varias vías romanas de penetración en esta comarca y que la atravesarían de sur a norte.

De los dos campamentos, es significativo el primero de ellos, el de «Castro Negro». Según recoge Regio Cantabrorum (web) con información de los arqueólogos que se citan, fue descubierto por Jose Ángel Hierro Gárate en 2014, tiene unas 10,5 hectáreas, está a unos 1 960 metros de altitud y su estructura defensiva tiene dos puertas en «clavícula interna», identificativas de este tipo de castrametación romana, y fue excavado arqueológicamente en 2016 por un equipo dirigido por Eduardo Peralta Labrador. Esto dio importantes hallazgos: numerosas piezas metálicas relacionadas con equipamiento militar romano y con objetos cotidianos en un campamento (clavos de caligae, o sandalias de cuero utilizadas por los legionarios, regatones, un proyectil de catapulta y algunas herramientas) y una moneda acuñada en la ceca de Calagurris (actual Calahorra) del año 28 a.C.

ESTELA	LUGAR	CRONOLOGÍA
De Ambatus Pentoviecus	Luriezo. Cabezón de Liébana.	Siglo I d.C.
De Aelio Albino	Lebeña. Cillorigo de Liébana.	Siglo II d.C.
Ermita S. Sebastián de Herrán	Santillana.	Siglo III/IV d.C.
Estela de Bores	Vega de Liébana.	Siglo IV d.C.
De Antestio Patruino	Villaverde. Vega de Liébana.	Siglo IV d.C.

Tabla 13.2. *Estelas cántabro-romanas en la zona occidental de Cantabria (Regio Cantabrorum, internet y LVC).*

También, en la zona occidental de Cantabria se han descubierto varias estelas cántabro-romanas de la época de romanización (*tabla 13.2*), destacan las cuatro halladas en la comarca lebaniega de los siglos I al IV d.C., que confirman la presencia romana en este territorio; en las *figuras 13.1 y 13.2* se recogen dos de ellas que se encuentran en las iglesias de Luriezo y de Villaverde: la primera es circular, de 1,35 metros de diámetro y 20 centímetros de grosor; la segunda está en una pila del arco triunfal del ábside, contiene una roseta de seis pétalos, jinete sobre caballo, inscripción y tres arcos de medio punto al pie.

Iglesias y Muñiz en el libro citado sobre *Las comunicaciones en la Cantabria romana* recogen dos vías de penetración al occidente de Cantabria desde Pisoraca (la actual Herrera de Pisuerga), donde estuvo acantonada la Legio IIII Macedónica desde el final de las guerras cántabras (19 a.C.) hasta el 40 d.C., antes de su salida de Hispania. Una de las vías la llevan hacia Liébana y la otra es un ramal de la famosa calzada «*Pisoraca, Iuliobriga, Portus Blendium*» (ver tomo I) que desde la zona de Nestar va hacia al collado de Somahoz y luego, vía el valle del río Saja, se dirige a la costa occidental.

Figuras 13.1 y 13.2. *Estelas cántabro-romanas en Liébana: en Luriezo y en Villaverde (cortesía de Lino Mantecón y del blog tesoros históricos de Cantabria).*

La vía romana de Herrera de Pisuerga a Liébana. Este camino es denominado por Iglesias y Muñiz «vía del Burejo» y proponen un itinerario que justifican en base a diversos hallazgos romanos habidos por los lugares que discurre.

La vía parte de Herrera de Pisuerga, donde confluye en este río el Burejo, al que sigue el camino hacia el noroeste, a lo largo de la comarca de la Ojeda, hasta Colmenares; desde aquí la vía va hacia Cervera de Pisuerga y siguiendo a este río hasta sus fuentes, en la comarca de la Pernía, busca desde la zona de Camasobres el paso de la cordillera cantábrica, bien por el puerto de Sierras Albas o por el de Piedrasluengas.

Ya en Liébana la vía desciende por el valle del Bullón hasta la zona de Potes y de aquí, estos autores la continúan hacia la costa. No descartan la idea de que pudiera salir, junto al rio Deva, por el desfiladero de La Hermida hacia Panes; aunque creen más probable que la vía fuera hacia el noreste hacia la zona de Peñarrubia o Lamasón y siguiendo junto a este río, alcanzar el Nansa y con él la costa occidental.

Solana Sainz (1981) recoge una vía de penetración a Liébana al oeste de la anterior, la misma viene desde la zona de *«Dessobriga»*, cerca de Osorno y ubicada en la calzada principal *«Asturica Augusta-Burdigala»* (de Astorga a Burdeos), la lleva hacia el norte a Guardo y cruza la cordillera cantábrica por el collado de Aruz, descendiendo hacia Potes por el valle del Quiviesa.

La vía romana de Valdeolea y el valle del Saja. Ésta es un ramal de la calzada principal *«Pisoraca-Iuliobriga-Portus Blendium»* que Iglesias y Muñiz (1992) denominan como vía del «Collado de Somahoz», que se encuentra en la Sierra Híjar, entre Valdeolea y Campoo de Suso. En el tomo I de esta obra se ha descrito su itinerario desde la zona de Nestar, al norte de Palencia y lindando con el sur de Valdeolea en Cantabria, y sigue al río Camesa, afluente del Pisuerga, aguas arriba, hasta la zona del citado collado y desde ahí, atravesando el Alto Campoo de sur a norte alcanza el puerto de Palombera, en la Sierra del Cordel.

Desde este paso de montaña la vía desciende por la cuenca del río Saja hacia los valles de Cabuérniga y de Cabezón, y llega a la costa occidental de Cantabria, bien a San Vicente de la Barquera, a Comillas o a Suances.

Solana Sainz (1981) recoge una vía «Valdeolea-Mar Cantábrico» cuyo itinerario detalla y sigue, en líneas generales, el descrito en el párrafo anterior.

Otros dos estudios consultados de García Guinea *et al.* (1985) y de Aja, Cisneros y Ramírez Sádaba (2008), recogen estas vías que alcanzan Liébana desde el norte de Palencia y la que sigue el valle del Saja, y ofrecen planos de las mismas con sus itinerarios tentativos. En concreto el mapa que estos tres profesores ofrecen de las calzadas romanas en

Cantabria en *Los Cántabros en la Antigüedad: la Historia frente al Mito* puede consultarse en la *figura 2.25* del tomo I de esta obra.

Para finalizar esta sección, se adelanta que los itinerarios detallados de estas vías, aquí delineadas aproximadamente, se describirán en el siguiente capítulo dedicado a los caminos medievales, en los apartados 2.3B (vía del Saja), 2.4C (camino del valle del Quiviesa) y 2.4D (vía del valle del Bullón).

2.

LOS CAMINOS MEDIEVALES EN LAS COMARCAS OCCIDENTALES DE CANTABRIA (SIGLOS VI AL XV)

2.1 Introducción a los caminos medievales en la zona occidental de Cantabria

ANTES de describir las diferentes vías que recorren el territorio de las tres comarcas que nos ocupan, lo que se hará en los apartados que siguen, se expone ahora una breve revisión histórica de los mil años del Medievo en esta área geográfica, de unos 1 682 kilómetros cuadrados, y se perfilan los principales ejes viarios en la zona occidental de la región.

Se sugiere la lectura del apartado 3.1 del tomo I de este proyecto editorial en el que se trata de los caminos medievales de Cantabria; allí se ofrece el marco general de la historia de tal periodo, la formación y las características de estas vías y las fuentes del conocimiento sobre estas infraestructuras en la región. También, resultará esclarecedor el apartado 2.1 del tomo II, en el que se hace una introducción a los caminos medievales en la zona oriental de Cantabria.

Centrándonos ya en la historia medieval de esta zona occidental de la región, debe recordarse que a comienzos del siglo VIII (711 d.C.) se produce la invasión islámica de la península ibérica que, a excepción de su territorio costero septentrional, desde Asturias hasta el País Vasco, es ocupada en pocos años. En este contexto un amplio contingente de población cristiana de la Meseta norte es empujado a protegerse en esta zona marítima al abrigo de la cordillera cantábrica.

En el año 722 se produce la batalla de Covadonga en que los cristianos liderados por don Pelayo, un noble visigodo refugiado en la zona oriental asturiana, vencen a las tropas musulmanas. Este episodio bélico, en el que intervienen decisivamente los cántabros dirigidos por su duque Pedro, pone en marcha la Reconquista del territorio peninsular, que durará cerca de ocho siglos y, además, da origen al reino de Asturias, en el cual se integra la región de Cantabria.

A mediados del siglo VIII, durante el reinado de Alfonso I de Asturias, yerno de don Pelayo e hijo del duque Pedro de Cantabria, se comienza el repoblamiento de toda esta región según recoge una crónica posterior: «*En aquel tiempo fueron pobladas Primorías, Lebana, Transmera, Subporta, Carrantia, Bardulies que ahora son llamadas Castella, y la zona costera de la Gallaecia*» (Obregón 2000).

Es en Liébana donde empieza primero, a lo largo de los siglos VIII al X, y con más intensidad este fenómeno de llegada de inmigrantes meseteños acompañados por clérigos y nobles visigodos. Aquí, se fundaron hasta una veintena de pequeños monasterios, destacando entre ellos el de San Martín de Turieno, que luego devendría en Santo Toribio de Liébana, y el de Santa María de Piasca, y se crearon núcleos de población asociados a los mismos. Es al principio de este periodo cuando llega a esta comarca el cuerpo del obispo Toribio de Astorga junto a la reliquia del Lignum Crucis (el trozo de la cruz de Jesucristo más grande que se conserva) y cuando el monje Beato de Liébana escribió e ilustró sus libros, entre ellos el Comentario al Apocalipsis. Y ya en el siglo x se construye la magnífica iglesia mozárabe de Santa María de Lebeña (*figura 21.1*), joya del arte prerrománico en España.

Este repoblamiento con cristianos hispano visigodos se produjo, también, en las Asturias de Santillana, donde destaca la llegada a este lugar de los restos de Santa Juliana y la construcción de un monasterio donde custodiar los mismos, que con el tiempo dieron lugar a la colegiata románica del siglo XII *(figura 21.2)* que hoy admiramos; y a la que en la Edad Moderna se la añadieron algunas construcciones, como el frontón renacentista de la entrada principal y la logia de varios arcos sobre el muro sur.

Los cartularios de estos monasterios principales, donde se copiaban los privilegios y pertenencias de los mismos, nos ofrecen referencias de numerosos lugares de esta zona occidental de Cantabria y es en esta época cuando se van creando la mayoría de los pueblos que hoy conocemos, en varios de los cuales han aparecido necrópolis de tumbas de lajas y restos de ermitas semi rupestres.

Durante la Baja Edad Media, a partir del siglo XI, Cantabria pasa a depender del reino de Castilla y durante el mandato de Alfonso VIII (entre 1170 a 1214) tiene lugar la creación de las Cuatro Villas de la Costa, además de la de Santillana, las cuales van a tener un importante papel en la historia regional. Entre éstas se encuentran dos en el área geográfica de nuestro estudio, la citada Santillana y San Vicente de la Barquera, la *figura 21.3* muestra su magnífica iglesia gótica, que reciben sus fueros en 1209 y 1210 respectivamente, y que se convertirán en protagonistas del territorio en cuestión, siendo importantes hitos del camino costero que recorre la costa cantábrica.

A raíz de la concesión de estos fueros, aumenta la influencia comercial de estos enclaves, crece su población y se convierten en polos de atracción de toda su área tributaria; lo que tendrá incidencia en la mejora

Figuras 21.1 a 21.4. *La zona occidental de Cantabria cuenta con un excepcional patrimonio medieval a la vera de los caminos que se utilizaron en esta época: iglesia mozárabe de Santa María de Lebeña (s. x), colegiata románica de Santillana del Mar (s. xii), iglesia gótica (siglo xiii y siguientes) de Santa María de los Ángeles en San Vicente de la Barquera y torre del Infantado en Potes (s. xiv) (LVC).*

de los caminos que comunican estas villas con su entorno. Además, en el caso de San Vicente, su puerto permitirá el comercio marítimo y adquiere una gran importancia la actividad pesquera, cuyo producto, la pesca, se comercializará en el norte de Castilla.

A partir del siglo xiii la expansión que experimenta el reino castellano, al compás del avance de la Reconquista, supone la cesión de derechos y privilegios a los caballeros que participaron en las contiendas; esto conllevó a la creación de señoríos laicos, alcanzando alguno de los «linajes» que se originaron un gran poder. Entre ellos, en la zona de este estudio, destacaron los Mendoza y casa de la Vega, marqueses de Santillana y Argüeso, y duques del Infantado, la *figura 21.4* muestra su llamativa torre fortificada en Potes, y los Manrique, condes de Castañeda y marqueses de Aguilar; ambas familias tuvieron bajo su jurisdicción una parte importante del territorio de la zona occidental de la región.

Además de las Villas, en el resto del territorio la organización que se implantó a lo largo de la Edad Media tuvo como célula básica a los Concejos de cada pueblo, que a su vez se agrupaban en Valles (Juntas, Hermandades o Alfoces). En el siglo XIV el reino de Castilla creó las Merindades (Becerro de las Behetrías de 1352), unas jurisdicciones que comprendían varios Valles o Juntas.

El territorio de la zona occidental de Cantabria que ahora se contempla pertenecía a dos Merindades. Por un lado, las comarcas Costa Occidental y Saja-Nansa pertenecían a la Merindad de Asturias de Santillana, cuya extensión geográfica era más amplia e incluía tres comarcas que se analizaron en el tomo primero, Santander, Besaya y Pas-Pisueña. Por otro lado, Liébana, pertenecía a la Merindad de Liébana y Pernía (territorio éste que actualmente pertenece a la provincia de Palencia, al norte de la misma); esta merindad se dividió, posteriormente en dos, una a cada lado de la cordillera cantábrica.

Además, a finales del siglo XIV se crearon unas entidades territoriales de mayor amplitud, los Corregimientos. Cantabria quedó englobada en dos, uno que incluía las Asturias de Santillana, Campoo, y Liébana, y otro que incluía las Cuatro Villas de la Costa y la merindad de Trasmiera. El primero de ellos, comprendía parte de la zona geográfica de nuestro estudio, y el segundo la villa de San Vicente de la Barquera, también incluida en este libro.

Esta estructura territorial (Valles, Merindades y Corregimientos) se mantuvo durante la Edad Moderna y llegó hasta el primer tercio del siglo XIX, cuando en 1833 se creó la Provincia de Santander, que incluía el territorio de los Corregimientos citados, y su división en los actuales Ayuntamientos.

En relación con la **red viaria medieval** de estas tres comarcas occidentales de Cantabria debe señalarse, como ya se hizo en el tomo I de esta obra, que este territorio estuvo tupido por una amplia red de sendas y caminos que conectaban entre sí las diferentes aldeas y villas; y, como allí se indicó, las construcciones (iglesias, fortificaciones y puentes) que nos restan de tal amplia época histórica, son testigos del paso de las diferentes vías.

Es a lo largo de estos siglos cuando se configura el **Camino de Santiago por la costa de Cantabria**, que recorría las citadas cinco villas, desde Castro Urdiales a San Vicente de la Barquera. Esta peregrinación tuvo gran importancia en la llegada de novedades de Francia y otros países europeos y en la difusión del arte románico en la región cuando, a partir del siglo XII, se construyen varias iglesias en este estilo internacional, que cuenta con notables realizaciones en esta zona occidental de Cantabria (como la Colegiata de Santillana, *figura 21.2*). La importancia de esta vía, Bien de Interés Cultural desde 1962 (B.O.E.), quedó glosada en el apartado 2.1 del tomo II de esta obra, en donde se recogieron testimonios de su uso y, finalmente, su inclusión en 2015 por la UNESCO en la lista del de Patrimonio Mundial. En la *figura 21.5* se muestra su recorrido por el territorio que se contempla en este libro.

Paralelas a esta vía existieron otros dos caminos principales de dirección este-oeste que enlazaban varios valles. Una de ellas, paralela al curso medio del río Saja, enlazaba el Mayordomado de La Vega (Torrelavega, Polanco y Miengo) con la villa de San Vicente de la Barquera vía los valles de Reocín, Cabezón y Valdáliga. Otra, más al interior, conectaba Cabuérniga con Liébana, a través de los valles de Rionansa, Lamasón y Peñarrubia.

Figura 21.5. *El camino junto a la costa occidental de Cantabria fue utilizado por los peregrinos que iban a Santiago de Compostela y desde 2015 es Patrimonio de la Humanidad (mapas.cantabria.es).*

A estas líneas de comunicación este-oeste deben añadirse los caminos sur-norte que siguen, en líneas generales, a los grandes ríos de este territorio el Saja, Nansa y Deva. Estas vías fueron, primero en el siglo VIII, las rutas de penetración de los inmigrantes que repoblaron los valles interiores y la marina de la Cantabria occidental, y que eran conocidos entre los nativos como «foramontanos», que venían de fuera de los montes; después, a partir del siglo IX, las que utilizaron en sentido contrario los descendientes de aquéllos colonos que se dirigieron a establecerse en las nuevas pueblas que se fueron creando en la Meseta norte (Brañosera, Cervera, Amaya, etc.), una vez que el peligro musulmán se había retirado al sur del Duero, a finales de la novena centuria; a estas vías se las denomina «rutas de los foramontanos». Posteriormente, y a lo largo de todo el Medievo, fueron las vías de enlace de las villas de Santillana y de San Vicente de la Barquera con los diferentes valles interiores y con la meseta norte castellana.

Finalmente, en Liébana y teniendo como foco la importante villa de Potes, centro geográfico de la merindad y con un activo mercado comarcal desde el siglo XIII, existían como vías principales las que recorrían sus valles junto a los ríos que los conforman; a saber, el camino de Valdebaró vecino al río Deva, el de Cereceda adyacente al río Quiviesa, el de Valdeprado junto al río Bullón y, aguas abajo de Potes siguiendo al río Deva, el camino de Cillorigo que, continuando por Peñarrubia, Lamasón, Herrerías y Val de San Vicente, alcanzaba la villa de San Vicente de la Barquera.

Parte de estas vías, en concreto, las denominadas **«Rutas Lebaniegas»** que enlazan el Camino de Santiago por la costa con el Camino Francés (*figura 21.6*) fueron declaradas Bien de Interés Cultural de Cantabria en 2007. Dentro de ellas, la que comunica el itinerario costero con el Monasterio de Santo Toribio de Liébana está considerada, desde 2015, Patrimonio Mundial por la UNESCO.

Figura 21.6.
Itinerario de las rutas lebaniegas que enlazan el Camino de Santiago por la costa con el Camino Francés (BOC 08/03/2007).

El punto de partida de esta ruta se encuentra en la villa de San Vicente de la Barquera (*figura 21.7*) y a lo largo del itinerario hasta el citado monasterio, donde se conserva la impar reliquia del «Lignum Crucis», que es el trozo más grande que se conserva de la cruz de Cristo, hay

Figuras 21.7 a 21.10. *Hitos informativos a lo largo del camino desde San Vicente de la Barquera al Monasterio de Santo Toribio y estatua homenaje al peregrino en la parte final de la ruta (LVC).*

numerosos hitos informativos para los peregrinos. La *figura 21.8* muestra una señal, en la zona del pueblo de La Acebosa, que con una flecha indica el camino hacia Santo Toribio, cuyo signo es una cruz, y al Camino Francés a Santiago, cuyo símbolo son unas líneas amarillas que hacen la silueta de una concha de vieira, insignia de los peregrinos jacobeos.

La *figura 21.9* recoge un monumento motivador e informativo de la ruta, se haya cerca y al norte de Pendes, en Cillorigo de Liébana, en un área de descanso donde perviven un grupo de castaños milenarios; y la *figura 21.10* muestra la estatua de bronce homenaje al peregrino, que desde el año 2000 se ubica al oeste de Potes, en la última cuesta del camino que conduce al monasterio, ya en el valle de Camaleño.

Por otro lado, la vía que discurre por el histórico valle de Valdeprado, en la cuenca del río Bullón, es conocida como **«Camino Lebaniego Castellano»**, es una ruta que comunica Palencia, vía el puerto de Piedras Luengas, con el Monasterio de Santo Toribio y ya aparece referenciada desde mediados del siglo xv en el Libro de Actas de la catedral palentina. En las *figuras 21.11 y 21.12* se muestran un par de señales informativas de este itinerario, que ayudan a los caminantes a dirigir adecuadamente sus pasos; ambas están próximas al pueblo de Pesaguero: la primera muestra dos flechas, una en rojo y junto a una cruz, hacia el Monasterio de Santo Toribio, y la otra en amarillo y con la silueta de la concha del peregrino, hacia el mencionado paso de montaña y al «camino francés a Santiago»; la segunda señal muestra las distancias que restan hasta la bella iglesia románica de Piasca, la villa de Potes y el citado monasterio.

En los tres apartados que siguen se describen los principales itinerarios que existieron en el Medievo en las comarcas que nos ocupan: primero, se recorren las tierras de la Costa Occidental, se continua con las de la demarcación Saja-Nansa y se finaliza con las vías de la zona de Liébana.

Figuras 21.11 y 21.12. *Señales en Pesaguero del «Camino Lebaniego Castellano» y que, a su vez, es ruta de enlace hacia el «Camino Francés a Santiago» (LVC).*

2.2 LOS CAMINOS MEDIEVALES EN LA COMARCA COSTA OCCIDENTAL

Esta demarcación comprendía a finales de la Edad Media, y durante la Edad Moderna, la villa de Santillana con su jurisdicción y la de su abadía (territorios en Santillana del Mar y Suances), la villa de San Vicente de la Barquera y los valles de Alfoz de Lloredo (actual municipio de ese nombre, más Ruiloba, Udías y Comillas), Valdáliga y Val de San Vicente.

Este territorio tiene una superficie de 343 kilómetros cuadrados y está limitado al norte por el mar Cantábrico, al este por el río Saja-Besaya (unidos desde Torrelavega), al sur por la comarca Saja-Nansa y al oeste por el río Deva. La *figura 22.1* recoge sus contornos y esquemáticamente la red de vías medievales que unían los diferentes pueblos de esta comarca.

La *tabla 22.1* recoge el principal patrimonio medieval construido con que cuenta este territorio, que tiene a levante y poniente dos importantes villas, que recibieron fueros regios a principios del siglo XIII, Santillana del Mar (1209) y San Vicente de la Barquera (1210), respectivamente, y que se constituyeron en núcleos urbanos de referencia para el occidente de Cantabria.

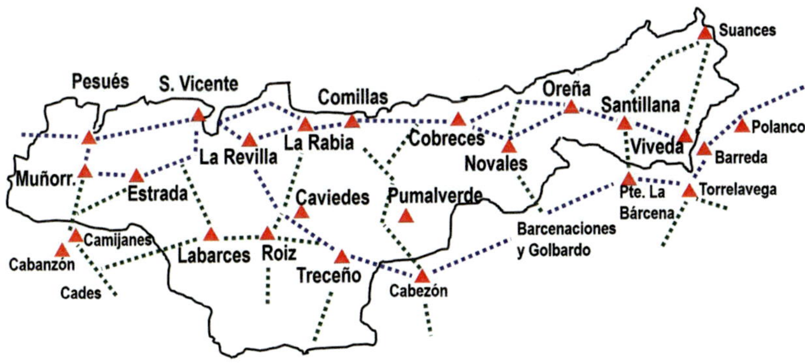

Figura 22.1. *Red de vías medievales que conectaban los diferentes lugares de la comarca Costa Occidental de Cantabria (LVC).*

MUNICIPIO	PATRIMONIO MEDIEVAL EN LA COSTA OCCIDENTAL
Santillana del Mar	Santillana: colegiata románica (s. XII. Monumento Nacional 1889); torre del Merino (s. XIV. BIC); torre de don Borja (s. XV. BIC); y torre de los Velarde (s. XV). // Viveda: casa-torre de los Calderón de la Barca (s. XV y siguientes. BIC). // Vispieres: ruinas de una torre altomedieval.
Alfoz de Lloredo	Ermita románica de San Bartolomé en Caborredondo-Oreña (s. XII).
Udías	La Hayuela: necrópolis altomedieval de tumbas de lajas y un sarcófago; y ermita románica de San Nicolás. // Toporias: necrópolis altomedieval junto a ermita de San Pedro.
Comillas	Torre de la Vega (s. XIV) en Comillas.
Valdáliga	Caviedes: necrópolis altomedieval y ermita románica (reformada) de San Pedro; y fortificación El Torraco. // El Tejo: iglesia de Santa María (s. XIII). // Roiz-Las Cuevas: casa-torre de Vélez de las Cuevas (s. XV).
San Vicente de la Barquera	San Vicente: iglesia gótica de Nuestra Señora de los Ángeles (s. XIII. BIC); castillo, murallas y torre del Preboste (s. XIII y XIV); y convento de San Luis (s. XV. BIC). // Abaño: lazareto (s. XIII).
Val de San Vicente	Prellezo: torre (s. XII). // Estrada: torre (s. XIII. BIC). // Muñorrodero iglesia de la Virgen del Hayedo (fines s. XIII). // Prío: iglesia de Santa María (fines s. XIII). // Portillo: ruinas de la iglesia gótica en el cementerio (s. XIV).

Tabla 22.1. *Lugares de la comarca Costa Occidental y sus referencias de la Edad Media (del autor con datos de Editorial Cantabria 2004, Arce Díez 2006 y Wikipedia).*

La descripción de los caminos medievales de esta comarca se ha dividido en tres secciones. La primera recoge la importante vía costera que seguía el Camino de Santiago del Norte y que enlazaba las cinco villas que recibieron fueros del rey castellano Alfonso VIII en el cambio del siglo xii al xiii. La segunda sección muestra un camino que, por el interior, enlazaba las villas de Torre de la Vega y de San Vicente de la Barquera, vía Cabezón de la Sal y Treceño; además recoge otras sendas que comunicaban los diferentes pueblos del gran valle de Valdáliga. Por último, en la tercera parte se hará referencia a las conexiones que existían desde los principales enclaves del camino costero hacia otros lugares e itinerarios vecinos.

A. *El camino costero en el occidente de Cantabria, desde Santillana del Mar hasta San Vicente de la Barquera y las barcas sobre el Nansa y el Deva*

En la *figura 22.1* se muestra, próximo al litoral, el camino cuyo itinerario nos ocupa y se describe seguidamente.

Desde la villa de Santander y en dirección a poniente, hacia Santillana del Mar, la vía de la costa alcanzaba la zona de Barreda donde se encontraba con el curso fluvial Saja-Besaya. Aquí, existía un paso de barca hacia **Viveda**, el cual era gestionado y controlado por la familia de los Calderón de la Barca que contaban en este lugar con una torre medieval (*figura 22.2*), que defendía el citado paso, y a la que durante la Edad Moderna se le añadió una casona y otras dependencias; de este solar era originario el padre del famoso dramaturgo Pedro Calderón de la Barca (Madrid 1600-1681), unos de los insignes literatos del Siglo de Oro español. En el tomo I de esta obra se describen los pormenores de la ruta entre la villa santanderina y este lugar.

Cuenta la tradición que por aquí pasó en 1214 San Francisco de Asís, y después de cruzar el río en barca fue hospedado por la familia de los Calderón; una estatua en Viveda, junto a la vía jacobea (*figura 22.3*) recuerda este hecho y anima a los peregrinos en su empeño.

El camino continuaba por **Camplengo** hacia **Santillana**, capital de la Merindad de las Asturias de Santillana, siguiendo el itinerario que

Figuras 22.2 y 22.3. *En Viveda: torre de los Calderón de la Barca y estatua de San Francisco de Asis, junto al paso de la barca que cruzaba el curso fluvial Saja-Besaya desde Barreda (LVC).*

han utilizado los peregrinos del Camino de Santiago hasta la actualidad, y entraba en esta histórica villa por el norte (*figura 22.4, José Luis Araúna González. Santillana del Mar.Vista aérea, 1972, Fondo Joaquín y José Luis Araúna, Centro de Documentación de la Imagen de Santander, CDIS, Ayuntamiento de Santander*) junto a la Colegiata de Santa Juliana (*figura 21.2*).

En Santillana, el viajero medieval podía disfrutar de la magnífica iglesia románica de tres naves y tres ábsides semicirculares, con una linterna prismática sobre el crucero, y de su bonito claustro (*figura 22.5*) cuyas galerías están conformadas por arcos de medio punto apoyados en columnas, pareadas o cuádruples, coronadas por capiteles con bellas tallas. En su recorrido por la rúa principal de esta impar villa el viajero pasaría junto a la casa-torre gótica de los Velarde (*figura 22.6*) construida a mediados del siglo xv. Después, en la plaza del mercado se encontraría con dos bellas torres bajomedievales: una de ellas era la del Merino (*figura 22.7*), construida hacia el siglo xiv, como fortaleza y residencia para esta autoridad de la Merindad de las Asturias de Santillana; la otra era la de don Borja (*figura 22.8*), del siglo xv. Esta singular villa fue declarada conjunto histórico-artístico en 1889.

Figuras 22.4 a 22.8. *Vista del Camino de Santiago en su entrada a Santillana del Mar (J.L. Araúna 1972, CDIS, Ayto. de Santander). Aquí el viajero medieval podía apreciar bellas construcciones: claustro de la Colegiata de Santa Juliana (turismocantabria.es) y torres bajomedievales de los Velarde, del Merino y de don Borja (LVC).*

Dejando Santillana, el camino hacia el oeste entraba en el antiguo valle de Alfoz de Lloredo y pasaba por **Oreña**, donde en su barrio de Caborredondo el viajero podía contemplar la bella ermita prerrománica de San Bartolomé, del siglo IX y reconstruida en el XII (*figura 22.9*). La vía se dirigía a **Cobreces** y había dos posibilidades para alcanzarlo, bien por el interior por Cigüenza y Novales, o más pegado a la costa por Toñanes, donde probablemente cruzaría el arroyo de la Presa por un puente de madera.

El camino alcanzaba **Comillas**, donde a comienzo del siglo XIV Garcilaso I de la Vega mandó construir la torre de la Vega (*figura 22.10*) buscando significar y proteger el puerto de este lugar, y tratando de que éste pudiera comerciar; lo que plantearía problemas con la villa de San Vicente de la Barquera cuya jurisdicción marítima, por su fuero de principios del siglo XIII, iba desde la ría de Tina Mayor (en la desembocadura del Deva) hasta Punta Ballota (cerca de Suances). En esta villa se conservan también los muros de su antigua iglesia parroquial del siglo XV o XVI (*figura 22.11*) en que, actualmente, se ubica el cementerio; en 1893, las obras de ampliación del mismo fueron proyectadas por el arquitecto modernista Domenech i Montaner y su bella fachada es Bien de Interés Cultural; entre las esculturas destaca «El Ángel Exterminador» de Llimona, de 1895.

El camino medieval continuaba hacia la **ría de La Rabia**, donde confluían los arroyos de Ruiseñada, de Rioturbio y del Capitán, que se pasaba con una barca y, una vez bordeada la marisma Zapedo, se iba hacia San Vicente de la Barquera por dos vías: una iba pegada a la costa a la vista de las playas de Oyambre y de Merón, la otra se dirigía por el interior a La Revilla, donde enlazaba con la vía que conectaba la villa de Treceño con la de San Vicente de la Barquera.

Por cualquiera de las opciones se llegaba a la **gran ría de San Vicente** en donde confluyen dos ríos, el Escudo por el oriente y el Gandarilla por el occidente. Una vez en la rama de levante de este amplio

Figuras 22.9 a 22.11.
*Ermita románica de San Bartolomé
en Caborredondo-Oreña (s. XII).
En Comillas: torre de la Vega (s. XIV) y
antigua iglesia parroquial,
actual cementerio (LVC).*

estuario, en la zona de la Maza y el Boceo, existía una barca para cruzar el mismo, lo que dio nombre al lugar, y alcanzar la villa o el santuario de la Virgen de la Barquera, que existía desde el siglo XIII y era donde se reunía la cofradía de Mareantes de San Vicente, y desde comienzos del XV tenía una hospedería adjunta (Barreda *et al.* 1993); este conjunto se transformó en el siglo XVII.

A mediados del siglo XV se planteó la construcción de un puente, desde la Maza a la gran villa medieval, el mismo se hallaba en construcción en 1453 (en tiempos de Enrique IV, rey de León y Castilla); en 1495 (época de los Reyes Católicos) se abordaba su reconstrucción, pues se encontraba destruido; a la llegada de Carlos I, en 1517, el puente era una larga estructura de madera sobre pilares de piedra (según recoge Laurent Vital, cronista de este viaje).

Pasado este gran puente y cerca de su estribo oeste se encuentra el bello convento franciscano de San Luis, de finales del siglo xv y estilo gótico (*figura 22.12*), donde se alojaría Carlos I en su primer viaje por España.

Ya en los arrabales de la villa marinera de **San Vicente de la Barquera**, que cuenta con una larga tradición pesquera, siendo sus primeras normas de la cofradía de marineros del primer tercio del siglo xiv, el viajero entraría en la «puebla vieja» (conjunto histórico desde 1987) atravesando su muralla por la puerta de La Barrera, o de Santander, custodiada por la torre del Preboste (*figura 22.13*), donde podría visitar su

Figuras 22.12 a 22.15. *Convento de San Luis (s. xv) (Ayto. de San Vicente de la Barquera). Fortificaciones medievales de la Villa de San Vicente de la Barquera (s. xiii y xiv): torre del Preboste y Puerta de la Barrera o de Santander; castillo del Rey; y murallas y Puerta de Oviedo (LVC).*

bella e importante iglesia gótica (*figura 21.3*) y ver el castillo del rey (*figura 22.14*). Junto a la iglesia se fundó en el siglo xv el hospital de la Misericordia y de la Consolación, con capilla aneja dedicada a Santa María Magdalena (Barreda *et al.* 1993).

El camino hacia poniente, a Asturias, salía de San Vicente por la puerta de Oviedo (*figura 22.15*), al oeste de la citada iglesia de Santa María de los Ángeles, y cruzaba el río Gandarilla; esto inicialmente debió hacerse por barca y luego por medio de un puente de madera. Sainz (1973) expone que este paso sería más antiguo que el de la Maza e inicialmente se conocía por el nombre del «Parral», recibiendo el nombre del emplazamiento donde se encontraba, rico en parras y viñas, en la zona de Boria; posteriormente, a partir del siglo xvi, este puente se denominó del «Peral».

La vía se dirigía hacia **Prellezo**, aquí se conservan los restos de una torre medieval de mampostería, y buscaba la barca de **Pesués**, donde se cruzaba la ría de Tina Menor, o desembocadura del rio Nansa; más adelante se cruzaba con otra barca la ría de Tina Mayor, o estuario del río Deva, y dejaba la actual Cantabria para dirigirse hacia Colombres.

B. *Desde Treceño a San Vicente de la Barquera y otros caminos medievales de Valdáliga*

Esta importante vía (*figura 22.1*) venía desde la zona de Torrelavega hacia el Valle de Cabezón y superado el Alto del Turujal (186 m), límite de este territorio con el de Valdáliga, a su bajada alcanzaba la villa de **Treceño** (87 m). Se trataba de un camino sensiblemente paralelo al de la costa, pero por el interior del occidente de Cantabria. El tramo que se describe seguidamente es el que recorrería en 1517 el joven rey Carlos I, en su primer viaje a España, cuando se desplazó desde San Vicente de la Barquera hacia Cabezón de la Sal y, posteriormente, a Reinosa, vía el valle del Saja (y que al que se hará referencia más adelante en 3.3B).

En Treceño nació, a finales del Medievo, el escritor y eclesiástico Fray Antonio de Guevara, que sirvió a Carlos I y cuya obra fue difundida y traducida a varios idiomas. En la torre de esta ilustre familia de Valdáliga (*figura 22.16*) pernoctó el rey en su citado paso por esta villa; a esta construcción se la adosó un palacio a comienzos del siglo XVIII. En este lugar también está documentada la existencia de una ferrería en el siglo XIV (Arce 2006).

Desde aquí, el camino iba hacia el noroeste por **Caviedes**, donde se encuentra la fortificación El Torraco, hoy en ruinas, y la ermita románica de San Pedro (*figura 22.17*), que fue reconstruida a finales del siglo XX y, junto a ella, una necrópolis altomedieval con restos de sarcófagos. El camino seguía hacia Lamadrid, La Revilla y una vez cruzada la gran ría de San Vicente de la Barquera alcanzaba esta histórica e importante villa medieval.

El camino desde Treceño hacia el oeste. Este camino alcanzaba en primer término la zona de **Roiz**, donde el viajero podía contemplar la casa-torre de los Vélez de las Cuevas del siglo XV (*figura 22.18*), ubicada junto al río del Escudo, y continuaba por Labarces y Bielva, hasta alcanzar, en la zona de El Arrudo, el importante camino norte-sur que iba por el valle del Nansa.

Figuras 22.16 y 22.17. *Construcciones medievales en el camino de Treceño a San Vicente de la Barquera: torre de los Guevara en Treceño y ermita románica de San Pedro en Caviedes (LVC).*

Añadir, que desde esta vía este-oeste de Valdáliga salían otros ramales hacia los pueblos vecinos. Desde la zona de Roiz, un camino llevaba hacia el norte a El Tejo y la vía costera, en La Rabia, y hacia el sur uno conducía a La Concha y Bustriguado. Por otra parte, Labarces se enlazaba hacia el norte con El Barcenal, La Acebosa y la villa de San Vicente de la Barquera.

El camino desde Treceño hacia el sur. Partiendo de esta villa salía, siguiendo al río Escudo hacia sus fuentes, una vía que conducía a **San Vicente del Monte**. Desde aquí asciende monte arriba, por la ladera norte del Escudo de Cabuérniga, la denominada **Cambera de los Moros** (*figuras 22.19 y 22.20*) que comunica los valles de Valdáliga y de Cabuérniga, alcanzando la zona de Carmona.

Figuras 22.18 a 22.20. *Casa-Torre de los Vélez de las Cuevas en Roiz (LVC), Cambera de los Moros en Valdáliga: ubicación y detalle (mapas.cantabria, LVC y senderismopesaguero.blogspot).*

Se trata de un camino empedrado con grandes losas y cuyo origen probablemente es medieval, aunque hay autores que lo llevan a la época romana. Esta vía en zigzag tiene fuertes pendientes y habrá sido usada primordialmente para el transporte a base de bestias de carga; aunque el topónimo «cambera» que lleva haga referencia a un camino de carros.

Mantecón (2004) ha estudiado en detalle este camino y analizando la edad de un gran tocón o tronco seco de roble que se había desarrollado entre el enlosado, provocando su levantamiento e impidiendo el paso, se concluyó que el árbol habría crecido desde finales del siglo XVI, por lo que es previsible que esta vía dejaría de usarse desde esta época; que coincide con el tiempo en que se mejoró el camino real que iba, a levante de este itinerario y obviaba el paso de la sierra. Este partía desde Cabezón de la Sal hacia Cabuérniga, por la hoz de Santa Lucía, pasando al comienzo de ésta el río Saja con una barca, o quizás a través de un puente de madera; esta vía, aunque de recorrido más largo, tenía un trazado más tendido y es el que siguió Carlos I en el citado viaje de 1517 y que se comentará en el próximo capítulo.

C. *Otros caminos en la comarca Costa Occidental: las conexiones desde la vía costera*

Entre la vía costera descrita y los pueblos del interior o del litoral existían varias sendas que mallaban el territorio que nos ocupa (*figura 22.1*), en lo que sigue haremos mención a las principales.

En **Santillana del Mar** se cruzaba el citado camino costero este-oeste con otros de dirección norte-sur que unía dicha villa con los pueblos limítrofes. Hacia el nordeste una vía se dirigía a **Tagle** y al puerto de **Suances**, y al norte otra iba hacia **Ubiarco**; cerca de aquí se construyó en el siglo XIV una atalaya defensiva sobre el acantilado, la torre de San Telmo (*figura 22.21*), de la cual se conservan parte de sus muros; allí, dos siglos después, aprovechando una cavidad junto a la costa se edificó la ermita rupestre de Santa Justa, que es un Bien de Interés Local.

A la capital de la Merindad de Asturias de Santillana le entraba otra vía por el sur; venía desde el importante cruce de caminos de **Bárcena de la Puente** (el actual Puente San Miguel), donde se pasaba el río Saja. En la *figura 22.22* (Ángel de la Hoz. *Santillana del Mar. Posible calzada romana en el campo del Revolgo,* 1954, Archivo Ángel de la Hoz, Centro de Documentación de la Imagen de Santander, CDIS, Ayuntamiento de Santander) se muestra un aspecto de esta vía medieval, a mediados del siglo XX, a su paso por Campo Revolgo; la misma ha sido considerada como «calzada romana» por algunos autores. En el Medievo, este amplio espacio, con robles, era utilizado para celebraciones populares y torneos; mientras que la plaza Mayor era el lugar del mercado.

La zona de **Novales y Cigüenza** estaba conectada al norte con la citada vía costera, al sudeste con Cerrazo, Villapresente y Puente San Miguel y al mediodía iba un camino a Golbardo junto al río Saja; en este itinerario, en **Lloredo** el viajero podía ver su torre medieval (*figura 22.23*), reformada en el siglo XVI y recientemente restaurada. En **Golbardo** existía

Figuras 22.21 y 22.22.
Torre de San Telmo (s. XIV) y ermita de Santa Justa en Ubiarco-BIL (LVC). Calzada en el Campo Revolgo de Santillana, años 50 del siglo XX (A. de la Hoz, CDIS, Ayto. de Santander).

una barca que permitía el cruce del río y se alcanzaba Barcenaciones, en el itinerario este-oeste que unía las villas de Torre de la Vega y de Cabezón de la Sal (ver 2.3A).

En **Comillas** existía una conexión de la ruta costera, y del puerto del primer lugar, con la encrucijada de vías que confluían en la villa de **Cabezón de la Sal**; en su recorrido pasaba por **La Hayuela** donde el viajero medieval podía ver la ermita románica de San Nicolás (*figura 22.24*), junto a la cual había una necrópolis con tumbas de lajas y sarcófagos de piedra.

Desde la ría de **La Rabia** salía hacia el sur, a Roiz, otro camino que pasaba en **El Tejo** junto a la iglesia románica de Santa María (*figura 22.25*), construida en el siglo XIII sobre los restos de un antiguo monasterio y que se reformó y amplió posteriormente; de la fábrica medieval se conserva una bella ventana en el muro sur y varios canecillos.

Figuras 22.23 a 22.25.
Torre de Lloredo.
Construcciones románicas de San Nicolás
en La Hayuela y
de Santa María en Los Tojos (LVC).

De **San Vicente de la Barquera** partía hacia el sudoeste una vía que iba a enlazar con el camino del Nansa en Muñorrodero; este itinerario que se recorre a continuación, es el recogido como «Ruta Lebaniega» en la descripción oficial de este Bien de Interés Cultural de Cantabria. El camino salía de San Vicente desde su puebla vieja, dejando atrás la puerta de Santander se dirigía por **Las Calzadas** hacia el sur, por una loma desde la cual se divisan los dos ríos Escudo y Gandarilla que rodean a la villa, y llegaba a **La Acebosa**, no lejos de allí se encontraba el lazareto de **Abaño** del siglo XIII, que acogía a enfermos de lepra; en este pequeño hospital estaba la capilla de San Lázaro, buen ejemplo del primer gótico rural y en donde, en sus muros, existen pinturas en rojo sobre el revestimiento de cal blanca (Casado, 1998), éstas tienen diversos motivos, entre ellos los llamativos cascos de dos barcos (*figura 22.26*).

Desde esta zona, la vía, ya hacia el oeste, pasaba junto a la **torre de Estrada** del siglo XIII (*figura 22.27*) y a una capilla adosada de la siguiente centuria, el conjunto estaba situado en alto dentro de un recinto amurallado y protegido por un foso. Desde aquí, continuando a poniente, se dirigía hacia **Serdio** y a **Muñodorrero**, junto al río Nansa, donde el viajero vería la iglesia de la Virgen del Hayedo, de finales del siglo XIII y con ábside de estilo románico (*figura 22.28*).

Desde Estrada existía otra posibilidad de ir hacia el valle del Nansa, hacia el sur se iba a **Portillo**, donde el viajero se encontraba, junto al cementerio, su bella ermita gótica del siglo XIV (*figura 22.29*), Bien de Interés Local (BIL). El camino continuaba, ya hacia el oeste, por Abanillas y poco después enlazaba, al sur de Luey, con el camino que seguía al citado río.

Desde **Pesués**, en la vía costera, salía hacia el sur un importante camino que servía a los diferentes pueblos del gran valle del Nansa hasta su cabecera en Polaciones (ver 2.3C) y que, además, también era utilizada para dirigirse a Liébana; para esto, desde la zona de Bielva o de Rábago se pasaba el río hacia Cades, y por los territorios de Lamasón y de Peñarrubia, existían varias alternativas para ir a esa singular comarca, tema sobre el que se insistirá más adelante (ver 2.3D).

Figuras 22.26 a 22.29. *Construcciones medievales en el camino que hacia el sudoeste de San Vicente de la Barquera enlazaba esta villa con la vía del río Nansa: pinturas en la ermita del lazareto de Abaño (BIN), torre de Estrada (BIC), ábside de la antigua iglesia de la Virgen del Hayedo en Muñorrodero y ermita de Portillo (BIL) (LVC)*

2.3 LOS CAMINOS MEDIEVALES EN LA COMARCA SAJA-NANSA

La actual comarca Saja-Nansa estaba constituida a finales del Medievo y durante la Edad Moderna por varios valles históricos que actualmente se han dividido, en algunos casos, en varios municipios: Reocín, Cabezón (actuales demarcaciones de Cabezón de la Sal y Mazcuerras), Cabuérniga (municipio de ese nombre, más el de Ruente y el de Los Tojos), Herrerías, Rionansa, Tudanca, Polaciones, Lamasón, Peñarrubia y Tresviso (que posteriormente se incluyó en Liébana).

Figura 23.1. *Red de vías medievales que conectaban los diferentes lugares de la comarca Saja-Nansa de Cantabria (LVC).*

Este territorio tiene una superficie de 789 kilómetros cuadrados y está limitado por las siguientes comarcas cántabras: al norte por la Costa Occidental, al este por la del Besaya, al sur por Campoo y al oeste por Liébana. Una pequeña parte de la comarca linda con dos provincias vecinas: El sudoeste de Polaciones con Palencia, y parte de Herrerías, Lamasón y Peñarrubia limita con Asturias. La *figura 23.1* recoge sus contornos y esquemáticamente la red de vías medievales que unían sus pueblos. La *tabla 23.1* recoge el principal patrimonio medieval construido con que cuenta la comarca Saja-Nansa.

MUNICIPIO	PATRIMONIO MEDIEVAL EN LA COMARCA SAJA-NANSA
Reocín	Restos románicos en la iglesia de San Adrián en Valles. // Torre de Bustamante (s. XIV). // Torre en el barrio de Vinueva en Quijas (s. XV). // Ruinas de la Torre de Agüera en Quijas.
Mazcuerras	Necrópolis altomedieval de Tresileja en Cos (s. VIII). // Ermita de Cintul en Cos (s. XIII a XV. BIN). // Torre gótica (s. XIV) en Cos. // Casona de los Guerra en Ibio (parte del s. XV).
Ruente	Sarcófago prerrománico, restos de una necrópolis y cimientos de un monasterio del siglo X (en relación a la Ermita de San Fructuoso) en Lamiña. // Puente en Ruente sobre el río La Fuentona.
Cabuérniga	Necrópolis altomedieval de Terán.
Herrerías	Necrópolis de tumbas de lajas (s. IX a XII) junto a la iglesia de Bielba. // Torre-fortaleza de Cabanzón (s. XII a XIV. BIC).
Rionansa	Torre de Rubín de Celis en Obeso (s. XIV. BIC).
Polaciones	Restos fortificación altomedieval (s. VIII-IX) en Santa Eulalia. // Vestigios románicos en la iglesia de San Sebastián de Lombraña.
Lamasón	Restos románicos (s. XII) en la iglesia de Santa María Sobrelapeña. // Iglesia románica (s. XII a XIII. BIC) de Santa Juliana de Lafuente.
Peñarrubia	Restos de la fortaleza altomedieval Castillo de Piñeres o Bolera de los Moros en (s. VIII y IX). // Restos románicos (s. XIII) en la iglesia de San Andrés de Linares. // Ruinas de la ermita de San Pelayo (s. XIII) en La Hermida. // Torre de El Pontón en Linares (s. XIV y XV. BIC). // Restos de las torres de la Berdeja y de Piedrahíta en Linares.

Tabla 23.1. *Lugares de la comarca Saja-Nansa y sus referencias de la Edad Media (del autor con datos de Editorial Cantabria 2004, Arce Díez 2006 y Wikipedia).*

La descripción de los caminos medievales de este territorio se ha dividido en cuatro secciones, dos dedicadas a vías que tienen una dirección este-oeste y otras dos a itinerarios norte-sur siguiendo a los dos ríos principales que conforman la comarca Saja-Nansa. La primera sección recoge la vía que enlaza Torrelavega, a levante, con Cabezón de la Sal a poniente; vía que continua hasta San Vicente de la Barquera (esta segunda parte del itinerario ha sido expuesta en el apartado anterior 2.2B).

Las dos siguientes secciones incluyen rutas norte-sur: una es la vía que, siguiendo al río Saja, comunica Cabezón de la Sal con el valle de Cabuérniga y Campoo, a esta se une, al norte de la Hoz de Santa Lucía, la que recorre Mazcuerras, desde Villanueva de la Peña, por la margen derecha del Saja; la otra, es la que junto al río Nansa, enlaza Pesúes con los valles de Rionansa, Tudanca y Polaciones. Finalmente, la sección cuarta recoge una importante vía este-oeste que conecta Valle, en Cabuérniga y junto al río Saja, con Puentenansa adyacente al río Nansa, sigue por los municipios de Lamasón y Peñarrubia y finaliza, al oeste de esta demarcación, en La Hermida, junto al río Deva.

Como fuentes de conocimiento sobre las vías de comunicación en este territorio y periodo, cabe señalar *Los caminos del ecomuseo Saja-Nansa*, de Corbera *et al.* 1995, y *Los caminos históricos en el valle del Nansa y Peñarrubia*, de Díez y Menendez de Luarca 2009 (dentro del Programa Patrimonio y Territorio promovido por la Fundación Botín en este espacio rural de Cantabria).

A.   *El camino de Torrelavega a Cabezón de la Sal*

Esta vía (*figura 23.1*) partía de la villa de Torre de la Vega (16 metros de altitud) y cruzaba el río Besaya con una barca a **Torres**; poco después entraba en el valle de Reocín y alcanzaba **Bárcena de la Puente** (el actual Puente San Miguel, a 30 metros de altura) donde pasaba junto a la ermita románica de San Miguel, de la que quedan restos de su ábside en la reconstrucción que se hizo de la misma en el siglo XVIII. Aquí existía un puente sobre el río Saja, probablemente de madera, que daba nombre al lugar, y que permitía dirigirse a la villa de Santillana del Mar. Cerca del primer término, estaba el torreón de Villapresente, hoy en ruinas, que junto a los dos que existían en Quijas, en los barrios de Vinueva y de Agüera, formaban un cinturón defensivo de la torre de los Bustamante, fortalezas que se recogerán más adelante.

El camino seguía por **Valles** donde se encontraba la ermita románica de San Adrián (*figura 23.2*), de la cual se conserva hoy su bella portalada y algunos canecillos. No lejos de aquí, al nordeste de Quijas y junto al río Saja, se hallaba la citada torre de los Bustamante (*figura 23.3*), a la que a finales del siglo XVII se le añadió una gran casona; actualmente, el conjunto es un Bien de Interés Cultural de Cantabria.

Más adelante, el viajero a su paso por **Quijas** podía contemplar otras dos torres medievales: una de ellas en el barrio de Vinueva (*figura 23.4*), cerca del alto de Quijas (148 metros de altitud), que está en pie en su mayor parte, pero por su interés histórico necesita ser rehabilitada; la otra se encuentra junto al río Saja, en el barrio de Agüera (*figura 23.5*), y actualmente sólo conserva el paredón donde se ubica su arco de entrada a la que se accede por una escalinata, y otros restos que merecerían ser consolidados por similar motivo a la anterior.

Dentro del valle de Reocín el camino continuaba por **Barcenaciones**, donde había un paso de barca sobre el río Saja a Golbardo, y por **Caranceja**, en el poniente de la demarcación, donde existía otra barca sobre el mismo río, para pasar a Casar, ya en el valle de Cabezón. Aquí, el camino continuaba por Periedo, Cabrojo, Virgen de la Peña, donde al otro lado del Saja, en Villanueva de la Peña, enlazaban dos caminos que más tarde se comentarán; y siguiendo por la margen izquierda del citado río se alcanzaba **Cabezón de la Sal**, importante encrucijada de caminos, lugar de explotación de sus pozos salinos y de mercado del entorno circundante.

Figuras 23.2 a 23.5. *En el valle de Reocín y a lo largo del camino medieval vecino al río Saja, que comunicaba las villas de Torre de la Vega y de Cabezón de la Sal, el viajero podía apreciar: en Valles la ermita románica de San Adrián y en Quijas tres torres: la de Bustamante en el barrio de Santa Isabel, junto al Saja, una en la zona alta del pueblo en el barrio de Vinueva y la del barrio de Agüera, también junto al río (LVC).*

En esta villa de Cabezón se cruzaban la vía este-oeste que nos ocupa y que seguía por Treceño y el valle de Valdáliga hacia San Vicente de la Barquera (2.2B), donde enlazaba con la vía costera hacia Asturias (2.2A), y otro camino norte-sur que enlazaba a septentrión con Comillas en la costa (2.2C) y que hacia el mediodía iba a Campoo y Castilla, una de las rutas de los foramontanos, los repobladores de la Meseta Norte castellana a partir del siglo IX, que veremos a continuación (2.3B).

B. **El camino por el valle del río Saja, desde Cabezón de la Sal al Puerto de Palombera y Campoo de Suso. Las vías por Mazcuerras**

Es este un importante itinerario (*figura 23.1*) que tiene sus raíces en una posible vía secundaría romana que conectaría la calzada *Pisoraca-Iuliobriga* (descrita en el tomo I de esta obra) con la costa de Comillas y de San Vicente de la Barquera; la vía iba desde la zona norte de Valdeolea y a través del Collado de Somahoz, seguía por Campoo de Suso, puerto de Palombera y río Saja, hasta alcanzar el valle de Cabezón.

Como se ha expuesto en 2.1, este camino sería uno de los que, en el siglo VIII, utilizaron los cristianos que habitaban las aldeas de la Meseta al norte del Duero y que, cuando los ataques de los árabes, en su avance por la península ibérica, alcanzaron su territorio, huyeron de éste para refugiarse en los valles al norte de la cordillera cantábrica; a estos inmigrantes se les denominó «foramontanos», que venían de fuera o del otro lado de los montes. Posteriormente, a partir del siglo IX, cuando el espacio meseteño empezó a verse libre de las incursiones musulmanas, descendientes de aquellas familias de refugiados, retornaron a sus lugares de origen y repoblaron los territorios previamente abandonados; a estas vías utilizadas por mencionadas gentes se las denominó «rutas de los foramontanos».

De ellas y gracias a un libro del escritor y periodista Víctor de la Serna *Nuevo viaje de España: La ruta de los Foramontanos*, de 1955, y que describe literariamente esta vía que ahora se detallará, ésta devino como símbolo de estos itinerarios. Víctor fue hijo de Ramón de Serna y de la famosa escritora Concha Espina (Santander, 1869-Madrid, 1955), que pasó largas temporadas en Mazcuerras, en la casa de su abuela paterna, fue coetánea de la «generación del 98», Premio Nacional de Literatura y candidata en tres ocasiones consecutivas al Premio Nobel de Literatura.

Según se expone en el citado libro, en el Cronicón de San Isidoro de León o Anales castellanos primeros puede leerse: «*Salieron los foramontanos de Malacoria y vinieron a Castilla, año 814*». Víctor de la Serna, cuya infancia transcurrió en Cabezón de la Sal, sostuvo que la Malacoria medieval era Mazcuerras y de ahí parte el origen de su libro. En el primer capítulo del mismo, titulado *«Aquí empieza España»*, su primer párrafo es muy bello y sugerente:

> Si los españoles fuéramos medianamente aficionados a contarle a la gente propia y a la extraña algo de lo que somos –y no esperáramos a que nos lo contaran–, aquí pondríamos una piedra lisa, rosada, de las canteras de la Hoz de Santa Lucia (hermana en dignidad y nobleza de la arenisca dorada de Salamanca, del 'travertino' romano y de la piedra de Colmenar), con este letrero: «Aquí empieza esa cosa inmensa e indestructible que llamamos España».

Precisamente en esa Hoz y junto al río Saja, cerca de Mazcuerras y de la entrada al valle de Cabuérniga, se ha erigido un monumento con una gran piedra de arenisca rosada con el citado lema (*figura 23.6*). Esta angostura del río al cruzar la Sierra del Escudo de Cabuérniga (*figura 23.7*) y el referido episodio histórico son descritos bellamente por Cossío (1960) en sus *Rutas Literarias de la Montaña*:

Figuras 23.6 y 23.7. *Monumento a los Foramontanos en la Hoz de Santa Lucía, junto al puente homónimo y al río Saja, con la famosa sentencia de Victor de la Serna: «Aquí empieza esa cosa inmensa e indestructible que llamamos España». Y citada Hoz al pie de la Sierra del Escudo de Cabuérniga (LVC).*

Y no es mal lugar para el recuerdo esta hoz que se nos presenta, por la que hubo de pasar la ruta de la inmortal peregrinación. Estrechase al principio y amenaza, para quien no la conozca y conozca otras de esta cordillera, con ser un camino caótico, como la Hermida o como Bejo, pero la angostura es de breve extensión y la salida al ancho valle de Cabuérniga tranquiliza totalmente al viajero. Pocos de esta parte de la Montaña más abiertos y amenos.

En lo que sigue, seguiremos esa ruta medieval desde Cabezón de la Sal (128 metros de altitud) hasta el puerto de Palombera (1 260 m), en el límite con la Hermandad de Campoo de Suso, recorriéndola aguas arriba del río Saja, cerca del cual discurre.

Desde **Cabezón de la Sal** la vía enfilaba el sur hacia **Carrejo** (141 m) y **Santibañez** (160 m) y alcanzaba el río Saja, que probablemente se cruzaría con una barca, y la zona de la **Hoz de Santa Lucía** que nos introduce en el bello valle de Cabuérniga. El camino pasaba junto a **Ucieda** y alcanzaba **Ruente** (189 m), donde se ubica la famosa Fuentona que es una surgencia natural de agua que brota al pie de una pared de roca caliza, su caudal es abundante y se trata del nacimiento de un arroyo que entrega poco después sus aguas al río Saja.

Puente de la Fuentona de Ruente (*figura 23.8*). El camino atravesaba ese arroyo a pocos metros de su nacimiento, esto lo hacía con un puente de unos 35 metros de largo y 1,6 metros de ancho, conformado con nueve pequeños ojos de medio punto, cuyo origen se considera medieval y que probablemente fue mejorado en épocas posteriores; se observa diferencia entre la calidad de la cantería de sus bóvedas primigenias, más sencilla, y la de parte de sus tímpanos y pretiles, que parecen ulteriores; éstos últimos, están resueltos con dos hiladas de sillares de gran tamaño, a las que han biselado las esquinas de la cara superior de estas defensas. Bohigas *et al.* (2014) nos informan que el pavimento actual con grandes losas de piedra, recibidas con mortero de cemento es de finales del siglo xx, siendo el encachado original de cantos rodados.

La vía seguía por **Barcenillas** (220 m), cerca de aquí, en el pueblo de Lamiña (360 m) se encuentra la ermita de San Fructuoso, construida en el siglo XVII sobre un monasterio altomedieval citado ya en el siglo X, en cuyo interior se conservan dos columnillas con capiteles prerrománicos y un sarcófago (*figura 23.9*) de la época de la Repoblación (siglos VIII al IX) bellamente decorado con relieves de talla a bisel mozárabe; en sus inmediaciones se han hallado restos de los cimientos del monasterio y de su necrópolis, y en la iglesia del pueblo se conserva una pila bautismal también prerrománica.

El camino cruzaba el río Saja y continuaba por **Valle** (260 m) y **Terán** (255 m), donde junto a su iglesia se ha descubierto una necrópolis medieval con tumbas de lajas de piedra, junto a estelas funerarias, que podrían datarse en la época de la repoblación.

El camino continuaba por **Selores** (250 m), **Renedo** (276 m), aquí se cruzaba, nuevamente, a la margen derecha del río Saja y se seguía una vía a media ladera por **Llendemozó** (480 m), que hoy es un despoblado, y se alcanzaba **Correpoco** (462 m), situado junto al río Argonza (o Lodar), que confluye poco después en el Saja, y donde en su iglesia hay una pila bautismal de tradición románica. El camino seguía aguas arriba el río Argonza, y algo más adelante lo cruzaba en La Ponvieja y ascendía arduamente a **Los Tojos** (640 m).

Desde Los Tojos al collado de Ozcaba. El camino iba a Colsa (730 m), desde aquí por La Ventilla y El Cueto, se buscaba el cordal interfluvio entre el río Saja y el Argonza, y siguiéndolo por Sobrecomillas, Tambuey y Los Trillos, se alcanzaba el collado de Ozcaba (1 067 m, *figura 23.10*) y el puerto de Palombera (1260 m); desde aquí, primero la gran comarca de Campoo-Los Valles y, después, Castilla.

Desde Barcena Mayor a Ozcaba. Desde la citada zona de La Ponvieja, existía además un camino aguas arriba del río Argonza que conducía a Barcena Mayor (495 m), pueblo situado en la base de la sierra

Figuras 23.8 a 23.10.
En el camino por el histórico valle de Cabuérniga, junto al río Saja, el viajero medieval podía apreciar bellas obras: puente sobre la Fuentona de Ruente (LVC), sarcófago mozárabe en la ermita de San Fructuoso de Lamiña (Miguel de la Fuente) y collado de Ozcaba donde se ubicaba el hospital medieval homónimo (LVC).

homónima que separa los valles de Cabuérniga y de Iguña, éste ya en la cuenca del río Besaya. También, desde aquí existía una vía hacia Campoo; la misma seguía aguas arriba al Argonza, pronto se encontraba con su afluente el Queriendo y a su vera, por su margen izquierda, iba hasta sus fuentes en el citado collado de Ozcaba, donde se encontraba con el camino que venía desde Los Tojos; juntos ya, la vía alcanzaba pronto la divisoria de aguas del valle del Ebro y la comarca de Campoo.

En Ozcaba existió un hospital, ligado a la iglesia de Santa Agüeda de Bárcena Mayor, ésta y la citada hospedería, pasó a depender del monasterio de Cardeña por privilegio de Alfonso VIII en 1168 (Barreda 1993 y Rubio y Ruiz 2016).

Por estos caminos de la parte alta del valle de Cabuérniga ascendieron, a lo largo de los siglos IX y X, los Foramontanos repobladores de la Meseta norte castellana. Uno de los primeros grupos, cruzando Campoo de Suso y la Sierra de Híjar, por el Collado de Somahoz (1 220 m), se estableció en la falda sur de esta sierra y formaron en el año 824 el concejo de Brañosera, en el norte de Palencia lindando con Cantabria, amparados por la Carta Puebla concedida por el Conde Munio Núñez y su mujer Argilo, en tiempos de Alfonso II de Asturias.

El camino por Mazcuerrras. Para finalizar esta sección, debe añadirse que, al comienzo de esta ruta, en la zona de Santa Lucía, existía otro importante camino (*figura 23.1*) que, por la margen derecha y aguas abajo del río Saja, servía a los pueblos de este territorio. Esta vía pasaba primero por **Cos**, donde el viajero medieval podía contemplar: la necrópolis de Tresileja de la época de la repoblación (s. VIII al IX), de tumbas de lajas orientadas en dirección oeste-este según la tradición cristiana, y un antiguo templo, del cual se conservan restos de sus paredes, situado todo ello junto a la actual iglesia de época moderna; y una torre gótica del siglo XIV, de la cual están en pie parte de sus muros (*figura 23.11*). Además, a las afueras del pueblo, siguiendo el camino hacia el nordeste, podía admirar la bella ermita de Cintul (*figura 23.12*), de finales del Medievo y que es un Bien Inventariado del patrimonio regional, su fábrica es románica tardía y remodelada en estilo gótico hacia el siglo XV.

El camino seguía por el pueblo de **Mazcuerras** e iba hasta **Villanueva de la Peña** donde enlazaba, al otro lado del río Saja, en Virgen de la Peña, con la vía que conectaba Cabezón y Torrelavega (2.3A). Además, de Villanueva partía un camino hacia levante que pasaba por varios pueblos de la zona de Ibio y se dirigía hacia Riocorvo y la villa de Cartes, en el valle del Besaya; en el pueblo de **Ibio** el viajero podía ver la casa-torre de los Guerra, cuyo origen es del siglo XV, época de la cual se conservan los muros laterales (*figura 23.13*).

Figuras 23.11 a 23.13.
En el histórico valle de Cabezón y junto a la margen derecha del río Saja, el viajero medieval podía ver bellas edificaciones de esta época: ruinas de torre gótica y ermita de Cintul en Cos; casa-torre de los Guerra en Ibio, cuyos muros hastiales son del siglo xv (LVC).

C. El camino a lo largo del río Nansa desde Pesués, en La Marina, a la Cruz de Cabezuela, en el límite con Liébana

Esta vía del río Nansa (*figura 23.1*) comenzaba a levante de **Pesués** (50 metros de altitud), desde el camino costero (2.2A), que aquí afrontaba el paso de la ría de Tina Menor, desembocadura del citado río. La vía que nos ocupa iba, aguas arriba y por la margen derecha de este cauce fluvial, a **Muñorrodero** (20 m), donde existía un ribero o embarcadero fluvial, y seguía por **Luey y Camijanes**. El camino continuaba por **Bielva** (188 m), donde se ha descubierto junto a su iglesia, comenzada a construir a fines del Medievo, una necrópolis de tumbas de lajas de los siglos ix al xii, y también se conserva un arcosolio gótico (*figura 23.14*). Más adelante pasaba por **Rábago** (94 m); aquí y en el pueblo anterior existían torres defensivas, que no han llegado a nosotros.

Figuras 23.14 y 23.15. *Junto al bajo Nansa, en el valle de Herrerías, se encuentran algunos hitos del Medievo, como el arcosolio gótico en Bielva y la torre de Cabanzón (LVC).*

En Rábago existía una barca que permitía el paso hacia **Cades**, en la orilla occidental del Nansa, y al importante camino que aguas arriba del río Lamasón, a las faldas de la sierra de la Collada, conectaba con el amplio valle de este curso fluvial y, a poniente, con el de Peñarrubia, permitiéndolos su conexión con la Marina y la vía de la costa, por el itinerario descrito. También, por Cades discurría un camino que por la orilla occidental del Saja iba, aguas abajo de éste, hacia el norte a **Cabanzón**, donde existe una torre de fines del Medievo (*figura 23.15*), que cuenta con una cerca almenada de unos tres metros de altura y un estrecho pasillo de ronda; esta atalaya formaría parte de una serie de fortalezas a lo largo del camino del Nansa.

Desde Rábago, río Nansa arriba, se iba a **Celis** (167 m), Las Bárcenas y La Cotera; a partir de aquí se encajonaba el camino, en la zona del barranco de Primicies, al atravesar las estribaciones de la Sierra del Escudo de Cabuérniga. Sin dejar la margen derecha del Nansa, que el viajero traía desde su encuentro con la vía costera, se alcanzaba **Vado de Nansa** (el actual Puentenansa, a 200 m de altitud). Este lugar era un importante cruce de caminos, el norte-sur que se describe y el este-oeste, que unía los valles de Cabuérniga, Rionansa, Lamasón y Peñarrubia, hasta alcanzar las márgenes del río Deva en La Hermida (que se comentará en la siguiente sección 2.3D).

El camino norte-sur, hacia Castilla, cruzaba en Vado del Nansa dos cauces fluviales: primero, el río Quivierda, que venía del oriente, desde Carmona de Cabuérniga, y que entregaba sus aguas al primero allí cerca; y después, atravesaba el Nansa, pasando a su margen izquierda, al lugar de **Rioseco**, y ya por esta orilla y aguas arriba del río alcanzaba **Cosío** (217 m).

Aquí el viajero medieval tenía dos opciones para alcanzar el sur de Polaciones y, por el occidente de la sierra de Peña Labra (2 029 m), pasar a Liébana o a la comarca palentina de la Pernía; las dos obviaban la infranqueable Hoz de Bejo que, en la zona oriental de la Sierra de Peña Sagra, había tallado el río Nansa en el límite de los singulares valles de Tudanca y Polaciones, una vía lo hacía por su margen derecha, por Pantrieme, y la otra por su izquierda, por el Potro (*figura 23.16*).

Figuras 23.16. *En el Medievo para ir de Cosío hacia el Puerto de Piedras Luengas se utilizaban dos vías que evitaban la infranqueable Hoz de Bejo (LVC).*

La ruta del collado de Pantrieme era la vía habitual, por pasar por más núcleos poblados. Desde **Cosío** y hacia el sudeste iba por **Rozadío y Sarceda**, este lugar ya en el valle de Tudanca. Aquí, el camino, a la vera del río Nansa, giraba ligeramente al sudoeste y alcanzaba **Santotís** (450 m), desde donde se cruzaba a la margen derecha del cauce fluvial, para llegar al pueblo de **Tudanca** (465 m).

Al sur de este lugar, estaba el encajonamiento del Nansa en la citada Hoz de Bejo, para evitarlo el camino medieval se alejaba de su cauce; de Tudanca subía hacia su «prado de concejo» e iba, a través del barranco de Jalgar, a Sobayo, cruzaba el collado de Pantrieme (1 131 metros de altitud), entrando en el Valle de Polaciones, y bajaba a **Puente Pumar** (800 m). Aquí confluyen dos arroyos, Collavín y del Espinal, que juntos entregan sus aguas al río Nansa, en el cercano pueblo de La Laguna, al norte del anteriormente citado.

Desde Puente Pumar y hacia el sudoeste, siguiendo al arroyo del Espinal, se iba a **Lombraña**, donde en su iglesia persisten restos románicos, y, algo más adelante, a **Tresabuela** (1 050 m). Desde aquí, se descendía a **Santa Eulalia** (940 m), donde existen ruinas de una fortificación altomedieval, y seguía a **Salceda** (1 050 m), situados junto al arroyo Verdujal, aguas arriba de éste se alcanzaba la **Cruz de Cabezuela** (a 1 150 m), en el límite de los valles de Polaciones y de Valdeprado, ya en la comarca de Liébana, desde donde se tenían unas magníficas vistas a ambos territorios.

Poco después, subiendo algo más, el viajero podía contemplar hacia el sudeste la inconfundible silueta de la crestería de Peña Labra (2 029 m, *figura 23.17*) y encontraba un cruce de caminos con dos opciones: el que iba a poniente le conducía, aguas abajo del río Bullón, a Pesaguero, Cabezón de Liébana y la villa Potes (2.4D); el que iba al mediodía, una vez pasado el puerto de **Piedras Luengas** (1 355 m), le llevaba a la comarca de La Pernía y a la villa de Cervera de Pisuerga, ya en Palencia.

Figuras 23.17 a 23.20. *Peña Labra (2 029 m) desde el camino que va de Salceda a la Cruz de Cabezuela y que comunica el valle de Polaciones con la comarca de Liébana o con La Pernía palentina (LVC). Sierra de Peña Sagra con el Cornón (2 048 m) y en su base el valle de Polaciones (Teofrasto820, wikipedia). Hoz de Bejo, en el cauce del Nansa, entre Tudanca y Polaciones, desde El Potro (Esther MP, wikiloc). Camino del Potro a Callecedo (Fundación Botín).*

El camino del Potro (*figura 23.16*) partía desde **Cosío**, aquí confluye en el Nansa el río Vendul que, por el sur, viene desde la imponente sierra de Peña Sagra (*figura 23.18*); siguiendo este curso fluvial el viajero alcanzaba **San Sebastián de Garabandal** (490 m).

A este lugar llega por el sudoeste el arroyo de Sebrando, que también tiene su cabecera en la citada sierra, y al cual va a seguir la vía que nos ocupa, teniendo enfrente El Cornón (2 048 m), hasta alcanzar la zona de los **Invernales de Tánago** (860 m). Aquí el camino, se encuentra con una vía que viene por el oeste, desde el collado de la Carizosa (953 m), que es el linde entre los valles de Rionansa y el de Lamasón.

Desde el encuentro de estas dos vías, el camino sigue hacia levante, faldeando la citada sierra de Peña Sagra, hasta alcanzar el **Collado de Joza la Abellán** (1 014 m), que se encuentra en un cordal que separa las cuencas de los ríos Nansa y Vendul, y que constituye el linde entre los valles de Rionansa y Tudanca. La vía continua hasta alcanzar **El Potro** (1 100 m, *figura 23.19*), que se encuentra a levante del Pico Las Astillas (1 491 m), en una zona que es un espolón de la Sierra de Peña Sagra hacia el río Nansa, y está sobre la espectacular Hoz de Bejo que hace este cauce al cruzar este macizo rocoso.

Desde aquí el camino gira hacia el sudoeste y entra poco después en el valle de Polaciones, siguiendo a media ladera al río Nansa (*figura 23.20*), alcanza **Casas de Tromedo** (950 m), que está situado por encima de La Laguna (800 m), y llega a **Callecedo** (850 m) junto al río Nansa. Poco después siguiendo a éste se llega a **Pejanda** (860 m), donde confluye en el cauce principal el arroyo Bedujal, siguiéndolo aguas arriba se llega a **Santa Eulalia**, donde conecta con la ruta oriental que viene desde Puente Pumar.

Por lo expuesto, las dos variantes de conexión del territorio de Rionansa, con los de Tudanca y Polaciones, bien para comunicarse entre sí o para dirigirse hacia el sudeste de Liébana o el norte de Palencia, eran rutas exigentes y los viajeros que los utilizaban evitarían la época invernal, en que sería muy difícil recorrerlos.

D. *El camino este-oeste de enlace de los valles de Cabuérniga, Rionansa, Lamasón y Peñarrubia. Conexiones con Polaciones, Herrerías y Liébana*

Era este un camino importante (*figura 23.1*), al sur del Escudo de Cabuérniga, que conectaba estos cuatro valles de las Asturias de Santillana;

en su recorrido el viajero medieval pasaba del río Saja, al Nansa, al Lamasón y al Deva (en el desfiladero de la Hermida) y encontraba hitos que, en parte, todavía persisten en la actualidad.

La vía partía del pueblo de **Valle** (260 m), en Cabuérniga, hacia el occidente y alcanzaba el interfluvio de aguas entre el Saja y el Nansa. En el ascenso hacia este paso natural hay unas bellas vistas del valle que dejamos atrás, que sorprende por la amplitud, el verdor y la llanura de lo que se ve.

En el descenso desde la **Collada de Carmona** (611 m) al pueblo homónimo, hay un estratégico mirador, la «asomada del Ribero», desde el que **Carmona** luce como un nido entre los montes que lo rodean, antes de alcanzarlo el camino pasa junto a su barrio de **San Pedro**, cerca del cual se han encontrado restos de una necrópolis medieval de tumbas de lajas (Corbera *et al.* 1995); este territorio cabuérnigo, se encuentra ya en la cuenca del Nansa y es regado por el río Quivierda, cuyas fuentes se encuentran en la sierra del Escudo de Cabuérniga y en el monte que acabamos de descender.

El camino a la vera de este río seguía hacia poniente y, poco después de dejar Carmona (238 m), entraba en la demarcación de Rionansa, pasaba por **Cabrojo** y alcanzaba el cruce de caminos **Vado del Nansa** (Puentenansa, 200 m), en donde confluye el Quivierda en el Nansa. Cruzados sendos cauces se encontraba **Rioseco** donde existió un monasterio medieval dedicado a Santa Juliana. El camino continuaba hacia el occidente por **Pedreo** y subía a **Obeso** (293 m), en donde se ha encontrado un cementerio de tumbas de lajas, datado hacia el siglo XI, y se alza la imponente torre bajomedieval de Rubín de Celis (*figura 23.21*), situada en una posición elevada desde la que se controlaba el camino del Nansa en una gran extensión.

Algo más adelante, a través del **collado de Ozalba** (556 m) se entraba en el valle de Lamasón y se alcanzaba **Quintanilla** donde en un altozano se ubica su iglesia de Santa María, también parroquia de **Sobrelapeña y Río**, que conserva su portada románica de medio punto con arquivoltas (*figura 23.22*) y restos de su primitiva cabecera del mismo periodo. En este pueblo confluyen, desde el sur, los ríos Tanea y Lamasón, y poco después el arroyo Lafuente; aguas abajo, el curso fluvial resultante, el Lamasón, se unirá al Nansa en la zona de Cades y Rábago (Herrerías).

El camino seguía hacia poniente al arroyo Lafuente, el siguiente hito de este valle es la bella iglesia románica de Santa Juliana (*figura 23.23*) en **Lafuente** (339 m), de finales del siglo XII (Bien de Interés Cultural de Cantabria).

Después de Los Pumares y Burió, junto a Lafuente, el camino ascendía hasta el **collado de Hoz** (658 m) para entrar en el valle de Peñarrubia, que vierte sus aguas en el río Deva, y alcanzaba **Piñeres** (598 m). Cerca de aquí, en el pico Jozarcu (754 m), se encontraba una fortaleza altomedieval (siglos VIII al X) denominada Castillo de Piñeres o Bolera de los Moros, desde donde se controlaba el desfiladero de La Hermida y todas

Figuras 23.21 a 23.23.
El camino medieval al sur del Escudo de Cabuérniga pasaba próximo a la torre de Obeso, en Rionansa, y por el valle de Lamasón junto a dos iglesias románicas, de Santa María junto a Quintanilla y Sobrelapeña y de Santa Juliana en Lafuente (LVC).

las vías circundantes, ahora se conservan parte de sus muros. En Piñeres el viajero podía contemplar su iglesia románica, de la cual hoy sólo quedan restos de sus canecillos en su reconstrucción de la época moderna.

El camino llegaba a **Linares** (500 m) de cuya iglesia románica quedan restos, el arco triunfal del ábside y canecillos en el muro meridional, en la reconstrucción posterior. En este lugar existieron tres torres bajomedievales de las cuales se conserva la del Pontón (*figura 23.24*), que es un Bien de Interés Cultural, y pequeños restos de las otras dos, de la Berdeja y de Piedrahita. Asimismo, en el barrio de Cortines se conserva una casa fuerte gótica (Fundación Botín).

De Linares el camino descendía hacia el río Deva, pasaba por **Caldas** (230 m), donde en el siglo VIII se fundó el monasterio de Aguas Cálidas y hoy se conserva la ermita de San Pedro, de origen románico (*figura*

Figuras 23.24 a 23.26.
Construcciones medievales en el valle de Peñarrubia: torre del Pontón en Linares (LVC) y ermitas de San Pedro en Caldas (LVC) y de San Pelayo en La Hermida (Fundación Botín).

23.25), y ya junto al citado río alcanzaba **La Hermida** (114 m), en donde existió el monasterio de Osina, también de la época de repoblación, como el anterior, y en este pueblo se conservan las ruinas de la ermita de San Pelayo (*figura 23.26*), del siglo XIII. Estos pequeños monasterios al oeste de Peñarrubia, cerca del desfiladero de La Hermida y el río Deva, condicionaron sus caminos.

Desde esta vía principal este-oeste salían otros caminos que enlazaban los pueblos citados con los valles próximos, en lo que sigue se esquematizan los principales (*figura 23.1*).

De Quintanilla de Lamasón a Rionansa, Tudanca y Polaciones. Este camino parte hacia el sur, aguas arriba del río Tanea, que tiene su cabecera en la parte norte de la sierra de Peña Sagra. Alcanzada la zona de Cotero Moso y Monte Cajigo, sigue al arroyo Abedules, buscando los collados de la Carizosa o el de Hozalisas, por donde entra en el valle de Rionansa. Desde aquí, existen dos opciones, que ya han sido apuntadas previamente (2.3C): yendo hacia el sur, aguas abajo del arroyo Sebrando, se llega a San Sebastián de Garabandal; y en sentido este se va al camino del Potro. Esta segunda opción, también es denominada como «camino de Lamasón a Castilla por Polaciones».

De Quintanilla y Sobrelapeña a Cades o Rábago y a Celis. La vía iba ahora hacia el norte, aguas abajo del río Lamasón, encajonada entre la Sierra de la Collada y el citado río, hasta que éste entregaba sus aguas al Nansa cerca de Cades y la barca de Rábago, enlazando ya con la vía principal del Nansa (2.3C). A mitad de este itinerario, a la altura donde, mediada la Edad Moderna, se ubicaría Venta Fresnedo, entroncaba un camino que venía por Riclones desde La Herrería y Celis, estos dos últimos lugares ya junto al Nansa. En el apartado 3.3D se ofrecen más detalles de esta ruta.

Desde el Collado de Hoz a Lebeña en Liébana. Este fue un camino medieval muy utilizado para conectar la comarca lebaniega con la

Marina vía los valles de Peñarrubia y Lamasón. Estando en el collado de Hoz, límite entre estos dos territorios, la vía se dirigía hacia el sudoeste, a **Cicera** (500 m), desde aquí partían dos ramales en dicha dirección a cruzar la Sierra de las Cuerres: uno lo hacía por la Canal de Francos y otro, algo más al sur, por el Sendero de las Dos Hayas. Superado el cordal montañoso se encontraban en la zona de Arcedón (800 m), ya en Liébana, desde donde se descendía a Lebeña (250 m).

Señalar que el camino de peregrinación a Santo Toribio por este territorio (BIC de Cantabria) recorre el itinerario que se ha descrito previamente y que tiene como hitos: Cades, Sobrelapeña, Collado de Hoz, Cicera y Lebeña. En 3.3D se recoge un mapa de estos itinerarios.

Desde Cires de Lamasón a Bedoya en Liébana. Este camino era utilizado para comunicar estos territorios entre sí y desde el primer valle facilitar el tránsito de personas, animales y productos entre la costa occidental de Cantabria y la comarca lebaniega. En 3.3D se detalla su recorrido y se recoge una reseña histórica de su uso.

Finalizamos esta sección con un interesante comentario que hace García Guinea (1988) en relación a los restos románicos que quedan en Peñarrubia y Lamasón por ser «*un terreno transitado de antiguo por un camino que unía Liébana y el resto de las comarcas montañesas, y por habernos demostrado la experiencia que los monumentos románicos suelen casi siempre jalonar vías de suficiente circulación*».

2.4 Los caminos medievales en la comarca de Liébana

La Merindad de Liébana bajomedieval (y Provincia de Liébana, durante la Edad Moderna) estaba constituida por la villa de Potes, como capital y centro geográfico de esta demarcación, y los valles de Cillorigo al norte, Valdebaró (actual Camaleño) al oeste, Cereceda (Vega de Liébana en el presente) al sudoeste y Valdeprado (los actuales municipios de Cabezón de Liébana y Pesaguero) al sudeste.

Esta comarca tiene una superficie de 575 kilómetros cuadrados y, en la actualidad, está limitada por los siguientes territorios: al noroeste por Asturias, al nordeste por los municipios de Peñarrubia y Lamasón, al este por los municipios de Tudanca y Polaciones, al sur por la provincia de Palencia y al sudoeste por la de León. La *figura 24.1* recoge sus contornos y, esquemáticamente, la red de vías medievales que unían sus pueblos. La *tabla 24.1* recoge el principal patrimonio medieval construido con que cuenta la comarca de Liébana.

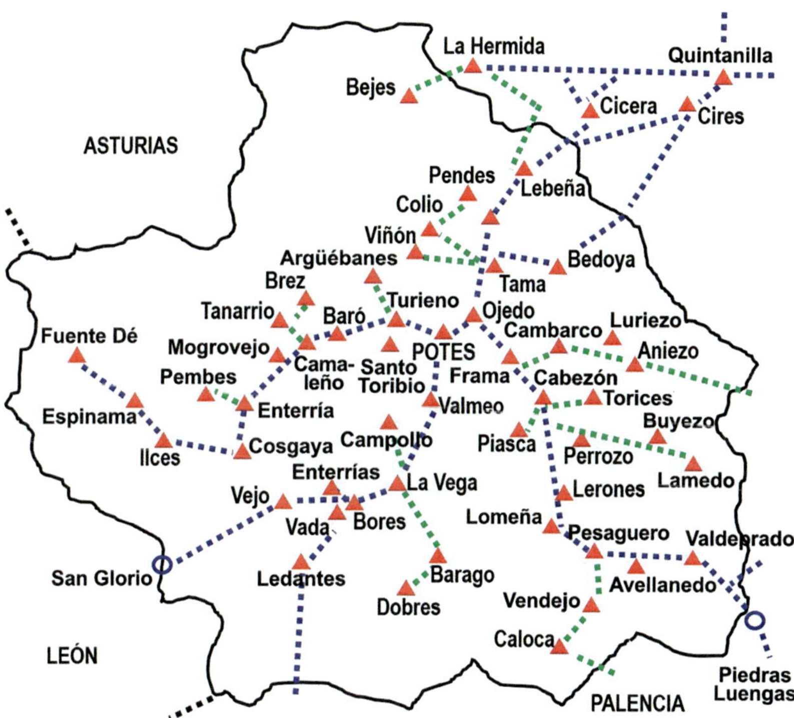

Figura 24.1. *Red de vías medievales que conectaban los diferentes lugares de la comarca lebaniega de Cantabria (LVC).*

MUNICIPIO	PATRIMONIO MEDIEVAL EN LA COMARCA DE LIÉBANA
Potes	Torre de San Pedro (s. XIII). // Torre del Infantado (s. XIV. BIC). // Antigua iglesia de San Vicente (s. XIV al XVIII. BIC). // Torre de Orejón de la Lama (s. XV). // Puente de San Cayetano (s. XV).
Cillorigo	Iglesia mozárabe de Santa María de Lebeña (s. X. Monumento Nacional 1893). // Espadaña de la iglesia de Santiago de Colio (s. XIII). // Ermita de San Miguel de Pumareña (s. XIII-XIV).
Camaleño	Ermita prerrománica de Enterría (s. IX y X). // Iglesia del monasterio de Santo Toribio (s. XIII. Monumento 1953). // Iglesia de Santa María del Moral de Tanarrio (s. XIII). // Torre de Mogrovejo (s. XIII).
Vega de Liébana	Iglesia de Vada (con elementos románicos del s. XIII). // Iglesia de El Salvador de Enterrías (ventana mozarabe y cabecera gótica s. XIV-XV). // Iglesia de Santa Eugenia de Villaverde (s. XV y alberga una estela funeraria cántabro romana s. IV). // Iglesia de Nuestra Señora de la O de Valmeo (s. XV). // Casona-fortaleza de los Colmenares en Valmeo. // Torres de Campo en Bores, son dos fortificaciones cercanas (s. XV).
Cabezón de Liébana	Iglesia románica de Santa María de Piasca (s. XII. Monumento Nacional 1930). // Ermita rupestre de Cambarco (s. VIII a IX). // Iglesia de Cambarco (s. XII a XVI). // Portada románica de la iglesia de Frama. // Iglesia de Perrozo (s. XIII). // Puente en Aniezo.
Pesaguero	Ermita de Nuestra Señora de la Asunción de Caloca (s. XIII. BIC). // Iglesia de Santa Eulalia de Avellanedo (s. XIII y siguientes).

Tabla 24.1. *Lugares de la comarca de Liébana y sus referencias de la Edad Media (del autor con datos de Editorial Cantabria 2004, Arce Díez 2006 y Wikipedia).*

Para la descripción de la red viaria medieval de la comarca se ha dividido aquélla en cuatro secciones, correspondientes a los cuatro grandes valles que confluyen en la villa de Potes. En la primera se recoge el itinerario que enlazaba Liébana, vía su valle de Cillorigo y a través de

Peñarrubía, Lamasón y Herrerías, con la zona costera occidental y la villa de San Vicente de la Barquera. Las tres siguientes secciones recorren los caminos que, siguiendo sus ríos principales Deva, Quiviesa y Bullón, servían a los tres valles que conforman los mismos.

Como fuente de conocimiento sobre las vías de comunicación en este territorio y periodo, cabe señalar *Los caminos de Liébana. Transitando por su historia documental y arqueológica* de Ansola *et al.* 2014, en este documentado estudio se expone:

> ... parece que en esas centurias bajomedievales la red viaria de la comarca ya estaba muy bien configurada. Tanto la red de caminos supralocales, con salidas desde el núcleo de Potes por Valdebaró, Valdecereceda, Valdeprado y Bedoya (Valdecillorigo), como la red de caminos locales, con muestras en algunos lugares de una diversificación y un afianzamiento más que notables...

Asimismo, para la comprensión histórica y artística de las construcciones existentes en este territorio y época medieval, han sido consultados los trabajos de García Guinea (1988), Mazarrasa (2009) y Marcos y Mantecón (2009).

La Villa de Potes en la época bajomedieval. Antes de comenzar la descripción de los principales itinerarios de Liébana, debe señalarse que su capital Potes (con algo menos de 8 km^2) era, y es, el centro neurálgico de esta impar y bellísima comarca, y había adquirido ya una importancia relevante en este periodo. De esta época cuenta con varias construcciones notables: como, la Torre de San Pedro (*figura 24.2*), hoy remodelada, que fue construida en el siglo XIII por Pedro Roiz de Lamadrid, Merino Mayor de Liébana y Pernía; su antigua iglesia de San Vicente (*figura 24.3*) cuyo núcleo primigenio, de estilo gótico, fue levantado durante los siglos XIV y XV, ampliándose posteriormente. Del siglo XIV es, también, la torre del Infantado (*figura 21.4*) y de finales del siglo XV la casa-torre de Orejón de la Lama (*figura 24.4*).

Figuras 24.2 a 24.4.
Potes era el centro geográfico y neurálgico de los caminos lebaniegos y en época bajomedieval contaba con importantes construcciones: torre de San Pedro, antigua iglesia de San Vicente y torre de Orejón de la Lama (LVC).

En el estudio *El régimen municipal de la villa de Potes a fines de la Edad Media* de Pérez Bustamante (1979), se pone de manifiesto la gran actividad mercantil de esta villa ya desde el siglo XIII, la misma se llevaba a cabo a través del mercado semanal, que se celebraba los lunes (y que ha llegado hasta nuestros días), y de dos ferias anuales que tenían el carácter de «francas y privilegiadas»; ello llevaba implícito un amplio movimiento de personas, animales de carga y ganado por los caminos que confluían en la villa.

Del citado estudio se recogen algunos comentarios adicionales que nos enmarcan estas actividades; así, en un documento de 1291, de Sancho IV, se ordenaba que el día de mercado las gentes dejasen depositadas las armas en sus posadas hasta que abandonaran la villa, con la finalidad

Figuras 24.5 y 24.6. *Alzado y pavimento del puente de San Cayetano (LVC).*

de evitar alborotos. En las Ordenanzas de 1486 de la villa de Potes se señala la importancia del vino en la economía de Liébana, por ejemplo, ante faltas respecto a esa normativa la mayoría de las penas se pagaban en cántaras de vino en vez de establecerlas sobre una base monetaria. Se añade que *«el transporte de vino se hace sobre bestias, carros o bueyes, en cueros y carrales…»*.

Puente de San Cayetano en Potes (*figura 24.5*). Salva el río Quiviesa y se encuentra dentro del casco histórico de la villa de Potes, a unos 160 m de la confluencia del citado río con la corriente del Deva. Este puente pétreo está formado por una bóveda de medio punto de unos 10 metros de luz y 4,5 metros de anchura total, y probablemente se construyó en la misma época que la cercana torre de Orejón de la Lama. Su arco de embocadura está conformado por lastras, o piedras planas, de diferente espesor, que también son utilizadas en la línea de imposta que aparece por encima de la clave; su bóveda interior, muros de tímpano y de acompañamiento y pretiles son de fábrica de mampostería, en que abundan los cantos de río; estos también aparecen en el encachado del pavimento del paso (*figura 24.6*).

A.   *El camino desde Potes, vía el valle de Cillorigo, hacia la costa y San Vicente de la Barquera*

El valle de Cillorigo, con 105 km², está limitado al norte y oeste por el macizo oriental de los Picos de Europa, o macizo de Andara, con varias cumbres importantes (Jierru de 2 428 m, Samelar de 2 233 m, Mancondiú de 2 000, etc.) y linda al norte con Tresviso y parte de Peñarrubia; este importante frente de montañas calizas ha sido tallado por el río Deva, formando el espectacular desfiladero de la Hermida. El este de Cillorigo está limitado por la sierra de las Cuerres (con el pico homónimo de 1 562 m), que linda con Peñarrubia, y la parte occidental de la sierra de Peña Sagra (con El Tumbo de 1 840 m), que separa este valle del de Lamasón. Al sudeste está el valle de Valdeprado, al sur la villa de Potes y al sudoeste el valle de Valdebaró.

En el Medievo, dadas las dificultades de recorrer ese largo y angosto desfiladero citado, que se encontraba a septentrión y por donde iba el río Deva hasta su desembocadura, por Tina Mayor, en el Cantábrico, las vías principales que comunicaban a Cillorigo, y Liébana, con la costa cantábrica eran los caminos que enlazaban Lebeña o San Pedro de Bedoya con los valles de Peñarrubia y Lamasón. Estas vías buscaban el paso hacia levante, a través de la sierra de las Cuerres, y una vez alcanzada la zona de Quintanilla y Sobrelapeña, bajaban a la vera del río Lamasón, hasta encontrarse con el camino del Nansa en la zona de Rábago, vía que conducía hacia Tina Menor y el camino costero.

Lebeña-Collado Arcedón-Cicera (Peñarrubia). Este camino hacia el litoral y la villa de San Vicente de la Barquera, partía de Potes (291 metros de altitud) y cruzaba el río Bullón en **Ojedo** (320 m), cuya actual iglesia conserva la portada románica, del siglo XIII, de su antiguo templo (*figura 24.7*). Continuaba por Tama, Castro y alcanzaba **Lebeña** (280 m) y su impar iglesia mozárabe de Santa María (*figura 21.1*), del siglo X, donde también existió la torre de Tevirde (Marcos y Mantecón 2009), coetánea del templo, y que era una atalaya de control del territorio y sus caminos. El camino torcía hacia levante, a cruzar la sierra de las Cuerres por el collado del Arcedón (971 m), en el límite con Peñarrubia, y ya hacia el norte, por el sendero de las Dos Hayas y Juntalón descender al pueblo de Cicera (500 m), para alcanzar en el collado de Hoz (658 m), en el límite con el valle de Lamasón, la vía este-oeste (2.3D) que por Quintanilla (280 m) permitía descender hacia el río Nansa en la zona de Rábago.

Lebeña-Collados de Arcedón y de Carracedo-Cires (Lamasón). Otra posibilidad, alcanzado el collado del Arcedón, era ir hacia el nordeste, a la zona de Cardanca y cruzar la sierra de las Coronas, límite entre Peñarrubia y Lamasón, por el collado de Carracedo (870 m) para llegar al pueblo de Cires (527 m), cerca de Quintanilla y Sobrelapeña.

Lebeña-La Hermida. De Lebeña y hacia el norte, siguiendo al río Deva, a través del citado desfiladero, existía un camino hacia La Hermida, donde se enlazaba con la vía hacia el este que por Caldas y Linares iba hacia Quintanilla de Lamasón (2.3D).

Bedoya-Collado de Pasaneo-Cires (Lamasón). Existía otra vía para acceder a Lamasón a través del valle de Bedoya, siguiendo al río Santo, afluente del Deva, la misma partía del camino principal del valle de Cillorigo; desde Tama se tomaba un camino que, hacia el este, iba a **Pumareña** (440 m), donde estuvo el monasterio de San Miguel en el siglo x (Ansola *et. al.* 2014) y hoy se conserva una ermita del siglo xv dedicada a este santo (*figura 24.8*). La vía continuaba por el collado de Taruey (1273 m), donde en sus cercanías existió la fortaleza altomedieval de Molín de los Moros (Marcos y Mantecón 2009) y atravesaba la sierra de las Cuerres por el collado de Pasaneo (1 348 m), entrando en Peñarrubia, seguía por el collado de Venta de los Lobos (1 126 m) donde alcanzaba Lamasón, y por Traslaventa llegaba a los pueblos de Cires y Quintanilla.

Ansola *et al.* (2014) recogen dos referencias de este camino en el siglo xv: una es de 1404, relativa al portazgo que existía en Cires de La-

Figuras 24.7 a 24.9.
Lindando con los caminos del valle de Cillorigo quedan construcciones del Medievo: portada románica de la antigua iglesia de Ojedo, ermita de San Miguel de Pumareña en el valle de Bedoya e iglesia de Santiago de Colio con partes medievales (LVC).

masón y otra de 1488, concerniente a la Venta de los Lobos; la existencia de citados portazgo y venta, muestra la importancia que esta vía tendría para la comunicación entre la Marina y Liébana.

El camino por la margen occidental del río Deva en el valle de Cillorigo. Esta vía servía a varios pueblos que se habían formado en esta zona y de los cuales se tiene referencias desde los tiempos altomedievales, de sus iglesias o monasterios (Ansola *et al.* 2014) y fortalezas (Marcos y Mantecón 2009); así, el camino pasaba junto a **Armaño** (357 m, con citas del siglo IX a su iglesia de San Juan), a **Viñón** (555 m, con referencias del siglo IX al monasterio de San Pedro), a **Colio** (571 m) que tuvo el monasterio de Santiago (con noticias del siglo XI) y una fortaleza en la Peña del Castillo, y que su iglesia con orígenes en el siglo XIII (*figura 24.9*) tiene la espadaña de tendencia románica y una ventana de aspecto gótico (García Guinea 1988), a **Pendes** (485 m) con su fortín Corral de los Moros y a **Cabañes** (549 m), con su iglesia de San Juan Bautista que data de entre los siglo XV y XVI.

B. El camino de Valdebaró, aguas arriba del río Deva

El antiguo valle de Valdebaró (actual Camaleño), con 162 kilómetros cuadrados, está limitado al norte por el macizo oriental de los Picos de Europa, con varias cumbres importantes (Samelar de 2 227 m, Morra de Lechugales de 2 441 m, Cortés de 2 370 m, El Escamellao de 2079 m, etc.) y linda con el valle de Cillorigo al nordeste y Asturias al noroeste. A poniente se encuentra el macizo central de los citados picos, con cimas relevantes (Peña Vieja de 2 613 m, Tesorero de 2 570 m, Peña Remoña de 2 239 m, etc.) y limita con la provincia de León. Al sudoeste linda con León (Puertos de Salvorón y El Coriscao de 2 236 m) y al sudeste con el valle de Cereceda (el actual municipio de Vega de Liébana) con montes algo más bajos (Pico Jano de 1 446 m y La Viorna de 1 151 m) y, finalmente, al este limita con Potes y Cillorigo.

El camino principal de este valle seguía al río Deva hacia el oeste, hasta su cabecera en Fuente Dé, y de esta vía surgían hacia el norte, principalmente, los ramales secundarios que servían a los pueblos situados en la margen izquierda del Deva, más soleada y protegida de los vientos del norte.

El viajero partía de Potes (291 m) y, enseguida, se encontraba con un camino que, hacia el sudoeste, en dirección a la sierra de la Viorna, lo conducía al famoso **monasterio de Santo Toribio de Liébana**, allí podía admirar su iglesia gótica del siglo XIII (*figura 24.10*), con sus puertas románicas en la fachada meridional procedentes, probablemente, del monasterio primigenio, y venerar las reliquias del Lignum Crucis. Aprovecharía, asimismo, para ver varías ermitas que se existían en tal singular área; así, la Cueva Santa, con una parte excavada y otra construida

Figuras 24.10 y 24.11. *Cerca de Potes, al este de Valdebaró, el viajero medieval podía visitar el monasterio de Santo Toribio de Liébana y su ermita de San Miguel (LVC).*

en estilo prerrománico, y las ermitas de Santa Catalina y de San Miguel (*figura 24.11*), del siglo XIII. En el camino hacia el monasterio y dependiente de él, existió el hospital de San Lázaro del que hay referencias de su existencia desde la primera mitad del siglo XIV hasta finales del siglo XVI (Rubio y Ruiz, 2016).

De nuevo, junto al río Deva, en la vía principal de Valdebaró, el camino pasaba por **Turieno** (330 m) y su zona de influencia, **Mieses** y **Argüebanes**, donde hay constancia de la existencia de varios pequeños monasterios en los siglos IX y X. Más al oeste, la vía alcanzaba **Baró** (380 m), donde en el siglo IX existió el monasterio de Santa María.

Más adelante la vía llegaba a **Camaleño** (412 m), de donde salía un ramal hacia el norte a **Tanarrio** (600 m), donde en el siglo X existió el monasterio de San Facundo y San Primitivo, su iglesia de Santa María del Moral (*figura 24.12*) es bajomedieval con espadaña de influjo románico y presenta canecillos en su cabecera; continuando la subida, se llega a **Brez** (735 m), donde existió una fortaleza altomedieval, La Cerrá (Marcos y Mantecón 2009), y cuya iglesia de San Cipriano tiene partes románicas, como la puerta y varias estelas funerarias junto a ella (*figura 24.13*) y la espadaña.

Figuras 24.12 a 24.15. *En la parte central del camino de Valdebaró se encuentran varias construcciones medievales: la iglesia de Tanarrio, puerta de la iglesia de Brez, la torre de Mogrovejo y la ermita prerrománica de Enterría (LVC).*

El camino articulador del valle de Valdebaró alcanzaba la zona de **Los Llanos** (560 m) y un ramal hacia el norte llevaba a **Mogrovejo** (646 m), donde el viajero podría admirar su bella torre (*figura 24.14*) que fue construida a finales del siglo XIII por los señores del lugar.

Aguas arriba del río Deva el camino alcanzaba **Enterría** (620 m), donde existe una antiquísima ermita (*figura 24.15*), restaurada, de la cual García Guinea (1988) escribe «*Parece otra reliquia de viejas y humildes construcciones del siglo X u XI anteriores a la eclosión del románico dinástico*»; una vía hacia el norte conducía a **Pembes** (836 m), ya citado en el siglo IX.

Ya en la zona occidental de Valdebaró y a la vera del río Deva, el camino servía a **Cosgaya** (730 m), donde estuvo el monasterio de Santa María (s. VIII) y citado en la crónica de Alfonso III de Asturias, en relación a un episodio bélico posterior a la Batalla de Covadonga, **Las Ilces**, y **Espinama** (875 m), que ya existía en el siglo X, y **Pido** (925 m) el pueblo más occidental del valle.

Durante muchos siglos, existió en términos de Espinama, en las proximidades de Fuente Dé, el pequeño **monasterio de San Juan de Naranco**. De hecho, su entrada en la historia es prácticamente simultánea a la de Espinama ya que, si la primera mención escrita que se conserva de este pueblo es del año 930, la de Naranco es del 932.

C.   *El camino de Valdecereceda, en la cuenca del río Quiviesa*

El antiguo valle de Cereceda (actual Vega de Liébana), con 133 kilómetros cuadrados, está limitado al norte por Potes; al oeste por un cordal montañoso (La Viorna de 1 151 m, Pico Jano de 1 446 m y el puerto de San Glorio de 1 609 m) que lo separa de Valdebaró; al sudoeste por una línea de montes que van desde este último puerto hasta Peña Prieta de 2 575 m y Mojón de la Tres Provincias de 2 499 m, que marcan el límite con León; al sur por los Puertos de Riofrío y otras varias Peñas (que rondan los 2 000 m) que separan Cereceda de la provincia de Palencia; y, finalmente, al este por un cordal de montes que constituyen el interfluvio con el antiguo valle de Valdeprado (Mediajo de 1 000 m, cerca del linde con Potes, Jaro de 1 449 m, Corcina de 1 868 m y Peña Bistruey de 2 002, límite con Palencia al sur y el actual municipio de Pesaguero a levante).

El camino medieval salía de **Potes** (291 m) en dirección sudoeste, a la vera del río Quiviesa. El viajero pasaba por **Valmeo** (344 m), donde al final del siglo XV se construyó la iglesia de Nuestra Señora de la O (*figura 24.16*), es esta una antigua advocación de la Virgen María que se celebra, desde el siglo VII, en diciembre y se refiere a la Virgen embarazada, expectante, o Virgen de la Esperanza; la puerta de acceso al templo es de arco de medio punto de grandes dovelas y está enmarcado con un alfiz decorado con bolas. También de finales del Medievo puede ser la casona fortaleza de los Colmenares, que conserva aspilleras defensivas en sus muros (*figura 24.17*).

El camino alcanzaba **La Vega** (467 m) donde existió una iglesia románica; en el actual cementerio se conserva su espadaña compuesta por dos troneras de medio punto y restos de una necrópolis medieval de lajas. En esta zona había ramales locales a varios lugares: por la ladera occidental del valle uno iba a **Campollo** (716 m), donde en Peñacastillo hubo una fortaleza altomedieval, y a **Toranzo** (778 m), donde existió la iglesia de San Martín (siglo IX) y un castillo en Sedanga; por la margen oriental del Quiviesa, siguiendo a su afluente río Frío, un camino conducía a **Bárago** (646 m) donde existió la iglesia de Santa María (siglo X), y a **Dobres** (936 m), donde hubo una fortaleza altomedieval, el Castillo (Ansola *et al.* 2014); desde aquí podía cruzarse la cordillera Cantábrica por el collado de Aruz, a poniente de la Peña Bistruey (2002 m).

Más adelante, el camino principal alcanzaba **Bores** (624 m), cuya iglesia de Santa Eulalia fue construida a principios del siglo XIV y parte de sus materiales fueron utilizados en el templo actual, que presenta en la fachada norte una estela cántabro-romana con una inscripción referente a una persona fallecida en el año 351. Cerca de este lugar el viajero se encontraría con las dos Torres de Campo (*figura 24.18*), hoy en ruinas, que fueron construidas en el siglo XV por Iñigo López de Mendoza, Marqués de Santillana, que en una de sus Serranillas se refiere a este lugar:

> Mozuela de Bores, allá do la Lama púsome en amores» ... // «Señora, pastor seré si queredes; mandarme podedes como a servidor; mayores dulzores será a mí la brama que oír ruiseñores» ... // «Así concluimos el nuestro proceso, sin facer exceso, e nos avinimos. E fueron las flores de cabe Espinama los encubridores».

Figuras 24.16 a 24.20. *El camino por el Valle de Cereceda pasaba junto a bellas construcciones bajomedievales: iglesia de Santa María de la O y casona fortaleza de los Colmenares en Valmeo; restos de las torres de Campo en Bores; iglesia de Enterrías (wikiloc. Familia Barquero) y puerta de la iglesia de Villaverde (LVC resto de las fotos).*

De Bores, y hacia el oeste, continuaba el camino a **Enterrías** (733 m), donde en su iglesia de El Salvador (*figura 24.19*) el ábside es bajomedieval y en el interior se conservan dos celosías prerrománicas bellamente talladas que pudieron ser ventanas de un templo anterior; la que se encuentra completa, es rectangular y presenta una estrella de ocho puntas en el centro, de las cuales salen ocho nervios hacia su perímetro, que es un marco artísticamente labrado, y dejan huecos triangulares entre ellos. El camino seguía hacia **Vejo** (643 m), a la orilla del río homónimo, y aguas arriba de este cauce se alcanzaba el **puerto de San Glorio** (1 609 m).

Al sur de Bores se encontraba **Vada** (550 m) que tuvo una iglesia románica, reconstruida hacia el siglo XVI, y en la cual se conservan parte de los elementos del antiguo templo, como el arco de la puerta de entrada y la espadaña. De aquí, siguiendo hacia el mediodía, el camino local servía al pueblo de **Villaverde** (794 m) donde el viajero podía ver su iglesia de Santa Eugenia (*figura 24.20*), construida a finales del medievo, siglo XV, y que en una pila del arco triunfal contiene una estela funeraria romana (*figura 13.2*); asimismo, conserva una pintura mural gótica del primer retablo del templo. Esta vía seguía a **Ledantes** (808 m), desde donde el viajero medieval podía dirigirse a poniente, buscando por San Glorio el paso a León; o bien, continuando hacia el sur, a los **puertos de Riofrío**, pasar a Fuentes Carrionas en el norte palentino. Otro camino que partía de Vada hacia el mediodía, al oriente del anterior, iba a **Barrio** (800 m), en este pueblo y el de Ledantes existieron fortalezas altomedievales (Marcos y Mantecón 2009).

D. *El camino de Valdeprado, en la cuenca del río Bullón*

El antiguo valle de Valdeprado (actuales municipios de Cabezón de Liébana y Pesaguero), con 151 km², está limitado al norte por el valle de Cillorigo, al nordeste por la Sierra de Peña Sagra (con Pico Paraes de 1 934 m y el Cornón de 2 047 m) que linda con los valles de Lamasón y de Rionansa; al oeste con Potes (con el monte Pumar de 779 m) y el cordal montañoso que lo separa del valle de Cereceda (con Mediajo de 1 000 m, Jaro de 1 449 m, Corcina de 1 868 m y Peña Bistruey de 2 002 m); al sur con los Puertos de Pineda y Sierras Albas (con Cotillar de 1 681 m, Peña

Ciqueras de 1 616 m y Pico Milano de 1 391 m, junto al collado de Piedrasluengas de 1 329 m) que lo separan de la comarca palentina de La Pernía y la cabecera del río Pisuerga; y al este con el cordal interfluvio que linda con el valle de Polaciones (con Pico Milano de 1 387 m, Cueto de los Callejos de 1 454 m y, en la Sierra de Peña Sagra y cerca del Cornón, Mesa Bexejo de 1 925 m).

El río Bullón que vertebra este valle converge con el Deva en **Ojedo** (280 m), al sur del valle de Cillorigo y no lejos de Potes. Desde tal confluencia, donde hay un cruce de caminos, sale la vía que nos ocupa hacia el sudeste y que seguirá al Bullón hasta su cabecera en Peña Labra (2 029 m) y el puerto de Piedrasluengas (1 329 m).

El viajero medieval al poco de Ojedo se encontraba con **Frama** (320 m), donde en su actual iglesia del siglo XVI se conserva la bella portalada románica (*figura 24.21*) de un templo primigenio. Algo más adelante, el camino cruzaba el río Aniezo que baja de la Sierra de Peña Sagra y configura el Valle Estrecho o Valdeaniezo.

A la vera de este afluente del Buyón va un camino local que recorre una serie de pueblos de gran antigüedad. Primero, se encuentra con **Cambarco** (520 m), donde hay una ermita rupestre de finales del siglo VIII; su iglesia de San Andrés está documentada desde mediados del siglo XII y en el interior del actual templo, de la Edad Moderna, se conserva una portada románica perteneciente a la primera construcción.

Más arriba, se halla el pueblo de **Aniezo** (683 m), y sobre el arroyo homónimo se encuentra un puente de posible origen medieval (*figura 24.22*) que fue rehabilitado en el año 2000; se trata de una bóveda rebajada cuyos arcos de embocadura están formados por dovelas de lastras pétreas largas y estrechas. En este pueblo, y según la tradición, nació el Beato de Liébana (siglo VIII), monje del monasterio de San Martín de Turieno (el actual Santo Toribio de Liébana) y cuya obra más conocida «*Comentario al Apocalipsis de San Juan*» tuvo gran difusión durante la Alta Edad Media.

Figuras 24.21 a 24.23.
Junto a los caminos del valle de Valdeprado de Liébana el viajero medieval podía contemplar construcciones de esta época: puerta románica en la iglesia de Frama, puente en Aniezo, puerta románica de la antigua iglesia de Cabezón (LVC).

Monte arriba del barrio de **Somaniezo** (690 m) se encuentra el santuario de Nuestra Señora de la Luz (a 1 340 metros, en la falda sur de Peña Sagra), Patrona de Liébana y conocida como la Santuca por los lebaniegos; donde todos los años tiene lugar una singular romería que tiene sus orígenes en el siglo XV; la Virgen es bajada a Aniezo y hay una bella y tradicional procesión hasta Potes y el monasterio de Santo Toribio, regresando finalmente a su ermita, en un itinerario de unos 30 kilómetros y un sinfín de cantos, flores y emociones. Desde este santuario, puede pasarse a San Mamés, en el vecino valle de Polaciones, por el Collado de las Invernaíllas (1 585 m).

No lejos y al norte de Aniezo esta **Luriezo** (741 m), cuya iglesia de San Pelayo y San Miguel está documentada desde mitad del siglo XI, y en el pórtico del templo actual se conserva una estela cántabra de época romana (*figura 13.1*).

Regresando al camino principal, desde Frama se llegaba a **Cabezón** (363 m), donde partes de su vieja iglesia románica tardía, del siglo XIII, de San Emeterio y San Celedonio, pueden verse en el actual cementerio: su portada (*figura 24.23*) que da paso al recinto y su ábside en una capilla-panteón (García Guinea 1988).

De Cabezón y hacia levante salía un camino que llevaba a **Torices** (705 m) donde hubo dos monasterios, San Martín y Santa Cristina, y donde, en la iglesia actual, quedan restos del templo románico previo, la puerta de acceso, con arco de medio punto, y la espadaña (Álvarez Fernández 1998). Por otro lado, la tradición recoge que en este pueblo nació Alfonso I, hijo de Pedro, Duque de Cantabria, que llegó al trono asturiano al casarse con la hija de Don Pelayo, caudillo astur en la batalla de Covadonga.

Poco después de Cabezón y hacia poniente existía un camino que conducía a **Piasca** (556 m) y su monasterio de Santa María, el cual fue fundado a mediados del siglo IX. Del mismo se ha descubierto su cementerio de tumbas de lajas, en lo que fue el patio de su claustro, y se conserva su iglesia (*figuras 24.24 y 24.25*) que es monumento nacional desde 1930; una parte importante de su fábrica es románica del siglo XII y a mediados del siglo XV se restauró y reformó, parcialmente, con bóvedas góticas. Este importante monasterio fue referente del valle a lo largo del Medievo y su historia se conserva en el Cartulario que ha llegado hasta nosotros y es un Bien de Interés Cultural (BIC). Añadir, que en la Peña Castillo de Piasca se han encontrado restos de una fortificación altomedieval (Marco y Mantecón 2009).

Volviendo a la vía principal de Valdeprado, y aguas arriba del Bullón, se llegaba al lugar de **Puente Asnil** (398 m), donde confluye en el cauce principal el río de Lamedo, que conforma el valle de Valderrodíes, y que estaba servido por un camino próximo a este cauce fluvial. Siguiendo

Figuras 24.24 a 24.27. *Cerca del camino principal por el Valle de Valdeprado se encontraban importantes iglesias románicas: Santa María de Piasca (portada y ábsides), puertas de Nuestra Señora de la Asunción de Perrozo y de San Andrés (LVC).*

esta vía hacia levante, un ramal conducía a **Perrozo** (541 m), documentado desde fines del siglo x y donde existió la iglesia de Santa María y de Santiago, de la que se conserva una bella celosía prerrománica; la actual iglesia de Nuestra Señora de la Asunción conserva restos románicos del siglo XIII (*figura 24.26*), destacando su portada y la espadaña.

Junto al río Lamedo se encuentra **San Andrés** (500 m), cuya actual iglesia conserva restos de templos anteriores; así, una bella ventana prerrománica, y una puerta (*figura 24.27*) y canecillos románicos (García Guinea 1988). Más adelante, están **Buyezo** (745 m) y **Lamedo** (842 m), cuyas primeras iglesias están documentadas a mediados del siglo XII y XIII, respectivamente (Ansola *et al.* 2014).

Volviendo a la vía principal del Bullón, algo después y ya en su valle alto de Pesaguero, un ramal a levante conduce a **Lerones** (620 m) donde en su iglesia contemporánea hay restos escultóricos románicos, un arco en el portal y en las troneras de la espadaña (García Guinea 1988). En la otra margen del río Bullón, a poniente, se encuentra **Lomeña** (654 m) cuya iglesia de San Juan Bautista o Degollado (*figura 24.28*) tiene reminiscencias románicas y en su interior conserva una pila bautismal decorada y tallada en el año 1200, según consta en su inscripción (García Guinea 1988).

Río Bullón arriba, sale a su encuentro el **río Vendejo** y a su vera un camino que conduce al pueblo homónimo (768 m), cuyas primeras referencias son de mediados del siglo X, en esta zona existió una fortificación altomedieval en Peña Castillo (Marcos y Mantecón 2009).

Más al sur y ascendiendo, se encuentra **Caloca** (1 108 m) donde se ubica la bella iglesia románica de Nuestra Señora de la Asunción (*figura 24.29*) del siglo XIII y donde destacan su portada con tres arquivoltas, su espadaña y los canecillos sobre los que se asientan los aleros; fue declarada en 1996 Bien de Interés Cultural con la categoría de Monumento.

Este camino sigue monte arriba hacia los **Puertos de Pineda** (a unos 1 570 m) o a la **Sierra de Albas** que cruza a 1 419 m hacia Casavegas, en la comarca palentina de La Pernía; en toda esta zona alta el viajero medieval tendría que estar atento a no verse sorprendido por los osos pardos cantábricos que habitan estos montes.

Volviendo al camino principal, junto al río Bullón, aquél alcanzaba **Pesaguero** (614 m) cuya antigua iglesia de San Félix está referenciada a mediados del siglo XIII. Más adelante, estaba **Avellanedo** (636 m), donde el viajero podría admirar su llamativa iglesia de Santa Eulalia (*figura*

Figuras 24.28 a 24.30.
En la parte alta del histórico valle de Valdeprado de Liébana (actual municipio de Pesaguero) el viajero medieval podía contemplar bellas iglesias románicas: en Lomeña, en Caloca (Bien de Interés Cultural de Cantabria) y en Avellanedo (LVC).

24.30), con orígenes en el siglo XIII e influencias románicas, conservando de ese periodo su espadaña de cinco niveles y tres troneras en los dos últimos; en su interior, ya en estilo gótico, el ábside es una bóveda de crucería de ocho nervios y el arco triunfal que da acceso al mismo es apuntado y apoya sobre cimacios decorados con bolas y hojas, posiblemente del siglo XV (García Guinea 1988).

Finalmente, el camino alcanzaba **Valdeprado** (833 m), que da su nombre al valle que se ha recorrido, y de aquí se alcanzaban los puertos de **La Cruz de Cabezuela** (1 153 m) para pasar a Salceda en el valle de Polaciones y el de **Piedrasluengas** (1 354 m) que comunicaba con La Pernía palentina.

3.
LOS CAMINOS DE LA EDAD MODERNA EN LA ZONA OCCIDENTAL DE CANTABRIA (SIGLOS XVI AL XVIII)

3.1 Introducción a los caminos modernos en el occidente de Cantabria

EN el tomo I de este proyecto editorial se han dedicado unas páginas a exponer el marco general de los caminos de esta época en la región; se recomienda la lectura de las mismas para encuadrar este capítulo en el contexto global. Así, se comentaban el panorama histórico del periodo, las comunicaciones entre la Meseta y los puertos cantábricos, el estado de los caminos y del transporte, las fuentes de conocimiento sobre las vías modernas de Cantabria, los puentes de bóvedas pétreas en este periodo y la importancia de estas estructuras y de los caminos para los pueblos.

La zona occidental de Cantabria experimenta a lo largo de estas tres centurias un desarrollo constante que se traduce en el importante patrimonio de esta época que tiene este territorio; así, muchos pueblos construyen sus iglesias parroquiales, las familias dominantes edifican junto a sus torres de linaje casas más cómodas, indianos y funcionarios enriquecidos en América levantan importantes casonas y palacios, se empiezan a poner en marcha negocios de molinos fluviales y de marea, ferrerías, astilleros, puertos, etcétera. La *figura 31.1* muestra el aspecto que tendría San Vicente de la Barquera en la Edad Moderna, según recoge una maqueta que se encuentra en el museo del castillo de esta histórica villa marinera.

Paralelamente a esa construcción de la infraestructura edificatoria (religiosa, civil y preindustrial) los caminos tienen una evolución pareja, se van construyendo puentes de piedra que facilitan el paso seguro de los ríos, se edifican pequeños hospitales, ventas, fuentes, abrevaderos, cruceros, y otros elementos, de apoyo a los viajeros y peregrinos.

Nuevos puentes de piedra. En los estuarios y en los ríos más importantes de esta zona (Saja, Nansa y Deva) citamos, a modo de ejemplo, algunos de estos notables puentes de bóvedas pétreas, que todavía podemos admirar y que se describirán en los apartados que siguen. Así, en la comarca de la Costa Occidental, deben citarse los tres grandes puentes de San Vicente de la Barquera, uno de ellos el grandioso paso de La Maza con 32 bóvedas o el de Tras San Vicente inaugurado a finales del siglo XVIII; también, dos proyectos de puentes para las rías de Tina Menor en Pesués y de Tina Mayor en Unquera, el primero acabado, pero colapsado parcialmente a los pocos años, y el segundo que no llegó a ejecutarse.

Figuras 31.1.
Maqueta de San Vicente de la Barquera en la Edad Moderna (LVC).

En la cuenca del Saja deben destacarse los puentes de San Miguel en Reocín, el de Santa Lucía en el valle de Cabezón y el de Bárcena Mayor en Cabuérniga; y en la del Nansa, el de Tortorio en el valle de Herrerías, los de La Herrería, Cosío y Rozadío en Rionansa, y Puente Pumar en Polaciones.

Respecto al paso de los ríos de la comarca de Liébana, hay que reseñar las siguientes estructuras de piedra: sobre el Deva el de Tama; sobre el Quiviesa el puente de la Cárcel de Potes y los de Valmeo e Hinojo en el valle de Cereceda; finalmente, en la cuenca del Bullón, en el histórico valle de Valdeprado, los dos puentes de Frama, el de Cabezón de Liébana, el que sirve al camino que va a Piasca, el de Puente Asnil y las dos bóvedas próximas a la venta de Las Puentes, en Pesaguero.

Los caminos principales en el occidente de Cantabria. El mapa del Bastón de Laredo y de la Provincia de Liébana, de 1774, del cartógrafo Tomás López de Vargas Machuca, es un documento que nos ilustra al respecto y que nos acompañará a lo largo de este capítulo.

Los caminos este-oeste. En el citado mapa, el **«camino de la costa»** es una clara referencia de comunicación de este territorio, con las villas de Santillana del Mar y de San Vicente de la Barquera como hitos del mismo; esto corrobora lo expuesto por Juan Villuga a mediados del siglo XVI (ver tomo I) que recoge, dentro de su famoso *Repertorio de todos los caminos de España*, esta vía que recorría la costa cantábrica como uno de los ejes básicos de comunicación de la región. En el apartado 3.2A, correspondiente a la comarca de la Costa Occidental, se describirán las particularidades de esta ruta a lo largo de la Edad Moderna.

También, en esta dirección este-oeste, son relevantes los caminos que comunican, por el interior del territorio, la zona de Torrelavega con Cabezón de la Sal y San Vicente de la Barquera (3.3A y 3.2B) y el camino que conecta, al sur de la Sierra del Escudo de Cabuérniga, los valles del Saja, Nansa y Deva (3.3D).

Los caminos norte-sur. Respecto a las vías que enlazan la citada comarca litoral con el norte de Castilla y León y con la comarca de Liébana, tres son los ejes básicos de comunicación. El primero es el que va por el valle del Saja al puerto de Palombera y Campo de Suso (3.3B), conectando el territorio de los valles de Cabezón y de Cabuérniga, esta vía está bien detallada en el citado plano de López de Vargas.

Un segundo eje conecta la costa de San Vicente de la Barquera y de Val de San Vicente, vía el valle del Nansa, con el puerto de Piedrasluengas y Palencia (3.3C), siendo éste la columna vertebral de las comunicaciones de los valles de Herrerías, Rionansa, Tudanca y Polaciones. El mapa de López de Vargas define bien su recorrido hasta la altura de Cosío, al sur de la encrucijada de caminos que es Puentenansa; el resto del trayecto hasta la cordillera es a través de varias alternativas con caminos locales.

Existió otro importante eje de conexión de la costa occidental de Cantabria con la comarca de Liébana y el norte de Palencia a través del puerto de Sierras Albas. Este camino se dirigía por el valle del Nansa hasta la zona de Cades y Rábago y vía el valle del río Lamasón conectaba con el Valle de Bedoya en Cillorigo de Liébana y con Potes, y ya por el valle de Valdeprado, aguas arriba del río Bullón, alcanzaba Pesaguero y siguiendo al río Vendejo alcanzaba el citado paso de montaña a la comarca de la Pernía palentina. Esta vía de largo recorrido aparece bien delineada, a falta de algún detalle concreto, en el citado mapa de 1774 y será contemplada en 3.3D, 3.4A y 3.4D.

La anterior comunicación con Liébana abría otro eje de conexión hacia la zona norte de Castilla y León, el mapa de López de Vargas recoge nítidamente el camino que, por el valle de Cereceda (3.4C), conecta Potes con La Vega y Bárago. A partir de estos lugares y por caminos locales estaban a mano diferentes pasos de la cordillera cantábrica: desde Dobres y Cucayo el collado de Aruz; desde Ledantes y Barrio los puertos de Riofrío; y desde Vejo el puerto de San Glorio, que abre la puerta a la comarca leonesa Tierras de la Reina, en la zona más oriental de la Montaña de Riaño.

La *figura 31.2* recoge parte de un mapa de 1783 que muestra los caminos próximos a la Villa de Cartes en las Montañas de Santander, en concreto se ha seleccionado la zona que se encuentra al occidente de esta población y es parte del territorio que contempla este libro. En esta imagen puede apreciarse bien el camino que conecta Puente San Miguel con Santillana y San Vicente de la Barquera; y el que va desde el primer pueblo, situado junto al río Saja, siguiendo aguas arriba junto a este cauce fluvial por los valles de Reocín, Cabezón y Cabuérniga.

Figuras 31.2. *Mapa de 1783 con los caminos en parte de la Cantabria Occidental (Editorial Cantabria, 2007).*

Las dificultades de los viajes. Como se pondrá de manifiesto en este capítulo, a pesar de las mejoras que se van implantando en los caminos de esta época moderna, todavía el viajar es complicado y, en algunos tramos, peligroso. Jovellanos a finales del siglo XVIII recorre el camino costero, y en el territorio de nuestro estudio utiliza cuatro pasos de barca, sobre el Deva, el Nansa, la ría de la Rabia y el paso del Saja-Besaya en Barreda.

La comunicación de la Marina occidental con Liébana, tiene pasos especialmente difíciles, como el desfiladero que va de Venta Fresnedo a Sobrelapeña, o el paso de la Sierra de las Cuerres entre los valles de Lamasón y de Peñarrubia hacia Cillórigo de Liébana. Era también muy complicado y arriesgado el aventurarse por el desfiladero de La Hermida. Y sin lugar a dudas, el paso de cualquiera de los puertos de la cordillera cantábrica, entre Piedrasluengas y San Glorio, para ir al norte de Palencia o de León, era una tarea a tomarse con cuidado.

La importancia de los caminos en esta época. Se finaliza esta introducción resaltando los cuidados que los regidores de las diferentes entidades locales de este territorio prestaban a su red de caminos y a sus puentes, lo queda bien reflejado en sus Ordenanzas, en las cuales aparecían apartados relativos al mantenimiento y reparaciones de su infraestructura viaria.

Al respecto, se recogerá parte de lo que, sobre este tema, se escribe en la normativa de ocho entidades administrativas, cinco de ellas de la comarca lebaniega, de esta época histórica. Así, del siglo XVI, las de Ucieda y Ruente (Cabuérniga); de 1625, las del concejo de Espinama (Valdebaró); de 1672, las del valle de Bedoya (Cillorigo); de 1710, las del concejo de Tresabuela (Polaciones); de 1736, las de Dobres (Valdecereda); de 1739, la de los concejos de Mogrovejo y Tanarrio (Valdebaró); de 1762 del concejo de San Andres (Valdeprado); y de 1773, las Ordenanzas de la villa de Santillana.

En los tres apartados que siguen se describe la infraestructura viaria de la Edad Moderna que sirvió a las comarcas que nos ocupan en este libro (Costa Occidental, Saja-Nansa y Liébana): tanto las vías principales, a la vera de los ríos importantes, articulando las comunicaciones de sus grandes valles y su conexión con las demarcaciones vecinas; como otras de más corto recorrido, junto a sus afluentes, sirviendo a los diferentes pueblos.

3.2 Los caminos modernos en la comarca Costa Occidental

Al compás de la evolución y desarrollo que fueron teniendo las poblaciones de este territorio a lo largo de la Edad Moderna, su red de vías medievales (apartado 2.2 y esquematizadas en el mapa de la *figura 22.1*) fue mejorándose y adaptándose a la nueva realidad social y económica de la comarca.

Como apoyo al relato que sigue y para posicionar los diferentes lugares de la demarcación, se utilizará el mapa de Tomás López de Vargas de 1774, del cual se ha recogido en la *figura 32.1* la parte que corresponde a la zona geográfica que ahora se contempla.

Figura 32.1. *Los caminos que recorrían la comarca Costa Occidental, según parte del plano de Tomás López de Vargas de 1774, correspondiente al Bastón de Laredo y Liébana (España. Ministerio de Defensa. Centro Geográfico del Ejército).*

Este apartado se ha dividido en cuatro secciones: en la primera se describe el camino costero, de dirección este- oeste, que conectaba las villas de Santillana y de San Vicente de la Barquera y daba continuidad a la ruta de largo recorrido que transitaba el litoral cantábrico y unía las diferentes regiones del mismo; en la segunda parte, se relata el camino que iba desde Treceño a San Vicente de la Barquera y se comentan otras vías de Valdáliga; en la tercera sección se recogen los caminos que desde la vía costera se dirigen a otros lugares del territorio; finalmente, en la cuarta parte se muestran varios testimonios escritos y relatos de viajes de la configuración y uso de estas vías a lo largo de la Edad Moderna.

A. *El camino costero en el occidente de Cantabria, desde Santillana del Mar hasta San Vicente de la Barquera y Unquera*

En el citado mapa de Tomás López de Vargas (*figura 32.1*) aparecen los caminos más importantes que ha considerado en esta comarca; en lo que sigue recorreremos la vía litoral que señala este plano, para conectar las villas de Santillana y de San Vicente de la Barquera.

Partiendo de la **Barca de Barreda**, indicada en el citado mapa, sale un camino hacia Puente San Miguel y de aquí a Santillana (*figura 32.1*); esta sería una opción, además existía una vía más directa que iba por Viveda y Queveda, con caseríos ya consolidados, y que también se utilizaría. Siguiendo esta ruta el viajero podría ver en **Viveda** el palacio de Peredo (*figura 32.2*), Bien de Interés Cultural (BIC), construido a mediados del siglo XVII y, también su gran iglesia de El Salvador, de época moderna (*figura 32.3*) y que conserva la portada románica del templo primigenio. Más adelante, en **Queveda** se encuentra la bella torre de Beltrán de la Cueva (*figura 32.4*), construida en el siglo XVI y BIC de Cantabria, y a la que en el siglo siguiente se le adosó, junto a uno de sus muros, una casona montañesa.

Figuras 32.2 a 32.4.
*Entre la barca de Barreda y Santillana
el camino pasaba próximo a bellos edificios
de la Edad Moderna: palacio de Peredo
(BIC) e iglesia de El Salvador en Viveda, y
la torre de Beltrán de la Cueva (BIC)
en Queveda (LVC).*

El camino alcanzaba la **villa de Santillana**, conjunto histórico que cuenta con un impresionante patrimonio edificado de la Edad Moderna. Entre otros edificios, el viajero podría ver: la bella casa de los Polanco y Lasso de la Vega (*figura 32.5*), de principios del siglo XVI; el palacio de los Velarde o de las Arenas (*figura 32.6*), del siglo XVI y que refleja la transición del gótico al renacimiento; las casas de la Parra y del Águila (*figura 32.7*), la primera del siglo XVI y con una fachada de entramado de madera, y la segunda del siglo XVII, que luce un escudo con un águila, el blasón de los Estrada; el convento de Regina Coeli (*figura 32.8*), construido a lo largo del siglo XVII y su claustro a principios del XVIII, y que fue la primera fundación dominica en Cantabria; cerca de él se encuentra el palacio de Peredo-Barreda (*figura 32.9*), también llamado de Benemejís, que fue construido a principios del siglo XVIII.

Figuras 32.5 a 32.9.
En la histórica villa de Santillana del Mar el viajero podía disfrutar de un importante patrimonio de la Edad Moderna: casa de los Polanco y Lasso de la Vega, palacio de los Velarde, casas de la Parra y del Águila, convento Regina Coeli y palacio de Benemejís (LVC).

En Santillana existieron tres pequeños hospitales a lo largo de este periodo histórico (Rubio y Ruiz, 2016), el de la Misericordia, junto a la Colegiata y dependiente de esta, otro era responsabilidad de la Villa y una casa de San Lázaro en las afueras, en el lugar de Mortera.

Por su interés, y antes de proseguir el itinerario por la costa, se recoge de las Ordenanzas de 1773 de la Villa de Santillana, el capítulo 118 sobre Caminos en donde se muestra el interés que tiene este asunto para el bien de la comunidad (en Gómez Hernández, 1973):

> Que un día o más, si necesario fuere, de cada un año, tengan obligación los vecinos de villa y barrios con sus azadas picazadones a componer los caminos correspondientes a las salidas de caminos Reales y carreteras y otros caminos públicos de esta villa y barrios, los que se compondrán según ordenare el Ayuntamiento Particular, y para salir a la composición de ellos se hará la noche antecedente la seña acostumbrada, y el que no saliere por sí o persona en su nombre será multado en cuatro reales aplicados para pan y vino a los que asistieren a componer dichos Caminos.

El camino continuaba por **Oreña**, donde en un alto se sitúa su iglesia de San Pedro (*figura 32.10*), de grandes proporciones y construida a lo largo de los siglos XVI y XVII. A la salida de este pueblo, en su barrio de Carrastrada existió una venta (Ruiz y Rubio, 2018), referenciada en el catastro de Ensenada de mediados del siglo XVIII.

Puente de Toñanes (*figura 32.11*). Más adelante el mapa de López recoge el paso del camino por este pueblo y el cruce de la vía por el arroyo de la Presa. Esto se hacía con una bella estructura de piedra de unos 15 metros de longitud, entre muros de acompañamiento y bóveda de cantería de medio punto, de unos 6 metros de vano, bajo la cual fluye el río. En su intradós se observan unos huecos o mechinales, donde se apoyó la cimbra de madera que sirvió para el apoyo de las dovelas que conforman el puente. En sus laterales se han dispuesto contrafuertes para conseguir estabilidad frente al empuje del agua en los casos de avenida; además, en los muros de la margen izquierda tiene un par de caños pasantes para el desagüe del agua en caso de crecidas del río.

El paso por **Cobreces** es el siguiente hito que marca el plano de López, en este lugar estuvo el Hospital del Buen Suceso documentado a lo largo de la Edad Moderna (Rubio y Ruiz, 2016). En esta villa el viajero podía apreciar algunos bellos edificios de esta época promovidos por el linaje de los Villegas: la bella Ermita de Santa Ana (*figura 32.12*), fundada en el siglo XVI y reformada a finales del siglo XIX; y una Fundación (*figura 32.13*), creada en el siglo XVIII con fines docentes y de promoción de los hijos de Cóbreces, institución que llevó el nombre y administró la fortuna de la ilustre familia.

Pasado este pueblo, el plano de Tomás López de Vargas indica la existencia de un puente sobre un cauce, se trata de la Conchuga que desemboca junto a la playa de Luaña. A continuación, señala la **venta de**

Figuras 32.10 a 32.13. *A lo largo del Valle de Alfoz de Lloredo el viajero pasaba junto a, o sobre, construcciones de la Edad Moderna: iglesia de San Pedro en Oreña, puente de Toñanes, ermita de Santa Ana y Fundación Villegas en Cóbreces (LVC).*

Tramalón, que se encuentra al sur de Trasierra, y de la cual se conoce su existencia, al menos desde comienzos del siglo XVII (Guerin, 1971); este autor señala que, en esta época, además de la citada existieron otras dos ventas más antes de llegar a Comillas, la de Rioseco y la de la Vega.

Guerin estudia la *Ejecutoria de un pleito promovido por Comillas contra Ruiloba sobre establecimiento de la Venta de la Vega*, de 1624, fecha en que se construye esta nueva venta, y de este análisis sale información interesante sobre el proceso legal, las tres ventas y las condiciones del camino a la entrada al término de Comillas, donde se ubica el puente Portillo; por su interés se recoge una de las preguntas que se hace en el interrogatorio de los testigos de Ruiloba, así:

> Si el trayecto desde la Venta nueva a Comillas es áspero y trabajoso, sobre todo para los jinetes y que sobre todo en invierno se hacen tan grandes atolladeros y carricavas en la cambera y camino real que sucede muy de ordinario el atollarse las cabalgaduras con sus cargas y entornarse los carros y aun la gente de a pie pasa con mucho peligro y trabajo, particularmente los marineros que navegan en la dicha Villa de Comillas, que han de pasar por dicho puesto de noche y el dicho camino además de su aspereza de la parte de la puente Portillo hacia la dicha Venta está tan angosto sobre el mar que con malos temporales no solamente no se puede pasar por allá sin peligro de noche sino aunque de día le hay...

Uno de los testigos contesta al respecto: *El camino es áspero, de peñas y junto a la puente de Portillo está un despeñadero contra la mar peligroso para carros y bagajes y por allí tienen que pasar los marineros que marean en Comillas.*

El plano de Tomás López recoge el citado puente de Portillo y la entrada del camino en **Comillas**. Este pueblo, después de ganar, en 1500, un pleito a San Vicente de la Barquera, consiguió el derecho a pescar y comerciar en la costa occidental de Cantabria, limitando la exclusividad que hasta esa fecha tuvo la villa de San Vicente; a partir de ese momento,

Comillas se convirtió un importante puerto pesquero especializado en la captura de ballenas, actividad que duró hasta entrado el siglo XVIII.

En esta villa, el viajero podría admirar la monumental iglesia de San Cristóbal (*figura 32.14*), construida desde mediados del siglo XVII hasta el ecuador del Setecientos, en estilo barroco montañés, siguiendo el modelo de las iglesias trasmeranas, cómo las de Isla o Ajo. Y otros dos edificios construidos a finales del siglo XVIII: uno donde estuvo ubicado el antiguo ayuntamiento del municipio (*figura 32.15*), y otro el denominado «El Espolón» (*figura 32.16*), promovido por el comillano Juan Domingo González de la Reguera, arzobispo de Lima, y donde posteriormente, en 1802, se estableció el Real Seminario Cántabro.

Figuras 32.14 a 32.16.
En Comillas el viajero podía admirar tres importantes construcciones de la Edad Moderna: la iglesia de San Cristóbal, el edificio del antiguo Ayuntamiento y El Espolón, sede del Real Seminario Cántabro (LVC).

Después de Comillas, el camino continuaba hacia poniente y el mapa de López de Vargas (*figura 32.1*) señala **La Rabia** y la barca que pasaba la ría homónima. Aquí, hubo una venta, referenciada documentalmente desde el siglo XVI y señalada en el citado plano de 1774; de este establecimiento y de los tres citados antes de alcanzar Comillas puede ampliarse la información en *Ventas y arrieros de los viejos caminos de Cantabria* de Ruiz y Rubio (2018).

Desde La Rabia y hacia occidente se alcanzaba la zona de La Maza, yendo por el camino que bordeaba el litoral, o la vecina de El Boceo, si se iba por el interior, vía La Revilla. Ya en la margen oriental de la gran ría de San Vicente de la Barquera, se tenía a la vista la península en que se asienta esta importante villa medieval y descollando sobre ella, las siluetas de su iglesia y castillo.

Los puentes de San Vicente de la Barquera durante la Edad Moderna (*figura 32.17*). A lo largo de estas tres centurias se reconstruyeron, con mayor ambición, los puentes que unían a la villa con el oriente, el de

Figura 32.17. *A lo largo de la Edad Moderna se reconstruyeron los puentes de La Maza y del Peral, y, en la postrimerías del siglo XVIII, se construyó el puente Nuevo o de Tras San Vicente (mapas.cantabria, vista aérea de finales de los 80 del siglo XX, y LVC).*

La Maza sobre la desembocadura del río Escudo, y con el occidente, el puente del Peral, sobre el río Gandarilla. Durante el siglo XVIII se planteó un nuevo puente aguas abajo de esta última estructura, que fue inaugurado a finales de esta centuria; se trataba del puente «Nuevo» o de «Tras San Vicente», como también se le denomina. Sainz Díaz (1973) en su obra *Notas históricas sobre la villa de San Vicente de la Barquera* nos ofrece interesante información de estos puentes; un resumen de la cual se extractará al describir los mismos.

Puente de la Maza en San Vicente de la Barquera (*figura 32.18*). Desde La Rabia, el plano de López dirige el camino a este grandioso puente, de más de 400 metros de largo, que atraviesa el brazo oriental de la gran ría de San Vicente. En el libro *San Vicente de la Barquera 800 años de historia* (coordinado por Solórzano, 2010) Escudero, uno de los autores, recoge que esta obra se hallaba en construcción en 1453 (en tiempos de

Figura 32.18. *La entrada, desde levante, a San Vicente de la Barquera se hacía a través del impresionante puente de la Maza (Fernando Pérez del Camino, Santander, ca. 1859-ibídem, 1901).*

Enrique IV, rey de León y Castilla). En 1495 (época de los Reyes Católicos) se abordaba su reconstrucción, pues se encontraba destruido.

A la llegada de Carlos I, en 1517, el puente era una larga estructura de madera sobre pilares de piedra, según describe Laurent Vital en la crónica de este viaje regio (en Casado, 1980): *… y habían construido allí un gran puente de madera, sobre pilares de piedra, que tenía dos grandes tiros de arco de largo, para pasar carretas, caballos y todos los que pretendían ir a Castilla, por ser el verdadero paso.*

Hacia 1590 este puente y el del Peral se encontraban arruinados, según recoge Sainz Díaz (1973) de una Real Cédula de 1592 en que se aprueba el repartimiento del coste de su reconstrucción; de este documento se transcriben, en el lenguaje actual, algunos de sus párrafos más interesantes (debe aclararse que, en esa época y en el medievo, era habitual referirse a los puentes de madera en femenino, «la puente», y a los de piedra en masculino, «el puente»):

> … junto a ella había dos puentes de madera… por haberse caído no se podía pasar por ellas sino era en barcas … Y entre otros inconvenientes que había habido se habían ahogado en los ríos donde están las dichas puentes muchas personas, ganados y bestias por el mal paso que había en ellos… Y era necesario y aún forzoso que las dichas puentes se hiciesen y se redificasen de piedra…

Después de largos trabajos, este puente estaría concluido hacia 1620: se trataba de un puente moderno adaptado a las necesidades de la sociedad renacentista; contaba con 32 bóvedas pétreas de medio punto, con luces del orden de los 8,3 metros, tajamares con planta en ángulo y de altura media, que alcanzaban la zona a cuartos de luz, o de «riñones», de los arcos de embocadura, y calzada horizontal. En la década de 1640 el puente necesitó ser reparado ya que alguno de sus arcos estaba en mal estado a consecuencia de las corrientes que soportaban las pilas. El canónigo Zuyer, en la visita que realizó a Cantabria en 1660, mostró su admiración al contemplar el puente de la Maza (en Casado 1980):

… Se entra por un bello y largo puente de treinta y dos arcos, todos de piedra, que proporciona una vista muy hermosa del brazo de mar que se atraviesa sobre dicho puente. Todavía hay otro puente a la otra parte de la villa, que parece una isla por los brazos de mar que la rodean, faltando apenas cuarenta pasos para que ambos se junten.

Pasado el puente de La Maza, el viajero entraba en la importante **villa de San Vicente**, la cual es descrita por la Cosmografía de Fernando Colón (1517-1523) como sigue (en Casado 1980):

San Vicente de la Barquera es villa de mil vecinos, e está dentro en la mar, e está en alto, e tiene una ría para entrar al puerto que no puede entrar más de un navío de cien toneles, e tiene buena torre, e es en la Montaña, e tiene una puerta que no pueden entrar por ella a la villa si por ella no e.

Figuras 32.19 a 32.21.
En la Villa de San Vicente de la Barquera el viajero podía apreciar dos bellos edificios del siglo XVI: el palacio de la familia de los Corro (actual ayuntamiento) y el hospital de la Concepción. Y junto a la desembocadura de su gran ría, el Santuario de la Virgen de la Barquera del siglo XVII (LVC).

En San Vicente de la Barquera el viajero podría apreciar dos bellos edificios renacentistas construidos en el siglo XVI y ubicados en la calle principal: el palacio de la familia de los Corro (*figura 32.19*), actual ayuntamiento de la villa, y el hospital de la Concepción (*figura 32.20*), una fundación del inquisidor Antonio del Corro; de éste, existe en la iglesia de Santa María, una bella y excepcional escultura funeraria en que aparece este personaje recostado y leyendo un libro.

Al nordeste de la villa, siguiendo la margen izquierda del río Gandarilla y ya junto a la desembocadura de la gran ría de San Vicente se encuentra el Santuario de la Virgen de la Barquera (*figura 32.21*), patrona del municipio; su origen es medieval y se transformó en el siglo XVII.

Puente del Peral. Aparece en el bello grabado (*figura 32.22*) que Pedro de Texeira, cartógrafo portugués al servicio de Felipe IV, hizo de San Vicente en el segundo cuarto del siglo XVII, en el cual aparece esta estructura y la del puente de la Maza. En 1630, este autor deja escrito, en relación con los caminos de esta villa (en Casado, 1980): ... *para la comunicación de la tierra que le queda a los dos lados del Poniente y Levante, tiene dos costosísimas y hermosas puentes, así en su grandeza como en la fábrica.* También, este puente es citado por el canónigo Zuyer en 1660, cuando alaba, como se ha escrito, el puente de la Maza.

Figura 32.22.
*Los puentes de La Maza y del Peral
en un grabado de Texeira
del segundo cuarto del siglo XVII
(Editorial Cantabria, 2007).*

Realmente, por esas fechas el puente del Peral todavía era de madera y aunque a finales del siglo XVI se tenía la intención de hacerlo de piedra, como se expuso previamente, la realidad fue que un siglo después sólo se había hecho una bóveda y los pilares, salvando los vanos entre éstos con vigas de madera (Sainz, 1973).

A mediados del siglo XVIII, la Cofradía de Pescadores de San Vicente de la Barquera dirigió un memorial al rey Fernando VI en el que, entre otros temas, exponía la preocupación por el mal estado del puente del Peral y por la inadecuada ubicación en que se encontraba, creando dificultades al tránsito rodado con Asturias, solicitando un nuevo puente aguas abajo, en las proximidades del muelle, y motivando las ventajas que ello supondría, entre ellas (Sainz, 1973):

> No menos cederá a la utilidad pública el beneficio que de la nueva obra resultaría al camino Real de Asturias y Galicia de todas estas montañas, tanto por la más corta distancia, cuanto, por la menor aspereza, que le hará transitable con ruedas hasta la ciudad de Oviedo.

Este deseo de un nuevo puente se haría una realidad a finales del Setecientos; momento en que el histórico paso del Peral dejó de prestar servicio a la vía costera hacia poniente. A partir de entonces, sufrió un progresivo abandono y en la actualidad sólo son perceptibles sus restos.

En el último tercio del siglo XVIII se planteó la necesidad de abordar el nuevo puente de San Vicente y, además, los que debían cruzar el río Nansa, en Pesués, y el Deva, entre Unquera y Bustio (Asturias), separados por este río; de modo de dar continuidad, en la distancia de dos leguas que hay entre la primera villa y Tina Mayor, al camino de carros por la costa. En el planteamiento y proyecto de estas obras tuvo un protagonismo especial la figura del Padre Pontones, nacido en Liérganes en 1710, el cual se hizo monje jerónimo en 1744, y que intervino en el proyecto de numerosos edificios y puentes.

En la tesis doctoral *Fray Antonio de San José Pontones: arquitecto, ingeniero y tratadista en España, (1710-1774)* de Cano Sanz (2004), se recoge una interesante información de estos tres puentes, que se extractará en lo que

Figura 32.23.
Vista del puente nuevo o de Tras San Vicente de finales del siglo XVIII (acuarela de Edgar T. A. Wigram 1906).

sigue; junto con la obtenida del citado estudio de Sainz (1973) para la primera de las estructuras.

En 1772, a petición del Consejo de Castilla, el padre Pontones presentó informes, las trazas y los presupuestos de estos tres puentes de nueva planta (Cano, 2004).

Puente Nuevo o de Tras San Vicente (*figura 32.23*). Para cruzar el brazo occidental de la gran ría de esta villa, se construyó a finales de la Edad Moderna una nueva estructura, aguas abajo del puente del Peral y al nordeste del castillo de San Vicente: a este puente que permite la comunicación hacia la costa asturiana, también se le denomina de Tras San Vicente.

Las características de este importante puente del Padre Pontones según su informe de 1772 son (Sainz, 1973): Se trata de una estructura de una longitud total de 193 varas (unos 162 metros), conformada con nueve bóvedas carpaneles, de 50 pies de vano (14 m). El ancho del puente era de 15 pies (4,2 m) y descontando 3 pies para el grueso de los pretiles, quedaban libres 12 pies (3,4 m) que es la misma anchura que la del largo puente de La Maza. Según esto, los mismos no permitían el cruce de dos carros, lo que, en tal circunstancia, obligaría a uno de ellos a orillarse en alguno de los apartaderos que existían sobre los tajamares, en donde la calzada se ensanchaba a ambos lados.

El padre Pontones recoge la dificultad de cimentación de algunas de sus pilas que en las bajamares tendrían 12 pies de agua (3,4 m) hasta el fondo de la ría, lo que obligaría en su construcción a utilizar cajones alrededor de su posición y al achique del agua, de modo de trabajar en seco. Asimismo, preveía la calidad de los materiales y de donde se extraería la piedra: así, para la de la estructura especificaba que debía ser de grano, sacada de la cantera de Bielva, distante dos leguas; para el pavimento del puente se traería piedra de mármol de la cantera de Pesués, por más durable; la cal, de la mejor calidad, podía hacerse a media legua de distancia; la madera, para cimbras, andamios, planchas, barcazas y otros ingenios que se precisen, están en los cercanos montes públicos, sin otro coste que la licencia para su corte, la tala su preparación y transporte.

En 1774, pocos meses antes de la muerte del Padre Pontones, Marcos de Vierna, otro cualificado constructor montañés, que era el Comisario de Guerra y Director de los Caminos y Puentes del Reino, emitió un dictamen favorable sobre las trazas e informes de los citados tres puentes del insigne proyectista, proponiendo que, atendiendo al alto coste de las tres estructuras, se construyera en primer lugar el puente de Tras San Vicente, y cuando se terminara éste se abordarían los otros dos, el de Pesués y el de Unquera-Bustio (Cano, 2004).

Un documento de 1788 (Cano, 2004) recoge que la construcción del puente de Tras San Vicente se hizo en 5 años por administración, según el plan del Padre Pontones, e indica un gasto de 718 427 reales de vellón.

No obstante, todavía pasaron unos años hasta su inauguración; quizás, faltaran las obras de los nuevos caminos de acceso al puente, pues la apertura no se hizo hasta 1799, según consta en dos placas pétreas a la salida norte del paso, en que se señala: *Reinando Carlos IV se hizo a costa del arbitrio impuesto sobre los pueblos del Bastón de Laredo* y *A solicitud de esta MN. y ML.Villa por el arquitecto Bustamante*. La recaudación de fondos se estableció gravando el coste del vino que se consumía en la citada jurisdicción (Sainz, 1973).

Volviendo al camino de la costa, para continuar desde San Vicente hacia poniente el viajero podía hacerlo junto al litoral o por el interior, ambos buscaban la **barca de Pesués** (que aparece señalada en el mapa de Tomas López de 1774). Si se optaba por la primera opción, debía de atravesarse el brazo occidental de la gran ría de San Vicente, esto se hizo a lo largo de toda la Edad Moderna por el puente del Peral que se encontraba al noroeste de la iglesia de Santa María; y ya en centuria decimonónica, por el nuevo puente de Tras San Vicente.

No obstante, es posible que en parte del siglo XVIII el puente del Peral no fuera utilizable por su mal estado, tal como se deduce de lo expuesto, y que para pasar el río Gandarilla se utilizase una barca. El plano de Tomás López de Vargas de 1774 así lo recoge y señala su existencia y la de un camino que va hacia poniente en busca del paso en barca de Tina Menor (A. González de Riancho, 2022). En cualquier caso, Jovellanos en 1791 utilizó el puente del Peral (ver 3.2D) y comentó que era malo; parece pues que, cuando esta estructura estaba arruinada en alguno de sus vanos, se utilizaba una barca para pasar el río Gandarilla.

El mapa de López de Vargas, de 1774, recoge las dos opciones citadas para ir hacia la barca de Pesués. Si el viajero elegía ir por la costa, después de cruzar el río Gandarilla, el plano señala Santillán y Prellezo antes de la alcanzar la ría de Tina Menor, desembocadura del río Nansa. Yendo por el interior, por el sudoeste, el camino cruzaba el río Gandarilla pasada la zona de «Entrambos Ríos» según recoge el citado plano, donde señala la existencia de un puente, y por Estrada se dirigía hacia Muñorrodero donde se encontraba con el río Nansa y cerca, aguas abajo de este lugar, estaba el paso de barca de Pesués.

Antes de continuar por el camino costero hasta Unquera, conviene señalar que estando en Muñorrodero existía la posibilidad de ir hacia po-

Figura 32.24. *En la zona occidental de Cantabria el camino costero debía atravesar las rías de Tina Menor y Tina Mayor: a finales del siglo XVIII trataron de superarse con puentes, que no serían realidad hasta un siglo después (mapas.cantabria y LVC).*

niente, a Asturias, utilizando caminos secundarios y dos barcas que existían en esta zona: una en este pueblo, sobre el Nansa, y otra en Molleda sobre el Deva. Ambas barcas están recogidas en el Catastro de Ensenada y señaladas en el plano de Tomás López (A. González de Riancho, 2022). La primera barca iba de Muñorrodero a Prío, el camino continuaba a Molleda, desde donde se utilizaba la segunda barca para pasar a Vilde (Asturias) y desde aquí dirigirse a Colombres y La Franca, en el extremo nororiental asturiano, el territorio de Ribadedeva.

Volviendo al camino principal de la costa, que utilizaba la barca de Pesués, en la *figura 32.24* se muestra la zona de las desembocaduras de los ríos Nansa y Deva que la vía costera cruzaba con barcas para alcanzar, primero Unquera, y después, Asturias; en el paso de estos ríos, fue donde se plantearon los puentes comentados.

El primer puente de Pesués. La información que sigue está resumida del gran estudio de Cano (2004). Este puente sobre el río Nansa, empezó a construirse en 1759, pero el Consejo de Castilla solicitó al Padre Pontones que informara sobre el mismo y, a instancia suya, se paró la obra. Posteriormente, en 1772, como se ha expuesto, el Consejo pidió al citado proyectista que preparara las trazas y las condiciones para la ejecución de este puente.

El 17 de octubre de 1774, el Consejo de Castilla aprobó la construcción del puente según lo planteado. Se dio la triste coincidencia que, en esa misma fecha, falleció Fray Antonio de San José Pontones en el Monasterio de la Mejorada, en Olmedo (Valladolid), en donde había vivido gran parte de su vida.

En 1775 Marcos de Vierna seleccionó un par de constructores como maestros de las obras, aunque no recibirían su nombramiento hasta 1776. Las obras finalizaron en 1785 y aunque este puente pétreo no se ha conservado se sabe que estaba formado por seis bóvedas y tenía una longitud de 453 pies (127 metros).

Cano (2004) recoge que este puente parece que quedó arruinado hacia 1787 *cuando por una mal entendida economía, se verifican a pública subasta unas obras públicas costosas*; y del documento que le sirve de apoyo, añade que en 1798 el Procurador General del Valle del Nansa manifestó que existía necesidad de construir nuevamente el puente mayor que atraviesa este río, por estar próximo a su ruina; (aunque el texto no deja claro si se refiere al puente de Pesués).

Ello conllevó que volviera a cruzarse el río Nansa por medio de una barca, como se hacía previamente. Es interesante señalar que cuando Jovellanos pasa por aquí en 1791 (ver 3.2D), lo hace en barca y menciona la ruina del citado puente, construido hace seis años, y que su fallo se debió al mal cimiento de una de las pilas; en aquel momento señala que quedaban en pie cuatro bóvedas. Debió transcurrir casi un siglo más para que en ese lugar se construyera un nuevo puente (4.2B).

Finalmente, pasado Pesués, el camino costero llegaba a la **barca de Unquera**, recogida por el plano de Tomás López de 1774, que permitía salvar la ría de Tina Mayor, desembocadura del Deva. Pasaba a Bustio, ya en Asturias, y enfilaba hacia poniente, a Colombres y La Franca.

Primera propuesta para el puente sobre el río Deva entre Unquera y Bustio. Al igual que en el puente anterior, se toma el estudio de Cano (2004) como fuente de información. Este es el tercer puente que analizó el Padre Pontones para la zona costera occidental de Cantabria: primero, en 1762 emitió un informe previo sobre el mismo y, luego en 1772, a petición del Consejo de Castilla, suministró su traza y presupuesto.

En un plano que se conserva (en muy buen estado) en el Archivo Histórico Nacional se muestra su alzado y planta (*figura 32.25*), el mismo nos indica que estaba conformado por siete bóvedas carpaneles y seis pilas rectangulares con tajamares triangulares a ambos lados del puente; en la leyenda de este plano se lee (en castellano actual):

> TRAZA Para la Ejecución de un Puente de nueva Planta que se intenta Fabricar sobre el Río Deva y Brazo de Mar cuyos Flujos y Reflujos Bañan el Valle de Riva de Deva por el Albeo o Madre del dicho Río hasta donde está la Barca de Junquera; que unas veces Navega sobre las Crecientes del Mar y otras sobre las aguas del mismo Río. La Elección del Sitio para esta nueva Fábrica Deberá ser desde la Cruz de S. Juan inmediata al Lugar de Bustio del dicho Valle....

En 1775 Marcos de Vierna seleccionó a los dos contratistas para esta obra y se recomendó que la misma no debía comenzar hasta que se terminase el puente de Pesués, hecho que no ocurrió hasta 1785. Pero, finalmente, las obras nunca comenzaron y hubo que esperar cerca de un siglo para que se construyese aquí un primer puente, que fue de madera y no de piedra (4.2B).

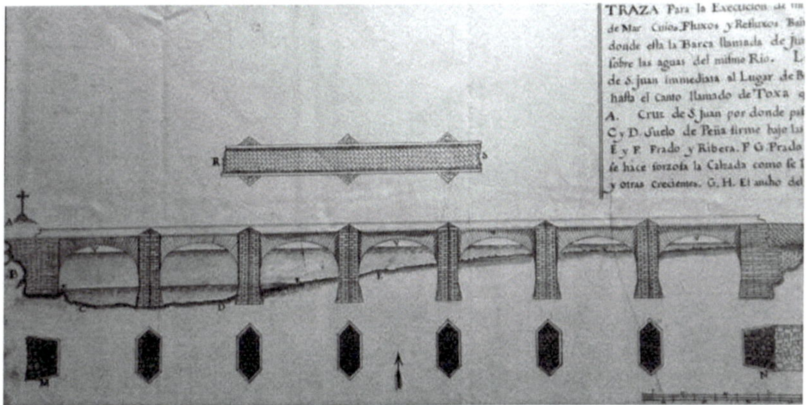

Figura 32.25. *Trazas de Fray Antonio de San José Pontones, de 1772, para el puente sobre el río Deva entre Unquera y Bustio (Asturias) (Fuente Archivo Histórico Nacional, en Cano 2004).*

B. *Desde Treceño a San Vicente de la Barquera y otros caminos de Valdáliga*

Sorpresivamente, el plano de López de Vargas de 1774 no recoge la conexión de San Vicente de la Barquera, hacia el sudeste, a Treceño y Cabezón de la Sal, el cuál era un itinerario importante. Como se ha indicado, este camino fue recorrido por Carlos I en 1517 y también aparece reseñado en la cosmografía de Fernando Colón (1517-1523), tal como se expondrá en 3.2D. Ahora lo recorreremos desde Treceño a San Vicente.

En **Treceño** el viajero podía apreciar un importante patrimonio de la Edad Moderna: como la «Casona de Salceda» (*figura 32.26*), que fue construida en el siglo XVII y es un Bien Inventariado (BIN); en esta centuria se hizo también un hospital, que fue recogido por el catastro de Ensenada a mitad del siglo XVIII (Rubio y Ruiz, 2016). Del Setecientos, hay que destacar el palacio de Guevara (*figura 32.27*) y su gran iglesia de Santa María la Mayor (*figura 32.28*), construida con capital indiano.

Figura 32.26 a 32.29. *Treceño cuenta con un importante patrimonio de la Edad Moderna: casona de Salceda (BIN), palacio de Guevara, iglesia de Santa María la Mayor y puente de los Moros (LVC).*

Puente de los Moros en Treceño (*figura 32.29*). Se encuentra a levante de esta villa y permitía cruzar el río Escudo para comunicar el núcleo principal del citado lugar con sus barrios del sur, entre otros Hualle y La Herrería, así como dirigirse a San Vicente del Monte. Se trata de un bello puente de bóveda pétrea escarzana y una buena obra de cantería, de unos 10,5 m de vano y escasa anchura y con un alzado longitudinal en «lomo de asno», existiendo rampas de acceso en ambos extremos. Este paso se conserva en la actualidad, pero por debajo del mismo no discurre el río, al haberse desplazado su cauce unos 30 metros hacia el norte. Bohigas (2014) estudia este puente, que aparece recogido en el catastro de Ensenada de 1752.

Figura 32.30 y 32.31. *La Iglesia de Caviedes y el palacio de Los Vía en Lamadrid fueron construidos en el siglo XVIII (LVC).*

Desde Treceño, el camino principal iba hacia el noroeste y pasaba por **Caviedes**, donde el viajero podía disfrutar de su bella iglesia parroquial de los Santos Justo y Pastor (*figura 32.30*), del siglo XVIII. Más adelante, transitaba por **Lamadrid**, donde se alza el palacio y capilla de Los Vía (*figura 32.31*), también del Setecientos. Finalmente, el camino se dirigía a la villa de San Vicente de la Barquera.

La vía desde Treceño hacia el oeste y el valle del Nansa. Este camino sigue durante varios kilómetros al río Escudo en dirección al pueblo de Roiz, pasa por su barrio de **Movellán**, junto a una casa (*figura 32.32*) donde una placa recoge *Aquí nació el inmortal arquitecto Juan de Herrera, autor del Monasterio del Escorial, el pueblo de Roiz a su gloriosa memoria,* este ilustre vecino (Roiz, 1530-Madrid, 1597) fue uno de los máximos exponentes de la arquitectura renacentista española y su sobrio estilo, representativo del reinado de Felipe II, fue denominado «herreriano» en su honor.

Más adelante la vía sigue hacia al barrio de **Las Cuevas de Roiz**, donde a principios del siglo XVIII se construyó un amplio conjunto pa-

Figuras 32.32 a 32.35. *En el valle de Valdáliga existe un interesante patrimonio de la Edad Moderna: casa natal del ilustre arquitecto Juan de Herrera en Movellán, palacio de Juan Vélez de las Cuevas en Roiz y ermita del Endrinal e iglesia en Labarces (LVC).*

laciego por Juan Vélez de las Cuevas (*figura 32.33*), también conocido como Palacio de Sánchez Movellán, que es Bien de Interés Cultural.

El camino continuaba hacia poniente, abandonando ya la vecindad al curso del río Escudo que sigue desde Roiz hacia el noroeste, y atravesaba el pueblo de **Labarces** donde el viajero podía contemplar dos interesantes obras de la Edad Moderna, la ermita del Endrinal de principios del siglo XVI (*figura 32.34*) y la iglesia parroquial de San Julián (*figura 32.35*) del siglo XVII. La vía seguía hacia Bielva y El Arrudo, alcanzando aquí el camino norte-sur que discurre paralelo al río Nansa.

Figuras 32.36 y 32.37. *Iglesias de San Vicente del Monte y de El Salvador de Roiz, en su barrio de La Vega (LVC).*

Conexiones desde Treceño y Roiz hacia el sur. Desde estas dos cabeceras del Valle de Valdáliga, se dirigen hacia el mediodía sendos caminos que comunican con pueblos tributarios de los citados. En el primer caso la vía va a San Vicente del Monte, que cuenta con una bella iglesia parroquial de finales del siglo XVII, dedicada a San Vicente Mártir (*figura 32.36*). En el segundo, el camino va a Bustriguado, y a lo largo del arroyo que lleva este nombre, se encuentran varios barrios de Roiz a los que sirve esta vía; entre ellos La Vega en donde se halla la majestuosa iglesia de El Salvador de Roiz (*figura 32.37*), de los siglos XVII y XVIII.

C. *Otros caminos modernos en la comarca Costa Occidental: conexiones desde la vía costera*

Se recogen ahora algunos ramales adicionales que existían desde el camino costero para comunicar los diferentes lugares que se encontraban a ambos lados de tal vía.

Conexiones al norte y sur de Santillana del Mar. Al norte de esta histórica villa, el plano de López de Vargas muestra la vía que hacia el septentrión conducía a Suances y la ría de San Martín de la Arena; este

Figura 32.38.
*Palacio de Mijares, del siglo XVI y BIC,
junto a la vía que conectaba Santillana
del Mar con Puente San Miguel (LVC).*

camino iba próximo a la costa por Ubiarco y Tagle. Junto al mismo Rubio
y Ruiz (2016) recogen la Venta del Cuco, que es citada en el Catastro de
Ensenada, la misma se encontraba al norte de Santillana, yendo por el
camino que iba a media ladera del Alto del Cincho (268 m). En el citado
plano, desde Santillana hacia el mediodía iba un camino a Puente San Miguel, antes de alcanzar este estratégico lugar se encuentra **Mijares**, donde a finales del siglo XVI se levantó un espléndido palacio (*figura 32.38*),
que hoy es Bien de Interés Cultural, junto al mismo se encuentra la iglesia
parroquial que es un gran edificio construido en el siglo XVII.

**Las conexiones de Novales y Cigüenza con la vía costera
y hacia el sur**. En estos pueblos vecinos se construyó un importante
patrimonio durante la Edad Moderna, entre otro un par de puentes. La
zona era una encrucijada de caminos y estaba comunicada hacia el nordeste con Caborredondo y Oreña, y hacia el noroeste con Cóbreces, por
este itinerario es por donde discurre el camino oficial jacobeo (Cabo-
rredondo-Cigüenza-Cóbreces); también, había un ramal hacia el norte a
Toñanes. Hacia el sur otra vía iba a Golbardo y Barcenaciones o a Casar de
Periedo, a enlazar con el camino este-oeste de Torrelavega a Cabezón de la
Sal; y hacia el sudeste una vía se dirigía a Puente San Miguel, por el Alto
de Cildad (238 m), Cerrazo y Villapresente.

Figuras 32.39 a 32.41.
*Patrimonio de la Edad Moderna
en Novales: iglesia de Nuestra Señora
de la Asunción (BIN),
palacio de Vélez Isla y puente.*

En Novales, en el siglo XVI, se construyeron la iglesia de Nuestra Señora de la Asunción (*figura 32.39*), que es un Bien Inventariado, y el palacio de la familia Vélez Isla (*figura 32.40*).

Puente de Novales (*figura 32.41*). De la época moderna es el bello puente que salva el arroyo de la Cigüenza en el barrio de La Iglesia. Es una bóveda de medio punto con buen trabajo de cantería, tiene unos 7 metros de vano y un ancho de unos 3 metros, su perfil es ligeramente alomado.

Puente de Cigüenza (*figura 32.42*). Salva también el citado arroyo y se encuentra aguas abajo de la anterior estructura, siendo sus dimensiones similares; se trata de una bóveda con directriz elíptica y su obra de fábrica pétrea es de calidad, con unos arcos de embocadura con dovelas bien talladas.

Figuras 32.42 a 32.44.
*Patrimonio de la Edad Moderna
en Cigüenza: puente,
iglesia de San Martín (BIC) y
casona de Allende (LVC).*

En Cigüenza se construyó, a mediados del siglo XVIII, el bello templo barroco de San Martín (*figura 32.43*) que es Bien de Interés Cultural de Cantabria, fue promovido por Juan Antonio de Tagle Bracho (Cigüenza, 1685-Lima, 1750) un noble e indiano oriundo de este valle, destacando del edificio sus dos torres en la fachada de poniente. Frente a este alzado, y vecina al templo, se levanta la bella casona montañesa de Allende (*figura 32.44*), del siglo XVII, y que por vía de matrimonio pasó al apellido de Tagle Bracho.

Sobre el camino de Novales hacia Puente San Miguel, Guerin (1970) recoge una interesante información relativa a dos ventas, la de Alsar y la de Cildad, construidas en el primer tercio del siglo XVII, y sobre la percepción de este camino a la luz de los expedientes de dos pleitos entre

Novales y Rudagüera, ocasionados por la materialización de estos edificios, en la citada documentación se lee:

> Cildad es camino real y ordinario para los puertos de San Vicente, Comillas y Suances y que desde allí se divisan los barcos que van a pescar y así los pescaderos no necesitan bajar a los puertos más que en el momento preciso, con lo cual se evitan muchos gastos, sobre todo en la época del besugo, cuando los puertos están atestados de gente. De Casar de Periedo a Suances hay más de dos leguas y media sin entrada en ningún pueblo. El sitio estaba despejado de árboles y maleza, de manera que había gran visibilidad en contorno. Tampoco era un sitio tan despoblado como el de otras muchas Ventas.

> Por Cildad pasaban los pescaderos desde Suances en dirección a Cabezón, Cabuérniga, Valdáliga, Campóo y Valladolid y desde Bilbao, Laredo y Santander hacia San Vicente de la Barquera, Llanes y Asturias de Oviedo.

> Una crucijada de dos caminos reales muy ordinarios, uno derecho a Castilla y otro por Puente San Miguel y toda Vizcaya … Era de parecer que convenía hubiese cuantas más ventas mejor, sobre todo en los despoblados para provecho de los caminantes.

Ruiz y Rubio (2018) recogen información de estas dos ventas y de una tercera «El Bardal» que se encontraba cerca de Novales y que es citada en el catastro de Ensenada, la misma se encontraba en el arranque del camino que llevaba desde este pueblo hacia el Alto de Cildad; de esta vía exponen:

> En cuanto al camino, en varios tramos presenta todavía el encachado, realizado con piedras de caliza de tamaño medio y pequeño, con una anchura media de 2,4 m. Se dirige desde la Venta, junto al Callejo de los Lobos, hacia la venta del Alsar, para continuar después ascendiendo hasta Cildad.

Los caminos de Ruiloba. Este era uno de los concejos del antiguo Valle de Alfoz de Lloredo, que lindaba al norte con el mar Cantábrico y por su franja litoral pasaba el camino costero descrito en 3.2A; sus barrios del interior se comunicaban con esta vía principal por diferentes ramales

Figuras 32.45 a 32.47.
*Nuestra Señora de la Asunción
en el barrio de La Iglesia de Ruiloba.
Y dos iglesias de Udías:
San Esteban de Pumalverde y
la Virgen de la Caridad en el barrio
de La Iglesia (LVC).*

y, también, se conectaban con el camino entre Comillas y Cabezón. En el barrio de La Iglesia se construyó, a mediados del Seiscientos, el bello templo de la Asunción (*figura 32.45*), éste sufrió un importante incendio y se reconstruyó a finales del siglo XIX, en esta iglesia destaca su torre y su cimborrio; en esta población funcionó, desde la primera fecha y a lo largo de la época moderna, un pequeño hospital (Rubio y Ruiz, 2016).

Los caminos de Udías. Este era otro de los concejos del Valle de Alfoz de Lloredo y lindaba al sur con el Valle de Cabezón; por el occidente, sus barrios Canales y La Hayuela se ubicaban junto al camino norte-sur que conectaba Comillas y Cabezón; los otros barrios del concejo enlazaban con esta vía, o bien, con el camino este-oeste que recorría el valle de Cabezón. En Pumalverde destaca la iglesia de San Esteban (*figura*

Figuras 32.48 a 32.50. *Tres iglesias de la Edad Moderna en el occidente de Cantabria: San Adrián de Ruiseñada, Nuestra Señora de las Nieves en Gandarilla y Nuestra Señora de la Asunción en Abanillas (LVC).*

32.46), de los siglos XV al XVIII. En el barrio de La Virgen se construyó en la primera mitad del Setecientos el santuario de la Virgen de la Caridad o del Mozuco (*figura 32.47*), donde en su honor se celebra una importante romería por los pueblos de Ruiloba y Udías, y se baila la danza de las lanzas, del siglo XVI, una arraigada muestra del folklore de Cantabria.

La conexión entre Comillas y Cabezón de la Sal. Entre estas villas existía un camino que, partiendo de la costa se dirigía a **Ruiseñada** donde destacaba su iglesia de San Adrián (*figura 32.48*) del siglo XVIII, aunque conserva partes de la época bajomedieval. La vía seguía, como se ha escrito, por Canales y La Hayuela; aquí, en época moderna, existió la venta de Udías que aparece referenciada en el catastro de Ensenada (Ruiz y Rubio, 2018).

Desde San Vicente de la Barquera hacia el sudoeste y la vía del Nansa. Desde la villa marinera, el plano de López de Vargas, de 1774, marca dos caminos en esa dirección y los enlaza con eje norte-sur que sigue al río Nansa; ambos parten de La Acebosa y Hortigal, próximos y al mediodía de San Vicente.

El primero lo dirige al sur, a la vera del río Gandarilla, hasta alcanzar el pueblo homónimo al cauce fluvial; aquí, en **Gandarilla**, el viajero podía disfrutar de su interesante iglesia parroquial de Nuestra Señora de las Nieves (*figura 32.49*) del siglo XVII, que tiene una cúpula sobre el crucero; el camino sigue aguas arriba del citado río a sus fuentes en la Peña del Escajal (592 m), antes de ello y al norte de este monte enlaza con el eje este-oeste que une Labarces con Bielba (ver 3.2B) y alcanza el valle del Nansa al norte de Rábago, en la zona de El Arrudo.

La segunda vía se dirige desde Hortigal hacia el oeste a Estrada y **Abanillas**, aquí destaca su iglesia de Nuestra Señora de la Asunción (*figura 32.50*), cuyo ábside es del siglo XVII y luego ha tenido reformas posteriores; desde aquí la vía va a entroncar, al sur de Luey, en la que sigue al río Nansa.

D.   *Los caminos de la comarca Costa Occidental en varios escritos y relatos de viajes de la Edad Moderna*

En las descripciones que siguen queda bien reflejado que las dos vías principales que utilizaban los viajeros que se desplazaban a lo largo de esta comarca eran la costera y la que iba desde Treceño a San Vicente de la Barquera. Se recogen cinco documentos, tres escritos en la primera mitad del siglo XVI, uno pasado el ecuador del siglo XVII y, finalmente, otro de finales del siglo XVIII.

El viaje de Carlos I en 1517. En su primer viaje por España este rey, hijo de Juana de Castilla y Felipe I de Castilla, llamado «el Hermoso», duque de Borgoña y principados de los Habsburgo en los Países Bajos, recorre parte de los caminos de esta comarca que nos ocupa. El itinerario por tierra del rey comenzó en Asturias, en Villaviciosa, en donde había desembarcado, pasó por Llanes y Colombres antes de recorrer la comarca Costa Occidental de Cantabria. En lo que sigue se recoge la ruta que hizo desde Unquera, junto al río Deva y a unos dos kilómetros a levante de Colombres, hacia San Vicente de la Barquera, donde estuvo 14 días, y luego a Treceño, en Valdáliga. Posteriormente el rey recorrería parte del valle de Cabezón y el de Cabuérniga, para dirigirse a Reinosa en su viaje hacia Valladolid; su itinerario por la comarca del Saja será recogido en 3.3B. Los textos que siguen han sido tomados de la obra de Casado Soto (1980):

> XL De como el rey fue recibido con gran júbilo en el puerto de San Vicente, en donde se puso muy enfermo. Así, pues, al día siguiente, 29 de setiembre, día de San Miguel, después de haber oído misa nuestro señor el Rey y desayunado muy bien, partió de Colombres para hacer dos leguas largas de muy malo y penoso camino y llegar a un puerto de mar llamado San Vicente de la Barquera, donde hay una villa pequeña y hermosa situada en la falda de una montaña…

> XLI De como el Rey partió muy enfermo de San Vicente y fue alojarse a Treceño. El 12 de octubre de 1517, el Rey partió de San Vicente muy enfermo y de mala manera. Por esta causa no hizo ese día más que dos leguas de tierra hasta un pueblo llamado Treceño, donde comió y permaneció todo el día…

> …Este pueblo de Treceño está situado entre dos altas montañas, en una hermosa, verde y fructuosa tierra que tendrá dos buenos tiros de arco de ancho, en la que crecen toda clase de frutos, como trigo, vinos y otros en gran abundancia. A lo largo de ese hermoso valle corre un riachuelo de agua dulce y clara en el que hay varios molinos para servir a las gentes de aquella región …

Los caminos desde San Vicente de la Barquera en la *Cosmografía* de Fernando Colón (1517-1523). En esta famosa obra son recogidos diferentes rutas que servían a esta importante villa. De la lectura de los itinerarios que narra se deduce que una vía de comunicación era la costera: hacia el oriente cita La Rabia y Comillas, hacia el occidente cita Colombres y Llanes. Por otro lado, otro camino que cita es el que va a Treceño. La descripción que hace de los mismos se recoge a continuación (de Casado, 1980):

> ... e fasta Llanes hay seis leguas, e van por Arco media legua e por Fiesnes (¿Pesués?) media legua e por Colombres una legua...

> ... e fasta la Rabia hay una legua grande, llana, por riberas del mar, que queda siempre la mar a la mano dizquierda, e antes que lleguemos al lugar con dos tiros de ballesta pasamos a un río que corre a la mano dizquierda.

> ... e fasta Comyllas hay legua e media, e van por la Rabia una legua; e fasta Relebas (Larteme?) hay una legua, e van por Canteserra (Casas de Jerra) media legua llana, e por el Texo media legua.

> ...e fasta Odías (Udias) hay dos leguas, e van por Texo ...

> ... e fasta Treceño hay dos leguas, e van por la Pedrosa (Acedosa), media legua llana, e por Gamadiz (Lamadrid) media legua, e por Calcedes (Cavieces) media legua ....

El *Repertorio de todos los caminos de España* de Villuga (1546). Esta importante recopilación de vías, recoge para Cantabria sólo dos itinerarios, uno es el que conecta Laredo con Burgos y el otro el camino costero que enlaza todas las villas y pueblos del litoral cantábrico; en éste y para la zona próxima al área occidental de la región, que ahora se analiza, cita los siguientes lugares: ... *Santander, La Lastra* (Puente Arce), *Comillas, San Vicente de la Barquera, Llanes*... Como puede verse, señala dos lugares de la vía litoral del territorio que nos ocupa.

El itinerario de Zuyer en 1660. En el tomo I de esta trilogía de libros se expuso el objetivo del viaje de este canónigo por las tierras de Cantabria y la importancia de sus descripciones para conocer los itinerarios de comunicación y la situación de los caminos que recorre. Ahora, le vamos a acompañar por esta comarca de la Costa Occidental y en el apartado 3.3B por el valle del Saja. En la demarcación que nos ocupa, primero recorre el camino costero, citando la barca de Barreda, Comillas, la barca de la Rabia y San Vicente; después, va desde esta villa hacia Cabezón, vía Treceño. Los textos que siguen están tomados de Casado Soto (1980):

> De la dicha Barca de Barrea (Barreda) hasta Santillana hay una legua de mal camino. La villa de Santillana está situada muy en bajo, como en un valle, lo que impide verla hasta hallarse casi en medio del lugar. No es puerto de mar, el cual se encuentra inmediato a una legua. A juzgar por su apariencia está muy poco poblada, no pasando de 130 fuegos; en total no hay más que una calle grande, muy larga y ancha, con otras dos o tres pequeñas... Este lugar es apreciado por la insigne colegial y rica abadía, que tiene de renta tres mil ducados anuales...

> Desde Santillana hasta San Vicente de la Barquera hay otras cinco leguas, todas de mal camino, siempre sobre rocas y montañas cercanas al mar. No se pasa por otro lugar digno de consignar hasta Comillas, a tres leguas de Santillana. Al parecer se llama villa y es puerto de mar, tiene 150 fuegos, aunque parecen muchos menos al estar las casas separadas y muy lejos unas de otras.

> Desde esta villa hasta San Vicente de la Barquera hay dos leguas, siendo necesario a la mitad del camino atravesar otro brazo de mar llamado la Barca de la Rabia, que se pasa sin peligro alguno, no habiendo sucedido nunca desgracias; es un poco difícil el embarcar y desembarcar las mulas, a causa del flujo y reflujo de la mar, y, estando baja la mar, se puede pasar a caballo como hice yo, aunque con alguna dificultad por no saber con certeza por donde se pasa y por la arena, que se desfonda por algunas partes. Y deseando esquivar este pasaje, se puede rodear por un puente, prolongando dos leguas el camino.

> San Vicente de la Barquera es una villa muy aparente, sobre todo desde lejos, por estar casi toda ella en alto. ...Y, aunque tiene apariencia de haber sido más grande en el pasado, de todos modos, no tiene más que 300 fuegos en total...

> Desde San Vicente de la Barquera a Burgos hay veinticuatro leguas, y hasta la villa de Cabezón, que son tres leguas, no se encuentra lugar habita-

do, aparte de alguna venta. El camino es muy fácil, aunque continuamente discurre por montañas.

El viaje de Jovellanos por la Costa Occidental de Cantabria en 1791. Este escritor y político ilustrado recorrió el litoral oeste de la región los días 10 y 11 de agosto del citado año, en lo que sigue se recogen parte de sus anotaciones sobre diferentes hitos de su itinerario entre Unquera y Barreda; su lectura es clarificadora de las dificultades que, ya finales del siglo XVIII, presentaba este tramo de la vía costera, donde se cruzaban seis cursos importantes de agua y se utilizaban cuatro barcas.

El primer río, el Deva, lo hace en barca. El Nansa, también en barca, y hace mención al hundimiento de parte del nuevo puente de Pesués; se ve que, desde aquí, va a San Vicente por la costa. Entra en esta villa cruzando su *ría occidental* (el río Gandarilla) por el puente del Peral, que está en mal estado, también comenta las dificultades de bajar hasta el puente y luego ascender hasta iglesia, para entrar en San Vicente por la puerta de Oviedo; la salida hacia levante, cruzando el brazo oriental de la gran ría (el río Escudo) no la comenta, pero es claro que lo hizo por el impar puente de La Maza. Luego, fue hacia el este por la larga playa de San Vicente y pasó a la de Oyambre y atravesó la ría de La Rabia vadeándola, pues la marea estaba baja, evitó pues el uso de la barca. Y, finalmente, atravesó el Saja-Besaya con la barca de Barreda. El texto de Jovellanos (en López, 2000) es como sigue:

> Día 10. ... La Franca, Colombres; malísima calzada. Barca de Unquera sobre el Deva, divisorio del obispado; grande y espacioso estero... Aquí nos detuvo el caballo de Don Emeterio Díaz, que no quiso pasar la barca; al fin pasó a vado. Subida y bajada a la Barca de Pesués: río Nansa, más profundo, y pasamos. El puente, hecho poco ha, a costa de 300.000 reales, arruinado por el cimiento del segundo arco; existen cuatro todavía, y habiendo durado seis años, no se pudo repetir contra los constructores. Me parecieron arcos muy rebajados.

... Sigue el camino a San Vicente, donde llegamos a la una. La bajada pésima, por su calzada. ... El puente que atraviesa el estero, malo también, y mala la subida al pueblo ... Pésima, perversísima posada ... Salida a las cinco; bella tarde se va por la playa en baja mar con ahorro; camino mediano con algo malísimo.

Barca de la Rabia, evitada, porque se vadea el río en baja mar ... Callejones frondosísimos; vega muy fértil para llegar a Comillas ... el pueblo todo renovado; buen caserío, indicio de riqueza ... Posada regular; dormimos en casa de D. Juan González, mercader del pueblo...

Jueves 11. ... Un pedazo de calzada nueva, mal hecha, con algunos alamitos recién plantados. Camino mediano, vegas estrechísimas ... Monte de Tramalón. Cigüenza ... Oreña ... A comer a Santillana ... Barca de Barreda, sobre el río que viene de Las Caldas...

3.3 LOS CAMINOS MODERNOS EN LA COMARCA SAJA-NANSA

La *figura 33.1* recoge parte del mapa de Tomás López de Vargas que muestra el área geográfica y los caminos que nos van a ocupar en este apartado; se trata de un amplio territorio de 789 kilómetros cuadrados.

Este apartado se abordará en cuatro secciones: primero se hará referencia a la vía entre las villas de Torrelavega y Cabezón de la Sal. En segundo lugar, se describirá el camino que desde el valle de Cabezón y aguas arriba del río Saja conduce a la comarca de Campoo-Los Valles. Seguidamente, la vía que sigue al río Nansa desde su desembocadura en Tina Menor hasta sus fuentes en el valle de Polaciones. Finalmente, se contempla la vía que, al sur de la Sierra del Escudo de Cabuérniga, une los valles de los ríos Saja, Nansa y Deva, que viene de la comarca de Liébana.

A. *El camino de Torrelavega a Cabezón de la Sal*

En lo que sigue va a utilizarse el mapa de Tomás López de Vargas de 1774 (*figura 33.1*) como guía del camino que nos ocupa y al ir recorriéndolo se glosarán sus hitos principales.

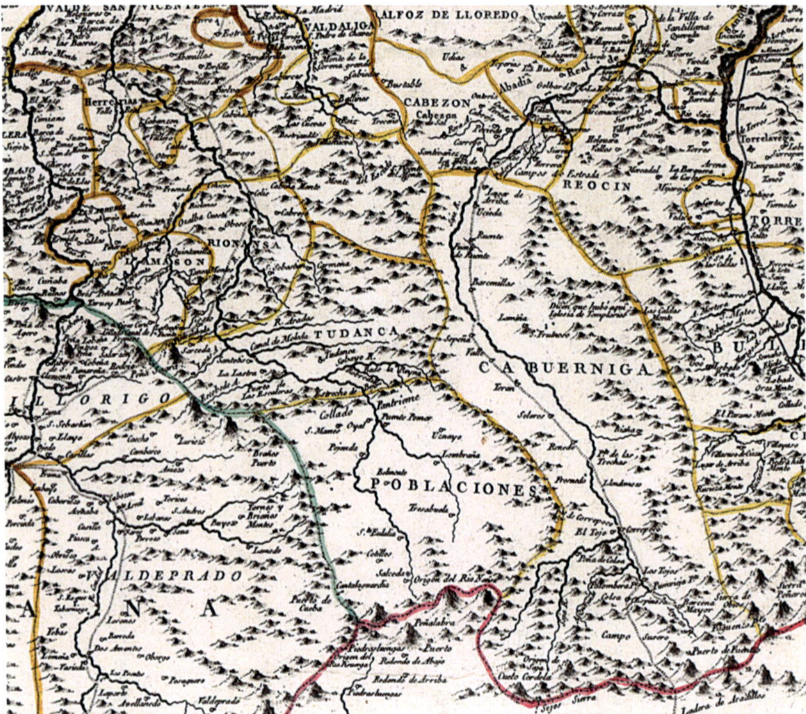

Figura 33.1. *Los caminos que recorrían la comarca del Saja (valles de Reocín, Cabezón y Cabuérniga) y del Nansa (Herrerías, Rionansa, Lamasón, Peñarrubia, Tudanca y Polaciones), según parte del plano de Tomás López de Vargas de 1774, correspondiente al Bastón de Laredo y Liébana (España. Ministerio de Defensa. Centro Geográfico del Ejército).*

Este plano señala en la zona de Torrelavega el camino principal norte-sur que, desde Barreda, a septentrión, se dirige a la citada villa y sigue hacia mediodía a cruzar el río Besaya por el puente de Santiago de Cartes. Desde Torrelavega hacia occidente este plano señala dos posibles pasos para el cruce de los cauces fluviales Saja y Besaya que se unen en esta villa: uno es el puente de Torres, sobre el río Besaya y algo más al norte la famosa barca de Barreda, ya sobre la confluencia de este río unido al Saja que viene de poniente.

Debe señalarse que durante la mayor parte de la Edad Moderna el paso entre Torrelavega y Torres se hizo con una barca; efectivamente, en 1774, tal como recoge el mapa de López de Vargas, en ese lugar existía un puente de piedra, que había sido construido en 1765, pero unas importantes inundaciones que hubo en 1775, que hicieron gran daño en la cuenca del Besaya y en el camino real de Reinosa, lo destruyeron y hubo que esperar cerca de un siglo, con motivo de la construcción de la carretera de Torrelavega a Cabezón de la Sal, para que en ese lugar existiera de nuevo otro puente, en este caso construido con madera. Por lo tanto, después del derrumbe, volvió a cruzarse el río Besaya con una barca durante muchos años, tal como se hacía previamente.

Añadir que ese puente en Torres, tal como se describe en el tomo I de esta obra, fue construido en 1765 a instancias de Francisco de Carriedo Peredo, General del Galeón de Manila, que al fallecer en 1743 dejó, entre otros legados, fondos para construir un puente en las inmediaciones de la ermita del Milagro y la barca de Torres, uniendo este concejo al de Torrelavega a través del cauce del Besaya, para beneficio de sus vecinos y transeúntes (Sánchez Gómez, 2018).

El plano de López de Vargas marca un camino que, desde Barreda, utiliza la barca existente en ese lugar para ir, hacia occidente, a Puente San Miguel y, una vez en este pueblo, por medio del puente homónimo cruzar el río Saja a La Veguilla; el citado mapa no recoge la vía que une el mencionado puente de Torres con el área de Puente San Miguel, pero este camino existía.

En **Puente San Miguel** el camino pasaba junto a la ermita homónima (*figura 33.2*), que fue construida a principios del siglo XVIII, sobre los restos de una construcción románica previa. Esta edificación, también es conocida como «ermita concejil de los Valles» pues junto a ella se reunían los representantes de la Provincia de los Nueve Valles (Alfoz de Lloredo, Cabezón, Cabuérniga, Reocín, Piélagos, Camargo, Villaescusa, Penagos y Cayón) entidad promovida, a mediados del siglo XVII, por los nueve valles de las Asturias de Santillana que recuperaron su condición de realengo después del largo Pleito de los Valles contra el duque del Infantado. Y que constituyó el antecedente de la provincia de Cantabria de 1778, de la provincia de Santander de 1833 y, finalmente, de la comunidad autónoma de Cantabria desde 1981.

Señalar, que en la fachada norte de la ermita se encuentra el escudo de armas del Valle de Reocín que, además de estar encabezado por la corona real, porta los siguientes motivos: la imagen de Santa Juliana y las palmas de martirio, la ermita de San Miguel, el puente que cruza aquí el río Saja y nueve estrellas que simbolizan a los nueve valles citados. Barreda (1993) recoge que junto a la ermita existió un pequeño hospital, donde eran acogidos los enfermos del valle y los peregrinos que iban a Santiago, ambos edificios dependían de la Abadía de Santillana y el segundo estuvo operativo hasta mediados del XVIII.

El Puente San Miguel. Asimismo, en el citado libro de Barreda (1993) se recoge una referencia de 1680, del famoso puente:

> Que en el río Saja, que pasa por dicho lugar, hay un puente que llámase de San Miguel, que se compone de cuatro arcos muy crecidos y es el paso necesario que hay en estas montañas, así para conducir todos los vestimentos que salían de la costa para surtir la Corte como para otras ciudades, villas y lugares de ambas Castillas, Vieja y Nueva, y que en el año pasado de 1678, con las grandes avenidas de dicho río que llevó mucha cantidad de molinos y heredades y pasos de piedra y de madera, la dicha puente de San Miguel había hecho ruina de la cepa principal que se halla al oriente a la tajamar y se había derruido en la rosca principal y se llevó parte de dicha cepa.

Lo expuesto pone de manifiesto la importancia que tenía este puente en el transporte interregional y, obviamente, para facilitar la comunica-

Figuras 33.2 a 33.7. *En el Valle de Reocín el viajero podía contemplar un bello patrimonio de la Edad Moderna: en Puente San Miguel la ermita homónima; en Quijas, Barcenaciones y Golbardo sus iglesias parroquiales; y en Caranceja el palacio de los Bustamante (Bodas.net) y su iglesia (LVC resto de fotos).*

ción entre los diferentes lugares de los valles próximos. Del documente de Barreda se deduce que este puente fue reparado a principios de siglo XVIII y que su largo era de 222 pies (o sea, unos 62 metros). El vano principal de este puente sufrió daños en una gran riada de 1834 y luego se reconstruyó (4.3A).

A poniente del puente de San Miguel se encontraba La Veguilla por donde iba el camino hacia **Quijas**, donde el viajero podía ver la iglesia de Nuestra Señora de la Asunción (*figura 33.3*) construida a mediados del siglo XVII, y donde llama la atención su importante torre de cinco pisos; en este lugar existió una venta-taberna que esta referenciada en el catastro de Ensenada (Ruiz y Rubio, 2018).

A continuación, el mapa de López de Vargas señala el paso del camino por **Barcenaciones**, donde sobresale su iglesia de San Juan Bautista (*figura 33.4*) del siglo XVII; señalar que desde este pueblo, a orillas del Saja, existía un paso de barca, citada en el diccionario de Madoz, para cruzar este cauce y comunicar con el pueblo vecino de **Golbardo**, aquí destacaba su iglesia de San Juan Bautista (*figura 33.5*), del siglo XVI y reformada en los siglos XIX y XX, en que se hizo su bella torre; desde este pueblo salía un camino hacia Novales y la costa.

El citado plano posiciona mal a Barcenaciones, que se encuentra a orillas del río y no alejado del cauce fluvial como indica; desde aquí, lleva el camino hacia la zona de Mazcuerras y Cos, vía que existía, pero no como es marcada en este documento, y que más adelante se detallará.

Sorpresivamente, el mapa de López de Vargas (*figura 33.1*) no recoge el camino que conectaba Quijas, Barcenaciones, Casar, Periedo, Virgen de la Peña, Cabezón de la Sal, Treceño, Caviedes, La Revilla y San Vicente de la Barquera; vía que existía y que está recogida en otras fuentes de información, como se muestra en la que sigue.

Los caminos desde Cabezón de la Sal en la *Cosmografía* de Fernando Colón (1517-1523). Ahora se recoge lo que expone este documento respecto a este pueblo y sus vías, excepto el camino que se dirige a Campoo y Castilla, que se expondrá en la siguiente sección que se dedica a esta ruta; en esta obra aparece (en Casado, 1980):

> Cabezón es en la Montaña, es lugar de cien vecinos, está en llano e es del duque del Infantado, e pasa junto con el lugar dicho Sajame (Saja), tiene buenas salinas … e fasta Car (Casar) hay una legua, e van por Piriedo (Periedo) … e fasta Santillana hay dos leguas, por Piriedo tres cuartos de legua e medio, e por Casar medio cuarto de legua; e fasta Mazacuerras (Mazcuerras) hay una legua e van por Hontoria media legua pequeña llana; e fasta Villanueva hay legua e media, e van por Hontoria media legua, e por Mazacuerras media legua; e fasta Barnejo (Vernejo) hay media legua pequeña llana, e fasta Santuañez (Santibáñez) hay media legua.

Expuesto lo anterior, dejemos que el viajero continúe su itinerario desde la zona de Barcenaciones hacia **Caranceja**, es este el último pueblo y más occidental del Valle de Reocín, aquí sobresale el palacio de Pérez Bustamante del siglo XVII y un añadido posterior (*figura 33.6*); también, del siglo XVIII, su iglesia de San Andrés (*figura 33.7*) y el palacio de Sobrecasa. En este lugar existía una barca, citada por Madoz, para pasar el río Saja y entrar en el gran Valle de Cabezón; ya en la orilla izquierda del cauce, existió la Venta del Río, referenciada en el catastro de Ensenada (Ruiz y Rubio, 2018).

Poco después, se encuentra **Casar de Periedo**, con un buen patrimonio de la Edad Moderna, como el palacio de Gómez de la Torre (*figura 33.8*) del siglo XVIII, que es un Bien de Interés Local, también conocido como «casa de Jesús de Monasterio» pues en el pasó grandes temporadas y falleció este famoso violinista y compositor (Potes, 1836-Casar de Periedo, 1903); también, un humilladero del siglo XVIII (*figura 33.9*). Poco después, a la vera del camino y al nordeste de **Periedo** se alza su bella iglesia de San Lorenzo (*figura 33.10*), de los siglos XVI y XVII.

Figuras 33.8 a 33.12.
*Patrimonio de la Edad Moderna en el Valle
de Cabezón: en Casar la casa de Jesús
de Monasterio y un humilladero;
en Periedo su iglesia; y
en la villa de Cabezón de la Sal
la iglesia de San Martín y
el palacio de Bodega (LVC).*

El camino seguía por **Virgen de la Peña**, donde existía un paso de barca del río Saja hacia su margen derecha a Ibio y Mazcuerras (ver 3.3B), y sin cruzarle se llegaba a **Ontoria**, donde está documentada la existencia de una venta desde mediados del siglo XVII y recogida en el catastro de Ensenada un siglo después (Ruiz y Rubio, 2018).

Poco después, el viajero alcanzaba la importante villa de **Cabezón de la Sal**, en donde podía apreciar la belleza de varias construcciones de la Edad Moderna: así, la iglesia de San Martin (*figura 33.11*), de las primeras décadas del Setecientos, que es un templo de planta salón con tres naves de la misma altura y una esbelta y llamativa torre-campanario; o el palacio de Bodega (*figura 33.12*), construido a finales del siglo XVIII por la familia Ceballos, cuyas armas aparecen en el escudo del bello frontón triangular que culmina esta obra; de esta misma época es el Molino de la Cabroja, que es un Bien Inventariado de Cantabria.

En Cabezón se cruzan dos importantes vías: la que venimos describiendo, que sigue hacia poniente al collado del Turujal, linde con el Valle de Valdáliga, y a las villas de Treceño y de San Vicente de la Barquera (ver 3.2B); y otro camino norte-sur que desde la villa costera de Comillas alcanza Cabezón y sigue hacia mediodía al Valle de Cabuérniga, camino éste que tomaremos en la próxima etapa de nuestro viaje.

B. *El camino por el valle del río Saja, desde Cabezón al Puerto de Palombera y Campoo de Suso. La vía por Mazcuerras*

En esta sección se describirán los itinerarios y principales hitos de estas vías durante la Edad Moderna; debe señalarse que varios de los pueblos del antiguo Valle de Cabuérniga, que tienen bellos, homogéneos y bien conservados núcleos edificados, son en gran parte en esta época, y están en la actualidad protegidos patrimonialmente como Conjuntos Históricos: así, Bárcena Mayor es Bien de Interés Cultural; y Valle, Terán y Renedo son Bienes de Interés Local.

Para completar las descripciones que se hacen a continuación, se recogen al final de la sección, los itinerarios que siguieron Carlos I y el canónigo Zuyer, a principios y en el ecuador de la Edad Moderna, en sus viajes por la ruta del río Saja hacia Campoo.

Este camino que nos ocupa está bien detallado en la *Cosmografía* de Fernando Colón (1517-1523), en la voz de Cabezón expone (en Casado, 1980):

Cabezón es en la Montaña… e fasta Aguilar de Campoo hay catorce leguas, e van por Santa Lucia (Hoz de …) media legua, e por Oriente (Ruente) una legua, por Barzanilla (Barcenillas) media legua, e por Calmeruega (Cabuérniga) dos tiros de ballesta, e por Callande de Mienzo (Allendemozo), e por Correpoco, e por los Toxos, e por Espinilla de Puerto (Campoo de Suso), e por la Polación (de Suso) …

El mapa de Tomás López de Vargas, de 1774, no recoge el tramo entre Cabezón y la Hoz de Santa Lucía, pero a partir de este lugar lo define claramente (*figuras 33.1*), tal como lo describe la cosmografía de Colón.

Debe señalarse que, en la Edad Moderna, en el camino entre la Hoz de Santa Lucía y el puerto de Palombera existieron varias ventas, de las que existe una amplia información en el estudio monográfico sobre esta temática de Ruiz y Rubio (2018). En lo que sigue, al ir describiendo el itinerario por esta zona, se hará referencia a las mismas.

Saliendo de **Cabezón de la Sal**, el camino que nos ocupa iba hacia el sur a **Carrejo**, cuyo nombre procede de las palabras carro o carrera, donde el viajero pasaría por el palacio de Ygareda o de Gómez de la Torre (*figura 33.13*) que fue construido a principios del Setecientos y es Bien de Interés Cultural. Algo después, la vía se encontraba el pueblo de **Santibáñez**, donde el viajero podía disfrutar de dos bellas edificaciones del siglo XVII, su iglesia de San Pedro (*figura 33.14*) y el palacio de Gayón (*figura 33.15*). A continuación, el camino se encontraba con la parte oriental de la Sierra del Escudo de Cabuérniga y el río Saja, y dado que su margen derecha era una zona más apta para llevar el camino, afrontaba aquí el paso del río con un puente.

Puente de Santa Lucía sobre el río Saja (*figura 33.16*). En Bohigas *et al.* (2014) se recoge que este puente era una antigua responsabilidad de San Vicente de la Barquera, del Valle de Valdáliga (de los Guevara) y del marquesado de Santillana. A finales del Quinientos hubo una propuesta de construcción de un puente de piedra en este lugar, pero no se hizo. A mediados del siglo XVI se sabe que era de madera, habiendo sido arruinado en esa época varias veces. Este tipo de estructura coincide con

Figuras 33.13 a 33.16. *El camino desde Cabezón de la Sal hacia el Valle de Cabuérniga pasaba junto a notables construcciones de la Edad Moderna: en Carrejo el palacio de Ygareda, en Santibañez su iglesia y el palacio de Gayón (turismocabezondelasal); y sobre el río Saja el puente de Santa Lucía, al comienzo de hoz homónima (LVC resto de fotos).*

la descripción que hace en 1660 el canónigo Zuyer, al relatar su recorrido desde Cabezón de la Sal aguas arriba del Saja, y recoger que pasa este río cuatro veces y que todos los puentes son de madera y estrechos, requiriendo frecuentes reconstrucciones. Este puente pues sería el primero, de los cuatro, que utilizó Zuyer en su citado viaje.

Probablemente, durante los siglos XVI y XVII, este puente sería de pilas de piedra y tablero de madera, similar al gran puente de San Vicente de la Barquera en tal época, como se ha descrito previamente (3.2A); y ambas estructuras serían las que atravesaría Carlos I en su viaje de 1517.

Finalmente, el puente de piedra se hizo a finales del siglo XVII. Se trataba de un puente importante de más de 100 metros de longitud, con un ancho de unos 4,0 metros. Parte del mismo, todavía prestó servicios a lo largo del siglo XIX (ver 4.3B). De este puente se conservan actualmente, en su margen izquierda, dos vanos de bóvedas pétreas de medio punto (*figura 33.16*).

Pasado el citado puente, aquí entroncaba un camino que venía desde Villanueva de la Peña, por la margen derecha y aguas arriba del río Saja, vía Mazcuerras y Cos; además, en ese estratégico sitio, con el tiempo, se hizo una venta; tal como se detallará más adelante, al final de esta sección.

A partir de este lugar el camino atravesaba la **Hoz de Santa Lucía** y entraba en el histórico y amplio Valle de Cabuérniga, de 242 kilómetros cuadrados, que cuenta con un notable patrimonio construido de la Edad Moderna, en especial de los siglos XVII y XVIII; éste es fruto de una mejora económica habida tras la llegada de capitales de la emigración a América, la diversificación agrícola con los nuevos productos provenientes de este continente (como el maíz, las alubias y la patata) o el incremento de la actividad ganadera.

El mapa de López de Vargas (*figura 33.1*) señala el paso del camino por **Ucieda**. Aquí, se encontraba la **venta de Meca** (*figura 33.17*), en el barrio homónimo, de la cual existen referencias desde principios del siglo XVII y es citada por Zuyer en 1660, como se recoge al final de esta sección.

En este pueblo el viajero podía admirar las bellas casonas de Escagedo y de Quirós; desde la iglesia de San Julian y Santa Basilisa (*figura 33.18*), del siglo XVIII, hasta el barrio de Gismana de Ruente se conserva un bello tramo del antiguo camino real (*figura 33.19*), bordeado con tapias de piedra seca y avellanos, que ofrecen una agradable sombra en el verano, la calzada es de unos cuatro metros de ancho y hoy se encuentra asfaltada (Bohigas *et al.*, 2014).

Figuras 33.17 a 33.21.
*Patrimonio de la Edad Moderna
en el actual municipio de Ruente:
en Ucieda, venta de Meca, iglesia de San
Julián y Santa Basilisa y
camino hacia el barrio de Gismana;
palacio de Mier en Ruente; y
casas en Barcenillas (LVC).*

En Ruente el camino pasaba junto al palacio de Mier (*figura 33.20*), que es Bien de Interés Cultural, fue construido en la segunda mitad del siglo XVIII (aunque una de las fachadas lleva una fecha posterior) y cuenta con una capilla.

El camino seguía hacia **Barcenillas**, y en su entrada norte existía una venta que es citada en el catastro de Ensenada de mediados del Setecientos; este pueblo tiene un bello conjunto de casonas montañesas y de grupos de casas de vecinos, como la del barrio del Pontón (*figura 33.21*) del siglo XVIII. El mapa de López de Vargas (*figura 33.1*) muestra cómo después de la población la vía cruzaba el río Saja; aquí estaría el segundo puente que utilizó Zuyer, y era de madera, como nos cuenta es su escrito.

La vía seguía por los bellos pueblos de **Sopeña, Valle y Terán**; aquí el viajero podía apreciar la bella iglesia de Santa Eulalia (*figura 33.22*), construida en la primera mitad del siglo XVIII, tiene planta de salón, tres naves de igual altura, un gran atrio y una torre-campanario de cinco alturas; en este lugar se conoce la existencia del hospital de Santa Catalina, cercano a la iglesia, a lo largo de la Edad Moderna, existen referencias del mismo de principios de los siglos XVI y XVII y, también, en el catastro de Ensenada (Rubio y Ruiz, 2016).

El mapa de López de Vargas señala a continuación **Selores y Renedo**, donde el viajero podía apreciar la casona de Rubín de Celis (*figura 33.23*), de mediados del siglo XVIII; ahora, junto a ella, puede verse un carro tradicional (*figura 33.24*). En este pueblo el camino cruzaba a la margen derecha del río Saja y ya continuaba por esa orilla hasta la zona de Correpoco; el paso lo hacía con el «puente de las Trechas», tal como recoge el citado mapa; sería este el tercer puente de madera que nos citó Zuyer en su escrito de 1660. Poco después estaba la **venta de la Cotera** (Ruiz y Rubio, 2018) que se conoce desde principios del Seiscientos y que estaba situada a medio camino entre Renedo y **Llendemozó**, que en la actualidad es un despoblado.

El camino seguía por **Correpoco** y alcanzaba **Los Tojos** (*figura 33.25*); aquí pernoctó Carlos I en su viaje de 1517, como se recogerá al final de esta sección, el pueblo se encuentra alineado a lo largo del

Figuras 33.22 a 33.25. *El camino por el antiguo Valle de Cabuérniga pasaba junto a bellos edificios de la Edad Moderna: iglesia de Terán; casona de Rubín de Celis y carro tradicional en Renedo; y pueblo de Los Tojos, alineado a lo largo de la vía (LVC).*

camino y hacia finales del siglo XVI se construyó su iglesia de San Miguel Arcángel. Finalmente, el plano de 1774 marca la vía hacia la aldea de Colsa y, por el camino descrito en 2.3B, se subía al puerto de Palombera y se alcanzaba Campoo de Suso.

En este camino desde los Tojos y Colsa a Ozcaba, quedan vestigios de la denominada **venta del Mostajo** y es citada en varios documentos: uno es de un pleito de mediados del Quinientos, el clérigo Zuyer la cita en su viaje de 1660 y, también, es citada en el catastro de Ensenada (Ruiz y Rubio, 2018).

Debe de señalarse que en plano de López de Vargas (*figura 33.1*) el pueblo de los Tojos (620 m) está mal posicionado en relación al río Argonza, afluente del Saja, lo sitúa en su margen derecha, cuando realmente está en la izquierda y bastante elevado respecto al cauce fluvial. La realidad es que una vez pasado el puente de Punvieja (400 m), que aparece en el plano de López de Vargas y por el cual pasa el camino, éste hace una serie de revueltas o zigzagueos para superar el fuerte desnivel y alcanzar el histórico pueblo. Añadir, que este paso del río, entre Correpoco y Los Tojos, sería el cuarto que hizo Zuyer en su viaje de 1660, tal como el relató, pero erróneamente se creyó que estaba cruzando el río Saja, cuando realmente era su afluente el Argonza.

El camino hacia Bárcena Mayor. En el mapa de López, de Los Tojos sale un camino hacia el sudeste a Bárcena Mayor, y por la margen izquierda del río Argonza llega a este pueblo; dado que el mismo está situado en la orilla derecha del citado cauce, obliga a la vía a cruzarle con un puente, que está señalado en el plano.

Puente de Bárcena Mayor (*figura 33.26*). Se encuentra al sur del pueblo y está conformado por dos bóvedas pétreas de medio punto que cruzan sendos brazos del río Argonza (o Lodar) que se forman en esta zona alrededor de un macizo rocoso que se halla en el centro del cauce, en el cual se cimenta directamente la pila intermedia; esta tiene aguas arriba un tajamar, sensiblemente triangular, y presenta apartadero a nivel de la calzada. El puente tiene un largo de unos 35 metros y un ancho de 4 metros, la obra de cantería del mismo es muy buena, sus robustos pretiles son de mampostería concertada y rematados con unas albardillas de grandes losas y su pavimento (*figura 33.27*) está encachado. Fue construido en 1726 según consta en una inscripción que hay en la entrada de dicha estructura (Prats y Sánchez, 1985). Este puente sufrió daños en el primer tercio del siglo XIX (ver 4.3B).

De Barcena Mayor al collado de Ozcaba. Desde Bárcena sale hacia el sudoeste el camino que conduce hacia el puerto de Palombera y Campoo. Cruzado el citado puente, la vía (*figura 33.28*) sigue aguas arriba

Figuras 33.26 a 33.30.
Puente de Bárcena Mayor sobre el río Argonza: alzado y pavimento encachado. El camino entre dicho pueblo y Ozcaba: a la salida del poblado y en las cercanías del collado. Venta de Tajahierro, cercana al puerto de Palombera (LVC).

al río Argonza, durante un corto trecho, hasta que en este río confluye el río Queriendo al que el camino acompaña, cerca de su margen izquierda, hasta el collado de Ozcaba (*figura 33.29*), donde se encuentra con la vía que asciende desde Los Tojos; ya unidos, pasan junto a la histórica venta de Tajahierro y alcanzan el puerto de Palombera (1 260 m).

Este camino de Barcena Mayor hacia Palombera está documentado por Prats y Sanchez (1985), tiene unos 10 kilómetros de longitud y un ancho entre 2 y 2,5 metros, aunque en alguna zona es algo menor, y en parte de su recorrido se encuentra empedrado; en su desarrollo pasa junto a la ermita de la Virgen del Carmen, que fue edificada hacia mediados del siglo XVIII con fondos enviados por jándalos, más adelante lo hace por la **venta de Mobejo** y, finalmente, alcanza el collado de Ozcaba. Poco después se encontraba la **venta de Tajahierro** (*figura 33.30*), ya al norte de la Hermandad de Campoo de Suso, que está referenciada desde la primera mitad del siglo XVI y que fue remodelada en el siglo XX (Ruiz y Rubio, 2018).

El camino entre el puente de Santa Lucía y Villanueva de la Peña. Como se indicó al comienzo de esta sección, en el valle de Cabezón existió otro camino importante por la margen derecha del Saja. Pasado el puente de Santa Lucía esta vía, aguas abajo del río, se dirigía a Villanueva de la Peña, donde conectaba con Virgen de la Peña, al otro lado del cauce, o bien hacia levante y por Ibio se dirigía hacia la villa de Cartes en el valle de Besaya. Junto al citado puente y antes de alcanzar Cos, se encuentra una bella venta que ya aparece referenciada en el catastro de Ensenada, a mediados del Setecientos, como **venta de Santa Lucía** (*figura 33.31*).

En este itinerario la vía pasaba por bellos pueblos donde el viajero podía apreciar un rico patrimonio de la Edad Moderna. Dejada atrás la venta anterior, se entraba en **Cos**, donde destaca junto al camino la casa-torre de Cos del siglo XVI (*figura 33.32*) y, enfrente, su iglesia de Santiago de los siglos XVII-XVIII (*figura 33.33*). A continuación, por **Mazcuerras**, la vía pasaba junto a su monumental iglesia de San Martín (*figura 33.34*), del siglo XVII, con una bella torre de cuatro alturas a poniente. Más adelante, el viajero llegaba a **Villanueva de la Peña** donde en el siglo XVII se construyeron dos edificaciones de gran interés: la casa-torre de Hoyos (*figura 33.35*), que es Bien de Interés Local, y el santuario de

Figuras 33.31 a 33.36. *En el Valle de Cabezón, el camino por la margen derecha del río Saja pasaba junto a bellos edificios de la Edad Moderna: en Cos la venta de Santa Lucía, una casa-torre y su iglesia; en Mazcuerras su iglesia; y en Villanueva de la Peña la casa-torre de Hoyos y el santuario de la Virgen de la Peña (LVC).*

Figuras 33.37 a 33.38. *Patrimonio de la Edad Moderna en el «concejón de Ibio»:
palacio de Gómez de la Torre en Riaño e iglesia de San Pablo y San Juan en Ibio (LVC).*

la Virgen de la Peña (*figura 33.36*). Como se ha citado (3.3A), entre este pueblo y el de Virgen de la Peña existía un paso de barca sobre el Saja, el mismo es recogido en el Catastro de Ensenada, en el ecuador del siglo XVIII, y estaba operativa un siglo después (González de Riancho, 2022).

El camino desde Villanueva de la Peña hacia el valle del Besaya. Desde este pueblo y hacia levante iba un camino que servía al denominado «concejón de Ibio», en la ladera norte del monte homónimo (794 m), y por el Alto de San Cipriano, enlazaba con el valle del Besaya. La vía pasaba en **Riaño de Ibio** junto al Palacio de Gómez de la Torre (*figura 33.37*), construido a principios del Setecientos y que es un Bien Inventariado. Cerca de aquí, en **Ibio** se alza la iglesia de San Pablo y San Juan (*figura 33.38*), también de comienzos del siglo XVIII. Y algo más al sur, en el pueblo de Herrera de Ibio se encontraba un pequeño hospital que recoge el Catastro de Ensenada y que fue ampliado a finales del siglo XVIII (Rubio y Ruiz, 2016).

La Ordenanza de Ucieda y Ruente, del siglo XVI, y los caminos. Calvente (2006) analiza y transcribe este antiguo reglamento; por su interés, en lo que sigue se recogen (en un castellano actual) los puntos relativos al cuidado de estas infraestructuras:

24. Las aguas de las Camberas y Caminos Reales: Y mandaron que todos los vecinos de dichos Concejos sus 'agua toxes' de las Camberas y Caminos Rs. so pena de sesenta maravedís por cada día que los tuvieren cerrados haciendo daño. Aplicados como dicho es.

Calvente (2006) recoge el significado de «agua toxes» (plural de aguatoje), como abertura practicada en las tapias de las heredades con el fin de dar entrada y salida a las aguas que discurren a través de las mismas. Por tanto, el sentido de la orden se refiere a que debe facilitarse el drenaje de las aguas de los caminos sin interrumpir su libre circulación.

En cuanto a cómo se repartía la cuantía de la pena, en el punto 23 de la ordenanza se expone para un caso similar ... *aplicados por tercias partes: Concejo, Regidor y denunciador*; forma de proceder que es llamativa y que se aplica de ese modo en varias partes del reglamento.

65. De componer los caminos: Otrosí ordenaron y mandaron que los Regidores que entraren cada un año aderecen, y hagan aderezar cada un año los Caminos de los dichos Concejos, como es costumbre, so pena que el que no lo hiciere el Concejo le ejecute de pena seis cientos maravedís.

66. (sin título): Y asimismo mandaron que ningún vecino de los dichos Concejos no embarace ni cierre ningún Camino Rl ni concejil, ni cierre fuente ni arroyo so pena de trescientos maravedís. Aplicados por terceras partes, Concejo, Regidor y denunciador; y si el dicho Regidor no quisiere ejecutar la dicha pena, sea por su cuenta la dicha pena.

El viaje de Carlos I, en 1517, por el valle del Saja. En la sección 3.2B se ha hecho referencia al itinerario realizado por el rey entre Colombres, San Vicente de la Barquera y Treceño, ahora se describe la ruta seguida desde este lugar, vía Cabezón de la Sal y aguas arriba del Saja, hasta alcanzar Reinosa en Campoo (en Casado 1980):

XLII-De como yendo hacia Cabuérniga un hidalgo del país rogo al rey pasase por sus tierras para agasajarle en su casa. Al día siguiente, 13 de octubre, el Rey y la nobleza partieron de Treceño y no hicieron ese día más que tres leguas, a causa de que el país es muy penoso y montañoso, pero, por los valles, que eran buenos y fértiles, fue agradable pasar.

Por allí rogó al Rey un hidalgo, pariente de don Diego de Guevara, que tuviese el agrado de pasar por sus tierras y comer en su casa ... Después de comer, este caballero fue humildemente a agradecer al Rey el honor que había recibido pidiéndole perdón si no le había tratado tan bien como a su majestad correspondía, y ofreciéndosele en cuerpo y bienes, enteramente a su servicio. Luego el Rey montó a caballo y fue a alojarse a un pueblo llamado Cabuérniga ...

XLIII-De como al siguiente día el rey se alojó en lo alto de una montaña llamada los Tojos. El 14 de octubre partió el Rey de Cabuérniga, todavía bastante indispuesto, aunque se encontraba un poco mejor de lo que había estado. Por esta causa no hizo ese día más que tres leguas y fue a descansar a un pueblo muy malo llamado los Tojos, que está en lo más alto de una montaña. ...

XLIV-De como el Rey partió del lugar de Los Tojos. El 15 del mes el Rey partió de aquella alta montaña y hacia un tiempo frío, feo y desapacible, a causa de que llovía, nevaba y venteaba demasiado. Por causa del mal tiempo, tuvimos dos leguas de mal camino, país pedregoso, fangoso y montañoso, y para los caballos muy penoso de pasar a causa de que estaban a menudo en peligro de desherrarse; pero el resto del camino era por terreno mejor ... Hasta llegar a dicho lugar de Reinosa ... En este lugar permaneció el Rey siete u ocho días, durante cuyo tiempo se curó tan bien que, cuando partió, estaba repuesto del todo. ...

El itinerario de Zuyer en 1660. Este clérigo recorre y describe con gran detalle el camino que va desde Cabezón de la Sal hasta Espinilla y Reinosa, ya en la comarca de Campoo (en Casado 1980):

Esta villa de Cabezón es como la de Comillas, teniendo las casas muy apartadas unas de otras y, del mismo modo, tiene 150 fuegos y dos sacerdotes ... En este lugar se fabrica sal y hay algunas casas que llaman solariegas, o sea, originarias de nobleza, habiendo también un caballero de hábito.

Desde Cabezón hasta la montaña que llaman el Puerto de Palomera (Palombera) hay cinco leguas, sin pasar por otra aldea que Correpoco, que apenas tiene 30 casas juntas, por cuanto se ve. Y nada más salir de Cabezón se entra en el Valle de Cabuérniga, pasando antes por la venta u hospedería de Meca, a una legua de Cabezón, y después durante tres leguas se pasa continuamente por el Valle de Cabuérniga, donde se encuentran casas cada cuarto de legua. El camino es muy bueno cuando no hay que cruzar los ríos, porque es necesario cruzar cuatro veces el río Saxa (Saja), que suele crecer mucho, y aunque hay puentes, en muchas ocasiones suele llevárselos la violencia del agua, porque todos son de madera; pero no estando crecido dicho río se pasa sin peligro, conforme yo hice dos veces por el agua y otras dos por los puentes, que al ser estrechos y desiguales se suelen pasar a pie para mayor seguridad.

Al pie del puerto de Palomera hay una aldea que se llama los Toxos, que tiene 70 fuegos y una iglesia muy capaz, mantenida con toda decencia por dos sacerdotes … Desde esta aldea hasta la cima de la montaña hay una legua grande de continua cuesta, sin embargo el camino es muy fácil en tiempos en que no hay nieve ni lluvia, atravesándolo continuamente incluso carros, pero en cuanto nieva se suele cerrar la montaña fácilmente durante tres y cuatro meses, como sucedió el año pasado, por eso me apresuré, la misma tarde en que salí de la aldea, para llegar a la venta de Mostaxo (Mostajo), que está junto al puerto, y no fue vana esta diligencia mía, ya que aquella misma noche cayeron dos palmos de nieve que, si no hubiera estado en la cumbre del monte, me hubiera visto obligado a esperar por lo menos dos o tres días. Y para llegar a Espinilla, hasta donde no hay más de dos leguas, empleé más de seis horas de camino, con mucho fastidio e incomodidad, a pesar de la gran cantidad de bueyes que rompían el paso.

C. *El camino a lo largo del río Nansa, desde Pesués, en La Marina, a la Cruz de Cabezuela y el puerto de Piedrasluengas, en los límites con Liébana y Palencia*

Este camino está bien definido en la cosmografía de Fernando Colón de principios del siglo XVI y en el mapa de Tomás López de Vargas de finales del XVIII (*figura 33.1*); en lo que sigue recorreremos el mismo apoyándonos en estos documentos. Al final de la sección se recogen algunas referencias del uso del camino a lo largo de la Edad Moderna.

El camino desde San Vicente de la Barquera a Medina de Rioseco por el Valle del Nansa en la *Cosmografía* de Fernando Colón (1517-1523). Se recoge este itinerario desde la citada villa pesquera hasta superar el puerto de Piedrasluengas (1 329 m) y pasar a Palencia hacia el pueblo de Camasobres (en Casado, 1980):

> E fasta Medina del Rey Seco (M. de Rioseco) hay treinta y ocho leguas, e van por Landorilla (Gandarilla) una legua, e por Buelva (Bielba) una legua, e por Rábago media legua, e por Cole (Celis) media legua, e por el vado de Nansa (Puentenansa) una legua, e por Coscol (Cosío) media legua, e por Rizadio (Rozadío) media legua, e por Parceda (Sarceda) una legua, e por San Lilis (Santotís) una legua, e por aldea de Tadanca (Tudanca) media legua, e por la Puente Espumar (P. Pumar) dos leguas, e por Lombraña media legua, e por Tras Aguila (Tresabuela) media legua, e por Camasobres tres leguas …

Es interesante señalar, que las distancias ofrecidas son parecidas a las existentes por las carreteras actuales: así, entre San Vicente y Santotís, la cosmografía ofrece 7 leguas, que equivalen a 39 kilómetros, similar distancia a la que existe actualmente (40 km); y entre San Vicente y el pueblo de Camasobres, en la comarca palentina de La Pernía, la cosmografía da 13,5 leguas, o sea, 75 kilómetros por el itinerario sugerido, frente a los 69 kilómetros por la carretera actual.

La Cosmografía de Colón ofrece, también, la ruta entre Toledo y San Vicente de la Barquera, exponiendo que hay 80 leguas; respecto a los pueblos que cita en el tramo de Cantabria, entre el valle de Polaciones y la villa de San Vicente, vienen a coincidir, sensiblemente, con los recogidos en el itinerario citado en primer lugar.

Recorriendo el camino del Nansa. Partiendo ya desde la desembocadura del río Nansa, por la ría de Tina Menor, el mapa de López de Vargas de 1774 (*figura 33.1*) recoge el paso de la vía costera hacia occidente por la barca de **Pesués**; aguas arriba del río, el citado plano señala **Muñorrodero y Luey**, donde poco después enlaza una vía que por el oriente viene de San Vicente de la Barquera vía Estrada y Abanillas.

El camino entraba en el valle de Herrerías, en el cual hubo emplazadas varias ferrerías y de ahí recibió su nombre, y alcanzaba **Camijanes** donde existió una forja, documentada entre 1404 y 1690 (Ceballos, 2001); también hay referencias de un molino, llamado de Riaño, desde mediados del Setecientos, y en servicio hasta mediados del siglo XX; desde este pueblo sale hacia poniente un camino, que cruza el Nansa por un puente.

Puente del Tortorio (*figuras 33.39 y 33.40*). Es una estructura pétrea que sirve a la vía entre Camijanes y Cabanzón en su cruce sobre el río Nansa; su construcción es del año 1761 según consta en una losa grabada junto al paso, el cual está señalado en el plano de López de Vargas de 1774; el mismo está bien descrito en el proyecto Fundación Botín-Valle del Nansa:

> Es un puente de planta recta, rasante alomada y un solo vano, formado por una bóveda cañón de mampostería y sillarejo, ligeramente desventrada, que salva una luz aproximada de 18 m con 3 m de anchura. La bóveda está cimentada directamente sobre la roca y presenta una labra tosca, salvo en la embocadura, a base de dovelas de tamaño uniforme que llegan a ser tangentes a la rasante en la zona más alta.

> Debido a la altura que alcanza la rasante los estribos se prolongan considerablemente sobre ambas márgenes, y están formados por material de relleno con los paramentos en mampostería, entre cuyos intersticios crece vegetación. Para favorecer su estabilidad y resistencia los zócalos de los estribos son también de sillería homogénea bien labrada. La transición entre bóveda y tablero se realiza mediante una losa de hormigón sobre la que se asienta un firme moderno. Tuvo un pretil original de piedra como delatan las piedras de los arranques en los accesos al puente, pero la actual protección del paso es barandilla metálica.

Figuras 33.39 a 33.42. *Construcciones de la Edad Moderna en el Valle de Herrerías: dos vistas del puente de Tortorio sobre el río Nansa en Camijanes e iglesias de Bielva y de Rábago (LVC).*

Los proyectos de carreteras pensados para la zona baja de este valle a finales del siglo XIX y XX toman como referencia constructiva la capacidad de desagüe de este puente. Por ello se sabe que no fue afectado por la gran avenida de septiembre de 1909, gracias en buena medida a la gran altura sobre el cauce, que facilitó el desagüe de esta y otras riadas.

Poco después de Camijanes, acomete en el camino una vía que, por levante, viene de San Vicente de la Barquera por Gandarilla y **Bielva**; en este pueblo destaca su iglesia de Nuestra Señora de la Asunción del siglo XVI y tradición gótica (*figura 33.41*); debe recordarse que esta es la vía que propone la cosmografía de Fernando Colón para alcanzar el río Nansa desde la villa de San Vicente; camino que, asimismo, aparece señalado en el plano de López de Vargas de 1774.

La ruta que se sigue, junto al Nansa, hacia el sur pasa por **Rábago**, donde hay constancia de la existencia de dos ferrerías entre 1544 y 1587 (Ceballos, 2001); aquí sobresale su iglesia de San Ignacio de Loyola de finales del siglo XVIII (*figura 33.42*).

En el valle de Herrerías, para comunicar los pueblos a ambos lados del Nansa sólo se contaba con el puente de Tortorio, lo que conllevó la necesidad de barcas para facilitar la conexión entre ellos, hay constancia de la existencia de tres barcas: una entre Pioño, a poniente de Bielva, y la zona de Sopeña; otra en la zona de Arrudo (donde a finales del siglo XIX se haría un puente) y una tercera al oeste de Rábago (blog Maíces del Nansa, 2018). Esta última barca está recogida en el catastro del marqués de la Ensenada de mediados del Setecientos y también en el plano de Tomás López de Vargas de 1774 (A. González de Riancho, 2022).

En este valle de Herrerías y en la margen occidental del Nansa existía un camino que conectaba Cabanzón, Otero y Cades; a medio camino de los dos primeros lugares, existió la Venta del Vallejo referenciada en el plano de Tomás López de Vargas (y posteriormente en el de Francisco Coello de 1861), la misma estaba cerca de Sopeña, donde se encontraba el primer paso de barca citado (Ruiz y Rubio, 2018).

En estos pueblos de la margen izquierda, también se cuenta con un interesante patrimonio de la Edad Moderna. En **Cabanzón** su iglesia del siglo XVII (*figura 33.43*) y en **Cades** su iglesia (*figura 33.44*), de la misma centuria que la anterior, y una importante ferrería (*figura 33.45*), bien documentada entre 1752 y 1854, y que ha llegado a nosotros, siendo ahora un centro de interpretación y un Bien de Interés Local.

Volviendo a la margen derecha del río Nansa, después de Rábago se entra en el antiguo y gran valle de Rionansa y, poco antes de alcanzar Celis,

Figuras 33.43 a 33.45.
*Construcciones de la Edad Moderna
en la margen izquierda del valle del Nansa
en Herrerías: iglesias de Cabanzón y
de Cades; y ferrería de este pueblo (LVC).*

se encuentra una vía secundaria hacia poniente que cruza el río Nansa por un gran puente, que vamos a visitar. Este camino permite alcanzar Venta Fresnedo, junto al camino que sube desde Cades al valle de Lamasón.

Puente de La Herrería (*figuras 33.46*). Se trata de una impresionante y bella bóveda pétrea, que cuenta con una obra de cantería muy bien ejecutada y es Bien de Interés Local; la misma está señalada en el plano de López de Vargas de 1774. Además, su gran altura sobre el río obliga a una importante obra de fábrica de aproximación a sus estribos (*figura 33.47*), la misma consiste en unos altos muros de contención con contrafuertes que buscan resistir los empujes del terreno que hay en su trasdós. En el Diccionario de Madoz (1845-1850) se describe el paso como sigue:

Figuras 33.46 a 33.51. *Construcciones de la Edad Moderna en el valle de Rionansa: puente de La Herrería sobre el Nansa y muros con contrafuertes en el acceso al paso anterior; iglesia a poniente de citada población; ermita de Riclones; iglesia de San Pedro y casona la «Campona» en Celis (LVC).*

El puente facilita el paso de Celis a los otros barrios, es digno de mencionarse por su estrechura, consta de un solo arco de piedra sillería con 99 pies de diámetro y 60 de altura… se construyó en el año 1750 y siguiente, a expensas de D. Juan Gutiérrez Rubín, natural de este pueblo y vecino de Méjico.

Siendo el pie castellano o de Burgos equivalente a 0,279 metros (algo menor que el pie romano-0,296 m) tenemos que el diámetro del arco es de 27,6 metros y la altura de 16,7 metros: o sea, unas dimensiones notables para un puente de piedra. Por otro lado, la información que la Fundación Botín (proyecto valle del Nansa) da unas dimensiones similares (algo menores para el vano del arco):

Es de planta recta y un solo vano formado por una bóveda de cañón de sillería de 25 m de luz, con gran altura de la clave sobre el cauce y una anchura de 4,5 m. La bóveda está cimentada directamente sobre la roca y presenta cuatro perforaciones correspondientes al cajeado de la cimbra, además de una labra esmerada especialmente en la doble rosca de los arcos, que llega a ser tangente a la rasante en la zona más alta, y también en el intradós, donde algún sillar conserva marcas de cantería.

Si siguiéramos este camino hacia occidente, pasa por la **Herrería**; a continuación, se encuentra la iglesia de San Pedro (*figura 33.48*), situada en un lugar asilado y en un punto intermedio entre los diferentes barrios del pueblo de Celis, es de los siglos XVI a XVIII y su torre de campanas se encuentra exenta, junto al templo se haya el cementerio de esta zona. Algo más adelante se haya **Riclones**, donde destaca la ermita de San Antonio (*figura 33.49*), que data de mediados del siglo XVIII. Continuando hacia poniente el camino alcanzaría, en Venta Fresnedo, la citada vía que enlaza los valles de Herrerías y de Lamasón.

Volviendo a la vía principal, que sigue al río Nansa aguas arriba, y por su margen derecha, poco después se alcanzaba el bonito pueblo de **Celis** donde el viajero podría admirar su iglesia de San Antonio (*figura 33.50*) del siglo XVIII, siendo su torre de la siguiente centuria, y la casona barroca de la Campa o la «Campona» del siglo XVIII (*figura 33.51*).

Según el plano de López de Vargas (*figura 33.1*) el camino continuaba hasta **Puentenansa**, donde cruzaba primero el río Quivierda, afluente del Nansa, y seguidamente este río, para llegar al barrio de **Rioseco**, y por la margen izquierda de este cauce fluvial iba hacía Cosío, pasando a medio camino por la **Venta de Villar** (*figura 33.52*), referenciada desde finales del siglo XVII y citada por Madoz a mediados del Ochocientos, junto a ella se encuentra un humilladero (en Ruiz y Rubio, 2018, se ofrece más información). Cossío (1960) recoge una trova popular sobre este establecimiento:

En la Venta de Villar // hay una muchacha buena: // yo con ella me casara // si sus padres me la dieran.

En la *figura 33.53* se muestra un aspecto del camino antes de llegar a **Cosío**, que cuenta con un importante y bello patrimonio de la Edad Moderna como: su iglesia de San Miguel (*figura 33.54*), del siglo XVII o principios del XVIII; la casona blasonada conocida como «La Torre» o «La Torrona» (*figura 33.55*), del siglo XVIII, un gran edificio pétreo, que es un Bien Inventariado (BIN), en el que destaca un escudo del linaje de los Cosío y la gran altura de la planta noble, donde se ubica aquél; y cerca

Figuras 33.52 y 33.53. *Venta de Villar y humilladero en el antiguo camino que, por la margen izquierda del río Nansa, comunicaba Puentenansa, Rioseco y Cosío; aspecto del camino antes de alcanzar este lugar (LVC).*

Figuras 33.54 a 33.59. *A su paso por Cosío, en el valle de Rionansa, el viajero podía admirar un bello patrimonio de la Edad Moderna: su iglesia parroquial; la Torrona y una casona con portalada y capilla (son BIN); las ruinas de una ferrería y el puente sobre el río Vendul, alzado de aguas abajo y vista del paso (LVC).*

de ella, y de la misma centuria, se encuentra una amplia y bella casona (*figura 33.56*), que es Bien Inventariado, en la que sobresalen en sus dos extremos, una singular capilla adosada a la misma y la portalada presidida por un escudo con las armas de Rubín de Celis, Cosío y Bedoya. Al norte y cerca de Cosío, junto al Nansa, se encontraba una importante ferrería (*figura 33.57*), fue construida en 1749 y estuvo activa algo más de una centuria (Fundación Botín).

Puente de Cosío (*figura 33.58*). En este pueblo, para dirigirse hacia Rozadío el camino pasaba el río Vendul, que confluye poco después en el Nansa, por un bello puente de mediados del siglo XVIII, está conformado por una bóveda pétrea de medio punto de unos 11 metros de vano y cerca de 4 m de anchura que cruza el cauce fluvial a gran altura; su obra de cantería es de muy buena calidad, con sus dovelas bien talladas, tanto en el arco de embocadura como en la bóveda interior.

En un cartel informativo que hay junto al puente se dice que varias dovelas del intradós de la bóveda tienen marcas de cantería y aparece la inscripción ...*obra a costa de los vecinos de Cosío y Rozadío, año del 1757*. Sus estribos apoyan directamente sobre la roca y en la fachada de aguas abajo se han añadido dos contrafuertes que buscan incrementar la estabilidad frente a los empujes horizontales de la corriente del río en grandes avenidas; su pavimento está encachado y cuenta con una línea central de sillarejos y el resto con piedras redondeadas del río; sus pretiles son de mampostería y están rematados por una albardilla de sillares con sus esquinas superiores biseladas (*figura 33.59*).

A partir de aquí el mapa de López de Vargas (*figura 33.1*) no recoge los caminos que van hacia las demarcaciones de Tudanca y de Polaciones («Poblaciones» en el plano); si señala en el límite entre éstas el «Estrecho de Bejo» y el «Collado Pantrieme». Dada la pujanza de sus diferentes pueblos, es claro que existían unas vías o sendas de comunicación entre ellos y con los territorios vecinos de Rionansa, Cabuérniga, Campoo, Liébana y Pernía (Palencia).

El mapa de López de Vargas si recoge un camino que desde Cosío se dirige hacia la zona de **Garabandal** (697 m), donde destaca su iglesia de San Sebastián (*figura 33.60*), del siglo XVII; desde aquí, la vía cruza la Sierra de Peña Sagra, pasa hacia Lamasón y alcanza el valle lebaniego de Bedoya.

Volviendo al camino que seguía aguas arriba al Nansa hasta sus fuentes, iba a **Rozadío**. Aquí el viajero podía ver la iglesia de Santa Ana y de Santiago (*figura 33.61*), que se encuentra junto a una bella casona, siendo ambas del siglo XVIII. En este pueblo existe un puente que, además de dar acceso a las fincas y al monte que se encuentra al otro lado del mismo, permite el paso de un camino que, hacia levante y por Valsemana y Zarceillo, comunica esta zona con el valle de Cabuérniga y sus pueblos de Terán, Selores y Renedo.

Figuras 33.60 a 33.62.
Patrimonio de la Edad Moderna en el sur del valle de Rionansa: iglesia de San Sebastián de Garabandal; e iglesia y puente sobre el río Nansa en Rozadío (LVC).

Puente de Rozadío (*figura 33.62*). Es un bello puente pétreo que cruza el río Nansa, está conformado por una bóveda de medio punto que salva una luz de 12,5 metros y tiene un ancho de algo más de 3 m, estando apoyado directamente sobre la roca. En un cartel junto al puente, se informa que el puente fue construido en el siglo XVII y restaurado un siglo después y que éste y el del pueblo vecino de Cosío fueron costeados por sus vecinos. Si se comparan sendas estructuras, se ve que la de Rozadío es una obra de mampostería concertada y sus arcos de embocadura están conformados con lastras planas sin tallar, frente a la fábrica de sillería del de Cosío, que con piezas labradas cuidadosamente, con un ancho mayor y calidad más cuidada es una obra de mayores pretensiones.

En ambos casos, los arranques de sus bóvedas de cañón se han elevado del cauce del río, gracias a que sus estribos tienen unos tramos verticales antes de que se despliegue la fábrica en curva. Esto, por un lado, ha obligado a que su rasante tenga pendiente desde las orillas a la clave de sus bóvedas, o sea, un perfil en «lomo de asno»; por otro lado, esto ha permitido disponer de un gran gálibo para el paso de las avenidas del río, lo que las ha facilitado resistir sin problemas decenas de riadas desde su lejana construcción.

Este buen comportamiento hidráulico, es lo que hizo que en los proyectos de puentes que se hicieron un siglo después en esta zona, pasado el ecuador del Ochocientos, los ingenieros de caminos se fijaran en los mismos, los citaran en sus memorias de las nuevas carreteras, y buscaran áreas de desagüe suficiente al paso del río bajo sus estructuras (Fundación Botín-Valle del Nansa).

El camino hacia el valle de Tudanca seguía por la margen izquierda del río Nansa y alcanzaba pronto sus pueblos de **Sarceda y Santotís**, aquí el camino bajaba a cruzar el río para alcanzar **Tudanca**. Éste es el pueblo más importante de esta demarcación y es Conjunto Histórico-Artístico (BIC), destacando su iglesia de San Pedro, reedificada a principios del siglo XVIII (*figura 33.63*) y la Casona de Tudanca (*figuras 33.64 y 33.65*) de mediados de igual centuria, que fue mandada construir por Pascual Fernández de Linares, oriundo de este valle y después de regresar enriquecido de Perú; en este lugar y casa se enmarca la famosa e impar obra «Peñas arriba», del ilustre novelista José María de Pereda (Polanco, 1833-Santander, 1906), texto esencial para comprender el alma «montañés».

El paso de Tudanca hacia el valle de Polaciones (ver 2.3C) se hacía por el collado de Pantrieme (1 131 m) y desde aquí se bajaba a **Puente Pumar** (*figura 33.68*), donde se conserva un excelente patrimonio edificado de la Edad Moderna; en concreto, son del siglo XVIII su iglesia de la Natividad de Nuestra Señora y la Casona Rectoral (*figura 33.66*), también de esa centuria las Casonas de los Coroneles.

Figuras 33.63 a 33.65.
Patrimonio de la Edad Moderna en Tudanca: iglesia parroquial y dos vistas de la «Casona», centro de la novela «Peñas arriba» de José María de Pereda (LVC).

Puente Pumar sobre el arroyo Collavín (*figura 33.67*). Se encuentra en el pueblo homónimo y es un paso de unos 13 metros de luz, probablemente construido en el siglo XVIII, y referenciado por el diccionario de Madoz a mediados del XIX como *un buen puente de piedra casi dentro de la población* (Fundación Botín). Su obra de cantería es de calidad, con sillares bien tallados, y la bóveda es ligeramente apuntada. Inicialmente su ancho era de unos 4 metros y fue ensanchado, hasta 6 metros, en el ecuador del siglo XX, adosándole una bóveda de hormigón en su alzado de aguas abajo del arroyo, que entrega sus aguas al río Nansa a unos 400 metros de donde se ubica este paso. Al oeste de esta estructura se encuentra un bonito humilladero (*figura 33.69*).

Figuras 33.66 a 33.69. *En Puente Pumar, del valle de Polaciones, hay un rico patrimonio de la Edad Moderna: iglesia y casona Rectoral; puente sobre el arroyo Collavín; vista general del pueblo y humilladero (LVC).*

El camino seguía hacia el sudoeste, a **Lombraña**, donde destacan su antigua iglesia de Santa Cruz o de San Sebastián (*figura 33.70*), reedificada a comienzos del siglo XVIII, y la Casona de La Cotera o del Conde Rábago (*figura 33.71*), de finales del Setecientos, que es Bien Inventariado de Cantabria.

Figuras 33.70 a 33.74.
Hitos de la Edad Moderna en el valle de Polaciones: iglesia y casa La Cotera en Lombraña; iglesia de Tresabuela; una vista del camino entre este pueblo y el de Santa Eulalia e iglesia de este lugar (LVC).

Más adelante se alcanzaba **Tresabuela** (1 050 m), de donde era oriundo el Padre Francisco de Rábago y Noriega (Tresabuela, 1685-Madrid, 1763), jesuita ilustre, que fue confesor real de Fernando VI, amigo del Papa Benedicto XIV y a quien se debe la erección del Obispado de Santander en 1754. En este pueblo, uno de los más altos de Cantabria, destaca su iglesia de San Ignacio de Loyola (*figura 33.72*), del siglo XVIII. Esta localidad es Bien de Interés Cultural como Conjunto Histórico.

Desde aquí un camino, en que gran parte del mismo atraviesa un bello hayedo (*figura 33.73*), baja hasta **Santa Eulalia** (940 m) donde se encuentra la iglesia homónima del siglo XVI (*figura 33.74*). Y siguiendo aguas arriba al arroyo Verdujal primero se alcanza **Salceda** (1 050 m) y algo más allá el Collado de la Cruz de Cabezuela (1 153 m), límite con Liébana, desde donde se pasa a Valdeprado (Pesaguero). Más hacia el sur está el Puerto de Piedrasluengas (1 355 m) desde el que se entra a Palencia y se alcanza, a 26 kilómetros, la villa de Cervera de Pisuerga (1 005 m).

Las Ordenanzas del concejo de Tresabuela y los caminos. Rodríguez y Arce (1992) recogen esta normativa de 1710 y analizan la situación de este concejo del valle de Polaciones en el siglo XVIII. En lo que sigue se extrae lo más relevante en relación con el objeto del libro, lo que nos ilustra sobre los usos existentes al respecto y la importancia que se daba al tema viario y a los viajeros. En el catastro de Ensenada de 1752 se constata que 4 de los 28 vecinos (o familias) del lugar se dedicaban en exclusiva a la carretería, los citados autores exponen al respecto que esta actividad era ejercida:

> … sobre todo entre la rasa litoral del Cantábrico con las comarcas de Castilla a través del puerto de Piedrasluengas. Sal adquirida en las salinas de Cabezón o en los alfolíes de las Cuatro Villas de la Mar, así como ruedas, carros y aperos, procedidos de las maderas de los montes propios de Tresabuela, constituían los artículos asiduos de este tráfico carreteril a la Meseta. De regreso, los trajineros de Tresabuela retornaban a su pueblo de origen con cereales y otros productos comprados en los mercados y ferias de Cervera de Pisuerga y de Saldaña.

Respecto a las prescripciones de las ordenanzas relativas a caminos y abastos para los viajeros, estas establecían:

14. Que todos concurran a componer los caminos: Asimismo ordenamos y mandamos que cada vecino de dicho concejo sea obligado a ir, o enviar, a componer los caminos, puentes y fuentes y demás obras concejiles, cada y cuando que por el Regidor que fuere de dicho concejo, o su teniente, les fuere mandado, sin que ninguno se pueda excusar con ningun motivo o pretexto, so pena que el vecino que no fuere pague de pena cien maravedíes, que se aplican para gastos públicos de dicho concejo.

35. Sobre que se compongan los caminos: Otrosí, que el Regidor que es o fuere de este dicho lugar tenga obligación de hacer componer y reparar los caminos y cañadas de dicho concejo y que estén limpios de rama y zarzas y otras inmundicias, de forma que se pueda libremente pasar por ellos, en todo tiempo, con carros y caballerías. Y no consientan que ninguna persona los ocupe ni cierre, pena de doscientos maravedíes al Regidor que no lo hiciere, además de que pueda ser castigado por ello judicialmente.

46. Sobre que haya abasto: Otrosí, que el Regidor tenga obligación a hacer que el tabernero que fuere de este dicho lugar tenga vino de continuo, de buena calidad, y pan para los pasajeros, según diera de sí la tierra, y si los que vinieren a hacer noche a este lugar no topasen posada, sea de cargo del Regidor el buscársela.

Referencias del uso del camino del Nansa a lo largo de la Edad Moderna. En el estudio de Menéndez de Luarca (2016) sobre este eje viario se recogen algunas evidencias documentales sobre su utilización en el periodo histórico que nos ocupa, las mismas se resumen en lo que sigue.

Hay varias citas del uso de este camino para el transporte de sal: así, en un pleito de 1535 se afirma que Polaciones era un ramal de la Cabaña Real de Carretas de la Sal; en 1723 se cuenta con un informe sobre el transporte de sal por este valle; en 1755 se establece un canon de transporte de 12 maravedíes por fanega de sal y legua; en 1795 una asamblea de Puente Pumar impone un peaje de un real por fanega de sal.

En la segunda mitad del siglo XVIII el camino de Polaciones experimentó mejoras. Así, en 1750, Antonio Rábago de Tresabuela, hermano del ilustre eclesiástico y confesor real, proponía a la villa de San Vicente de la Barquera:

> … continuar la abertura de caminos desde dicho Puentenansa por el Valle de Polaciones hasta pasar por la hoz de Piedrasluengas, de suerte que corriesen dos carros o coches pareados, por cuyo medio los pescados y escabeches de toda esa costa saldrían línea recta a Castilla, y vendrían de allí los abastos de trigo y vino en carretas con infinita conveniencia de todo este País: Y aún con evidente utilidad del Rey …

En 1758 hay constancia de mejoras en el camino de Polaciones; así se cuenta con citas escritas al respecto:

> … variar en las partes convenientes del camino carreteril desde la Villa de Cervera hasta dicho Valle de Polaciones… // … al rompimiento de nuevo sólo en aquellas partes que se consideraron más precisas a facilitar el tránsito en que al presente parece hallarse continuando en el ánimo de perfeccionarle hasta el centro de dicho Valle de Polaciones.

Por otro lado, Menéndez de Luarca (2016) recoge que en el archivo de Polaciones se conservan unos impresos de los años 60 del siglo XVIII para la documentación de los carros que transitaban por el valle, en los cuales consta: … *por el Camino nuevo de Polaciones… de 176…*

D. *El camino este-oeste de enlace de los valles de Cabuérniga, Rionansa, Lamasón y Peñarrubia. Las conexiones con Liébana*

El mapa de Tomás López de Vargas no recoge esta vía transversal a las que recorrían los diferentes valles que nos ocupan en este tomo, pero es un camino importante que ligaba los lugares asentados en los cursos medios de los ríos Saja, Nansa, Lamasón (afluente del Nansa) y Deva; la misma discurría al sur de la gran sierra del Escudo de Cabuérniga.

Figuras 33.75 a 33.77.
Construcciones de la Edad Moderna junto al camino que comunicaba el Valle de Cabuérniga con el de Rionansa: palacio de Mier e iglesia de San Roque en Carmona; e iglesia de San Facundo en Obeso (LVC).

El camino partía hacia poniente desde Valle, en Cabuérniga, y una vez superada la «Collada de Carmona» entraba en la cuenca hidrográfica del río Nansa, y llegaba a **Carmona**, señalar que este pueblo, aunque se encuentre en esta cuenca, pertenece administrativamente por motivos históricos al valle previo del río Saja. En esta población el viajero podría contemplar un bello Conjunto Histórico (BIC) con amplias y sólidas casonas montañesas de los siglos XVII y XVIII, entre las que destacaba el Palacio de los Mier con sus dos torres (*figura 33.75*), que fue construido a principios del Setecientos por el canónigo Francisco Díaz de Cossío; y su iglesia parroquial de San Roque (*figura 33.76*), también de esta centuria, que fue promovida con capital indiano.

Poco después, el camino entraba en el valle de Rionansa y se encontraba en Puentenansa con la vía norte-sur descrita en la sección anterior

Figuras 33.78 a 33.80.
*Construcciones de la Edad Moderna
en el Valle de Lamasón:
casona del arco en Quintanilla,
iglesia de Santa María entre Quintanilla y
Sobrelapeña e iglesia de Cires (LVC).*

(3.3C); continuando hacia el oeste, alcanzaba **Obeso**, donde cerca de la famosa torre de Rubín de Celis (*figura 23.21*), se construyó en el siglo XVII la iglesia de San Facundo (*figura 33.77*), que junto a la citada torre constituyen hitos visibles en el paisaje de una amplia zona.

La vía superaba el «Collado de Ozalba» y entraba en el **valle de Lamasón**, pasando por **Quintanilla** donde el viajero podía apreciar una bella casona con escudo (*figura 33.78*) que tiene un soportal de dos arcos y otro más en la fachada lateral que permite el paso de una calle del pueblo. Entre éste y **Sobrelapeña**, y dominando sus caseríos, se encuentra en un alto la monumental iglesia de Santa María (*figura 33.79*), que fue edificada en los siglos XVI y XVII, conservando parte de la iglesia románica primigenia.

Desde estos pueblos y hacia el sudoeste, a la vera del río Lamasón, un camino secundario conduce a los pueblos de **Río** y de **Cires**, donde puede apreciarse su iglesia de San Miguel Arcángel del siglo XVII (*figura 33.80*).

Volviendo a Sobrelapeña y siguiendo hacia poniente, superado el «Collado de Hoz», se entraba en el **valle de Peñarrubia**, en la cuenca del río Deva. El camino pasaba por **Piñeres**, junto a su iglesia de San Juan Bautista (*figura 33.81*) construida en los siglos XVII y XVIII y que conserva algunos elementos románicos. Al sudeste de este pueblo se encuentra el de **Cicera**, que cuenta con una bella iglesia dedicada a San Pedro (*figura 33.82*) y de igual época que la precedente. Volviendo a Piñeres, el camino principal hacia poniente llevaba a **Linares,** donde el viajero podía ver su iglesia de San Andrés, de origen románico y muy reformada en la época moderna (*figura 33.83*). Desde aquí la vía descendía a **La Hermida**, junto al río Deva y rodeada por enormes farallones calizos de los Picos de Europa.

Los caminos desde La Hermida de Peñarrubia. Este pueblo, a la mitad del largo desfiladero homónimo de unos 21 kilómetros, es una encrucijada de caminos: por levante llega el camino que se ha descrito; hacia el norte, siguiendo por la estrecha garganta del Deva, se va a la villa de Panes, en el valle de Peñamellera (que en la época moderna que nos ocupa era uno de los valles occidentales de las Asturias de Santillana y que actualmente forma parte de dos municipios de Asturias) y, río abajo, se alcanza Val de San Vicente y su desembocadura en Tina Mayor; hacia poniente y siguiendo el río Corvera se sube a Bejes, en el norte del valle lebaniego de Cillorigo; y hacia el sur, y en este último valle, a Lebeña, Castro y Tama.

Sobre los caminos en esta zona del valle de Peñarrubia hay un documento notarial de 1737 (en Ansola *et al.*, 2014) que ofrece información sobre un puente de madera sobre el Deva y la difícil vía del desfiladero hacia Panes, encajonada entre altas paredes calizas:

Figuras 33.81 a 33.84. *Construcciones de la Edad Moderna en el Valle de Peñarrubia: iglesias de Piñeres, Cicera y Linares; puente sobre el río Urdón (LVC).*

… en sitio inaccesible con bueyes uncidos para el acarreo de maderas porque, aunque se halla en paso público y Real desde Castilla al principado de Asturias, sirve sólo para caballerías cargadas sin que pasen carros ni puedan por la aspereza del Paré.

… en más de una legua de distancia entre peñas … por impedir el susto y horror que causa la altura desde dicho camino y caída que hace al referido río Deva les precisaba fortificarle por la parte de abajo con carriles y defensivos de maderas atadas para … paso de las caballerías y gentes que de ordinario le transitan a dicho Principado de Asturias y valle de Peñamellera.

Puente viejo sobre el río Urdón (*figura 33.84*). Se encuentra poco antes de que este río entregue sus aguas al Deva. Es un paso de piedra que salva este cauce mediante una bóveda de medio punto de unos 11 metros de vano y 2,4 metros de ancho; la misma está conformada por arcos de embocadura hechos con lastras planas y su interior es de fábrica de mampostería. Este puente sirvió durante algunos años a la carretera decimonónica (ver 4.4A) que se hizo por el desfiladero de la Hermida, hasta que se construyó el nuevo puente que se encuentra junto al que se describe.

Los caminos de Lamasón y de Peñarrubia hacia Liébana. Estas vías comenzaron a configurarse en el Medievo (2.3D) y ya en Edad Moderna se tienen más referencias de las mismas; Ansola y Sierra (2006a), en su estudio *El Camino Real de La Montaña: De Liébana a la costa por el valle de Lamasón (Cantabria)*, ofrecen una interesante información al respecto.

Los caminos de conexión con Liébana salían de Cires de Lamasón o de Cicera de Peñarrubia y se dirigían hacia el sudoeste, los mismos debían atravesar la sierra de las Cuerres, que separa estas dos comarcas, y buscaban el enlace, en el valle de Cillorigo de Liébana, con el concejo de Bedoya o con Lebeña; en lo que sigue se recogen sus itinerarios.

Desde Cires de Lamasón a San Pedro de Bedoya. Desde el primer pueblo, ya citado previamente y situado cerca de Quintanilla y Sobrelapeña, una vía se dirigía hacia el sur a la zona de Tojo y La Vallena, desde donde hacia el sudoeste se iba a Traslaventa y **Venta de Los Lobos** (en el extremo sur de Peñarrubia), poco después se alcanzaba el **collado de Pasaneo** y se entraba en el gran valle de Cillorigo de Liébana, y por el **collado de Taruey** se iba a **San Pedro de Bedoya**; este itinerario era parte del camino real de la Montaña de Liébana hacia la costa por Lamasón.

La venta de los Lobos aparece citada en un documento de finales del siglo XVII y en varios del siglo XVIII (Ansola y Sierra, 2006a); en el estudio de Ruiz y Rubio (2018) sobre las ventas de Cantabria, se incluye información sobre la misma y exponen que a escasos metros de lo que podrían ser sus ruinas se encuentra un hito de término hincado, que en la documentación aparece como Mojón de la Venta de Lobos; añadiendo, que en el lado norte del collado se conservan los restos de una estructura tumular megalítica, con cámara, formada por grandes bloques de caliza.

También, desde **Cires** podía alcanzarse Lebeña, para ello al llegar a la zona del Tojo se iba hacia el oeste al **collado de Carracedo**, en la sierra de las Coronas, linde entre los valles de Peñarrubia y Lamasón, y dirigiéndose al **collado del Arcedón**, en la sierra de las Cuerres, se bajaba a **Lebeña**.

Desde Cicera de Peñarrubia a Lebeña (*figura 33.85*). Cicera, como se ha adelantado, se encuentra al sudeste de Piñeres; desde ese pueblo la vía se dirigía hacia el citado **collado de Arcedón**, al mismo podía irse por dos ramales: por el sudeste, vía el sendero de las Dos Hayas, o por el sudoeste, hacia el Canal de Francos; luego, estas vías giraban hacia la zona de Arcedón y se bajaba a **Lebeña**. Debe añadirse que este tramo, en sus dos variantes, forma parte del actual «Camino Lebaniego al Monasterio de Santo Toribio», como un ramal del Camino de Santiago del Norte (ver 2.1).

Desde Quintanilla y Sobrelapeña hacia el valle de Herrerías y la costa. La comunicación de los valles de Lamasón y de Peñarrubia, y de la comarca de Liébana, con la costa occidental de Cantabria, se hacía desde la zona de estos dos pueblos masoniegos, a la vera del río Lamasón, una vez que en este área se han juntado con el mismo, que viene del sudoeste desde la Sierra de las Coronas, las aguas del Tanea que viene del sur, de la sierra de Peña Sagra, las del arroyo Traveseras, que viene de levante, del collado de Ozalba, y las del arroyo Lafuente, que viene de poniente, del collado de Hoz.

El camino va desde aquí hasta la zona en que el río Lamasón entronca en el Nansa, en un recorrido de unos 5 kilómetros. Desde Sobrelapeña afronta el norte hacia la zona de **Venta Fresnedo**, ubicada a mitad de

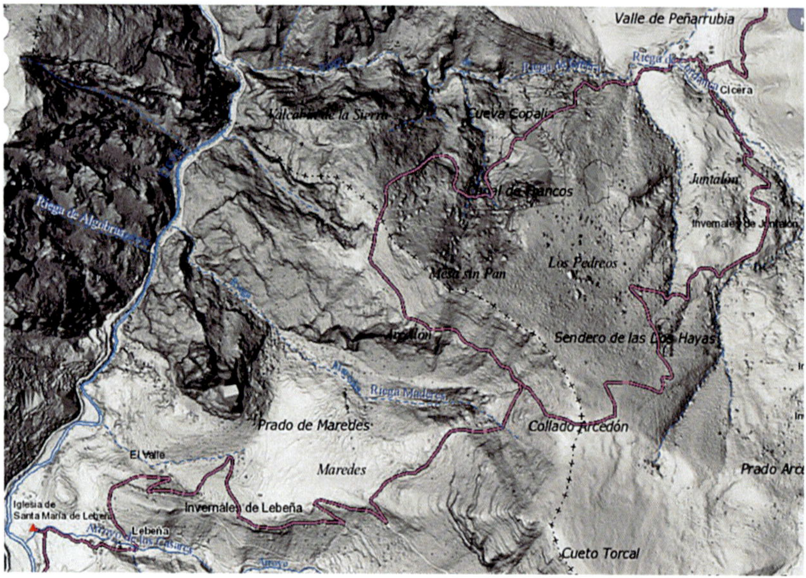

Figura 33.85. *Dos caminos para ir de Cicera de Peñarrubia a Lebeña como parte de la Ruta Lebaniega de peregrinación desde el Camino de Santiago del Norte a Santo Toribio de Liébana (mapas.cantabria).*

este itinerario; y luego sigue, ya en el valle de Herrerías, hasta donde se produce la citada confluencia de aguas, en la zona de Palombera, al sur de **Cades y Rábago**. Esta vía, hasta alcanzar la citada venta, tiene una primera parte de gran dificultad en que atraviesa una garganta de cerca de tres kilómetros (*figura 33.86*); luego, a levante de la sierra de la Collada el territorio es más abierto. Las dificultades del paso del citado desfiladero en la Edad Moderna quedan recogidas en algunos textos de tal época.

Venta Fresnedo (*figura 33.87*) está situada al sur del entronque del arroyo Latarmá en el río Lamasón; tal curso fluvial es el límite entre los valles de Lamasón y Herrerías, viene de poniente y discurre por la falda sur de la sierra de la Collada. Esta venta es descrita por Ruiz y Rubio

Figuras 33.86 y 33.87. *Desfiladero entre Sobrelapeña y Venta Fresnedo, y esta hospedería (LVC).*

(2018), señalando que es citada en un documento de 1674 y que aparece en los mapas de Tomás López de Vargas de 1774 y de Francisco Coello de 1861, y recogen que era utilizada por los arrieros de Liébana que se dirigían a la costa.

Referencias de la Edad Moderna sobre los caminos de Lamasón. Para finalizar esta sección, se recogen algunas reseñas sobre estas vías que muestran la percepción que existía sobre ellas, sus itinerarios y sus características; aquéllas se han obtenido del citado estudio de Ansola y Sierra (2006a).

A finales del siglo XVII hay una petición del Valle de Lamasón ante el Consejo de Castilla para que el Valle de Bedoya (en la entonces Provincia de Liébana) mejore el camino real que sale del mismo hacia el primero, en la parte de su demarcación; en la documentación de este asunto, que se extracta, se señala el itinerario y la importancia de este camino (el autor ha modificado alguna palabra del texto original al modo en que se escriben actualmente):

> … porque dicho valle de Bedoya, no ha compuesto lo que le tocaba desde sus lugares hasta el puerto de Taruey, y paraje que llaman la Venta de los Lobos … el andar los carros desde este valle a dicha provincia y el que

anden es muy útil y conveniente así al servicio de su majestad como al bien y utilidad de entrambas Republicas y de otras de esta costa de la mar, por ser dicho camino la salida para Castilla y llevarse pescados de los puertos de mar de las villas de Comillas, San Vicente de la Barquera Pesués y Llanes: y para sacar la sal de las Reales salinas de Cabezón y Treceño; y cualesquiera otros bastimentos (provisiones) que haya en la costa y se necesiten en Castilla, Pernía y Liébana: y a un mismo tiempo gozar esta costa de la conveniencia de carreterías; para traer pan y vino de Castilla y Liébana, y llevar maderas y otros efectos …

Otros documentos de la última parte del siglo XVII recogen información sobre el tramo más difícil del itinerario hacia la costa, el que iba de Sobrelapeña a la Venta de Fresnedo, en ellos se alude a la existencia de protecciones para evitar los peligros de despeñarse, el coste de su mantenimiento y la necesidad de un asistente en la venta para apoyo de los viajeros (en Ansola y Sierra, 2006a):

> sobre unos maderos […] porque caen más de doscientas brazas […] y algunas personas se han ahogado y caído en dicha peña … / / / cada año este dicho Valle se gasta mucho dinero en composición … / / / … cuanto se saca en dichos puertos es preciso pasar por dicha peña y el ir por otra parte es gastar mucho tiempo y causar mucho daño a los que caminan … / / / … asistente en la venta de Fresnedo.

A mediados del siglo XVIII, en torno a 1740, en un documento del Archivo General de Simancas, se recoge la dificultad de este camino entre Liébana y la Marina occidental (en Ansola y Sierra 2006a):

> sumamente penoso, no sólo por la altura que es forzoso montar, como porque después de vencida ésta, en las dos leguas que restan del valle de Lamasón y el de las Herrerías hasta S. Vicente, es terreno quebrado y peñascoso que sólo se trafica con caballerías y mucho riesgo en diferentes partes.

En 1758 el valle de Lamasón expone en un documento las dificultades que supone el mantenimiento del camino que, por el desfiladero comentado, va desde Quintanilla a la venta de Tramalón y la necesidad de esta vía (en Ansola y Sierra 2006a):

por hallarse este dicho valle por su notoria aspereza de Peñas al Mar situado en tierra áspera y quebrada tiene gravísimas pensiones como son la conservación del camino de recua por la famosa Peña que llaman de la Mason que en distancia de media legua no se pisa sino pedernal calear durísimo tan expuestos los transeúntes a riesgo de la vida, y lo mismo sus baxes que se hace forzoso para preservar el precipicio que cae sobre el caudaloso rio llamado Tanea formar los naturales antepechos de madera ligera por no poder afianzarla de otra suerte que con ligaduras sucesivas a lo largo sosteniéndose de este modo los leños unos de otros y como estos por su debilidad se pudren fácilmente necesitan de anual reforma en la que emplean en cada un año más de seiscientos obreros... a causa de ser transito preciso desde los puertos de Mar de Comillas, San Vicente de la Barquera, Tinas mayor y menor, y el de la Villa de Llanes para la provincia de Liébana y Castilla.

3.4 Los caminos modernos en la comarca de Liébana

La *figura 34.1* recoge la parte del plano de Tomás López de Vargas de 1774 que muestra esta comarca; el mismo nos va a servir de marco de referencia para exponer sus caminos. El desarrollo de este apartado se divide en cuatro secciones correspondientes a los grandes valles que configuran este singular territorio.

En el detallado estudio monográfico de Ansola *et. al.* (2014) sobre los caminos de Liébana existe amplia información histórica sobre esta red viaria; en concreto, hace referencia a un documento de 1597, sobre las medidas que tomó el corregidor de la provincia de Liébana para evitar la extensión de una epidemia de peste desde los territorios vecinos, para ello dispuso guardas en todos los límites de las vías que llegaban a Liébana, de modo de controlar a las personas que entraban o salían; esa información, concreta los puntos de paso de la red viaria comarcal y serán citados en su momento.

Potes en la Edad Moderna. Antes de comenzar con la descripción de los caminos de Liébana se recogen algunas obras llevadas a cabo en su capital durante este periodo; como centro neurálgico de esta amplia

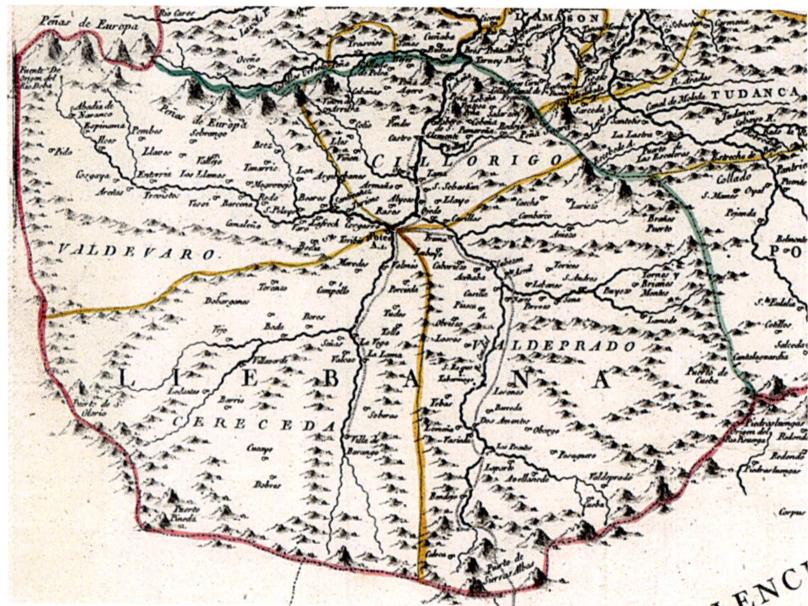

Figura 34.1. *Los caminos que recorrían la comarca de Liébana en parte del mapa de Tomás López de Vargas de 1774, correspondiente al Bastón de Laredo y Liébana. (España. Ministerio de Defensa. Centro Geográfico del Ejército).*

comarca, la villa continuó siendo testigo de una importante actividad comercial y de trasiego de mercancías.

En Potes se construyó a lo largo del siglo XVII el convento de San Raimundo de Peñafort (*figura 34.2*), del cual se conserva actualmente el claustro, de tipo herreriano, y su portalada. A finales del siglo XVII, comienzos de XVIII, se hizo la casa de La Canal (*figura 34.3*), hoy Casa de Cultura, junto a la margen izquierda del puente de San Cayetano. En los años cuarenta del siglo XVIII se levantaron tres importantes edificios, las casas-torre de Calseco y de Osorio (*figura 34.4*), y la gran casona de la familia Cossío y Otero (*figura 34.5*).

Figuras 34.2 a 34.6.
A lo largo de la Edad Moderna, la Villa de Potes consolidó su patrimonio con importantes obras: convento de San Raimundo (K. Mazarrasa, 2009), casa de La Canal, casa-torre de Osorio, casona de los Cossío y Otero, y puente de la Cárcel (LVC resto de las fotos).

Puente de la Cárcel en Potes (*figura 34.6*). Esta estructura pétrea salva el río Quiviesa poco antes, unos 35 metros, de que sus aguas confluyan en las del Deva, y se encuentra cerca de la torre del Infantado, en el centro de la villa; esta fue durante un largo periodo una cárcel y de ahí recibe su nombre. Está conformado por una bóveda de medio punto de unos 13 metros de vano y 4,5 metros de ancho, que cruza el río a gran altura. No se tienen datos sobre el momento de su construcción, pero se considera que es de época moderna. Las dovelas de sus arcos de embocadura son de lastras o piedras planas gruesas de soga similar; el interior de la bóveda está fabricado con sillarejos; los muros tímpano de sus fachadas son de mampostería concertada y se llevan hasta la línea de la rasante horizontal del puente, que no está marcada por una hilada de imposta que sobresalga del plano vertical de aquéllos; sus pretiles de protección están hechos con una mampostería ordinaria en la que aparecen numerosos cantos rodados del río, estos muretes de protección se rematan con unas albardillas de losas de poco grosor.

A. *El camino desde Potes, vía el valle de Cillorigo, hacia la costa de San Vicente de la Barquera y Asturias*

El valle de Cillorigo era atravesado por tres vías de carácter supralocal, en ellas se dispusieron las guardas de control durante el citado episodio de peste de 1597. Dos de ellas, las de mayor movimiento, se dirigían hacia el nordeste, y por Lebeña o por Bedoya iban a los valles de Peñarrubia o de Lamasón, y alcanzado Sobrelapeña el camino bajaba junto al río Lamasón a Herrerías, y luego siguiendo al río Nansa, alcanzaba la costa occidental de Cantabria (ver 3.3D); la tercera vía se dirigía al noroeste y por Pendes y Bejes iba a Asturias.

El mapa de López de Vargas de 1774 (*figura 34.1*) recoge la vía que sale de Potes hacia el nordeste, a **Ojedo**, donde cruzaba el río Bullón, poco antes de que el mismo entregase sus aguas en el Deva.

El puente de Ojedo sobre el río Bullón. El citado plano muestra aquí la existencia de un paso, pero no se tienen referencias de cómo era. Probablemente, sería un puente de bóveda pétrea de medio punto, similar a los tres que se conservan no lejos de aquí en el valle de Valdeprado, aguas arriba del río Bullón: dos en Frama y uno en Cabezón de Liébana (ver 3.4D).

El camino continuaba hacia el norte a **Tama**, aquí el citado mapa recoge dos posibles alternativas a seguir: una vía cruzaba el río Deva y por su margen izquierda iba a Castro Cillorigo; la otra se dirigía por el nordeste a Bedoya. En lo que sigue se describen los dos itinerarios y las posibilidades de comunicación que cada uno de ellos abría.

El puente de Tama sobre el río Deva (*figura 34.7*). De este paso hay varias referencias a lo largo de la segunda mitad del siglo XVII, sobre reparaciones efectuadas en el mismo, pero las avenidas del río le causaban daños sistemáticamente (Ansola *et al.*, 2014); en este estudio, se recoge un testimonio de 1726 del regidor del concejo de San Sebastián de Cillorigo en relación a los daños del puente de piedra y sustitución provisional por uno de madera:

> …en el río Deba que pasa por los términos de dicho concejo había un puente de piedra capaz para pasar carros el cual se arruinó y le llevó el agua en gran parte … de madera muy estrecho que sólo ha servido para pasar gente de a pie, y algunas caballerías con gran riesgo por cuya causa han sucedido algunas desgracias.

El mapa de López de Vargas de 1774 muestra la existencia de este puente sobre el Deva. En la web del valle de Liébana se hace referencia a un documento de 1789 en que el ayuntamiento de la Villa de Potes y Provincia de Liébana solicita al Consejo de Castilla:

> se les concediese los fondos necesarios para la composición así de los caminos y quebrantos con que se hallaba dicha Villa y Provincia como para hacer de nueva planta los puentes que se habían arruinado con las avenidas de aguas y en virtud de dicho recurso y diligencias en forma que se tomaron en el asunto se estimó por dichos señores la ejecución de ellas comenzando con la fábrica del puente que se nombra de Tama.

Finalmente, este puente se inauguró en la última década del siglo XVIII, como consta en un gran bloque de piedra caliza (*figura 34.8*) que se encuentra junto a la entrada oriental del mismo y que tiene escrita la leyenda

Figuras 34.7 a 34.9.
*Puente de Tama sobre el río Deva y
monumento conmemorativo
de su inauguración en 1792.
Casona del siglo XVII en Castro Cillorigo
(LVC).*

Reinando Carlos IV se hizo este puente a expensas del Bastón de Laredo. Año de 1792. Se trata de una importante estructura pétrea de dos vanos, con bóvedas de medio punto, la mayor sobre el río Deva y la otra sobre un canal que alimentaba un molino. Su longitud total es de unos 95 metros, incluyendo los muros de aproximación hacia el estribo izquierdo, y su ancho total de unos 5 metros. Sus pretiles están constituidos por sillares y van rematados por piezas albardilla que se traban entre sí por machihembrado.

El citado mapa de 1774 lleva una vía desde este paso hasta **Castro Cillorigo**, aquí el viajero podía apreciar una bella casona del siglo XVII (*figura 34.9*), la misma tiene un escudo y la inscripción *El montañés más valiente // que con su espada lucida // al moro quitó la vida // y se libró de la muerte* (García Guinea 1988; este autor recoge que este lema aparece en otras casas de Liébana).

El puente de Castro Cillorigo sobre el río Deva. De esta estructura se tienen varias referencias históricas (en Ansola *et al.*, 2014) desde comienzos del siglo XVII, donde tuvo algunas reparaciones; pero en 1639 este puente pétreo se encontraba arruinado y el concejo de Castro solicitó al Consejo de Castilla su reconstrucción:

> ... con muchas aberturas en lo alto del arco ... y quebradas y demolidas muchas de las piedras principales de dicho arco y peligro de caerse... notable daño a toda aquella tierra y su comarca por ser como era tan necesario y estar en Camino Real por donde han de pasar y pasaban las mercadurías... de pescados frescos y salados de los puertos de las Villas de San Vicente, Llanes y Comillas y otros ... para tierra de Castilla.

En 1642 el puente estaba reconstruido, y según un plano de la época (en Ansola *et al.*, 2014) era de bóveda pétrea, con tímpanos de sillería rematados por una línea de imposta, pretiles protegidos con albardilla y su pavimento, con ligera pendiente hacia cada orilla, estaba empedrado; en 1720 requirió de nuevas obras:

> ... componer el ojo sobre los pilares que tenía ...el que está hacia la parte de dicho lugar de Castro, y barbacana que lo acompaña, pareció tener ruina por ser mal fundamento...

Desde Castro Cillorigo hacia Lebeña. Desde Castro se pasaba a la margen derecha del Deva con el puente anterior, a la zona de La Ventosa y San Clemente, y desde aquí existía un camino que conducía hacia Lebeña; esta vía evitaba el paso del desfiladero e iba a este pueblo bordeando por levante la Peña Lebeña o Ventosa (tal como recoge un plano de 1830, que se cita en 6.4A).

Señalar que, a esa zona de San Clemente, frente a Castro Cillorigo, probablemente podía llegarse desde Tama directamente, tal como se hace en la actualidad, sin cruzar dos veces el Deva, tal como nos indica el mapa de López de Vargas de 1774 y el citado de 1830; pero es probable que, en esa época, la vía de los dos puentes fuera mejor y es la que permitía un tráfico carretero, mientras que la otra era sólo una senda para movimiento de los paisanos.

Añadir, que el primer tramo del desfiladero de La Hermida comienza al norte de Castro Cillorigo, a través del tajo que el río Deva ha dado a las peñas Ventosa y del Encinar, por donde fluye el río entre ellas; la nueva carretera de los años 60 del siglo XIX, fue trazada por esta abertura existente junto al Deva, tal como se relatará en 6.4A. Y, desde entonces, ese camino junto al río sería el modo más rápido de ir a Lebeña desde la zona de Castro; evitando el rodeo que se ha descrito. No obstante, es presumible que, antes de hacerse la carretera, existiera una senda que conectara la zona de Castro y Lebeña directamente; obviamente sería un camino difícil, pero utilizable por peatones y caballerías.

Desde Lebeña a La Hermida. Al igual que lo expuesto para el tramo anterior, es probable que por este segundo trecho del desfiladero discurriera una senda que comunicara dichos lugares; la misma iría junto al Deva y encajonada entre los altos farallones calizos del desfiladero de La Hermida. Por lo escrito en 3.3D, respecto al camino entre La Hermida y Panes, este recorrido sería igualmente de grandes dificultades y muy poco transitado, y sólo apto para peatones y animales de carga.

Desde Lebeña hacia Peñarrubia y el valle del Nansa. Como se ha expuesto, desde Lebeña salía uno de los caminos que permitían a Liébana comunicarse con la costa, vía el valle del Nansa. Primero se dirigía hacia la zona del collado de Arcedón, y una vez aquí existían dos posibilidades para ir a Cicera de Peñarrubia, por la canal de Francos o por el sendero de las Dos Hayas (ver 3.3D). Precisamente, en el citado episodio de epidemia de peste de 1597 y debido al carácter supralocal de esta vía de Liébana, se estableció una guarda de control de viajeros *en Arcedón y canal de Francos que coja el paso de entrambos caminos*.

El camino desde Tama hacia el este, al concejo de Bedoya y al valle de Lamasón. El mapa de López de Vargas de 1774 muestra que desde Tama salía una vía hacia levante a la vera del rio Santo y alcanzaba **San Pedro de Bedoya**; aquí, el viajero podía apreciar su iglesia del siglo

XVII (*figura 34.10*), en este pueblo, a principios del siglo XVIII, se construyó la casona-torre y capilla de Bedoya-Soberón (*figura 34.11*), que actualmente es un monumento Bien de Interés Cultural.

Tal como se ha descrito en 3.3D, desde Bedoya salía un camino hacia el **collado de Taruey**, cruzaba la sierra de las Cuerres por el **collado de Pasaneo**, alcanzaba la **venta de los Lobos** y se dirigía a Cires de Lamasón. En el primer collado fue donde, en el citado episodio de peste de 1597, se dispuso un guarda de control que vigilase el camino que venía de las Asturias de Santillana.

Figuras 34.10 a 34.13. *Construcciones de la Edad Moderna junto a los caminos de Cillorigo de Liébana: en San Pedro de Bedoya su iglesia parroquial y la casona de Bedoya-Soberón (BIC) del siglo XVIII; e iglesias de Pendes y de Cabañes (LVC).*

Las Ordenanzas de 1672 del Valle de Bedoya y los caminos.
En lo que sigue y por su interés, se recogen los apartados que se refieren
al cuidado de la red viaria, su contenido esta extractado de la web del
valle de Bedoya. Como en esta normativa se señala, los caminos debían
permitir que *libremente por cada uno puedan pasar bueyes uncidos con carro,* o
sea, tener acondicionada una anchura de más de dos metros.

20.- Ítem ordenaron y mandaron y ponen entre ellos y demás sus
vecinos, que en cada un año los vecinos del Concejo sean obligados hacer
aderezar el Camino Real; cada barrio de este valle su pedazo de camino,
según lo tienen de costumbre y partido antiguamente: desde las «Peñiscas»
de Sierra Tama hasta la riega de la «Venta de los lobos». Y, asimismo, se aderecen los demás caminos concejiles, de manera que, libremente por cada
uno puedan pasar bueyes uncidos con carro y basna, y maderas, y bestias
cargadas y descargadas, y personas; lo cual cumplan los vecinos de este
dicho valle en cualquiera tiempo que los Regidores de él vean que es necesario aderezar dicho camino y sea mandado por dichos Regidores. Y avisados, pague el vecino que faltare dos cántaras de vino para que beban los
vecinos que asistieren a aderezar dichos caminos; y si faltaren los vecinos
de cualquiera de dichos lugares, paguen, siendo avisados y coteados para
ello, tres cántaras de vino; y, sin embargo, de dicha pena sean compelidos
al aderezo de lo que les tocare de dichos caminos, y cada día han de poder
ser prendados y pagar otra pena como la referida.

21.- Ítem ordenaron y mandaron y ponen entre ellos y demás sus
vecinos, que cuando fueren llamados para aderezar caminos, puentes y
fuentes, o para abrir alguna buelga (linde o mojón de heredades), sean
obligados a ir todos los vecinos a la tal obra por su persona, o enviar a
otra persona que sea de quince años adelante, no siendo mujer, moza, ni
muchacho, excepto que si fuere alguna viuda que no haya en su casa varón,
pues en tal caso cumpla con ir ella, o enviar la persona que le parezca. Y el
que contraviniere en este Capítulo, pague una cántara de vino para dicho
Concejo, y de ésta no sea libre.

22.- Ítem mandaron y ordenaron y ponen entre ellos y sus vecinos,
que cada uno de dichos lugares tengan cuidado de aderezar en cada un

año, habiendo necesidad, los puentes que están en costumbre aderezar de los que hay sobre el río que baja por este valle, de manera que pasen por ellos libremente cualesquiera personas y género de ganados. Y el lugar que, siéndolo mandado por los Regidores de este valle, o cualquiera de ellos, no aderezase los de él tocantes, pague de pena 3 cántaras de vino para dicho Concejo, y todavía, sin embargo, de dicha pena, puedan ser castigados nuevamente por dichos Regidores y tengan obligación a cumplir con lo arriba declarado.

Desde Tama hacia el noroeste, a Pendes, Bejes y Asturias. Cruzado el Deva por el puente de Tama, el camino servía a los numerosos pueblos de Cillorigo de Liébana que se encontraban en la margen occidental de este valle y permitía su conexión con Potes y el resto de la comarca; al tiempo que abría la posibilidad de un enlace con Asturias. Esta utilización como vía de largo recorrido es lo que condicionó la disposición de un control de paso en la misma, durante en el citado episodio de peste de finales del siglo XVI, como se señaló previamente.

A lo largo del citado camino que se dirigía desde Tama a Castro Cillorigo, existían ramales que servían a **Armaño** y **Viñón**. Más adelante, cuando la vía alcanzaba el río La Sorda, afluente del Deva, y la ermita de San Francisco de Tresvega (del siglo XVII); salía otro ramal que se dirigía a **Colio** y a los pueblos más elevados de esa margen izquierda. Este último camino servía primero a **Pendes**, donde su iglesia parroquial de Nuestra Señora de la Batalla Naval (*figura 34.12*) tiene su origen a finales del medievo y luego ha sido modificada en los siglos posteriores.

Más al norte se llegaba a **Cabañes**, donde el viajero podía ver su iglesia de San Juan Bautista (*figura 34.13*), de los siglos XV a XVI (el pórtico es de mediados del Ochocientos). De aquí salía hacia levante un ramal hacia Lebeña, junto al Deva; y siguiendo hacia el noroeste se pasaba el **collado de Pelea** (997 m); aquí, en el citado episodio de peste de 1597, se dispuso uno de los guardas que debían controlar *el camino que viene de Asturias*.

Esta vía que nos ocupa está recogida en un pleito de 1769 entre Pendes y Cabañes (Ansola *et. al.*, 2014) en donde se alude varias veces al *Camino Real que viene de Cabañes y baja a Pendes, y de allí a la ermita de San Francisco y va a la villa de Potes.*

Desde Cabañes, la vía hacia el norte continuaba a **Bejes** (520 m), donde se bifurcaba en dos ramales: uno, hacia el nordeste, y siguiendo al río Corvera, bajaba a La Hermida, en el desfiladero homónimo y junto al río Deva; el otro, hacia el noroeste, iba a **Tresviso** (848 m). Desde aquí, hacia poniente, por el valle de Sobra y el collado de Pirué (1 240 m) se iba a **Sotres**, ya en las Asturias de Oviedo, y hacia levante, se bajaba a Urdón, al norte de La Hermida.

Desde Lebeña a Cabañes. Señalar que existía un camino que comunicaba a estos dos pueblos, vía el pueblo de Allende, que está cercano al primero y en la margen izquierda del Deva. Para ir a éste desde Lebeña, debía cruzarse el río, el paso estaba a poniente de la impar iglesia de Santa María y en 1751 era un puente de madera (Ansola *et al.*, 2014).

Ruta de peregrinación hacia el Monasterio de Santo Toribio por Cillorigo de Liébana. Para finalizar este punto, relativo a los caminos de este valle durante la Edad Moderna, se recoge el itinerario hacia el citado Monasterio, como parte de una conexión entre el camino de Santiago del Norte con el camino jacobeo francés que discurre por el norte de Castilla y León (ver 2.1). La ruta recorre los siguiente hitos: Lebeña, Allende, Cabañes, Pendes, puentes de Tama y de Ojedo, Potes y Monasterio sede del «Lignum Crucis» (ver mapas.cantabria).

B. *El camino de Valdebaró: desde Potes a Espinama, aguas arriba del río Deva*

En el estudio de Ansola *et al.* (2014) se recoge que, durante la Edad Moderna, este camino habría perdido importancia desde el punto de vista trajinero; se apoyan en ello, por la escasa referencia al mismo que se hace en la documentación de dicho periodo, a diferencia de la existente para los caminos reales de los otros tres grandes valles de Liébana; y como dato adicional, que apuntala esta idea, refieren que en el episodio de peste de 1597 no se dispuso guarda alguno en las salidas del valle hacia Valdeón por Remoña y hacia Bulnes y Poncebos por los Puertos de Aliva, lo que es un indicio del poco transporte y movimiento de personas de fuera del valle que se movía por esta vía troncal del mismo.

Aun así, el camino de Remoña siguió utilizándose durante la Edad Moderna; así, Santos Briz cita dos documentos que confirman este aserto. En las Ordenanzas de 1625 del Concejo de Espinama se recoge la obligación del mantenimiento de esta vía:

> Capítulo 120. Sobre el camino del Collado. Otrosí ordenamos y mandamos que, por cuanto los prados de Remoña se han de adrear cada año, que a los que cupiere la adra de Pedavejo vayan a hacer y hagan el camino del Collado de Remoña hasta el Collado de Valdeón cada un año y ésto sean obligados los Regidores a los compeler y castigar, siendo remisos en ello, echarles la pena que quisieren.

El segundo texto (reproducido en castellano actual) viene de un protocolo notarial de 1740, donde se ve que este camino era utilizado por una zona de influencia amplia, que trascendía el tráfico local del concejo de Espinama:

> Con el referido producto [del arriendo de los puertos] también pagamos los costos de abrir por las muchas nieves los caminos del puerto de Remoña, Aliva y otros por donde se transita a tierra de Castilla con bueyes y carros y caballerías para traer el pan y vino necesario para la manutención y sustento nuestro y de los vecinos y moradores del Principado de Asturias y demás comarcanos y de otros cuyos caminos y aberturas son forzosas.

Asimismo, si se observa el mapa de Tomás López de Vargas de 1774, también se ve que este valle pierde peso en las comunicaciones de la comarca; así, en Valdebaró no se recoge ninguna vía principal, a diferencia de lo que ocurre en los otros tres valles lebaniegos, cada uno con su vía cercana al río que lo conforma. No obstante, la vía troncal del valle de Baró existía y cumplía su misión de servir a los pueblos que se conectaban a la misma. En lo que sigue se recogen algunos hitos patrimoniales de la Edad Moderna en ese territorio, que muestran el progresivo desarrollo de los diferentes lugares y, asociado al mismo, la paulatina mejora de sus caminos.

Tal como se expuso al describir las vías medievales de este valle, del camino principal salían ramales que servían a sus pueblos, situados en la ladera enfrentada al sur y protegida por los montes, a su espalda, de los vientos del norte. En muchos de estos lugares, la Edad Moderna fue un periodo de consolidación de su caserío con bellas casonas y la construcción de sólidas y bellas iglesias, en bastantes ocasiones financiadas con capital de indianos que regresaban a su lugar de origen.

Saliendo de **Potes** hacia poniente, del camino principal partía un ramal que subía al **Monasterio de Santo Toribio,** a las faldas de la sierra de la Viorna, donde a principios del siglo XVIII se construyó la bella capilla barroca del Lignum Crucis (*figura 34.14*) que custodia un templete donde se expone la santa reliquia de un trozo de la cruz de Cristo; en el centro de este recinto sobresale una linterna octogonal y en un lateral del ábside se encuentra una imagen orante de Francisco Gómez de Otero y Cossío, natural del cercano pueblo de Turieno, arzobispo de Bogotá y virrey de Nueva Granada, quien sufragó los gastos de construcción de la capilla (Mazarrasa, 2009)

Puente de Beares sobre el río Deva (*figura 34.15*). Volviendo al camino principal de Valdebaró y dejado atrás el pueblo de Turieno, la vía pasaba junto a la aldea de Beares y si se quería entrar en ella debía de cruzarse el Deva. Esto lo hacía con un puente de un vano resuelto con una bóveda escarzana de sillarejos de piedra, de unos 10 metros de vano por 2,4 metros de ancho. Posteriormente, durante el siglo XX, esta estructura se ha ensanchado apoyando sobre el puente primigenio una losa de hormigón.

Algo más adelante, el camino transitaba junto al barrio de **San Pelayo,** donde el viajero podía admirar una ermita dedicada a este santo

Figuras 34.14 a 34.18. *Junto a la vía principal del Valle de Baró el viajero podía apreciar bellas construcciones de la Edad Moderna: Capilla del Lignum Crucis en Santo Toribio, puente de Beares sobre el río Deva, ermita de San Pelayo, iglesias de Quintana y de Brez (LVC).*

(*figura 34.16*), su origen es medieval, aunque luego ha tenido varias modificaciones, siendo reconstruida durante el siglo XVIII; en su frente porta el escudo de los Linares.

Siguiendo aguas arriba del Deva, el camino pasaba por **Baró** donde, en su barrio de Quintana, en el siglo XVI se construyó la bella iglesia de la Asunción (*figura 34.17*). Poco después, se alcanzaba Camaleño y tomando un ramal lateral hacia el norte se ascendía a **Tanarrio**, donde en 1743 nació Rafael Floranes, un insigne historiador, jurista y polígrafo de la Ilustración, y algo después a **Brez**, donde su iglesia de San Cipriano, de origen medieval (*figura 24.13*), fue reformada a lo largo de la Edad Moderna (*figura 34.18*).

Más adelante, en **Mogrovejo** el viajero podía apreciar el bello conjunto del pueblo (actualmente es Conjunto Histórico-BIC) y ver a su entrada la casona de Vicente de Celis (*figura 34.19*), del siglo XVI, y otras casonas de la Edad Moderna; también, la iglesia de Nuestra Señora de la Asunción del siglo XVII (*figura 34.20*), donde existe una bella imagen de la Virgen, que según García Guinea (1988) es una de las mejores de la imaginería religiosa de Cantabria, es de finales del siglo XV, tiene una fortísima influencia flamenca y pudiera proceder de Flandes.

Por su interés, de las Ordenanzas de los Concejos de Mogrovejo y Tanarrio (Provincia de Liébana, año 1739) se recogen las prescripciones que hacen en relación a los caminos, que muestran la importancia que tienen éstos para la comunidad y las obligaciones de los vecinos en orden a su mantenimiento:

> Sobre caminos, puentes y fuentes: Otrosí que puedan cotear para caminos, puentes y fuentes y cosas concejiles, y vayan los vecinos a ello y al Concejo, so las penas que se les echare.

> Sobre cotear a caminos. Asimismo, que cualquiera Jurado o Regidor que coteare en su pueblo, o en el Concejo, a camino, por cada uno que faltare, pague un real, si está en el pueblo, y no vaya ningún mozo si no tuviere veintiún años, so pena de un real, asimismo.

Figuras 34.19 a 34.22. *Construcciones de la Edad Moderna en Valdebaró: casona e iglesia en el actual Conjunto Histórico de Mogrovejo; puentes sobre el río Deva en Los Llanos y en Enterría (LVC).*

Sobre entradas y salidas. Otrosí que cualquiera que conturbare entradas o salidas y quebrantare caminos de Concejo, pague cien maravedíes y deje la tal entrada o salida libre, y si fuere camino le vuelva a hacer.

Puente de Los LLanos sobre el río Deva (*figura 34.21*). se encuentra en la vía principal de Valdebaró y es un paso resuelto con una bóveda ojival construida con fábrica pétrea, su perfil longitudinal es alomado. Su luz es de unos 8 metros y su anchura de 2,7 metros. Sus arcos de embocadura están conformados con lastras planas, su bóveda interior con mampostería y los tímpanos y pretiles están hechos con cantos rodados del río.

Puente de Enterría sobre el río Deva (*figura 34.22*). Permite acceder al pueblo desde la vía principal. Es una estructura de piedra conformada con bóveda escarzana o rebajada, de unos 10 metros de vano y 3,5 metros de ancho. Sus arcos de embocadura son lastras planas y el interior de la bóveda está hecho con mampostería. Sus pretiles primigenios han sido retirados y ahora en los laterales va una barandilla metálica.

Más adelante el camino llegaba a **Cosgaya**, y en su barrio de **Treviño** el viajero se encontraba una bella casona del siglo XVIII (*figura 34.23*), financiada por José Gómez de la Cortina, que era oriundo de este pueblo, e hizo una gran fortuna en México. Poco más adelante, en el barrio de **Areños** se construyó en el siglo XVII la bella iglesia de Santa María de la Silva (*figura 34.24*) que cuenta con un crucero cubierto con una cúpula sobre pechinas.

Puente de Espinama sobre el río Nevandi (*figura 34.25*). Es un paso de piedra que se encuentra dentro del núcleo de este pueblo y que permite la comunicación entre dos zonas del mismo. Está conformado por una bóveda de medio punto cuyos arcos de embocadura son de sillarejo y su interior, tímpanos y pretiles son de mampostería. Presenta un perfil longitudinal de «lomo de asno» con pendiente desde sus extremos hasta la clave del puente.

Puente de Pido sobre el río Deva (*figura 34.26*). Permite el acceso a este pueblo desde la vía principal de Valdebaró. Es una bella estructura de piedra conformada por una bóveda escarzana de unos 11 metros de vano y 4,2 metros de ancho. Sus arcos de embocadura son de lastras planas y el interior de la bóveda y los tímpanos están hechos con mampostería; sus pretiles originales han sido retirados y sustituidos por una barandilla metálica.

Puente al oeste de Pido sobre el río Salvorón (*figura 34.27*). Se le denomina «puente Postesqué» y salva este curso fluvial que desciende de los puertos de Salvorón lindantes con León; poco después de

Figuras 34.23 a 34.27.
*Construcciones de la Edad Moderna
en Valdebaró: casona de los condes
de la Cortina en Treviño; iglesia de Areños;
puentes en Espinama, Pido y
al oeste de Pido (LVC).*

este paso, el río entrega sus aguas al río Cantiján que, a su vez y no lejos de aquí, confluye en el Deva. Está conformado con una bóveda escarzana de unos 7 metros de vano y 3,5 metros de anchura y fabricada con mampuestos de piedra.

C. *El camino de Valdecereceda: en la cuenca del río Quiviesa*

El citado documento relativo al episodio de peste de 1597 (Ansola *et al.*, 2014) nos ofrece los lugares de paso de la cordillera cantábrica por los que transitaban las vías que en la Edad Moderna recorrían este valle. Así, se dispusieron guardas de vigilancia en San Glorio (puertos de Sozana), en los puertos de Riofrío y en el collado de Aruz; estos diferentes ramales, que recorreremos en lo que sigue, confluían en La Vega y de ahí se dirigían a Potes.

Desde Potes a La Vega. Saliendo de la capital de Liébana hacia el sur, la vía seguía al río Quiviesa por su margen derecha y alcanzaba **Valmeo**. Aquí existía un puente que permitía el paso del citado curso fluvial a su orilla izquierda, donde se encuentra el núcleo principal del pueblo.

Puente de Valmeo (*figura 34.28*). Es una gran estructura de piedra de un vano que cruza el río a gran altura, ello hace que los dos estribos tengan un tramo vertical de unos tres metros y a partir de esa cota se desarrolla una bóveda de medio punto. La construcción de sus arcos de embocadura está resuelta con lastras planas muy bien colocadas, formando una semicircunferencia; la bóveda interior está formada por una mampostería en que, también, son predominantes este tipo de piedras lisas. La luz del puente es de unos 10 metros y su ancho de 4 metros.

El camino hacia el sur continuaba por la margen derecha del Quiviesa y alcanzaba **Naroba**, de donde sale hacia levante un ramal de enlace a los pueblos de **Tollo** y **Tudes**. En éstos el viajero podía visitar sus iglesias: la primera dedicada a San Julián (*figura 34.29*), de los siglos XVI y XVII, y la segunda a Santa Eulalia (*figura 34.30*), del siglo XVI. De vuelta al camino principal, poco después **éste** cruzaba el Quiviesa a su margen izquierda.

El puente Hinojo (*figura 34.31*). Pasa el cauce en una zona en que el río va encajado entre rocas, sobre ellas está cimentada una bella bóveda

Figuras 34.28 a 34.32.
Construcciones de la Edad Moderna en la zona norte del Valle de Cereceda, en la cuenca del río Quiviesa: puente de Valmeo; iglesias de Tollo y de Tudes; puente y camino Hinojo (LVC).

de medio punto conformada con esquistos (o lastras aplanadas) pétreos. Salva un vano de unos 8 metros y tiene una anchura de unos 3,5 metros. En esta zona el camino va tendido sobre la roca madre (*figura 34.32*), formada por conglomerado de cantos redondeados.

De este puente se tienen varias referencias a lo largo de la Edad Moderna (en Ansola *et al.* 2014); así en 1596 se documenta que está mal reparado, era peligroso y la provincia de Liébana busca reconstruirlo:

> …peligroso para perderse la gente, bueyes y carros por donde pasan y se trajina por no haber otro camino… canteros peritos del arte para que den orden de cómo se ha de aderezar y poner de manera que no haya peligro.

Otra referencia de la primera mitad del siglo XVIII recoge que, debido a las avenidas de agua, tenía peligro para los caminantes y en especial para los de a caballo y con carros. Por lo que el puente que ahora existe, sería reparado en esa fecha y, probablemente, en alguna otra ocasión posterior.

Desde La Vega a Bárago, a Cucayo y al collado de Aruz. En el mapa de Tomás López de Vargas, de 1774, el único camino que recoge por el valle de Cereceda es el que desde Potes alcanza **La Vega**, tal como se ha descrito, y desde aquí lo lleva, a la vera del río Frio, hacia La Lama, «*Soberao*» y la «*Villa de Barango*» (como les cita el plano, en referencia a **Soberado y Bárago**).

Desde este pueblo se conectaba con Cucayo vía el río Entreovejas y **Las Retuertas**; aquí Ansola *et al.* (2014) recogen que se conserva parte de un camino viejo con nueve tornos o revueltas (o «retuertas», que significa retorcido o muy sinuoso) con un ancho de dos metros encajado entre muros y un firme de empedrado bien concertado, y se alcanzaba el collado de Las Ánimas, desde donde se iba a **Cucayo**, cruzando el río Frío.

Al sur y cerca de este pueblo se encuentra **Dobres**, que cuenta con dos casonas ornadas con bellos escudos de armas, en la fachada principal de ambas aparece una inscripción con el mismo texto que el citado para la casa señorial de Castro Cillorigo (3.4A), referente al montañés que gracias a su valentía y espada se libró de la muerte, una de estas casonas solariegas luce tres blasones (*figura 34.33*); otro edificio relevante es su iglesia parroquial dedicada a San Mamés (*figura 34.34*), fue construida en el siglo XVIII y reformada a comienzos del XX.

Álvarez Fernández (2000) recoge lo que, respecto al cuidado de los caminos, tenían establecidas las Ordenanzas de Dobres (Vega de Liébana) que fueron redactadas en 1736:

> En el concejo se obligaba a componer los caminos durante todos los viernes del mes de marzo; además, si aparte de dichos días conviniese arreglar los caminos, los regidores debían hacerlo saber un día antes y si algún vecino justificadamente no podía acudir, estaba obligado a hacerlo otro día que acordasen los regidores. Los caminos reales y concejiles, debían estar desocupados y libres para el tránsito común, no pudiéndose ocupar con maderas, leña, piedra, carros, ni otra cosa, pagando de multa un real por cada vez que se ocupasen.

Desde Cucayo, monte arriba se iba hacia las Praizas y se alcanzaba el **Collado de Aruz** (1 713 m), a poniente de la Peña Bistruey o Astruya (2 002 m), que daba paso a Palencia y a una de las cabeceras del río Carrión. Ansola *et al.* (2014) exponen que pasado el puerto se conservan las ruinas de la venta-hospital de San Bernabé, que gestionó la Cofradía de la Letanía de los Doce Lugares de La Pernía, fundada a finales del siglo XIV y que estuvo activa a lo largo de la Edad Moderna hasta mediados del siglo XVIII, y que, asimismo, promovió tres establecimientos de este tipo en los caminos que desde esa comarca palentina pasaban a Liébana.

Desde La Vega a Bores y Vada. Volviendo al primer pueblo, junto al Quiviesa, cerca y en la ladera izquierda del valle se encuentra la aldea de **Toranzo**, que cuenta con la iglesia de San Martín (*figura 34.35*), del siglo XVII.

Bajando, de nuevo a La Vega y siguiendo al río aguas arriba del valle de Cereceda, el camino iba hacia **Bores** y **Vada**. En este pueblo el viajero podía admirar su parroquia de Nuestra Señora de la Piedad (*figura 34.36*) de origen en una ermita medieval y reconstruida y ampliada en el siglo

Figuras 34.33 a 34.38. *Construcciones de la Edad Moderna en el Valle de Cereceda: casona e iglesia en Dobres; iglesias de Toranzo y de Vada; puente en este pueblo e iglesia de Ledantes (LVC).*

xvi, conservando algunas partes románicas del templo primigenio; cerca de este lugar confluye en el Quiviesa el río Vejo, que baja del puerto de San Glorio.

Puente de Vada sobre el río Vejo (*figura 34.37*). Sobre este cauce se encuentra un puente de piedra de un vano y bóveda de medio punto, poco después existe una cascada en el lugar en que el Vejo entrega sus aguas al curso principal del Quiviesa.

Desde Vada a Ledantes y los puertos de Riofrío. Desde el primer pueblo y hacia el sur sale un camino junto al río Quiviesa se dirige a **Villaverde** y **Ledantes**; en este pueblo destaca su iglesia de San Jorge (*figura 34.38*), construida en el siglo xvi sobre una edificación románica del siglo xiii, de la cual algunos de sus canecillos decoran la parte externa del ábside y en donde destaca su espadaña de tres troneras. Añadir, que antes de alcanzar Villaverde existía un ramal que cruzaba el río Quiviesa y llevaba al pueblo de **Barrio**.

A la altura de estos tres pueblos citados se unen varios arroyos que vienen de la ladera norte de Peña Prieta (2 575 m) y del Mojón de las Tres Provincias (2 499 m), y cuya unión forma el Quiviesa, que llega ya con ese nombre a Vada. Esta zona de alta montaña, entre las peñas citadas y la de Bistruey constituyen los Puertos de Riofrío.

De Ledantes y Barrio salen caminos hacia el sur, a estos Altos de Riofrío, buscando su paso por Vega la Canal (1 720 m) hacia la Cuenca de Fuentes Carrionas (nacimiento del río Carrión). Pasada la cordillera, y ya en la Montaña Palentina, se abren al sur caminos que bordeando el pico de Curavacas (2 524 m), van a Cardaños de Arriba y Vidrieros, a poniente y sur de esta impar y bella cumbre.

En Ansola *et al.* (2014) recogen un estudio de Basterra (2009) sobre *Las antiguas vías de comunicación de la Montaña Palentina* en donde este autor recoge que en este paso de montaña existió, en la zona palentina, una venta u hospital de San Juan, perteneciente a la Cofradía de San Sebastián de Resoba y opina que estaría emplazado en el antiguo chozo de Vega la Canal; esta edificación buscaba apoyar a los viajeros que atravesaban este puerto por los caminos que subían desde Ledantes y Barrio, y por otra vía secundaria que lo hacía desde Dobres y Cucayo. Por otro lado, recordar que, en el citado episodio de peste de 1597, uno de los guardas para el control del tránsito se puso en relación con este paso de montaña de Riofrío.

Desde Vada a Vejo y el puerto de San Glorio. Existía una vía hacia este paso de montaña, seguía al citado río Vejo, afluente del Quiviesa, hacia el oeste y se dirigía al pueblo de Vejo, pasando por sus barrios de Dobares, Ongayo y El Arroyo.

Ansola *et al.* (2014) recogen un pleito entre Vejo y Cosgaya de 1724 en que aparecen varias citas de este camino hacia la Tierra de la Reina (Llánaves, Portilla y otros pueblos), de la comarca leonesa de Montaña de Riaño; en la documentación del pleito hacen referencia a que los vecinos de Vejo tenían la obligación de:

> … componer los caminos del puerto y abrirle y desembarazarle todos los años de las nieves que caen, para el tránsito y el comercio … más de quinientos operarios en beneficio común de esta provincia y Castilla.

En este camino hacia el puerto de San Glorio (o collado de Piedrashitas, de 1 609 metros de altura) se dispuso, como se ha indicado al principio de esta sección, uno de los guardas de control de viajeros, en el citado episodio de peste de finales del siglo XVI.

Ruta de conexión por el Valle de Cereceda entre el «camino a Santiago del Norte» y el «camino jacobeo francés». Se finaliza esta sección recogiendo el itinerario que da continuidad, por este valle que nos ocupa, al tramo que se ha descrito por Cillórigo de Liébana (ver 3.4A), de esta vía de peregrinación que viene desde la villa de San Vicente de la Barquera (ver 2.1). El recorrido concreto de esta histórica vía, Bien de Interés Cultural de Cantabria, por este gran valle del río Quiviesa es como sigue (mapas.cantabria): Potes, Valmeo, puente histórico de Hinojo, La Vega, Toranzo, Torres medievales de Campo, Bores, Vada, Villaverde y Ledantes; desde aquí ofrece dos alternativas al paso de la cordillera Cantábrica, una va hacia el sur al puerto de Riofrío, y la otra la lleva al oeste al puerto de San Glorio. Desde estos pasos de montaña los peregrinos buscaban enlazar con el camino jacobeo francés dirigiéndose hacia el sur a las villas leonesas de Sahagún o Mansilla de las Mulas.

D.   *El camino de Valdeprado: en la cuenca del río Bullón*

El Mapa de Tomás López de Vargas de 1774 recoge el camino principal de este valle y lo lleva desde **Potes** hasta Frama por la margen izquierda del río Bullón. Además, existía una vía por la margen derecha de este río, que conectaba el cercano **Ojedo**, donde confluía este cauce fluvial en el Deva, y donde se encontraba un puente que permitía el paso sobre el Bullón al camino que desde Potes recorría el valle de Cillorigo.

En **Frama** se construyó a mediados del siglo XVIII su bella iglesia de Nuestra Señora de los Caballeros (*figura 34.39*), que conserva la portada románica del antiguo monasterio de Santa María y siendo la torre de principio del siglo XX. En este pueblo existen dos puentes sobre el Bullón que permitían el enlace entre las dos márgenes donde se asienta la población.

Puente al noroeste de Frama sobre el río Bullón (*figura 34.40*). Permite la conexión de los barrios de Valverde y El Pedreo. Es una estructura pétrea resuelta con una bóveda de medio punto de unos 9 metros de vano y 3,5 metros de anchura: sus arcos de embocadura son de lastras planas, su interior de mampostería careada y sus muros de tímpano de fábrica de cantos rodados. El puente pasa a bastante altura sobre el cauce con lo que los estribos tienen una parte vertical de unos dos metros y a partir de aquí se despliega la citada bóveda.

Figuras 34.39 a 34.44. En Frama el viajero podía apreciar tres bellas construcciones de la Edad Moderna: su iglesia y dos puentes sobre el río Bullón. De la misma época y en Valdeaniezo, las iglesias de Aniezo, Luriezo y Cahecho (LVC).

Puente junto a la iglesia de Frama sobre el río Bullón (*figura 34.41*). Se trata de una larga estructura de unos 44 metros de longitud, entre la bóveda que salva el río y los muros de acompañamiento que completan el paso del cauce. Inicialmente, era un puente de fábrica pétrea, de unas características similares al paso anteriormente descrito, pero en el ecuador del siglo XX ha sido ensanchado adjuntándole una bóveda de hormigón, con lo que su anchura actual es de unos 5,5 metros.

A la salida de Frama, y por la margen oriental del río Bullón existía la vía local que servía a los pueblos de **Valdeaniezo**, o «Valle Estrecho», en la cuenca del río Aniezo, afluente del primero. En el pueblo de **Aniezo** (683 m) el viajero podía visitar la iglesia de San Martín (*figura 34.42*) del siglo XVIII y monte arriba, a 1 338 metros de altitud, en las faldas del Cornón de Peña Sagra (2 046 m) el Santuario de Nuestra Señora de la Luz, del siglo XVI y reformas posteriores, donde se venera a «La Santuca», patrona de Liébana, una pequeña imagen gótica de los siglos XIV-XV.

En un ramal secundario de este valle, el viajero podía admirar otras dos iglesias de esta época: en **Luriezo** (741 m), la de El Salvador (*figura 34.43*), del siglo XVII, en cuyo pórtico se conserva una estela cántabro-romana del siglo I d.C.; y en **Cahecho** (846 m), el pueblo más alto del valle de Aniezo, en el siglo XVI se reconstruyó su iglesia, previamente románica, de Nuestra Señora de la Asunción (*figura 34.44*); desde este pueblo, a modo de «balcón de Liébana», el viajero podía contemplar hacia el sur una bella panorámica de la cordillera Cantábrica.

El camino principal, según señala el plano de López de Vargas (*figura 34.1*), continuaba por la margen occidental del Bullón, pasando por Cabariezo y alcanzando **Cabezón** donde pasaba a la margen derecha del río. En este pueblo se construyó, a principios del siglo XVIII, la bella ermita del Carmen (*figura 34.45*).

Puente de Cabezón de Liébana (*figura 34.46*). Comunica las dos partes de este pueblo ubicadas a la vera del Bullón. Se trata de una robusta bóveda de piedra de medio punto que salva el cauce a gran altura, tiene unos 9 metros de vano y 4 metros de anchura; sus características constructivas son similares a los dos puentes precedentes. Por su centralidad en el lugar y su gran valor histórico debiera rehabilitarse, mantenerse limpio y potenciar su presencia.

Dejado atrás Cabezón, poco más adelante el viajero se encontraba a su diestra con el camino que conducía al pueblo de Piasca y a su impar iglesia románica de Santa María (BIC), si se tomaba esta vía local pronto se encontraba con el cruce del río Bullón.

Puente del camino a Piasca (*figura 34.47*). Se trata de una interesante estructura de piedra con bóveda ojival que salva el río Bullón con un vano de unos 9 m. Sus arcos de embocadura están conformados con

Figuras 34.45 a 34.47.
*En Cabezón de Liébana el viajero podía apreciar dos bellas construcciones de la Edad Moderna: ermita del Carmen y un puente sobre el río Bullón.
Sobre este cauce y en el acceso a Piasca, otro gran puente (LVC).*

dovelas talladas, aunque no son iguales entre sí, habiéndolas de diferentes anchuras y altura. El interior de la bóveda y los muros de tímpano son de mampostería ordinaria. Es un puente estrecho, su ancho total es de unos 2 m, luego descontando la anchura de los pretiles, que ahora no existen, en los tiempos que estuvo en servicio sólo permitiría el paso de caballerías y ganado. En la actualidad está en ruina y parte de las piezas de sus arcos de embocadura han desaparecido. Por su gran valor histórico es urgente que se rehabilite y se evite el colapso de esta singular obra.

Continuando por el valle principal, a unos 600 m del cruce hacia Piasca el camino se encuentra en Puente Asnil con el río Lamedo que modela el Valle de Valderrodíes, y que está servido por un camino local que se recorrerá brevemente. En este territorio hay cuatro pueblos y el viajero podría disfrutar de un interesante patrimonio de la Edad Moderna: en **Perrozo** su bella iglesia de Nuestra Señora de la Asunción (*figura 34.48*), con partes románicas, la puerta (*figura 24.26*) y espadaña, y ya modernas la nave y cabecera, además, en esta población hay una gran casa-torre solariega del siglo XVIII (*figura 34.49*); en **Buyezo** su iglesia de Santiago (*figura 34.50*), de finales del siglo XVIII, y en **Lamedo** su iglesia parroquial (*figura 34.51*), también dieciochesca y restaurada en los años 80 del siglo XX.

De este valle del río Lamedo se cuenta con las Ordenanzas de 1762 de uno de sus concejos, el de San Andrés, que en relación a la atención a los caminos recoge (Arce Vivanco, 1984):

> Sobre ir a caminos. Otro sí ordenamos que cada y cuando que dicho Concejo y Regidores quisieren hacer o aderezar algún camino o salida de dicho Concejo, que vaya una persona de cada casa, so pena de dos azumbres de vino para lo susodicho.

Puente Asnil sobre el río Lamedo (*figura 34.52*). Es una bella estructura de piedra que salva este cauce con una bóveda de piedra de unos 9 m de vano. Se encuentra junto a una pequeña población que recibe el nombre de este puente, que permite al camino principal del valle del Bullón salvar el río Lamedo, poco antes de que éste entregue sus aguas al primero.

Figuras 34.48 a 34.52.
En el Valle de Valderrodíes hay interesantes construcciones de la Edad Moderna: en Perrozo parte de su iglesia y una casa-torre; en Buyezo y Lamedo sus iglesias; y en Puente Asnil su puente sobre el río Lamedo (LVC).

Esta infraestructura dejó de utilizarse cuando a finales del siglo XIX se hizo, aguas abajo de ella, otro puente que servía a la nueva carretera decimonónica. La estructura histórica tiene sus arcos de embocadura conformados por lastras planas y el interior de su bóveda y muros de acompañamiento están construidos con mampostería ordinaria. Su ancho total es de unos 3,5 m y ahora no tiene pretiles; pero en su vida de uso, cuando los tuvo por motivos de seguridad para evitar caídas al río, la anchura útil disponible para el tránsito era de unos 2,5 m, lo que permitía el paso de carros.

El mapa de López de Vargas de 1774 recoge que, pasado Puente Asnil, el camino principal del valle iba por la margen derecha del río Bullón hacia la parte alta de su cuenca fluvial, el valle de Pesaguero, señalando como hitos del itinerario a Dos Amantes, «Bendejo» y, al sur de éste, el Puerto de Sierras Albas.

Alcanzada la zona sur de **Dos Amantes** (575 m) el camino descendía a cruzar el río Bullón, en la *figura 34.53* se muestra un aspecto de esta vía. Después de pasarlo, algo más adelante se encontraba con el río Vendejo que venía desde el pueblo homónimo, y lo salvaba cerca de su confluencia en el cauce principal. Esta zona es recogida en el citado plano de López de Vargas como «Las Puentes».

Puente de Robullón (*figura 34.54*). Se trata del primer paso citado y se encuentra cerca del molino homónimo y su nombre hace referencia al río que salva su bóveda pétrea de medio punto. Su vano es de unos 9 metros y su ancho de 4 metros. La estructura primigenia ha sido ensanchada utilizando un arco de hormigón adosado a uno de sus laterales.

Puente junto a la venta de «Las Puentes» (*figura 34.55*). Es el segundo paso referido, sobre el río Vendejo, cerca del lugar donde se encontraba la venta de «Las Puentes»; Ruiz y Rubio (2018) recogen que este establecimiento de Pesaguero es citado en el catastro de Ensenada de 1752: *Dijeron que en este concejo hay una taberna que llaman la Venta de Las Puentes, cuyo dominio directo es del Monasterio de Santa María de Piasca…* El puente es una estructura de piedra conformada con una bóveda escarzana de unos 7 metros de vano y 3 metros de ancho, sus arcos de embocadura están construidos con dovelas de piedra bien labradas.

Figuras 34.53 a 34.58. *En el Alto Bullón, en el actual municipio de Pesaguero, se cuenta con un bello patrimonio de la Edad Moderna: camino y puente de Robullón; puente junto a la venta de «las Puentes», iglesia y casonas blasonadas en Vendejo (LVC).*

Desde esta zona, el camino iba hacia el sur, siguiendo por la margen derecha al río Vendejo, hacia sus fuentes en los Puertos de Pineda, situados a levante de la Peña Bistruey (2002), y cruzaba de nuevo el cauce por el puente de Rovendejo antes de alcanzar el pueblo de **Vendejo** (768 m). En este pueblo destaca su iglesia de San Miguel del siglo XVI (*figura 34.56*) y bellas casas solariegas blasonadas y con una larga historia (*figuras 34.57 y 34.58*).

El mapa de López de Vargas de 1774 señala que desde aquí el camino se dirigía al **Puerto de Sierras Albas** (1 419 m), volviendo a cruzar el río después de salir de Vendejo. También, desde este pueblo podía subirse hasta el de **Caloca** (1 108 m), el pueblo más alto de Liébana y uno de los elevados de Cantabria, y monte arriba ir hacia el citado paso de montaña, desde donde se bajaba a Casavega, ya en la comarca palentina de La Pernía.

La importancia de este puerto queda reflejada en un pleito entre Vendejo y Caloca, a mediados del siglo XVI, en relación con la reparación del camino que se dirige a Sierras Albas (en Ansola *et al.*, 2014):

> …argayado de manera que los caminantes que pasan con sus bueyes, carros y bestias no pueden andar, de lo que se producen grandes daños y perjuicios a los vecinos de la merindad de Liébana y a los de fuera de ella que por ellos han de pasar y pasan.

Estos mismos autores señalan que pasado el collado de Sierras Albas, se encontraba la venta-hospital de Nuestra Señora de las Nieves, que era otro de los establecimientos que pertenecía a la Cofradía de la Letanía de los Doce Lugares de La Pernía, ya citada en 3.4C; y recogen que, en el catastro de Ensenada de 1752, se expone:

> Sólo hay un hospital en el término de este lugar propio de la Letanía de Pernía, sito en lo alto de Sierras Albas, distante de este pueblo -de Camasobres- tres cuartos de legua, en que asiste un pobre los tres meses de verano para recoger alguno si viene a él; cuya renta se reduce a dos carros y medio de hierba, y en los nueve meses restantes no asiste en él persona alguna mediante hallarse en lo más áspero y fragoso de la montaña.

Además de este camino que desde la venta de Las Puentes subía hacia el sur, por Vendejo y Caloca, al puerto de Sierras Albas, existía otro que, partiendo desde esa zona y pueblo de **Pesaguero**, iba hacia levante a buscar otro paso de la cordillera cantábrica; esta vía, a la vera de la parte alta del río Bullón, seguía a este cauce hasta sus fuentes, en la ladera oeste de Peña Labra (2 019 m), en su itinerario por la margen izquierda del río pasaba por los pueblos de **Avellanedo** y **Cueva** (807 m) no lejos ya del **collado de Piedrasluengas** (1 329 m).

Puente de Avellanedo sobre el río Bullón (*figura 34.59*). Se trata de una estructura de fábrica pétrea que salva este cauce con una bóveda escarzana de unos 8 metros de vano y 4 metros de ancho. Sus arcos de embocadura y las zonas próximas de la bóveda son de sillares bien tallados, mientras que el interior de ésta es de mampostería; parece que el paso actual es la ampliación de un puente más antiguo.

Entre Avellanedo y Cueva, y a la altura en que el arroyo de Tresierra entronca en el Bullón, salía un enlace a **Valdeprado** (833 m), que daba nombre a este gran valle de Liébana; en este lugar se construyó en el siglo XVII una bella casa hidalga (*figura 34.60*), que hoy es Bien Inventariado (BIN), y a finales del siglo XVIII su iglesia parroquial de Nuestra Señora (*figura 34.61*). Desde aquí salía un camino hacia levante al **Collado de la Cruz de Cabezuela** (1 153 m) que enlazaba, ya en el valle de Polaciones, con Salceda. Asimismo, esta vía permitía su conexión con el puerto de Piedrasluengas.

Ruta de enlace por el Valle de Valdeprado entre el «camino a Santiago del Norte» y el «camino jacobeo francés». Se finaliza esta sección recogiendo el itinerario que da continuidad, por este valle que nos ocupa, al tramo que se ha descrito por Cillórigo de Liébana (ver 3.4A), de esta vía de peregrinación que viene desde la villa de San Vicente de la Barquera (ver 2.1). El recorrido concreto de esta histórica vía, Bien de Interés Cultural de Cantabria, por este gran valle del río Bullón es

Figuras 34.59 a 34.61.
*Patrimonio de la Edad Moderna
en el municipio de Pesagüero:
puente en Avellanedo sobre río Bullón; y
en Valdeprado, casona e iglesia parroquial
(LVC).*

como sigue (mapas.cantabria): Potes, Frama, Cabezón, Piasca, Lomeña, zona de Las Puentes, Laparte-Pesaguero, Avellanedo, Cueva y collado de Piedrasluengas. Desde aquí el peregrino jacobeo se dirigía a las villas palentinas de Cervera de Pisuerga y de Saldaña y desde aquí dirigía sus pasos hacia Carrión de los Condes o a Sahagún, dos hitos del camino francés a Santiago de Compostela.

4.
LA RED VIARIA DEL SIGLO XIX
EN LAS COMARCAS OCCIDENTALES DE CANTABRIA

4.1 Introducción a la red viaria del siglo XIX en la zona occidental de Cantabria

En el tomo I de esta obra se ha dedicado un apartado a ofrecer una panorámica general sobre los hitos más significativos de las infraestructuras camineras a lo largo del Ochocientos en la región; se recomienda su lectura como pórtico de entrada a este capítulo.

Allí se recogieron y describieron, temas relativos al nuevo enfoque en la construcción de las obras públicas, a la entrada en escena de los ingenieros de caminos, a los avances tecnológicos que se produjeron pasado el ecuador de la centuria y al comienzo de la era de las diligencias; ello, junto a apuntes relativos a los puentes y al firme de «macadam» utilizados en esta época; además, una serie de documentos, guías y mapas que constituyen la base que nos permitirá seguir la evolución de la red viaria en la zona occidental de Cantabria.

Así, el punto de partida de cómo estaban los caminos al principio de esta centuria en esta área geográfica lo encontramos en las guías de caminos de Santiago López (1809) y de Francisco Cabanes (1830); las vías de largo recorrido eran caminos de herradura, si bien en zonas concretas de algunos valles había tramos que eran utilizados por los carros del país.

Mediado el siglo XIX, el mapa de la provincia de Santander de Alabern y Mabon (1847) nos ofrece una visión gráfica de las vías que nos ocupan; esto junto con las magníficas descripciones que nos suministra el impar diccionario de Madoz (1845-1850), completan el cuadro de cómo era la red viaria en el ecuador del Ochocientos.

Tal como muestra esta obra y describen algunos viajeros de esta primera mitad del siglo XIX, cuyo testimonio se recoge más adelante, la mayoría de los caminos de este territorio eran de herradura y su estado deficiente, sobremanera el de las vías locales. En las *figuras 41.1 y 41.2* se muestran dos bellos dibujos de Victoriano Polanco y Crespo (c. 1853-1890, pintor de la Montaña cuyos grabados recogen las costumbres regionales), que exponen dos escenas representativas de la vida rural alrededor de estos caminos: un señor y un sacerdote, sobre sendas cabalgaduras, charlan en medio de un camino; y un muchacho que va andando saluda a dos jovenes que se resguardan de la lluvia en un humilladero.

Figuras 41.1 y 41.2. *Dibujos de Victoriano Polanco con dos escenas en los caminos de Cantabria del siglo XIX (cortesía M.E. Ramos Polanco).*

Es en la segunda parte del siglo XIX cuando son construidas varias carreteras importantes en la zona occidental de Cantabria. Esto hace que, respecto a la pobre situación de partida, el panorama a finales de la centuria cambie ya radicalmente: las memorias de carreteras del Estado de los años 80, las guías de Santander y su provincia de Coll de los años 90, y el plano ampliado de Francisco Coello publicado por la Diputación de Santander (1900), nos muestran ya construido el entramado de las carreteras básicas de esta área de Cantabria.

A continuación, se ofrece una panorámica de la evolución apuntada en esta segunda parte de la centuria decimonónica y, posteriormente, ya en los tres apartados que se dedican a las comarcas de la zona occidental de la región, se detallarán las particularidades concretas.

En los años 60 del Ochocientos se abordaron dos importantes carreteras: por un lado, la carretera de 50 kilómetros que conectaba Torrelavega, vía Cabezón de la Sal, con San Vicente de la Barquera y Unquera, que conllevó la ejecución de importantes puentes sobre los ríos Besaya, Saja, Nansa y Deva, además del ensanchamiento del gran puente de San Vicente de la Barquera; por otro lado, se construyeron los 37 kilómetros que hay entre Unquera y Ojedo, junto a Potes, que implicó enfrentarse a los 21 kilómetros del desfiladero de La Hermida y a la ejecución de cuatro importantes puentes sobre el Deva.

En los años 70 se continuó esta última carretera entre Ojedo y el Puerto de Piedrasluengas, de 30 kilómetros a la vera del río Bullón, y que también cuenta con obras de fábrica relevantes, como el viaducto de Frama con cinco bóvedas de piedra sobre el río de Aniezo o el paso sobre el río Lamedo en Puente Asnil.

Desde mediados de los años 60 a finales de los 80 del siglo XIX se construyó la nueva carretera desde Cabezón de la Sal a Reinosa, de 54 kilómetros, ello conllevó la ejecución de algunos puentes pétreos notables, como el de Meca en Ucieda sobre el río Bayones o el de Barcenillas sobre el río Saja, ambos de tres bóvedas escarzanas.

En los años 90 de la centuria decimonónica le tocó el turno al valle del Nansa, con una carretera de 54 kilómetros entre el puerto de Piedrasluengas y Pesués, ello supuso vencer los 7 difíciles kilómetros del paso por la Hoz de Bejo y la construcción de varios puentes de piedra: como los dos de Cosío, uno sobre el río Vendul y otro sobre el Nansa, o el de Puentenansa sobre el cauce del Quivierda, todos ellos de tres bóvedas.

En esta última década del siglo XIX también se planteó la carretera entre Potes y el puerto de San Glorio, de 27 kilómetros, y a finales de estos años estaba en construcción el tramo entre la capital de Liébana y La Vega, de 8 kilómetros. Asimismo, se abordó la nueva carretera de Potes hacia Espinama, y en esta década se construyó el primer tramo de 7 kilómetros hasta Camaleño y se inició la ejecución del siguiente hasta Los Llanos.

Estas nuevas carreteras posibilitaron el servicio de diligencias por este territorio occidental de Cantabria, tal como nos relatarán, en los tres apartados que siguen, distintos viajeros que las utilizaron y escribieron sus experiencias. Se adelantan aquí, unos datos referentes a los tiempos de viajes hacia Asturias y a la creación de una empresa de transporte en Torrelavega, encrucijada y puerta de los caminos que llevan al occidente de Cantabria (*figura 41.3*).

Una vez que la carretera entre Torrelavega y Unquera estuvo finalizada se facilitó bastante el viaje entre Santander y Oviedo. López Calderón (2020) recoge que el viaje en diligencia entre estas dos capitales de provincia se hacía en dos días y que su coste era elevado, sólo asequible para personas adineradas; por otro lado, el transporte de mercancías en carros tardaba seis días.

Asimismo, este autor adjunta una hoja publicitaria de la empresa de carros acelerados «La Acelerada», que inició su actividad en Torrelavega en 1875, y que comunicaba esta villa con la de Llanes y viceversa en días alternados, y *ofrece la mayor seguridad y prontitud en la conducción de mercancías y comodidad para los pasajeros*. Asimismo, en el escrito se informaba de los costes del viaje y que la firma se encargaba de recoger en la estación del ferrocarril de Torrelavega, de la línea a Madrid que se inauguró en 1866, toda clase de mercancías con destino a Llanes y otros puntos de España.

Las *figuras 41.4 y 41.5* muestran dos escenas del transporte de personas y mercancías en la parte final del siglo XIX en la villa de San Vicente de la Barquera: diligencia (*Colección Caja Cantabria*) y carro de bodegas Asensio cargado con cubas y pellejos de vino y tirado por mulas (*cortesía de Antonio Corral Ibañez*).

Las tablas que siguen, recogen datos de Coll de la guía de Santander y su provincia de 1896, y muestran el enorme esfuerzo realizado, en la segunda mitad del siglo XIX, en materia de construcción de carreteras en

Figuras 41.3 a 41.5. *Diligencia estacionada en Torrelavega a finales del siglo XIX (cortesía Pedro Arce-Internet). Transporte con animales de carga en San Vicente de la Barquera: diligencia y carro con toneles y tiro de mulas (cortesía M. López-Calderón).*

la zona occidental de Cantabria y su situación al acabar la centuria. La *tabla 41.1* resume los datos de las carreteras del Estado (los kilómetros de las mismas son hasta los límites provinciales).

CARRETERAS DEL ESTADO	KM
De 2º orden: desde la Estación de Torrelavega a Oviedo, por Cabezón de la Sal, San Vicente de la Barquera, Unquera y límite provincial	52
De 3er orden: desde Piedrasluengas (límite con la provincia de Palencia) a Unquera-Tina Mayor, por Potes	67
De 3er orden: desde Puente San Miguel a La Revillla (enlace con la carretera de Torrelavega a Oviedo), por Santillana, Cóbreces y Comillas	30
De 3er orden: desde Puente San Miguel a Cóbreces, por Villapresente, Cerrazo y Novales	14
De 3er orden: desde Cabezón de la Sal a Reinosa, por Valle de Cabuérniga	54
De 3er orden: desde Cabezón de la Sal al Puerto de Comillas	12
De 3er orden: desde Santillana a Requejada, por Queveda	6
EN CONSTRUCCIÓN	
De 3er orden: desde Piedras Luengas a Pesués, por Cosio, Puentenansa y Celis (están hechos 40 km hasta Celis, el resto sin empezar)	58

Tabla 41.1. *Carreteras del Estado en la Zona Occidental de la Provincia de Santander en 1896 (datos de Coll y LVC).*

Asimismo, la guía de Santander de Coll (1896) añade una información valiosa sobre la situación de las Carreteras Provinciales, y un resumen de sus datos se ofrecen en la *tabla 41.2*:

Al extraordinario impulso que desde el año 1865 viene dándose en esta provincia a las obras públicas del Estado, para abrir nuevas carreteras que completen la red general de comunicaciones, tenemos que agregar el progresivo desarrollo que han adquirido las vías provinciales durante el mismo periodo, y que constituyen parte del plan de la Diputación provincial.

Por este plan, que fue aprobado en 27 de mayo de 1882 se dividió la provincia en dos zonas llamadas Oriental y Occidental, comprendiendo la primera los partidos judiciales de Villacarriedo, Ramales, Santoña, Laredo y Castro Urdiales, y la segunda, los de Santander, Torrelavega, Reinosa, Cabuérniga, Potes y San Vicente de la Barquera.

CARRETERAS PROVINCIALES	KM
De Cabuérniga a la de Piedras Luengas a Tinamayor: construida hasta Puentenansa	15
De Ojedo al puerto de Remoña, por Potes: construida hasta Camaleño	8
De Novales a Casar de Periedo: en estudio	–
De Villanueva de la Peña al Puente de Santa Lucía: en explotación	6

Tabla 41.2. *Carreteras de la Provincia de Santander en 1896 en las comarcas Costa Occidental, Saja-Nansa y Liébana (datos de Coll y LVC).*

Además, señalar que al igual que se ha visto en los dos primeros tomos de esta trilogía, varios de los ayuntamientos de la zona occidental, que surgieron de la división territorial que se hizo en España en 1833, quisieron recoger la importancia de los puentes para su desarrollo y como señas de su identidad, y al efecto los incluyeron en sus escudos municipales. Así, cuentan con imágenes de puentes pétreos en sus emblemas: el de Reocín en la comarca Costa Occidental; los de Mazcuerras y Rionansa en el territorio Saja-Nansa; y el de Potes en Liébana.

A todo lo expuesto debe añadirse que en 1895 se inauguró el servicio ferroviario entre Santander, Torrelavega y Cabezón de la Sal, y ya en 1905 se consiguió la conexión con Unquera y que el tren circulara por

Asturias hasta Oviedo, con lo que se abrieron nuevos modos de viajes y transporte, tal como se recogerá en el capítulo 5 de este libro.

Se finaliza, resaltando los enormes cambios que se produjeron en la época decimonónica en las comunicaciones y el transporte: de traslados a caballo y movimiento de mercancías con mulas a comienzos del siglo, a viajes en diligencia y en ferrocarril y movimiento de cargas en carros y en vagones de tren, en su parte final; en fin, un preludio de lo que vendría en el siglo siguiente, con la aparición de los vehículos de tracción mecánica.

4.2 La red viaria decimonónica en la comarca Costa Occidental

Las *figuras 42.1 y 42.2* recogen los caminos de esta comarca a mediados y finales del Ochocientos; como puede apreciarse, a una trama poco tupida de vías, primero, le sigue una red más densa de carreteras y la existencia de una ferrovía, y otra en construcción, al final de la centuria.

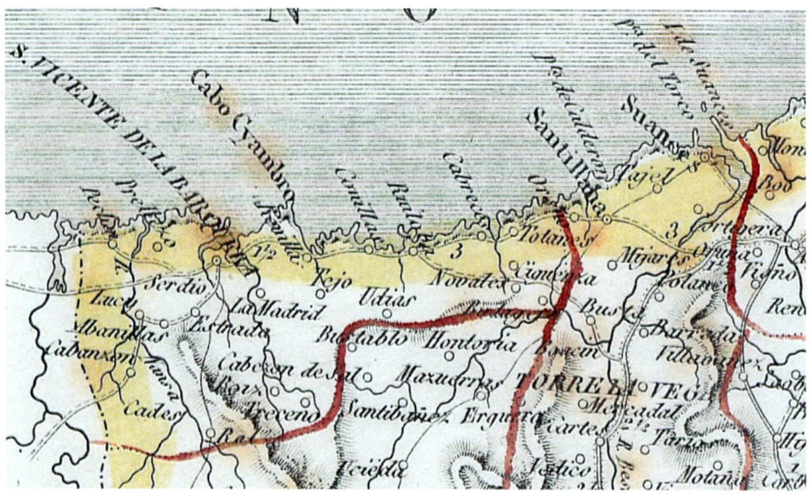

Figura 42.1. *Zona del mapa de R. Alabern y E. Mabon (1847) que recoge los caminos de la comarca Costa Occidental (Biblioteca Nacional de España).*

Al igual que se ha hecho para la Edad Moderna, se seguirá un desglose similar a la hora de analizar la evolución de los diferentes caminos de la comarca, se han considerado un total de tres secciones. La primera recorre el camino costero dirección este-oeste, entre Santillana del Mar y San Vicente de la Barquera, que en esta centuria pierde protagonismo en favor de la vía que va por el interior. A esta nueva carretera decimonónica, entre Torrelavega, Cabezón de la Sal, San Vicente y Unquera se dedica la segunda parte, en concreto al tramo de la misma que va por la comarca Costa Occidental. Finalmente, en la tercera sección se describen otras vías del siglo XIX en esta demarcación.

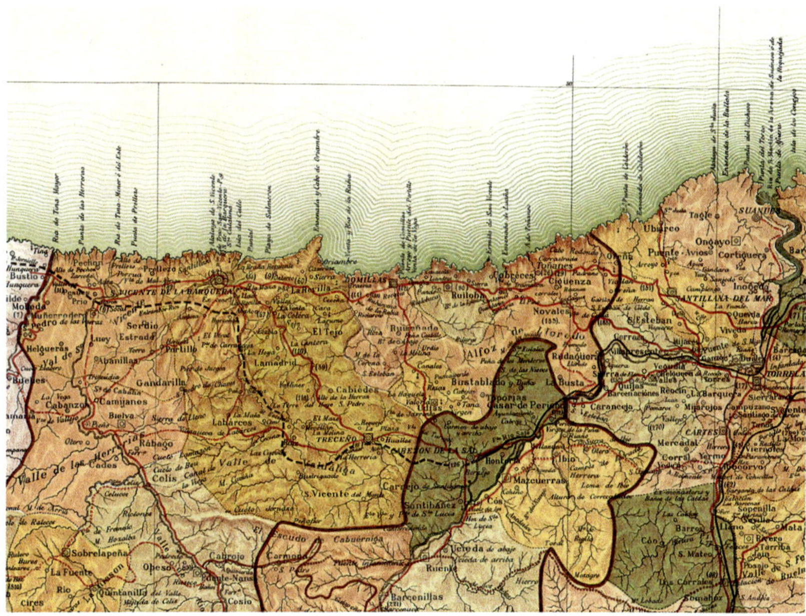

Figura 42.2. *Zona del mapa de Francisco Coello publicado en 1900 por la Diputación de Santander que recoge las vías de la comarca Costa Occidental (Biblioteca Nacional de España).*

A. *La vía costera decimonónica en la comarca Costa Occidental:*
desde Santillana del Mar hasta San Vicente de la Barquera

El plano de Alabern y Mabón de mediados del siglo XIX (*figura 42.1*) recoge un itinerario costero similar al que se apuntó en la Edad Moderna (3.2A); en este momento, Madoz recoge información viaria relevante de los caminos que sirven a estos pueblos:

Santillana del Mar: *Los caminos dirigen a los puntos limítrofes y a Asturias: recibe la correspondencia de Torrelavega.*

Suances: *Los caminos dirigen a Cortiguera, Tagle y Santander.*

Toñanes: *Los caminos dirigen a Asturias y Santander.*

Cóbreces: *Los caminos si se exceptúa el que dirige a Asturias, todos son locales.*

Comillas: *Los caminos locales, a excepción del que dirige a Torrelavega, de cuyo punto se recibe la correspondencia.*

San Vicente de la Barquera: *Pasa por la villa el que conduce desde las Castillas y de Vizcaya a Asturias y Galicia; todos están en mal estado, pero desde el año 1844 se empezaron a construir de nuevo a costa de los vecinos, continuándose en la actualidad, de modo que dentro de poco estarán todos en el estado más perfecto de que son capaces.*

En la primera mitad del siglo XIX, este camino costero, vía Santillana, Comillas, San Vicente, Pesués y Unquera, era el que se utilizaba para ir de Santander hacia Asturias y era el mismo que recorrió Jovellanos en 1791 con las dificultades que se recogieron en 3.2D. Que su situación era deficiente nos lo señalan los testimonios de dos viajeros foráneos, uno inglés y otro alemán, que recorrieron esta vía en 1831 y 1857, respectivamente; los mismos hacen mención a la interrupción de la marcha por los muchos estuarios que hay que atravesar con barcas, la lentitud del viaje y lo malo que era el camino.

El escritor anglosajón **Samuel E. Cook** en su obra *Esbozos: España entre 1829-1832* recoge sus impresiones de un viaje, en el **otoño de 1831**, por la costa norte desde Bilbao a Gijón y Oviedo; aquí se cita un comentario que hace para la comunicación entre Santander y Asturias (en López García 2000):

> La carretera de Gijón es execrable, la comunicación ha de interrumpirse continuamente a causa de los muchos estuarios, algunos de ellos francamente peligrosos, que retrasan a los viajeros. Los pueblos son pobres, la construcción de las casas es deficiente; se pasa por estrechos senderos, llenos de excrementos del ganado, por ellos han de pasar las mulas de los viajeros, se parece en eso a las partes más atrasadas de Cornualles.

En **1857** el teólogo alemán **Franz Lorinser** recorre la costa norte con el objetivo de alcanzar Santiago de Compostela en la fiesta patronal, en lo que sigue se recoge el plan del viaje que tenía desde Santander y el itinerario que, finalmente, sigue entre esta ciudad y la villa de San Vicente que recorre a caballo en un día, a donde llega ya anochecido (en López, 2000):

> Mi intención era la de embarcarme en el primer vapor que zarpara hacia Gijón o La Coruña. Pero respecto a esto las noticias no eran muy buenas. El vapor que hacía regularmente este trayecto había partido el día de mi llegada, así que no habría otro hasta dentro de cinco días … Ante este dilema, no podía sino recurrir a los caballos, podía alquilar dos monturas, más los servicios de un sirviente, para que me acercaran, como solución provisional, por lo menos hasta Oviedo … De forma que hice llamar directamente a una persona que alquilaba monturas, ajusté con él, aunque a un precio que me pareció muy elevado, que se me llevara en cuatro días a Oviedo, dispusimos la salida para la mañana siguiente.

> … al amanecer del 15 de julio … La Fonda del Comercio en Santander … Santillana… en la que íbamos a tomar nuestro cotidiano almuerzo, y donde dejaríamos pasar el calor del medio día … Eran ya aproximadamente las seis de la tarde… caserío de Comillas… necesitábamos casi tres

horas para recorrer las dos leguas que separaban Comillas de San Vicente, porque el camino era muy malo y fatigoso.

La *figura 42.3* (*Calle de Santillana: Manuel Casanueva González. Santillana del Mar, 1928, Fondo Manuel Casanueva Piñeiro, Centro de Documentación de la Imagen de Santander, CDIS, Ayuntamiento de Santander*) recoge una imagen, de la tercera década del siglo xx, de una calle empedrada de Santillana del Mar, que nos permite comprender cómo serían los caminos de la centuria decimonónica, e incide en lo que se ha escrito previamente.

El **mapa de Francisco Coello de 1861** recoge para esta zona una vía prioritaria como «camino real, calzada o arrecife» con el siguiente itinerario: Puente San Miguel, Santillana, Oreña, Toñanes, Cobreces, Comillas y La Rabia (donde señala la existencia de una venta). Desde este último lugar, donde existía una barca, marca las dos posibilidades ya señaladas para ir, por caminos de herradura, hacia poniente: por el litoral, hacia el puente de la Maza de San Vicente de la Barquera; o por el interior hacia La Revilla. También, recoge un camino de herradura para ir de Santillana a la barca de Barreda, vía Queveda y Viveda, como ya se ha indicado.

Esta vía costera, en la zona entre Santillana y San Vicente, experimentó algunas mejoras en la segunda mitad del siglo xix, pero la construcción de la nueva carretera de Torrelavega a Unquera por Cabezón de la Sal, hizo que ese camino por el litoral, que había sido el habitual para comunicar la zona de San Vicente con la de Barreda y la capital del Besaya, perdiera importancia en favor de la nueva vía que iba por el interior hasta San Vicente, y que pasó a ser el eje prioritario de los desplazamientos de Santander hacia Asturias.

En lo que sigue, se recorre este itinerario de la costa en esta segunda mitad de la centuria, al tiempo que se comentan las novedades que en él se producen desde el punto de vista viario y se recogen algunas nuevas construcciones que aparecen a lo largo de los pueblos a los que sirve y comunica.

Así, en **Cobreces**, en 1876 se construyó junto al camino la Fuente de la Salud (*figura 42.4*) y en los años 90 del siglo xix, se levantó la iglesia de San

Figuras 42.3 a 42.6. *Calle de Santillana del Mar en las proximidades de su Colegiata, en los años 20 del siglo XX (M. Casanueva, CDIS, Ayto. Santander). Construcciones del siglo XIX en Cóbreces (Alfoz de Lloredo) junto al camino litoral de la comarca Costa Occidental: fuente de la salud, iglesia de San Pedro ad Vincula y torre de los Villegas (LVC).*

Pedro Ad vincula (*figura 42.5*) de estilo neogótico, y la torre de los Villegas (*figura 42.6*) junto a una casona de esta familia edificada el siglo anterior.

Más adelante, ya en el municipio de Ruiloba, el camino pasaba junto a la **Venta de Tramalón** (*figura 42.7*) que es un establecimiento de larga historia, ya citado en un juicio del primer cuarto del siglo XVII, después en el Catastro de Ensenada y que ha continuado hasta nuestros días (Ruiz y Rubio, 2018); y algo más adelante, en el barrio de **Liandres**, lo hacía cerca de su bella ermita de la Virgen de los Remedios (*figura 42.8*) construida a finales de los 80 del siglo XIX.

Figuras 42.7 a 42.10. *Construcciones del siglo XIX en Ruiloba, junto al camino costero o en sus proximidades: venta de Tramalón, ermita de la Virgen de los Remedios en Liandres, pavimentos pétreos en el barrio de La Iglesia y Monasterio de San José en Pando (LVC).*

Desde este pueblo y camino principal, hay vías hacia los barrios que se encuentran al sur del mismo: el de La Iglesia, donde pueden apreciarse unos bellos pavimentos empedrados en las calles al oeste del templo de la Asunción (*figura 42.9*); y el de Pando, donde en los años 70 de la centuria decimonónica, se edificó el monasterio de San José de Betania (*figura 42.10*) para la Orden de las Carmelitas Descalzas.

Puente Portillo. Se encuentra en el camino costero, en el límite de Ruiloba con Comillas, y próximo a la entrada oriental de esta villa, su estructura se ubica en una zona en barranco y en un bello enclave frente

Figura 42.11. *El camino de la costa en la zona de la Venta de la Vega a la entrada oriental de Comillas (La Ilustración Española y Americana 1881, en Cueto 2008).*

al mar Cantábrico. Este paso ya fue citado en 3.2A y era, en el último cuarto del siglo XIX, una bóveda pétrea de medio punto de 12,7 metros de vano que se encontraba en buen estado (Monterde 1873).

En la *figura 42.11* puede verse un aspecto del camino de la costa poco antes de alcanzar el puente Portillo, se trata de la zona en que se ubicaba la Venta de la Vega y en donde la compañía francesa «Minas y Fundiciones de Santander» tuvo, entre 1855 y 1885, unas instalaciones activas para calcinar calaminas y luego exportarlas por el puerto de Comillas, por donde también se embarcaba el mineral de zinc que venía del coto de Udías (Cueto, 2008).

La carretera entraba en **Comillas**, donde en los dos últimos decenios de la centuria decimonónica se construyó un importante patrimonio edificado, con varias construcciones que actualmente están protegidas como Bienes Culturales de Cantabria, como: la villa Quijano o «*El Capricho*», proyecto de Antoni Gaudí (*figura 42.12*); el Palacio de Sobrellano y su Capilla-Panteón (*figura 42.13*), promovidos por Antonio López y

Figuras 42.12 a 42.15. *Comillas cuenta con un importante patrimonio de los años 80 y 90 del siglo XIX: el Capricho de Gaudí, palacio de Sobrellano, Seminario Mayor y el actual Ayuntamiento (LVC).*

López, primer Marqués de Comillas; quien, asimismo, financió el Seminario Pontificio de Comillas (*figura 42.14*).

Este y otro bello patrimonio de la villa, como el edificio del actual ayuntamiento (*figura 42.15*), inaugurado a finales de la centuria como un colegio de monjas, condujo a declarar Comillas como conjunto histórico-artístico un siglo después. La estancia de Alfonso XII, y su familia, en los veranos de 1881 y 1882, invitados por el citado Antonio López y López (Comillas, 1817-Barcelona, 1883) y las posteriores visitas de su hijo Alfonso XIII impulsaron el despegue de esta villa como un importante centro de vacaciones.

Figura 42.16. *La carretera de la costa a su paso por Rubárcena (LVC).*

A poniente de Comillas la carretera decimonónica iba hacia la ría de La Rabia, en este tramo se plantaron a ambos lados de la vía plátanos de sombra (*figura 42.16*), creando un bello corredor de unos 2 kilómetros entre los altos troncos de estos árboles caducifolios de ramas abiertas y alta copa; esto también se hizo en la salida occidental de Santillana del Mar. Dejado atrás Rubárcena, la vía se encontraba con la citada ría, desembocadura del arroyo Ruiseñada, que se cruzaba con barca y, poco después, con la marisma de Zapedo, donde desaguaba el arroyo Capitán, esta se bordeaba hasta vadear el curso fluvial; luego se optaba por dirigirse a San Vicente por la costa, por encima de la playa de Oyambre y de la larga playa al oriente de la histórica villa, o por el interior, vía La Revilla, sendos caminos confluían a levante del gran puente de La Maza.

Los puentes de la ría de la Rabia y de la marisma Zapedo. En estos pasos de agua se construyeron sendos puentes que facilitaron el tránsito por estos parajes; Vega Benjumea (2019) recoge la historia de estas estructuras, que se resume en lo que sigue. En 1855 varios particulares solicitaron al gobierno provincial la autorización para construir en tales lugares dos puentes con derecho a cobrar pontazgo, durante 80 años de concesión, tal como autorizaban las leyes vigentes; hacia 1880 esta licencia fue adquirida y saldada por el primer marqués de Comillas. Estos pasos

Figuras 42.17 y 42.18. *Humilladeros en el municipio de Comillas junto a los caminos de sus barrios: «santuco de Rioturbio» y en La Molina (LVC).*

estaban constituidos por un terraplén contenido y protegido por muros de escollera, que daba soporte a la carretera, y un puente de un solo ojo, de 6,2 metros de luz, que permitía el flujo de las aguas.

Al sur del pueblo de la Rabia y en los caminos secundarios que conducen hacia Rioturbio y Ruiseñada, el viajero decimonónico que fuera hacia el interior podía ver varios humilladeros al borde de las vías: como el denominado «santuco de Riotubio» (*figura 42.17*), próximo al arroyo de Ruiseñada; o el del barrio de la Molina (*figura 42.18*), junto a la vía que conduce al eje norte-sur entre Comillas y Cabezón. Estas dos construcciones pueden servir de ejemplo de otras varias que se encuentran en esta comarca y que buscaban fomentar la piedad de los peregrinos y viajeros.

Volviendo a la vía costera, si se iba hacia **La Revilla**, aquí se entroncaba con la carretera de segundo orden de Torrelavega a Oviedo, por Cabezón de la Sal, San Vicente y Unquera, que veremos en la siguiente sección; desde este cruce y yendo hacia el occidente, a tres kilómetros se encontraba el gran puente de La Maza.

Antes de terminar esta parte, se recogen varios testimonios que muestran la percepción de esta vía costera, por diferentes personalidades que la recorrieron o escribieron sobre ella en las tres últimas décadas de la centuria decimonónica.

Amós de Escalante (1871) en *Costas y Montañas* recorre este camino entre Santillana y San Vicente y nos aproxima a observar y sentir alguno de sus bellos tramos:

> Al noroeste de Santillana surge un monte por el cual trepa el camino… sobre la vertiente septentrional, desde cuyas revueltas descubren los ojos fértiles marinas. En su centro, solitaria sobre un campizo, blanquea la iglesia de Oreña … Baja el camino al llano y corre al oeste hacia Toñanes … Andadas más de dos leguas se llega a Comillas … Sale el camino a Occidente entre tiernos chopos y amenos huertos, para llegar pronto a terreno de diverso aspecto … La Rabia se llama, y es pesquería de excelentes ostras, servidas a los glotones madrileños…

> Luego se sube a una sierra, donde se ofrece al peón, avaro de horas y de fatiga, el camino antiguo más caído hacia la costa. Al cabo de una hora se une a la carretera sobre los altos que dominan el ancho estero de San Vicente de la Barquera.

Monterde (1873) informa en la Revista de Obras Públicas de la carretera de tercer orden de Puente San Miguel a Santillana, Comillas y La Revilla y comenta que se llevó a cabo partiendo de los caminos previos existentes, por ello:

> El resultado ha sido que el trazado es muy defectuoso, que se hace pesado el acarreo, y que esta línea sólo por esta circunstancia no podrá competir para la comunicación entre Santander y la provincia de Oviedo, con la que pasa por Cabezón de la Sal. Además, el terreno de las vertientes que van a la costa es más pobre y despoblado que por el interior, lo cual influye en que el movimiento por la carretera de que se trata sea de escasa importancia. Ha contribuido a la reducción del tránsito la circunstancia de haber disminuido la calcinación y la exportación de la calamina que se hacía en el pueblo de Comillas en gran escala, por haber cambiado las condiciones de las minas que en la comarca producen este mineral.

Algunos de los defectos de que adolece el trazado podrían corregirse; pero el tráfico al que sirve esta carretera no es de suficiente importancia para que se hayan de invertir en estas rectificaciones las sumas que serían necesarias, mientras haya desatendidos otros servicios de mayor interés.

En esta carretera, que mide 29,59 kilómetros, sólo se han plantado 933 árboles en los tres kilómetros, en el centro de los cuales está Santillana, y en los tres de la salida del pueblo de Comillas. En este pueblo se ha de mejorar la travesía.

José María de Pereda en *El espíritu moderno. Escenas Montañesas*, se refiere a esta carretera que conduce a Comillas, primero recoge su situación en 1864 (un camino de herradura) y luego hacia 1874 (una carretera), los cambios en la misma son evidentes al referirse a la accesibilidad de tal singular villa:

> Empecemos por decir que, sin una sola vía de verdadera comunicación con el resto del mundo, y a cinco leguas de distancia de la carretera nacional, era punto menos que inaccesible al trato de la moderna civilización.

> … Una cómoda y ancha carretera había sustituido a la escabrosa y angostísima senda antigua; y en lugar de cabalgar sobre el peludo y escueto jamelgo que antes conducía por ella al viajero, tomé un mullido asiento en una de las diligencias que se han establecido entre Torrelavega y la villa de los tres arzobispos.

Benito Pérez Galdós (1876) en *Cuarenta leguas por Cantabria* recorre la costa Occidental de la región y ofrece unas sugerentes descripciones de los lugares que recorre; aquí, se recogen unos comentarios que hace de varios pueblos de Alfoz de Lloredo y del puente Portillo que se encuentra en la entrada este de Comillas, señala que el viaje se está realizando en un coche de caballos:

> Novales no quiere dejarse ver, y escondido entre sus azahares renuncia a las visitas del caminante presuroso. En cambio, Cóbreces, Toñanes, Cigüenza, Ruiloba se muestran esparcidos por las verdes colinas, no lejos

del mar, en terreno ligeramente pedregoso y muy quebrado. Los ricos jándalos, a quienes Jerez, el Puerto y Cádiz dieron dinero abundante, habla ceceosa y maneras un tanto desenvueltas, han poblado de risueñas casitas aquella alegre comarca. No faltó entre ellos quien quisiera dejar muestra de su piedad en un convento que aún está sin concluir. Los caseríos abundan, y en ellos, las casas grandonas, blancas, con holgados balcones verdes y sólidos cortafuegos, a los cuales no falta el pomposo escudo.

Para entrar en esta villa (Comillas) de los López y de los cuatro prelados es preciso atravesar el mar en coche. Tranquilizaos: hay un puente de roca a roca, y entre éstas mete el Océano uno de sus poderosos brazos, y con los destructores dedos de espuma revuelve la arena y arma allí un remolino y una batahola que imponen miedo a los que pasan por encima. No lejos del viaducto, los apagados hornos de calamina demuestran que por allí han pasado los mineros.

Memoria sobre Ruiloba (1880). Este documento es recogido por Correa (1982) y en el mismo aparece una interesante referencia al paso del camino por este municipio:

El camino real que cruza este pueblo por Tramalón, Sierra, Liandres, La Ventuca (debajo de Casasola) y puente de Portillo, fue abierto al público en el año 1858 y se construyó por el pueblo desde Tramalón hasta debajo de la ermita de los Remedios, y el resto, una junta de los pueblos interesados …

Antes de construirse esta carretera no había otro camino real que una malísima cambera para carros, que subía y bajaba las cuestas con la mayor pendiente y desde Tramalón iba por Collado a la Marina, pasando por la ermita de los Remedios, bajando por allí a La Ventuca, para volver a subir a Casasola y de allí a Portillo por fuera de la mies. La carretera fue después pagada por la Diputación Provincial en la parte construida por la Junta. Hoy la sostiene el Estado.

Catalina (1883), en la memoria de carreteras de este año recoge las características de los cuatro puentes (*tabla 42.1*), todos ellos de fábrica pétrea, más importantes de esta vía de tercer orden.

PUENTE	RÍO	CARACTERÍSTICAS
San Miguel	Saja	De cuatro arcos, cuyas luces varían entre 5,6 m de luz y 16,8 m
Toñanes	La Presa	De una bóveda pétrea de 7,5 m de vano
Portillo	Gandaria	De una bóveda de piedra de 12,5 m de luz
La Rabia	Ruiseñada	De un arco de 6,2 m de luz

Tabla 42.1. *Puentes de la carretera de Puente San Miguel a San Vicente de la Barquera por Santillana, Comillas y La Revillla (Memoria de Carreteras de 1883 y LVC).*

Alfonso Pérez Nieva en 1893 (*Por la Montaña, notas de un viaje a Cantabria*) nos narra el trayecto por la vía de la costa que va desde San Vicente hacia Torrelavega, a través de Comillas, Santillana y Puente San Miguel, y hace referencia a que era evitada por los transportistas; en ese momento lo normal era ya ir por la «carretera general», o sea vía Cabezón de la Sal (en López García, 2000):

> Los mayorales repugnan volver de San Vicente a Torrelavega por esta carretera, quizá por sus pendientes. Hasta enlazarse con la general, resulta, sin embargo, de un atractivo supremo, porque atraviesa una verdadera selva, tan compacta, que los árboles se tocan unos a otros con las ramas, surgiendo de cuando en cuando pintorescos pueblecitos, ceñidos por sus plantíos de maíz, y con sus iglesias minúsculas románicas de espadañas por torres.

En la última década de la centuria decimonónica, esta vía tuvo una novedad importante, se construyó el puente de la Barca en Barreda (ver tomo I) que puso fin al famoso y centenario paso de barca de este lugar y facilitó la conexión de Santillana con el área de Polanco y hacia el oriente. En el mapa de 1900 de la Diputación de Santander (*figura 42.2*) se recoge ya la continuidad de esta vía costera desde Barreda hasta cerca de San Vicente de la Barquera.

B. *La carretera decimonónica de Cabezón de la Sal a San Vicente de la Barquera y Unquera*

Al igual que se comentó para el mapa de Tomás López de Vargas de 1774, llama la atención que el mapa de Alabern y Mabon de 1847 (*figura 42.1*) tampoco recoja esta vía. En estos años, mediado el siglo XIX, los comentarios que hace el diccionario de Madoz no indican nada para la villa de Treceño, ni para Caviedes, de Unquera sólo señala que es una ensenada en la provincia de Santander y para otros lugares de este camino expone:

Lamadrid: *Los caminos son locales; recibe la correspondencia de Comillas.*

Pesués: *Los caminos dirigen a los pueblos limítrofes, a San Vicente y a Colombres (provincia de Asturias): recibe la correspondencia de la cabeza del partido.*

El mapa de Coello de 1861 recoge el itinerario de una futura carretera por este territorio, con el siguiente itinerario: Cabezón de la Sal, Treceño, «Cabiedes», Lamadrid, La Revilla, Puente de la Maza y San Vicente de la Barquera, Santillán, Barca de Pesués, Venta y barca de «Hunquera».

Esta vía, que nos ocupa ahora, es parte de la nueva carretera que, entre Torrelavega y Unquera, se hizo en los años 60 del Ochocientos; aquí se recoge la parte que va por la comarca Costa Occidental y en 4.3A se verá el primer tramo, desde la capital del Besaya a la villa de Cabezón. La vía desde este último lugar hasta el límite con Asturias utilizó, mejorándolos, los caminos y otras infraestructuras previas existentes; así amplió el puente de La Maza, se sirvió del nuevo puente de Tras San Vicente e hizo dos nuevas estructuras en el paso de los ríos Nansa y Deva.

Saliendo de Cabezón hacia poniente, se alcanzaba **Treceño**; en la *figura 42.19* se muestra el paso de una carreta tirada por mulas, a finales de la centuria decimonónica, en un lugar cercano a la citada villa; la misma nos ilustra sobre el tipo de transporte que se utilizaba en esta época (según una imagen recogida por el ayuntamiento de Valdáliga de un estudio de Ortiz Real de 1997).

Figuras 42.19 y 42.20. *Una carreta en las proximidades de Treceño a finales del siglo* XIX *y antiguas escuelas, de esta época, junto al paso de la carretera por esta villa* (*Ayto. de Valdáliga y LVC*)

Cabieces (2016) recoge, en relación con las escuelas de la villa de Treceño, un escrito de 1867 que tiene relación con la ejecución de esta nueva vía: … *el pagador de obras públicas de la provincia entregó el valor de la expropiación de la casa escuela y concejil al ser expropiados por la construcción de la carretera Torrelavega-Oviedo… El edificio se derribó.* Posteriormente, junto a la nueva carretera e iglesia de Santa María la Mayor, se construyó otra escuela que ahora es la biblioteca municipal de Valdáliga (*figura 42.20*).

El puente de La Maza en San Vicente de la Barquera. En un escrito de George Borrow de 1837 tenemos información de la situación de este gran puente, cuando al referirse a esta villa hace unos comentarios en relación con el citado paso (en López García, 2000): … *el puente, tendido sobre la profunda y ancha ría en cuya margen se alza la ciudad… Su fábrica es muy antigua; se halla tan ruinoso en algunos sitios, que ofrece peligro.*

Hacia 1865 este paso pétreo tuvo algunas modificaciones (Sainz 1973), en la citada nueva carretera este puente se ensanchó hasta los 19 pies (5,3 metros) y para ubicar esta vía se construyó, pasado el puente, una escollera al oriente del barrio de Las Tenerías o de Santander y dirigida hacia el Arrabal de la Mar de San Vicente de la Barquera, esto permitió rellenar una amplia zona de terreno donde, además de la carretera, próxima al borde con la marisma, permitiría el futuro ensanche de la villa y la posterior creación de su plaza principal.

Lo anterior condujo a que las cuatro bóvedas del largo puente de La Maza, más próximas a San Vicente, quedaran embutidas en la zona ganada a la ría, con lo que el puente pasó a tener 28 bóvedas y unos 406 metros de largo, perdiendo algo de su longitud inicial; era esta la zona del antiguo Convento de San Luis y el camino de las Calzadas, por las que se accedía en carro al barrio de las Tenerias y a su puebla alta con la Iglesia y el Castillo. La *figura 42.21* muestra el aspecto de este puente en los años 30 del siglo xx, con los daños sufridos durante la Guerra Civil (ver 6.2A). Añadir, que en 1871 se inauguró en la villa barquereña el Faro Punta de la Silla (*figura 42.22*).

El puente de Tras San Vicente. A lo largo de la centuria decimonónica, y en los cien primeros años de servicio de esta estructura pétrea, de finales del siglo XVIII, no se tienen noticias de esta importante infraestructura para la comunicación viaria a lo largo de la costa cantábrica; las *figuras 42.23 y 42.24* (*Víctor del Campo Cruz. San Vicente de la Barquera. Puente de Tras San Vicente, 1925-1930, Colección Víctor del Campo Cruz, Centro de Documentación de la Imagen de Santander, CDIS, Ayuntamiento de Santander*) nos ofrecen dos vistas de los años 20 del siglo xx de este puente: una general sobre el brazo occidental de la gran ría, o desembocadura del río Gandarilla, en ella pueden verse las nueve bóvedas del puente primigenio y, a la derecha de la imagen, la mole del castillo; y una vista próxima en que se aprecian en detalle dos de sus bóvedas y pilas, con sus tajamares de tipo triangular que permiten la existencia de apartaderos sobre ellos, y sus pretiles de protección.

El puente de Pesués. El paso de la ría de Tina Menor (estuario en donde desemboca el río Nansa en el Cantábrico), tras el fracaso del

Figuras 42.21 a 42.24. *Puente de la Maza en 1937 (Biblioteca Nacional de España). Faro de Punta de la Silla (dolmenarquitectos). Dos vistas del puente de Tras San Vicente en los años 20 del siglo xx (V. del Campo, CDIS, Ayto. de Santander).*

primer puente de piedra que se hizo en este lugar en 1785 (ver 3.2A), se volvió a cruzar en barca. Unos 80 años después, en los años 60 del siglo xix, para permitir el paso de la nueva carretera que venía desde Torrelavega a San Vicente de la Barquera y hacia Unquera, se hizo un puente de madera, se trataba de una estructura de 94 metros de longitud total y 15 vanos; fue esta una solución temporal mientras que se construía el puente de piedra que iría en este estuario.

En los años 80 de la centuria decimonónica estaba ya en construcción este nuevo y bello puente formado por 5 bóvedas carpaneles de piedra, con una longitud total de unos 90 metros. Vega (1997) recoge que su proyecto es de 1864 y se debe al ingeniero de Caminos José Sánchez Sánchez, siendo las dimensiones básicas de cada arco de 16,4 metros de luz y 3,25 metros de flecha. La *figura 42.25 (Fernando Cevallos de León. Pesués, panorama del río 1910-1920, Fondo Centro de Estudios Montañeses, Centro de Documentación de la Imagen de Santander, CDIS, Ayuntamiento de Santander)* muestra una vista general de este puente en la segunda década del siglo xx.

La vía alcanzaba **Unquera**, a orillas del río Deva, en el límite de Cantabria con Asturias. Este lugar se ha conformado en el último tercio del siglo xix, gracias a convertirse en una importante encrucijada de dos carreteras construidas en tal periodo: primero, la del Desfiladero de la Hermida, hacia Potes y la provincia de León; y algo después, la que se describe en esta sección. En esta época se construyó en Unquera «Villa Mercedes» *(figura 42.26),* que es la actual casa de cultura de Val de San Vicente. El papel de esta población se vio reforzado a comienzos del siglo xx, en 1905, al ubicar aquí una de las estaciones del nuevo ferrocarril entre Cabezón de la Sal y Llanes (ver 5.3).

Puente de madera entre Unquera y Bustio *(figura 42.27).* Como se ha expuesto (3.2A, *figura 32.25),* el puente de piedra que diseñó en 1772 el Padre Pontones para esta ubicación sobre el río Deva, finalmente no se hizo y hubo que esperar a la ejecución de la nueva carretera de la costa, en el último tercio del Ochocientos, para que aquí se construyese un puente de madera que sustituyese el servicio de barca. El puente tenía 12 vanos y una longitud total de unos 80 metros; estaba conformado por dos estribos, once palizadas de apoyo, formadas por cuatro postes arriostrados con cruces de San Andres, y un tablero soportado por vigas de madera.

Figuras 42.25 a 42.28. *Construcciones del último tercio del siglo XIX en o junto a la nueva carretera de Torrelavega a Unquera: puente de Pesués sobre el río Nansa (F. Cevallos, 1910-1920, CDIS, Ayto. de Santander); «Villa Mercedes» en Unquera (LVC); puente de este pueblo sobre el río Deva (cortesía C. Losada); y parada de postas en Bustio (Asturias) a orillas del río Deva a finales del Ochocientos (villasola.es/historia-ribadedeva).*

Según Nubarron (carreterucas.blogspot) salió a pública subasta en 1868 y requirió de una gran reparación en 1897, que obligó a reponer, temporalmente, el servicio de barca. En los años 80 de este siglo que nos ocupa, se había planteado, al igual que se hizo en la ría de Tina Menor un puente de piedra, el hacer en este lugar sobre el Deva un puente más durable, en concreto con vigas de hierro; pero, finalmente no se hizo y se continuó con la estructura de madera, que sería sustituida por una de vigas de hormigón en los años 20 de la vigésima centuria (ver 6.2A).

Unquera y Bustio (Asturias), pueblos hermanados a ambas orillas de la ría de Tina Mayor (estuario del río Deva), eran un punto de paso obligado en la carretera de Santander hacia Oviedo, y en donde a finales del siglo XIX existían paradas de postas en que se detenían las diligencias, en la *figura 42.28* se recoge una que existió en Bustio.

Sobre la carretera de Torrelavega a Unquera, se recogen seguidamente reflexiones y datos de dos informes sobre la misma, de 1874 y 1883. Añadir, que el mapa de 1900 de la Diputación de Santander (*figura 42.2*) recoge esta vía en el modo comentado, ya a las puertas del siglo XX.

Agustín Monterde (1874) en la conclusión a un estudio relativo a las «*Carreteras de la provincia de Santander*», publicado en las Revistas de Obras Públicas de los años 1872 y 1873, hace varias consideraciones en relación con la carretera de «Torrelavega a Oviedo», algunas de las cuales se recogen seguidamente:

> Que a pesar de que esta carretera atraviesa varias estribaciones... las pendientes límite son aceptables y el trazado no presenta dificultades para el tránsito.

> Que en esta carretera se ha hecho una aplicación bien entendida y económica de los puentes de madera de tramos rectos de vigas, sopandas y tornapuntas sobre palizadas con luces poco considerables...

En efecto, en la *tabla 42.2* se recoge que, de los seis puentes importantes de esta carretera, tres eran de estructura de madera: el de Torres, el de Pesués y el de Unquera.

> Que el estado de conservación de esta carretera es satisfactorio, con excepción de trozo de 1,85 kilómetros comprendido entre Torrelavega y Puente Torres que por el acarreo extraordinario que por él tiene lugar, y por la humedad constante que conserva en invierno, exige recargos anuales de bastante importancia»

> Que en esta carretera muy especialmente, y en las demás de la provincia, a pesar del celo de los peones camineros y empleados de Obras públicas

no es posible impedir que los labradores suelten a la carretera el ganado vacuno y de cerda, puesto que no encuentran apoyo en las autoridades para hacer cumplir lo prevenido en la ordenanza de policía de carreteras; y por consiguiente, se hace necesaria una medida enérgica que corte dicho abuso impidiendo el daño que dicho ganado causa a las obras de tierra.

Este último comentario es llamativo y nos sorprende, pues pone de manifiesto que por esas fechas el tráfico sería reducido, ya que el ganado salía a la explanación de la vía.

PUENTE	RÍO	CARACTERÍSTICAS
De Torres	Besaya	De madera, de tres tramos de 11,8 m de luz, sobre apoyos de fábrica
Venta del Río	Saja	De tres bóvedas pétreas de 12 m de vano (se encuentra entre Caranceja y Casar de Periedo)
De La Maza	Escudo	De veintiocho bóvedas de luces variables entre 11,9 m y 6,15 m (en San Vicente de la Barquera)
Tras San Vicente	Gandarilla	De nueve bóvedas que varían sus luces entre 15,1 m y 12,3 m
De Pesués	Nansa	Un puente de madera de 94 m de longitud repartidos entre 15 tramos. En construcción uno de fábrica de cinco bóvedas de 16 m de luz
De Unquera	Deva	Un puente de madera de 86 m de longitud repartido en doce tramos. En estudio un puente de hierro

Tabla 42.2. *Puentes de la carretera de Torrelavega a Oviedo, vía Cabezón de la Sal, en el tramo hasta Unquera (Memoria de Carreteras de 1883 y LVC).*

Mariano Catalina (1886), director general de obras públicas, recoge en la memoria de carreteras de 1883 la situación de los puentes de esta vía de segundo orden desde la estación de Torrelavega, en Sierrapando, hasta Oviedo, por Cabezón de la Sal. En el tramo hasta Unquera, había seis puentes importantes cuyas características se resumen en la *tabla 42.2*; como ya se ha indicado, la mitad de ellos era de estructura de madera, y se irían sustituyendo por estructuras más durables en los años venideros.

El puente de Torrelavega se hizo de hormigón armado a comienzos del siglo XX (ver tomo I). El Puente de Pesués, como se ha descrito, pasó a ser de fábrica pétrea a finales de los años 80 del siglo XIX. Y el puente de Unquera, no se sustituiría por uno de fábrica de hormigón armado hasta la tercera década del siglo XX.

Se finaliza esta sección con los comentarios que cuatro ilustres escritores hicieron, entre 1871 y 1895, de la carretera que nos ocupa.

Amós de Escalante (1871), en *Costas y Montañas,* describe el camino entre San Vicente y Unquera y recoge la belleza de la vía; al tiempo que de la lectura de este escrito podemos ver los cambios que se van produciendo en las infraestructuras.

Primero recoge la bella estampa que ofrece el emplazamiento de San Vicente desde la carretera que sale de la villa hacia poniente, ascendiendo la colina de Boria, y el paisaje en que se desenvuelve la vía hasta llegar a Unquera. Al pasar por Pesués, vemos que ya está construido un puente sobre Tina Menor en la nueva carretera de la costa, aunque el autor recuerda de otro viaje haber visto las ruinas del puente del Setecientos y haber pasado, entonces, esta ría en barca; por lo expuesto, Escalante cruzó por el puente de madera que existía en tal emplazamiento en la fecha de su viaje. En Unquera, en 1871, este autor cita el pasó el río Deva en barca; luego no estaba concluido el primer puente de madera que, poco después, existió en este emplazamiento.

> … al subir la risueña cuesta con que se inaugura la carretera de segundo orden que a las Arriondas e Infiesto, en la provincia ovetense, conduce desde la estación de Torrelavega. No es sólo el espectáculo, pla-

centero y alegre, con que brindan desde allí los dos tranquilos y espacio-
sos esteros al rodear amorosos el peñasco de San Vicente, reproduciendo
de todos lados sus contornos en el cristal rizado y movedizo … allá a la
espalda, en lontananza, el de la línea obscura, sombría e imponente del
Cantábrico mar, cuyas aguas turbulentas sostienen en la barra constante y
reñida pelea con las de la ancha y abierta ría … sino el pintoresco en alto
grado, con que por aquella parte se aparece la antigua villa marítima, alza-
da a un lado la torreada y graciosa mole de su iglesia de Nuestra Señora de
los Ángeles en la cima de la peña, cual suprema oración fervorosa dirigida
a los cielos; a otro, los despedazados rojizos murallones de la fortaleza
desmantelada…

Así, por espacio de cerca de nueve kilómetros, va desenvolviéndose
con varios accidentes la carretera por aquel quebrado terreno ¡ora descendiendo pendientes las laderas de las colinas, ora trepando por ellas sin
descanso, rodeando estrechos valles, penetrando por angostas cañadas,
girando a la una y a la otra parte, hasta Pesués; y no de otro modo llega
a Unquera, donde, sin preparación casi, presenta de golpe deslumbrador
panorama, hermoso, a la manera que lo son todos los de esta región montañosa de la Cantabria…

… Pero ya llegamos a Pesués y a pasar el impetuoso Nansa. Hoy ha-
llamos un cómodo puente novísimo. Yo hallé los escombros del antiguo,
caídos dentro del agua … Hízonos pasar un barquero … Aún zumba
en nuestros oídos el violento rumor de ondas del Nansa, cuando vemos
reflejarse el cielo en otro caudal mayor y más sosegado, el Deva, rico en
salmones. En una barca le cruzan por Unquera los caminantes de Asturias.

Benito Pérez Galdós (1876), en el citado viaje por el oeste de
Cantabria recoge varias impresiones de Unquera y Bustio junto a la desembocadura del río Deva, como se deduce de su escrito estas dos poblaciones ya estaban comunicadas con el puente de madera que se ha
descrito previamente:

Un par de pataches había en Tinamayor cuando visitamos este extremo de la gran Cantabria, y la escasa luz de la tarde no nos permitió de-

terminar bien lo que significaban aquellos escuetos palos aparentemente plantados en tierra como árboles de cucaña.

Unquera es la margen derecha de tierra santanderina. Bustio, la izquierda orilla, en el reino de Asturias. Un puente interprovincial, fabricado con vigas, une estos dos caseríos, bastante frecuentados por carros y diligencias. Se parece tanto aquellos a un lindero entre dos naciones, que no se puede resistir la tentación de pasar el puente y poner el pie en tierra de Asturias; pero todo es igual, el suelo y la gente; idéntico el lenguaje florido que en una y otra parte hablan los carreteros.

El conde de Saint Saud, uno de los pioneros en el descubrimiento para el gran público de los Picos de Europa, viajando por la carretera de la costa en diligencia, llegó por vez primera a Unquera en 1881, y recoge (en Aramburu y Losada 2016):

En Unquera, aldeíta situada en la embocadura de la ría de Tina Mayor, hay que detenerse para emprender la excursión hacia los grandes picos. Y habría que haber tomado otro vehículo, que nos hubiera llevado durante la noche a Potes, situado al pie de la cordillera. Pero la estación no era propicia para emprender excursiones por los Picos de Europa, y por ello continué viajando a lo largo de la costa ...

Hans Gadow (1895) escribe sobre los servicios de comunicación de Cabezón de la Sal con Unquera en estos años finales del siglo XIX:

Dos coches salen diariamente de Cabezón de la Sal... El coche de la mañana se dirige hacia Unquera, y desde allí, en dirección oeste, a Asturias; pero únicamente el coche nocturno, el del correo, que pasa por Molleda hacia las diez o las once de la noche, sigue hacia Potes, adonde llega a la una y media, las dos o las tres de la madrugada (dependiendo de a quién se le pregunte ...).

También Gadow, comenta un viaje por esta carretera entre Llanes y Santander, que le lleva unas diez horas:

Para seguir hacia el este se toma a las ocho de la mañana uno de los coches pertenecientes a la línea llamada La Aurora... La carretera sigue la línea de la costa y no hay nada de especial interés a excepción de las espectaculares vistas de los Picos de Europa a lo lejos. El paisaje es uniforme hasta Unquera, en la desembocadura del río Deva, donde comimos maravillosamente en la posada de Velarde. Pasada Unquera, atravesamos varios lugares de una belleza impresionante, especialmente San Vicente de la Barquera, donde la carretera sigue por el interior hasta Cabezón de la Sal, lugar situado en la ruta principal, … Torrelavega y Santander, adonde llegamos por la tarde.

C. *Otras vías del siglo XIX en la comarca Costa Occidental*

En esta sección se recogen las mejoras que a lo largo del siglo XIX se producen en las vías secundarias que, partiendo de los ejes principales que se han descrito en los dos puntos previos, van a comunicar el resto del territorio. El diccionario de Madoz (1845-1850) nos ofrece información de como estaban los caminos en otros lugares de referencia que nos queda por contemplar en esta comarca.

Novales: *Camino real que dirige de Santander a Asturias, además de los locales. Recibe la correspondencia de Torrelavega por valijero.*

Cerrazo: *Los caminos son locales a excepción del real que dirige a Asturias, en bastante mal estado; recibe la correspondencia de Torrelavega.*

Rudaguera: *Los caminos son locales y malos, excepto el que dirige por Torrelavega a Asturias; recibe la correspondencia de Santillana.*

Abanillas: *Los caminos son locales y se hallan en regular estado.*

Labarces: *Los caminos dirigen a los pueblos limítrofes; recibe la correspondencia de Cabezón.*

La vía de Puente San Miguel a Novales y la costa. Es recorrida por Amós de Escalante en 1871 y en lo que sigue se recogen: primero, sus impresiones cuando llega al primer lugar desde la zona de Torres, y hace referencia a la carretera nueva que va hacia Cabezón por la margen derecha del Saja (la cual es objeto de 4.3A); el seguirá el camino que nos ocupa, que va por la orilla izquierda de este río, hacia Villapresente y Cildad, en el linde de los valles de Reocín y Alfoz de Lloredo:

> ... pasando el viejo puente que llaman de San Miguel ... El paisaje es amenísimo; el lecho del Saja va por aquí hundido y silencioso, haciendo anchos pozos en que el salmón habita y se pintan distintos y claros, árboles de la orilla, celajes del firmamento. Caminando a par del río van, por su orilla derecha, la carretera nueva; por su orilla izquierda, las trochas y veredas antiguas; y van hacia ocaso buscando ya los senos de los postreros valles cántabros y la raya de la tierra heroica de Asturias.

> Tomemos por estos caminos, donde el peón deja al jinete y la carreta seguir la dura lastra y suelos cantos, y se entra cómodamente por el blando sendero de la mies y el prado. Una aldea risueña, con aire de holgada vida y bienestar cumplido, nos mira desde un ribazo: Villapresente; más alta todavía por encima de las tejas y las copas de sus árboles, nos mira su hermana Cerrazo.

> Llegue a la cumbre de Cildad cuando el sol ya tomaba la roja tinta precursora de su declinación. ... Enfrente divisaba los suaves collados, asiento de Cóbreces, émula de Novales, y hacia la derecha, bajando a la marina, las torres gemelas de Cigüenza, que dan fama en la comarca a su iglesia y vanidad a sus moradores.

Catalina, en la memoria de carreteras de 1883, recoge que la carretera de Puente San Miguel a Cóbreces, de tercer orden y con 14 kilómetros, se encuentra en estudio; y en la memoria de 1889, que está en fase de construcción, con el siguiente itinerario: Puente San Miguel, Villapresente, Cerrazo, Novales y Cóbreces, donde enlaza con la vía costera que une Santillana y Comillas (4.2A). Esta vía ya aparece en servicio en la guía de Coll de 1896 y es recogida como carretera del Estado en el mapa de 1900 de la Diputación de Santander (*figura 42.2*).

La *figura 42.29* muestra un mojón pétreo de esta carretera, del momento de su construcción a finales del siglo XIX, junto a la entrada oriental a **Novales**; es llamativo que las distancias están referidas a las dos ca-

Figuras 42.29 a 42.31.
Hito kilométrico en la carretera de Puente San Miguel a Cóbreces, en la entrada este de Novales. En este pueblo, monumento a la actividad minera y puente de la carretera decimonónica sobre el arroyo de la Cigüenza (LVC).

pitales de provincia más próximas: así, marca 38 kilómetros a Santander en una de sus caras hacia la vía, y 168 km a Oviedo en la cara opuesta. En este pueblo hay un monumento que hace referencia a la importante actividad minera (*figura 42.30*) que existió en esta zona, durante parte de los siglos XIX y XX y que propició su desarrollo; Alfoz de Lloredo contaba con dos minas de las que se extraía blenda, marcasita y galena. La vía pasaba en Novales el arroyo de la Cigüenza con un puente (*figura 42.31*) construido con motivo de la nueva carretera; se trata de una estructura pétrea que salva un vano de unos 7 metros con una bóveda escarzana.

La vía desde Novales hacia el sur. En la guía de Coll de 1896 aparece una carretera provincial que está en estudio, de unos 5,8 kilómetros, que conecta Novales con Fresnedo, La Busta, pasa próxima a

Figuras 42.32 y 42.33. *Iglesias del siglo* XIX *en La Acebosa y en Serdio, junto al camino que comunica San Vicente de la Barquera con Estrada y la vía del Nansa (LVC).*

Golbardo y prosigue a Casar de Periedo; de igual modo se muestra en el mapa de 1900 de la Diputación de Santander (*figura 42.2*).

La vía de Cabezón de la Sal al Puerto de Comillas. En 1872, Monterde la recoge, en la Revista de Obras Públicas (20, tomo I, 23), como camino a potenciar: ... *de unos 10 kilómetros... el cual facilitaría el transporte de la calamina de aquella comarca, que se embarca por dicho puerto.* Catalina en la memoria de carreteras de 1883 expone que es una carretera de tercer orden que se encuentra en construcción y, ya en la de 1889, como finalizada y de 12,6 kilómetros. La guía de Coll de 1896 ofrece el siguiente itinerario: Cabezón de la Sal, Valoria, La Hayuela, Canales, Comillas y Puerto de esta villa. Y esta vía es recogida en el mapa de 1900 de la Diputación de Santander (*figura 42.2*).

La vía de San Vicente de la Barquera hacia el sudoeste y valle del Nansa. El mapa de Alabern y Mabon de 1847 muestra un camino que desde la villa marinera se dirige hacia Estrada, Abanillas y va a enlazar, al sur de Luey, con la vía que sigue al río Nansa. A lo largo de este itinerario el viajero puede ver dos iglesias construidas en el siglo XIX: la de San José en La Acebosa (*figura 42.32*) y la de San Julián de Serdio (*figura 42.33*).

La carretera desde Treceño hacia el oeste, a Roiz. En este lugar se construyeron dos importantes puentes a finales del siglo XIX, en sendos barrios del mismo.

Puente en La Cocina de Roiz (*figura 42.34*). Es una bella estructura pétrea de un vano que salva el arroyo Bustriguado poco antes de su confluencia en el río Escudo. Es un proyecto del ingeniero de Caminos José Sánchez y Sánchez y fue construido en 1897, el paso está conformado por sus estribos y una bóveda escarzana de 11 metros de luz y 1,1 metros de flecha (Vega 1997); este puente ha sido ensanchado a comienzos del siglo XXI (6.2D).

Puente en Las Cuevas de Roiz (*figura 42.35*). Se trata de una importante estructura de piedra de tres vanos que salva el río Escudo en la entrada de la carretera por el oeste del pueblo. Su proyecto es del mismo ingeniero de caminos que en el caso anterior y fue construido en 1893. Sus bóvedas escarzanas tienen 12 metros de vano y 2 metros de flecha y sus dos pilas centrales tienen tajamares semicilíndricos en sus dos extremos. Su obra de cantería es de buena calidad. Sobre los arcos de embocadura y tímpanos podemos apreciar una imposta horizontal que marca la rasante de la carretera. Los pretiles de protección son de mampostería careada y sus albardillas son sillares alargados con su cara superior abombada o convexa.

Desde Treceño hacia el sur, a San Vicente del Monte. En este pueblo se construyó a finales del siglo XIX, en 1894, un humilladero (*figura 42.36*) junto al camino que, al sur de este lugar, conduce al barrio de Las Casas Nuevas.

Desde Roiz hacia el sur a la vera del arroyo de Bustriguado. Este es otro camino secundario que sirve a varios barrios vecinos al curso de agua citado y que entrega sus aguas al río Escudo en el lugar de La Cocina; desde aquí y aguas arriba, la vía antes de llegar al pueblo de Bustriguado cruza el citado arroyo entre La Vega y La Ganceda.

Figuras 42.34 a 42.37. *Puentes de finales del siglo* XIX *en dos barrios de Roiz: en La Cocina sobre el arroyo Bustriguado y en Las Cuevas sobre el río Escudo. Humilladero de 1894 en San Vicente del Monte. Puente entre La Vega y La Ganceda de Roiz sobre el arroyo de Bustriguado (LVC).*

Puente de La Vega de Roiz (*figura 42.37*). Se trata de un puente de piedra de dos vanos resuelto con bóvedas escarzanas, su longitud total es de unos 16 metros, su ancho de 5 metros y la obra de cantería es de buena calidad. En los últimos años, con el objetivo de incrementar su anchura, le han retirado sus pretiles originales y se ha colocado una losa de hormigón sobre la que se han instalado unas barreras de seguridad metálicas.

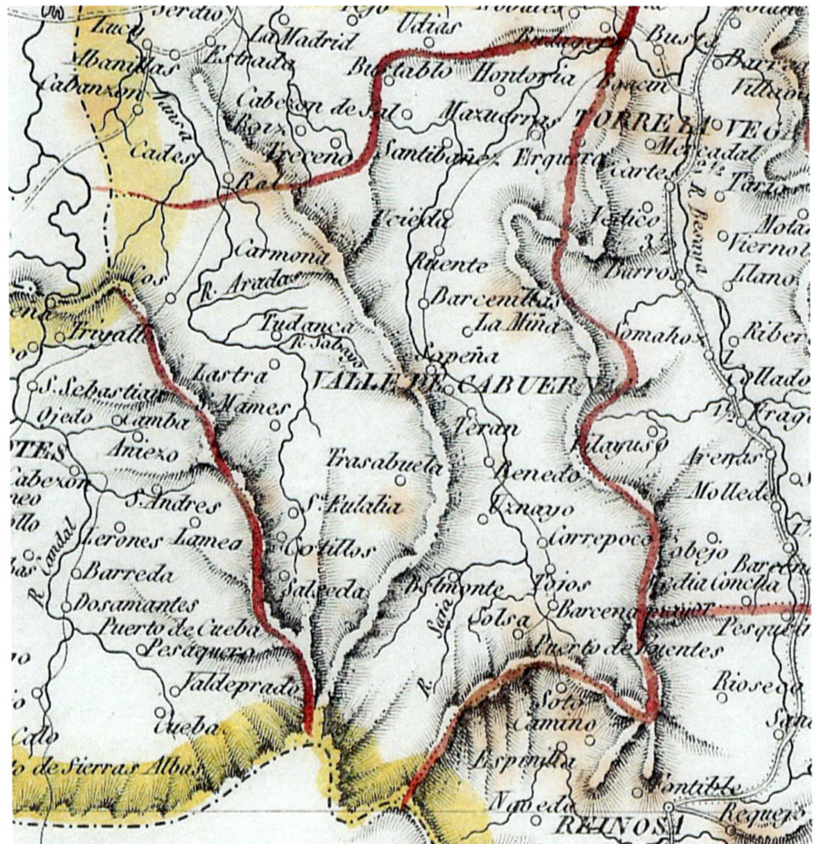

Figura 43.1. *Zona del Mapa de R. Alabern y E. Mabon (1847) que recoge los caminos de la comarca Saja-Nansa (Biblioteca Nacional de España).*

4.3 LAS VÍAS DECIMONÓNICAS EN LA COMARCA SAJA-NANSA

Las *figuras 43.1 y 43.2* recogen los planos de Alabern y Mabon, de 1847, y de Coello, de 1900, que nos van a servir de guía en el recorrido por los principales caminos de esta comarca.

Figura 43.2. *Zona del Mapa de Francisco Coello publicado en 1900 por la Diputación de Santander que recoge las vías de la comarca Saja-Nansa (Biblioteca Nacional de España).*

Este apartado se ha dividido en cuatro secciones. En la primera se hace referencia a la vía entre Torrelavega y Cabezón de la Sal, que va a experimentar notables mejoras y convertirse en carretera en el último tercio del siglo XIX. Los dos puntos que siguen recogen la evolución que, a lo largo de la centuria decimonónica, tienen los caminos que siguen a los ríos Saja y Nansa hacia los puertos de Palombera y de Piedras Luengas, respectivamente. Y la sección cuarta se dedica a la vía este-oeste que conecta los municipios de Cabuérniga, Rionansa, Lamasón y Peñarrubia, comunicando los valles de los ríos Saja, Nansa y Deva.

A.   La vía decimonónica de Torrelavega a Cabezón de la Sal

El mapa de Alabern y Mabon (*figura 43.1*), de mediados del siglo XIX, no recoge la vía que conectaba estas dos villas de Cantabria, quizás porque este camino no era prioritario en este momento; tampoco, como se comentó en 3.3A, el plano de López de Vargas de 1774 recogía caminos de enlace con Cabezón. El diccionario de Madoz (1845-1850), contemporáneo del primer mapa citado, nos ofrece información de los caminos de los lugares de esta ruta y confirma, como es lógico, la existencia y uso de esta vía entre estas dos poblaciones de referencia:

Puente San Miguel: *Los caminos dirigen a los pueblos limítrofes, y a Santillana, y Asturias: recibe la correspondencia de Torrelavega.*

Valles: *Los caminos son rurales, excepto el de Torrelavega a Cabezón de la Sal. Recibe la correspondencia de aquella villa.*

Barcenaciones: *... le fecunda el río Saja, que como queda dicho, corre inmediato al lugar; en él hay una barca que facilita el paso ... y un camino carretero que pasa por el pueblo, la comunicación con los valles de Cabezón de la Sal, Cabuérniga y otros, existiendo además los caminos de servidumbre y el que dirige a Torrelavega de donde recibe la correspondencia por valijero.*

Caranceja: *Los caminos son locales; recibe la correspondencia de Santillana por valijero.*

Cabezón de la Sal: *Los caminos locales y en mal estado. Tiene administración subalterna de correos, recibiendo la correspondencia de Torrelavega por valijero.*

Se ha descrito en 4.2A el camino real que el mapa de Francisco Coello (1861) indicaba desde Torrelavega a Santillana y Comillas, vía Puente San Miguel. Desde este lugar el citado plano marca con dos líneas de trazos, hacia occidente, un futuro camino carretero que iría por «Veguilla», Quijas, Barcenaciones, «Carranceja», Casar de Periedo, Periedo, «Venta de Hontoria» y Cabezón de la Sal. Habría que esperar a finales de los años 60 del siglo XIX para que esta carretera entre Torrelavega y Cabezón, como parte de la vía estatal hacia Oviedo, experimentara una mejora importante.

Se recorrerá, ahora, esta nueva carretera de segundo orden desde Torrelavega a Cabezón, citando los hitos más significativos. Saliendo de la primera villa hacia poniente, se cruzaba en **Torres** el río Besaya, esto se hacía por un puente de tres vanos de 11,8 metros de luz construido en estas fechas, tenía apoyos de fábrica pétrea y tablero de madera (*tabla 42.2*). En 3.3A se ha hecho referencia a la barca que se utilizaba en este lugar (y al puente de piedra que, durante un breve periodo, entre 1765 y 1775, hubo aquí).

El Puente San Miguel en el siglo XIX (*figura 43.3*). La vía que nos ocupa alcanzaba este lugar del valle de Reocín, y se dirigía hacia La Veguilla por la margen derecha del río Saja, sin cruzar la histórica estructura que era utilizada por la carretera de tercer orden hacia Santillana, Comillas y La Revilla que se ha recogido en el apartado anterior (4.2A).

Este importante puente pétreo (ver 3.3A) sufrió graves daños en la gran riada de agosto de 1834, durante algún tiempo su vano principal se pasó por medio de un tablero de madera, hasta su reconstrucción años después (Barreda *et al.* 1993). Monterde (1873) recoge al describir la citada carretera hacia Santillana que el puente San Miguel era de cuatro bóvedas, con luces desiguales, siendo la mayor de 18,7 metros de vano y que se encontraba en buen estado. En la *figura 43.3* se muestra este puente en la actualidad, con una plataforma ampliada, en los años 90 del siglo XX, por medio de voladizos de hormigón armado.

Puente pétreo de Santa Isabel (*figura 43.4*). Se encuentra sobre el río Saja, a unos 2,1 kilómetros aguas arriba del anterior, en una carretera local que conecta la zona de La Veguilla y Valles con los pueblos de Villapresente y Cerrazo. Se trata de un puente constituido por una bella bóveda escarzana de unos 14 metros de luz y 3,5 metros de ancho total; además, en la margen izquierda cuenta con tres pequeños vanos de aproximación resueltos con tramos rectos que en origen fueron de madera y, en la actualidad son de hormigón armado.

Figuras 43.3 a 43.6. *Puentes sobre el río Saja: de San Miguel, en el lugar homónimo; y de Santa Isabel, entre La Veguilla y Villapresente (LVC). Quinta de San Raimundo en Barcenaciones (Revista Caja Cantabria nº 121). Farallón de rocas en voladizo entre Barcenaciones y Caranceja (Autor desconocido, CDIS, Ayto. de Santander).*

Desde **La Veguilla**, la vía principal hacia poniente continuaba por el valle de Reocín por Quijas, Barcenaciones y Caranceja. En 1881, el conde Saint Saud recorre esta carretera y escribe (en Aramburu y Losada, 2016): … *Torrelavega, pequeña ciudad de antiguas casas, con plaza de típicos soportales. Luego continúa hacia Quijas y flanquea el curso del Saja, tallada a veces en roca viva a lo largo del río …*

En **Barcenaciones** la carretera pasaba cerca de la Quinta de San Raimundo (*figura 43.5*), construida en 1886 para el indiano Raimundo Díaz de la Guerra y Fernández, que creó un interesante jardín botánico.

Poco después, la carretera iba junto al río y la existencia de una gran peña en ese lugar obligó a perforarla para encajar la plataforma de la carretera (*figura 43.6, Autor desconocido. Reocín. Peña de Caranceja, 1910-1920, Fondo Antonio Mallavia, Centro de Documentación de la Imagen de Santander, CDIS, Ayuntamiento de Santander*), creando un llamativo tramo en que existía un macizo rocoso en voladizo, que atraía la atención de los viajeros; en esta imagen puede verse a un grupo de personas y varios coches de caballos, parece que se trata de una excursión, y que han parado en este lugar para hacerse una foto. A esta mole que vuela sobre la vía se refiere Amos de Escalante en 1871, como se recogerá al final de esta sección.

Puente entre Caranceja y Casar de Periedo Se construyó cuando se hizo esta carretera, en la década de los sesenta del Ochocientos, y permitía cruzar el río Saja en el límite entre los valles de Reocín y de Cabezón. Era una estructura pétrea de tres vanos, conformada con bóvedas escarzanas, de 12 metros de luz y 2 metros de flecha, que apoyaban en los estribos y en dos pilas intermedias que tenían tajamares semicirculares y que llegaban en altura hasta el arranque de los arcos de embocadura. Este puente fue destruido en la Guerra Civil y reconstruido en 1939 como veremos en 6.3A.

Catalina, en la memoria de carreteras de 1883, nomina esta nueva estructura decimonónica como «puente de la Venta del Río»; efectivamente, en este lugar, donde previamente existió un paso de barca, se conoce, desde al menos mediado el siglo XVIII, una venta que es recogida en el catastro de Ensenada y, también, en el plano de López de Vargas de 1774, la misma es descrita por Ruiz y Rubio (2018).

Finalmente, la carretera alcanzaba **Cabezón de la Sal**, en donde en el siglo XIX hubo dos iniciativas de tipo docente: en 1804, se construyó, frente a la iglesia parroquial, una escuela gratuita por encargo de Juan Domingo González de la Reguera, descendiente de esta villa y que había sido Arzobispo de Lima, este edificio alberga actualmente la biblioteca municipal (*figura 43.7*); además, en los años 80 y gracias al filántropo y jándalo Pedro Alcántara Igareda y Balbás, que dejó un gran legado en favor de su lugar de origen, se levantó otro edificio que fue inicialmente un asilo para ancianos y colegio y que actualmente ocupa el ayuntamiento de la villa (*figura 43.8*). La carretera seguía hacia poniente y, una vez superado el **Alto del Turujal**, entraba en el valle de Valdáliga (ver 4.2B).

Al sudoeste de Cabezón de la Sal se encuentran los arroyos de Las Navas y de Pontonilla, dando lugar al denominado río Rey (aunque en los planos recientes se sigue llamando con el segundo nombre); este cauce atraviesa el centro de la villa dirigiéndose hacia el nordeste, donde se encuentra con el arroyo de San Ciprián que viene por el sur desde la zona de Carrejo.

Puente sobre el río Rey en Cabezón de la Sal (*figura 43.9*). Este paso, ya desaparecido, se encontraba frente al palacio de Bodega de esta villa; la imagen es de 1908 (Meer, 2003). Se trataba de una estructura de dos vanos cuyos elementos verticales, estribos y pila central, eran de fábrica pétrea, sobre ellos apoyaba un tablero de madera que estaba soportado por vigas que descansaban en los elementos portantes a través de zapatas del mismo material que reforzaban el trabajo resistente de mencionadas jácenas.

Como testimonio de pequeños puentes en este valle de Cabezón se recoge uno, ya desaparecido, que cruzaba el arroyo Rey en las cercanías de la villa, fue descrito por Alfonso de la Lastra (1977): se trata de una estructura de piedra de tres vanos y un largo total de unos 9 metros, sus pilas centrales están conformadas por losas de piedra dispuestas en vertical que apoyan en otras apoyadas sobre el cauce, los apoyos del tablero están formados por travesaños de piedra sobre los cuales cargan otras losas horizontales (*figuras 43.10 y 43.11*). Lastra comenta con acierto: *Estas obras, que su pequeñez no merma su importancia, si consideramos la suma de todas ellas, al encontrarlas en los lugares más insospechados, y llenan de calor humano nuestros valles y dan prez a nuestros artesanos.*

Figuras 43.7 a 43.11. *Construcciones decimonónicas en Cabezón de la Sal: biblioteca municipal y ayuntamiento de esta villa (LVC). Puente, hoy desaparecido, frente al palacio de Bodega (Colecc. S. Portugal). Pequeño puente desaparecido en las cercanías de Cabezón de la Sal (A. de la Lastra, 1977).*

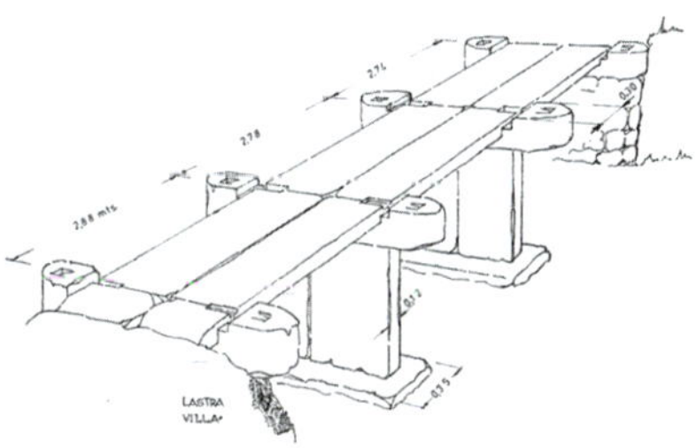

En lo que sigue se recogen las impresiones de tres viajeros que recorrieron esta nueva carretera en las tres décadas finales del siglo XIX. **Amós de Escalante (1871)** en *Costas y Montañas* escribe del itinerario entre Puente San Miguel y la zona de San Vicente de la Barquera, y se entresacan algunas de sus descripciones:

… descansando en Puente San Miguel, tomar con calma y espacio la pintoresca carretera. Ésta te traería, atravesando Quijas, a caer desde la ermita y alto de San Benito, a la mies de Carranceja, pasando bajo la roída peña de Barcenaciones, que gotea agua sobre el viajero como aviso de que algún día caerá ella misma a cerrar el paso. Así tantos la miran con saludable miedo y se santiguan al entrar bajo el formidable alero.

Del esfuerzo hecho para roer y pasar la peña descansa el camino tendiéndose a lo largo del valle. Sobre los castaños de Casar de Periedo… La populosa villa de Cabezón da nombre al valle. Dentro de sus calles parte la carretera al Sur hacia el valle de Cabuérniga y al Noroeste a entrar en Valdáliga … Paredes desmoronadas, cercas rotas, piedras esparcidas son en Treceño testimonios vivos de población más grande, de que no es título usurpado el de villa que en los registros lleva cuando el viajero le da ingenuamente el de aldea.

Más allá de Treceño, el camino hace una cuesta, y al desembocar sobre una abierta hondonada, en cuyo verde fondo corre un arroyo descubre a su mano izquierda y arrimado a una loma, que le guarda de Norte y Este, un barrio del pueblo de Roiz llamado Movellan. Es cuna del célebre Juan de Herrera, glorioso arquitecto de Felipe II … Caminando adelante vamos a ver la mar y los esteros de San Vicente.

En 1884, Mars Ross y Stonehewer-Cooper en *Las montañas de Cantabria o a tres días de Inglaterra* recogían información sobre el trayecto entre Santander y Unquera para aquellos viajeros que, vía esta nueva carretera, desde este último pueblo se enfrentaban al desfiladero de la Hermida (ver apartado 4.4A), para poder visitar Liébana y los Picos de Europa. En lo que sigue y por el interés de conocer el modo en que se abordaba este viaje y los tiempos empleados, se resume lo escrito; estos autores recomendaban ir en tren desde Santander hasta Torrelavega, que se encontraba en servicio desde 1858. Dado que esta estación se encontraba alejada del centro de esta villa, a unos 2,5 kilómetros, existían coches de caballos que comunicaban ambos lugares. Desde aquí, existía un servicio de diligencias hacia Unquera, vía Cabezón, el viaje duraba unas 5 horas (en López García 2000):

> Un dosel o tejadillo protegía al conductor. Alardeaba de cuatro caballos… marchaban bien, al galope, cuando subían; pero muy despacio, cuando bajaban. A veces son siete los caballos que tiran de estos coches de la diligencia, dos parejas y un trío en medio … Si el carruaje sale de Torrelavega alrededor de las once de la mañana, la hora de llegada a San Vicente es a las dos… después de seguir una recta carretera durante unas dos horas estará, como nosotros, a las cuatro de la tarde, en Unquera…

En cuanto a los detalles de esta carretera y del viaje, quedan bien recogidos por **Pérez de Nieva hacia 1893** en *Por la Montaña, notas de un viaje a Cantabria* en donde nos describe el recorrido entre Torrelavega y San Vicente en una diligencia (Aramburu y Losada, 2016):

> Los zagales acaban de acomodar baúles y maletas en una enorme barricada sobre la imperial del coche; el mayoral, aposentado en el pescante, restalla la tralla para advertir al ganado, que cabecea sonando las colleras del tiro… Al fin se organiza el convoy, se acomoda cada cual en su asiento, el mayoral suelta el torno, atiza a las mulas, que arrancan a un trotecillo largo, levantando una blanca tolvanera, y la diligencia se entra en derechura a San Vicente de la Barquera, por el camino real de Oviedo, duro de piso, polvoriento, orillado de árboles y trazado en la múltiple mancha verde del paisaje como una cinta que se dejara caer sobre una alfombra… la carretera orillada de árboles gigantescos que a veces forman una bóveda de follaje; perdiéndose a trecho bajo lo álamos el ferrocarril económico que pondrá en comunicación directa a Santander con Cabezón de la Sal casi siempre adelantando sus dos líneas de hierro entre el camino y el agua; el valle inmenso poblado de casitas y de huertos en cuanto alcanza la vista… He aquí el paisaje que se contempla durante tres o cuatro horas desde la ventanilla de la diligencia.

B.   *La vía del siglo XIX por el valle del río Saja, desde Cabezón al Puerto de Palombera. Las carreteras por Mazcuerras*

La *figura 43.1* recoge el plano de Alabern y Mabon de mediados del siglo XIX y nos muestra una vía que sigue al río Saja desde la zona de Mazcuerras hacia Soto, en Campoo de Suso; su itinerario es, en líneas generales, similar al que se ha descrito en 3.3B. El enlace desde el primer pueblo hacia el oriente, a la zona de Torrelavega, no queda claro; tampoco está bien detallado el tramo final, desde Los Tojos y Barcena Mayor hacia Campoo. Como ya se ha indicado, alrededor de Cabezón de la Sal no queda reflejada vía alguna.

Por tanto, este mapa sólo nos advierte sobre los principales puntos de paso de la vía entre Mazcuerras y el sur del antiguo valle de Cabuérniga; estos pueblos son: Ucieda, Ruente, Barcenillas, Sopeña, Valle de Cabuérniga, Terán, Renedo, Correpoco, Tojos, Barcena Mayor y Soto (ya en Campoo).

En la misma época, el diccionario de Pascual Madoz nos informa sobre los caminos existentes en los diferentes pueblos de este territorio y, como se verá en lo que sigue, su estado es deficiente.

Ucieda: *Los caminos dirigen a Santander, pueblos limítrofes y Reinosa: recibe la correspondencia de Cabezón de la Sal.*

Ruente: *Pasa por este pueblo la carretera de Santander a Reinosa; los demás caminos son locales.*

Barcenillas: *Los caminos para Castilla y Santander que cuenta, además de los locales, son carreteros y se hallan en estado bastante deplorable por las lluvias y nieves que continuamente los destruyen; su reposición se ejecuta a pedazos repartidos entre los pueblos de todo el valle.*

Sopeña: *Los caminos dirigen a Santander y Liébana, y se encuentran en malísimo estado: recibe la correspondencia de Cabezón de la Sal.*

Valle de Cabuérniga: *Los caminos dirigen a Santander, Torrelavega, Reinosa y Cabezón de la Sal, de cuyo último punto recibe la correspondencia por valijero.*

Terán: *Caminos: dirigen a Cabezón de la Sal y Reinosa, y se hallan en malísimo estado; recibe la correspondencia del primero de los antedichos puntos.*

Renedo: *Pasan por la población los caminos que dirigen a Reinosa, el Tojo, Saja, todos en mal estado; recibe la correspondencia de Cabezón de la Sal.*

LLandemozó (o LLendemozó): *Los caminos dirigen a los pueblos limítrofes; son carreteros y malos; en el que baja a Renedo hay una venta llamada de Cotera; recibe la correspondencia de Valle.* // Actualmente es una aldea deshabitada.

Correpoco: *Los caminos locales y en mal estado; recibe la correspondencia de Cabezón de la Sal por valijero.*

Los Tojos: *Los caminos dirigen a Santander y Reinosa y se hallan en malísimo estado: recibe la correspondencia de Valle de Cabuérniga.*

Bárcena Mayor: *El único camino que tiene carretera es el que dirige a Castilla, cuyo estado es bien fatal a pesar de que cada año le componen 2 o 3 veces para hacer sus viajes a dicho país: los correos se reciben de Cabezón.*

En relación a este camino a Castilla, Madoz nos vuelve a dar una referencia en la voz «Valle de Cabuérniga, partido judicial»; donde, asimismo, ofrece interesantes datos de otros caminos hacia el valle del Nansa que nos ayudan a comprender la compleja red viaria de este territorio, así:

… camino carretero denominado del puerto de Palombera, el cual dirige desde el valle de Cabuérniga, saliendo por Barcenamayor a Reinosa.

… camino peonil que desde Ruente va a Carmona y Valle de Rionansa.

… camino carretero llamado la Collada, que también toca el mencionado pueblo de Valle. // [Se refiere al camino entre Valle, Carmona y Puentenansa.]

… tiene un camino carretero en muy mal estado llamado la Valsemana que desde el pueblo de Terán dirige a Tudanca.

El mapa de Francisco Coello de 1861, perfila ya lo que va a ser en el futuro la vía principal del valle del Saja, su itinerario viene en doble línea de trazos, como camino previsto. Hasta Renedo es como se ha venido describiendo, la novedad se encuentra que desde aquí la futura vía seguirá por la margen izquierda del río, sin utilizar el puente de las Trechas, e irá por Fresneda, El Tojo y Saja, donde termina la carretera en este plano.

Por otro lado, este importante documento cartográfico, recoge una vía de herradura que desde Barcenillas va por la margen derecha del río Saja hacia el puente de las Trechas (a la altura de Renedo) y luego sigue por la Venta de la Cotera, Llendemozó, Correpoco, «Pumbieja», Bárcena Mayor, Venta de Movejo y puerto de Palombera. O sea, es un camino tradicional que se ha venido usando desde la Edad Media; junto con la variante que subiendo desde la Ponvieja a los Tojos y Colsa sigue por el cordal interfluvio de los ríos Saja y Argonza hasta el collado de Ozcaba, donde se unen las dos vías, y pasan juntas a Campoo de Suso.

Expuesto lo anterior, debe suponerse que la situación de la vía principal junto al Saja, en la primera parte del siglo XIX sería, pues, similar a la que se ha descrito en 3.3B para la Edad Moderna. Habría que esperar al último tercio de esta centuria decimonónica para que esta carretera tuviera una mejora sustancial. Así, Monterde en la revista de Obras Públicas de 1874 (22, tomo I -1-) recoge que la carretera entre Cabezón de la Sal y Saja, de 23 kilómetros, ya está construida en 1868.

Catalina, en la memoria de carreteras de 1883 recoge que de la carretera de tercer orden entre Cabezón y Reinosa ya están construidos 33 kilómetros y quedan 20 en fase de construcción; en este documento se informa de los puentes principales de esta carretera (*tabla 43.1*), como puede observarse dos de los seis puentes tienen tramos de estructura de madera. Unos años después, a finales de 1889, la vía ya quedaba concluida (en el tomo I de esta obra –5.5B– se informa al respecto). El mapa de la Diputación de Santander de 1900 (*figura 43.2*) recoge esta carretera del Estado ya completa.

PUENTE	RÍO	CARACTERÍSTICAS
De Santa Lucía	Saja	Dos bóvedas pétreas de 7,5 y 10,2 m de luz; y tramos de madera de 5,5 m
Meca	Bayones	De tres bóvedas pétreas de 12 m de vano
Barcenillas	Saja	De madera, de siete tramos: dos de 6,73 m de luz y cinco de 6,94 m
Pozo del Amo	Saja	De fábrica, en fase de construcción: Una bóveda pétrea de 12 m de luz
Soto	Soto	Una bóveda pétrea de 9 m de luz
Espinilla	Arroyo de los Coterucos	De tres bóvedas pétreas de 5 m de luz

Tabla 43.1. *Puentes de la carretera de tercer orden de Cabezón de la Sal a Reinosa (Memoria de Carreteras de 1883 y LVC).*

En lo que sigue recorreremos esta vía de norte a sur, aguas arriba del río Saja. Saliendo de **Cabezón** hacia mediodía, la carretera alcanzaba **Carrejo** y se enfrentaba al paso de este río.

Puente de Santa Lucía. Según la información que ofrece la memoria de carreteras de 1883, el cruce del río Saja se hacía en la nueva vía utilizando dos vanos del antiguo puente pétreo (ver 3.3B), que son los que podemos ver en la actualidad en el parque de Santa Lucía, y el resto del paso se hacía con una estructura de madera de varios vanos de 5,5 metros de luz. Este puente mixto, una parte de piedra y otra de madera, se utilizó hasta que en la primera parte del siglo xx se hizo un nuevo puente aguas arriba (ver 6.3.C).

Puente de Meca (*figura 43.12*). En este barrio, al norte de **Ucieda**, a la salida sur de la hoz de Santa Lucía, la carretera cruzaba el río Bayones, un afluente del Saja. Esto lo hacía con un puente de tres bóvedas

Figuras 43.12 a 43.14.
*Construcciones decimonónicas
en el municipio de Ruente:
puente de Meca, humilladero en Ucieda y
venta de Barcenillas (LVC).*

pétreas escarzanas de 12 metros de luz y 1,6 m de flecha que apoyan en los estribos y en dos pilas que tienen tajamares semicilíndricos, rematados con cuartos de esfera; sus arcos de embocadura y tímpanos están rematados con una imposta horizontal, que marca la rasante de la carretera, y con pretiles de mampostería y albardillas de sillares con cara superior en curva o abombada. Su longitud total es de unos 42 metros y su ancho de unos 4,5 m; su tipología es habitual en los puentes de las décadas finales del siglo XIX. Su proyecto es del ingeniero de caminos José Sánchez y Sánchez en 1879 y fue terminado en 1882 (Vega, 1997).

En Ucieda, no lejos del puente descrito, entre sus barrios de abajo y de arriba se conserva un bello humilladero de siglo XIX (*figura 43.13*). La nueva carretera bordeaba por el oeste **Ruente** y **Barcenillas**, evitando el paso por estos pueblos. Antes de alcanzar esta población pasaba junto a la venta homónima que venía funcionando como tal desde la Edad Moderna; Ruiz y Rubio (2018) recogen que en el siglo XIX se remodelaron sus obras previas y se construyó el edificio actual (*figura 43.14*); Madoz a mediados de esta centuria se refiere a ella: «*… existe a la salida norte del pueblo un pequeño humilladero, y a poca distancia de él una venta donde frecuentemente se alojan arrieros*».

Puente de Barcenillas. A la salida hacia el sur de este pueblo, la nueva carretera a Reinosa cruzaba el río Saja con una estructura de madera de siete tramos (*tabla 43.1*), aunque a finales del siglo se construyó uno de fábrica pétrea. Su proyecto, de 1886, fue del ingeniero de caminos José Sánchez y Sánchez quien diseñó un importante puente de tres bóvedas escarzanas de 19,2 metros de vano y 2,4 m de flecha, este puente se finalizó en 1890. Esta estructura fue destruida durante la Guerra Civil y reconstruida como se verá en 6.3C.

La carretera continuaba hacia el sur y circundaba por el oeste **Sopeña** y llegaba a la villa de **Valle**; aquí, en el siglo XIX se reformó y amplió, con una casa torre (*figura 43.15*), el edificio donde nació Augusto González de Linares, un científico naturalista de referencia nacional y uno de los impulsores de la Institución Libre de Enseñanza; en relación con ésta, se conserva en el edificio una placa conmemorativa (*figura 43.16*) de un evento que tuvo lugar aquí en 1875 sobre la «Libertad de enseñanza y libre investigación».

La carretera rodeaba por el occidente la villa de **Terán**, donde en los años 60 del Ochocientos, se construyeron sus bellas escuelas (*figura 43.17*), hoy Bien Inventariado de Cantabria, contemporáneas de la nueva vía; también, en su barrio de La Torre, se creó en 1898 el Asilo de Santa Ana para el cuidado de personas mayores (*figura 43.18*).

La carretera seguía hacia el sur, hasta alcanzar la villa de **Renedo**. Desde aquí el trazado de la carretera decimonónica, hacia la comarca de Campoo, iba junto al río Saja, aguas arriba de su cauce, a diferencia de

Figuras 43.15 a 43.18. *Construcciones decimonónicas en Cabuérniga: en Valle casona de la familia Gonzalez de Linares y placa conmemorativa sobre la Institución Libre de Enseñanza; y en Terán antiguas escuelas y asilo de Santa Ana (LVC).*

la vía medieval y moderna que en Renedo cruzaba el citado curso fluvial para dirigirse, a media ladera, hacia Llendemozo y Correpoco y, desde aquí, subir hacia el puerto de Palombera, bien por Los Tojos y Colsa, o bien por Bárcena Mayor (ver 2.3B y 3.3B).

Pontón sobre el arroyo Valfría (*figura 43.19*). La nueva vía, a la vera del Saja, alcanzaba **Fresneda** y al sur de este pueblo atravesaba el citado arroyo, esto lo hacía con un pontón de fábrica pétrea, cuya obra de cantería es de gran calidad, lo que es una muestra más del cuidado con que se abordaron las estructuras de piedra de esta carretera decimonónica, tanto los puentes importantes, como el paso de los pequeños cursos de agua.

Figuras 43.19 a 43.22. *Hitos constructivos de la carretera decimonónica junto al río Saja: en Fresneda, pontón sobre el arroyo Valfría; en la zona de El Tojo, punto kilométrico 9 y miriámetro de 10 kilómetros; y, en la Mancomunidad de Campoo-Cabuérniga, puente del Pozo del Amo sobre el Saja (LVC).*

La carretera entraba poco después en el municipio de Los Tojos y lo recorría durante 7 kilómetros por su zona occidental. Bordeaba por levante el pueblo de **El Tojo** y por poniente el de **Saja** (428 metros de altitud). Es esta la última aldea que se encuentra el viajero, antes de adentrarse en el bello y amplio espacio natural que recorre a continuación la carretera, hasta alcanzar el pueblo de Soto (964 m), en Campoo de Suso, que se encuentra a 21 kilómetros del citado previamente.

De esta zona entre El Tojo y Saja se recogen, a modo de ejemplo, dos de los hitos de piedra que se hallan al borde de la carretera y que señalan las distancias que median desde el lugar en que se encuentra el mojón hasta el pueblo de Valle, origen actual de esta carretera que se dirige hacia la comarca de Campoo: por un lado, un «punto kilométrico» (*figura 43.20*), un prisma de base cuadrada, y un «miriámetro» (*figura 43.21*), que se colocan cada 10 kilómetros y que están constituidos por prismas mayores a los anteriores y coronados por un semicilindro.

A tres kilómetros de Saja se alcanzaba la Mancomunidad de Campoo-Cabuerniga. Es este un singular espacio natural de gran belleza, de unos 66 kilómetros cuadrados, sin población alguna y dedicado a pastos para el ganado y usos forestales. Su uso conjunto por estas dos comunidades se remonta a finales de la Edad Media y ya desde mediados del siglo XVIII está regulado por Real sentencia, dependiendo de cuatro municipios (la Hermandad de Campoo de Suso y los tres que conformaban el histórico Valle de Cabuérniga). La vía recorre esta mancomunidad durante 12 kilómetros, atravesando durante un buen trecho un gran bosque de hayas.

Puente del Pozo del Amo (*figura 43.22*). Se encuentra cerca del kilómetro 16 de la vía, donde esta atraviesa el río Saja en un lugar donde éste tiene un bello salto de agua. Es un puente pétreo conformado inicialmente con una bóveda de medio punto de 12 metros de vano y que cruza el cauce a una gran altura, por lo que los estribos y muros de acompañamiento son muy altos. La bóveda de esta estructura fue destruida durante la Guerra Civil y reconstruida ya con hormigón (6.3C).

Cerca ya del paso de montaña, se llega a la histórica **Venta de Tajahierro** (1 180 metros) y poco después al **puerto de Palombera** (1 260 m), divisoria de las aguas que vierten al Cantábrico o a las fuentes del río Ebro. Descendiendo hacia el sur, a cuatro kilómetros se encuentra el citado pueblo de Soto (964 m) y dos kilómetros más adelante Espinilla (929 m), importante encrucijada de caminos; el que va hacia el oriente nos lleva a Reinosa (ver tomo I).

El camino a Barcena Mayor. El trazado de esta vía, desde Correpoco, no sufrió cambios sustanciales durante el siglo XIX. Como se ha expuesto, el itinerario del mapa de Francisco Coello de 1861, ya citado, es similar al que aparece en el plano de Tomás López de Vargas de 1774.

En relación al **puente de Bárcena Mayor**, debe añadirse que, en el diccionario de Pascual Madoz (1850) se nos informa: *En el pueblo había un puente de piedra, que arruinó una avenida en el año de 1834, sobre el citado río Argoza, el cual marcha casi en línea recta a desembocar en el Saja, entre Correpoco y su barrio del Lojo.* Esto implica que el puente que hoy vemos en este conjunto histórico, es una estructura rehabilitada de la primigenia de 1726.

La nueva carretera decimonónica, que seguía al Saja hacia Palombera, conllevó a que el camino tradicional por Bárcena Mayor hacia Castilla, a la vera del río Queriendo, dejara de utilizarse para los tráficos de largo recorrido y sólo tuviera significado para el uso local.

Las carreteras de conexión del valle del Saja con sus vecinos a oriente y occidente. El plano de 1900 de la Diputación de Santander (*figura 43.2*) nos muestra una interesante información respecto a dos carreteras de conexión hacia el este y oeste que, desde la zona de Correpoco y El Tojo, se contemplaban para su análisis, buscando enlazar con los valles del Besaya y del Nansa, respectivamente.

Desde Correpoco, una carretera de carácter provincial, se dirigiría hacia levante, desde la zona de La Ponvieja (o Punvieja en otros documentos), una vez pasado este puente que da acceso a Los Tojos, por la margen izquierda del rio Argonza o Lodar iba a Bárcena Mayor y desde aquí, siguiendo a este río y, después al Hormigas, conectaría con Santiurde de Reinosa y Lantueno. La vía desde Bárcena finalmente no se ha hecho, aunque existen viejos caminos utilizados por los senderistas, que permiten esta conexión.

Desde El Tojo, junto a la nueva carretera del Saja, una vía de carácter estatal iría hacia poniente, a conectar con Tudanca en el valle del Nansa; tampoco esta carretera se haría realidad.

El citado plano de 1900, recoge también otra posible carretera provincial, todavía sin estudio (marcada con puntos marrones), que conectaría la zona de Ruente con Los Corrales de Buelna, vía el valle de Cieza; finalmente, ya en la primera parte del siglo XX, este proyecto se inició desde Ucieda, aunque sólo se hicieron sus primeros kilómetros y no se completó (ver 6.3C). En cualquier caso, lo expuesto, muestra el interés que tenía la Diputación provincial por conectar entre si los diferentes valles, en este caso el Saja y el Besaya.

La carretera por Mazcuerras. La vía por la margen derecha del río Saja, entre el pueblo de Villanueva de la Peña y el puente de Santa Lucía, de unos 6 kilómetros, siguió utilizándose a lo largo del siglo XIX. Está señalada en el mapa de Alabern y Mabon de 1847 (*figura 43.1*); en esa época el diccionario de Madoz nos informa de la situación de los caminos de esta zona como se recoge.

Mazcuerras: *Además de los caminos locales, cruza la población el que dirige de Potes a Santander; recibe la correspondencia de Cabezón de la Sal.*

Ibio o Sierra de Ibio: *Los caminos dirigen a Santillana, Riocorvo, puertos de la Palombera y Cabezón de la Sal, de cuyo último punto recibe la correspondencia por valijero.*

El mapa de Francisco Coello de 1861 recoge un camino de herradura que va desde Villanueva de la Peña hacia Mazcuerras, Cos y puente de Santa Lucía. Desde Mazcuerrras otra vía va a Ibio, Sierra de Ibio, Alto de San Cipriano y baja hacia el valle de Besaya a Yermo y Riocorvo.

En lo que sigue, se recorre este camino junto a la margen derecha del río Saja y su bello entorno y se comentan algunos hitos decimonónicos que nos encontramos en el itinerario.

El puente de Villanueva de la Peña (*figura 43.23*). En las inmediaciones del Santuario de Virgen de la Peña, se encontraba uno de los pasos de barca que conectaban las dos vías que discurrían aguas arriba por el amplio valle de Cabezón, a diestra y siniestra del río Saja (ver 3.3B). A finales del siglo XIX, este cruce se pudo hacer ya con un puente de madera; en efecto, en 1894 se llegó a un acuerdo entre la compañía del ferrocarril del Cantábrico y el Ayuntamiento de Mazcuerras para que éste, cuyos pueblos podían comunicarse vía este puente con la nueva estación de Virgen de la Peña, en la margen izquierda del río, contribuyera a la ejecución de la obra (López Calderón, 2020).

La vía pasaba por **Mazcuerras**, o Luzmela, donde el viajero podía disfrutar de tres bellos edificios decimonónicos: la casa de 1828 (*figura 43.24*) de la familia de la impar escritora Concha Espina, y que ella habitó temporalmente, el palacete de 1882 (*figura 43.25*) del indiano Pedro Fernández Campa y el edificio del actual ayuntamiento (*figura 43.26*), construido hacia 1890 y promovido por Saturnina Fernández Campa para escuelas de la Fundación Docente. La carretera continuaba por Cos y más adelante, junto al puente de Santa Lucía entroncaba con la vía de Cabezón de la Sal a Campoo que se ha descrito previamente.

En el mapa de la Diputación de 1900 (*figura 43.2*) puede verse que esta carretera del Estado se encuentra en servicio y que desde la zona de Mazcuerras existe la intención de convertir en una nueva carretera, todavía sin un estudio definitivo (marcada con puntos rojos en el citado plano), el viejo camino que conectaba este valle del Saja con el del Besaya, vía Ibio, Alto de San Cipriano, Yermo, Riocorvo, Viérnoles, Tanos y la estación de Sierrapando, junto a Torrelavega. En **Herrera de Ibio** se reedificó a mediados del siglo XIX su iglesia de Santo Domingo de Guzman (*figura 43.27*) y se restauró a comienzos del siglo XX.

Figuras 43.23 a 43.27. *Construcciones decimonónicas en el municipio de Mazcuerras: en Villanueva de la Peña, puente sobre el río Saja (cortesía L. Mantecón); en Mazcuerras, casa de Concha Espina, palacete Las Magnolias y antiguas escuelas (hoy ayuntamiento); y en Herrera de Ibio su iglesia (LVC).*

C. *La vía decimonónica a lo largo del río Nansa, desde Pesués, en La Marina, a la Cruz de Cabezuela, en el límite con Liébana*

A mediados del siglo XIX el mapa de Alabern y Mabón (*figura 43.1*) recoge el camino que desde San Vicente de la Barquera va hacia Estrada, Abanillas, Luey, cruza el río Nansa y va a Cabanzón, desde aquí y hacia poniente se dirige hacia el amplio valle asturiano de Peñamellera. Este plano recoge otro camino de menor nivel que desde San Vicente va hacia el sur, hacia la zona de Cades, y de ahí lo dirige, con poca precisión, hacia la comarca de Liébana, por Trillayo, San Sebastián de Cillorigo y Potes; sería pues la conexión de esta zona con el valle del Nansa vía el río Lamasón.

En esta misma época, ecuador del Ochocientos, el diccionario de Pascual Madoz nos ofrece una panorámica de los caminos del Nansa, este documento recoge el camino principal norte-sur hacia Polaciones y de ahí hacia La Pernía palentina o el valle lebaniego de Pesaguero y hace referencia a otros caminos este-oeste, en concreto el que vía el rio Lamasón, va hacia el valle de Cillorigo de Liébana; así, en diferentes lugares de este territorio expone:

Muñorrodero: *Le fertilizan en parte las aguas del Nansa, en el que descargan las barcas que entran por Tina menor, generalmente cargadas de vena de hierro para dos fábricas de este metal que trabajan con las aguas de dicho río.* Se refiere a las ferrerías de Cades y de Cosío, que por esta fecha siguen activas.

Luey: *Desde 1840 se construyen calzadas de 14 y 16 pies de ancho. La correspondencia se recibe de San Vicente por un conductor asalariado.* Aquí, se entiende que está refiriéndose a la construcción de caminos locales, con anchos entre 3,9 y 4,5 metros; lo que, en el primer caso, de cruzarse dos carros, obligaría a orillarse a uno de ellos.

Camijanes: *Los caminos locales y en mal estado por lo pendientes y escabrosos; recibe la correspondencia de la capital del partido por un cartero.*

Rábago: *Pasan por la población los caminos de Tina menor a la ferrería de Cosío, y los de Comillas y San Vicente a Potes. La segunda vía es la que aguas* arriba del río Lamasón va a Sobrelapeña y de ahí hacia Liébana por Cires o por Cicera.

Celis: *Los principales caminos son el que va de Castilla a Santander, y el que cruza de Liébana a Cabezón y Comillas, tanto éstos como los locales son algo incómodos: recibe la correspondencia de Cabezón de la Sal por valijero.* Además de la vía que sigue al Nansa, señala la que va, hacia poniente, por Riclones a Venta Fresnedo para unirse al camino que sube por el río Lamasón desde Rábago.

Cosío: *Si bien todas estas montañas están cruzadas por caminos, estos sin embargo, no salen de ellas, pues son hechos sólo para la conducción de carbones a la ferrería, y para entrar en la carretera que va a la capital de la provincia ... por la parte del NE, se encuentra uno que dirige al pueblo de Obeso, de donde toma diferentes direcciones, siendo la recta la de San Vicente de la Barquera: este mismo camino por el SO abre dos ramales, volviéndose a unir en Poblaciones: uno corre todo el valle de Vendul y se eleva hasta la cúspide de Peñasagra, descendiendo por su parte oriental; el otro corre por todo el SE de Rionansa a cruzar por Tudanca lo menos elevado del puerto, únese al anterior en el indicado Poblaciones, dirigiéndose después por las cabeceras de Liébana a las Pernías y desembocando en Cervera de Río Pisuerga para el centro de Castilla. Este camino labraría indudablemente la felicidad de todo este país, reportando inmensas ventajas a la provincia de Palencia y centro de Castilla la Vieja, si se efectuase el plan de carretera trazada, y que se aprobó en tiempo de Fernando VII; rivalidades de los que veían en esto un perjuicio de la carretera de Santander, impidieron como en la actualidad, su construcción. La correspondencia la recibe de Cabezón de la Sal por valijero.* Como se ve, Madoz recoge hacia el sur de Cosío las dos posibilidades de paso (ver *2.3C* y *figura 23.16*) que se han descrito para ir hacia Polaciones, por El Potro o por Pantrieme, y, una vez en este alto valle del Nansa, ir hacia Liébana o Palencia.

La Lastra: *Caminos, no tiene más que el que por Rionansa atraviesa desde Polaciones a Tudanca en dirección a la costa. Recibe la correspondencia de Cabezón de la Sal, por valijero.*

Tudanca: *Los caminos dirigen a los puntos limítrofes; recibe la correspondencia de Cabuérniga.*

Polaciones o Poblaciones: … *Con 2 únicas salidas, una que dirige por el O. al centro de Castilla la Vieja, y la otra por el N. intransitable, pues no hay más espacio que el que ocupa el río por la garganta que forman las peñas de Vejo: otra comunicación viene desde Cervera del Río Pisuerga, que se halla en muy mal estado y casi interceptada durante el invierno por las nieves.*

Lombraña: *Caminos: solo pueden llamarse tales el que dirige a Puente Pumar, y otro que atravesando el puerto va a Campó, los demás son veredas: recibe la correspondencia de Cabezón de la Sal…* Aquí, Madoz recoge la conexión de Polaciones con Campoo, vía el collado de Sejos.

Tresabuela: *Los caminos dirigen a los pueblos limítrofes; recibe la correspondencia de Cabezón de la Sal.*

En los topónimos de Cosío y Polaciones, Madoz recoge claramente las dificultades de conexión existentes entre los valles de Rionansa y de Polaciones, habida cuenta de la sierra de Peña Sagra que separa tales territorios, solamente horadada por el río Nansa en la estrecha garganta de Vejo; en consecuencia, las dos opciones que se le ofrecían al viajero era bordear este desfiladero por levante, vía Tudanca, o por poniente, vía San Sebastián de Garabandal. Asimismo, el diccionario muestra la esperanza puesta en la carretera que uniera ambos valles siguiendo al río y evitara los dos rodeos señalados.

Del diccionario de Madoz (1850) cabe añadir el comentario que hace al tratar de San Vicente de la Barquera, en que se vuelve a insistir sobre la necesaria conexión norte-sur hacia Palencia: *Hace más de 60 años se ha proyectado un camino desde Cervera de Río Pisuerga a esta villa para ponerla en comunicación con Castilla; más a pesar de que por diferentes reales órdenes se ha prevenido la apertura de dicho camino, proponiéndose al efecto varios arbitrios, nada más se ha podido conseguir hasta el día, que al reconocimiento, dirección y valuación que en 24 de enero de 1816 verificó el ingeniero D. Manuel de Echanove, ascendiendo a 3.503,415 rs.: la utilidad de este camino está reconocida, pues el embarque del trigo de la provincia de Palencia se haría en este puerto con mucha más ventaja que en cualquier otro; lo cual daría tal impulso a la villa, que antes de muchos años sería un pueblo tan importante como lo fue en lo antiguo.*

El plano de Francisco Coello de 1861 recoge bien el «camino de herradura» del Nansa, con el siguiente itinerario: barca de Pesués; por la margen derecha del río pasa por Luey, Camijanes, Bielva, Rábago, Celis y Puentenansa; donde pasa a la margen izquierda del río, y sigue por Rioseco, Cosío y Rozadío; aquí, el camino pasa a la orilla derecha, recorre un tramo, y luego pasa de nuevo a la izquierda, para alcanzar Sarceda, continua a Santotís y La Lastra; desde estos últimos pueblos puede pasarse a Tudanca. Las opciones que siguen para dirigirse hacia el sur están en línea con lo expuesto previamente.

Habría que esperar al último decenio del siglo XIX para que esta aspiración de una carretera a lo largo del Nansa, desde el collado de Piedras Luengas a Pesués, de unos 54 kilómetros dentro de Cantabria, se convirtiera en realidad, a falta de concluir unos pocos kilómetros cercanos a su encuentro con la importante carretera costera de segundo orden. Así las memorias de carreteras de 1883 y 1889 (Catalina) nos informan del estado de esta vía de tercer orden en los años 80 de la citada centuria: en la primera de ellas se recoge que está en estudio y, en la segunda, que están en construcción 29 km, otros 5 km con proyecto aprobado y 20 km en estudio; en esta memoria se ofrecen las características de tres puentes de esta vía que ya se encuentran construidos (*tabla 43.2*).

La guía de Coll (1896) recoge que el tramo entre Piedras Luengas y Puentenansa (de 34 km) está prácticamente terminado (quedan 3 km en construcción); desde este lugar hasta Celis (5 km), la vía está en construcción y el resto hasta Tinamenor (15 km) sin empezar. Finalmente, el mapa de 1900 de la Diputación de Santander, muestra que esta carretera ya está casi finalizada, estando en construcción los 7 km que restan entre Camijanes y el puente de Pesués sobre el Nansa, en la carretera de la costa.

PUENTE	RÍO	CARACTERÍSTICAS
En Cosío	Vendul	De tres bóvedas pétreas de 9 m de luz
De la Herrería de Cosío	Nansa	De tres bóvedas pétreas de 8,5 m de vano
En Puentenansa	Quivierda	De tres bóvedas pétreas de 8 m de luz

Tabla 43.2. *Puentes construidos en la carretera de tercer orden del Collado de Piedras Luengas a Tinamayor, tramo entre Cosío y Puentenansa (Memoria de Carreteras de 1889 y I.VC).*

El itinerario que seguía esta nueva carretera, desde el cruce con la vía costera hasta la zona de Tudanca, era similar al descrito previamente; la gran novedad era que entre este lugar y Puente Pumar se enfrentaba a la difícil Hoz de Bejo construyendo una espectacular vía de nuevo trazado.

A lo largo de esta nueva carretera del Nansa se hicieron varios puentes para cruzar este cauce y salvar varios arroyos que confluyen en el mismo. En lo que sigue se recogen algunos hitos de esta carretera de finales del siglo XIX y principios del XX, siguiendo el curso del río aguas arriba desde la zona de Muñorrodero.

Puente sobre el arroyo Berrellín (*figura 43.28*). Éste se encuentra al sudoeste de Bielva y sirve de ejemplo al modo en que se abordaron en esta nueva vía el cruce de los pequeños cauces fluviales: el trazado de la carretera se acomodaba al barranco, yendo aguas arriba del mismo y rodeándolo con una obra de fábrica de amplios muros de acompañamiento y una bóveda de pequeño vano; el conjunto se protegía con pretiles de mampostería rematados con albardillas de sillares prismáticos de cara superior convexa, ligeramente curvada. Junto a esta obra se construyó, en la segunda mitad del siglo XIX, una bella casona de sillería bien trabajada y amplios miradores (*figura 43.29*). A unos 120 metros al sur de este lugar se encuentra un paso a la otra margen del río.

Figuras 43.28 a 43.31. *Cuatro bellas construcciones decimonónicas en el municipio de Herrerías: obra de fábrica sobre el arroyo Berrellín; casona y puente de madera sobre el río Nansa en El Arrudo (Fundación Botín); y casa en Rábago junto a la carretera general (LVC resto de las fotos).*

Puente El Arrudo (*figura 43.30*). Tal como se ha expuesto en 3.3C, en esta zona se encontraba uno de los pasos de barca que cruzaban el río Nansa. Aquí, en la parte final del siglo XIX, se construyó una estructura de madera que comunicaba la vía principal que seguimos por el valle de Herrerías, con la que iba por la margen izquierda del Nansa: hacia el noroeste a Cabanzón, o hacia el sur a Cades, desde donde subía hacia Sobrelapeña, siguiendo aguas arriba al río Lamasón.

La carretera principal continuaba por **Rábago**, bordeándolo por el sudoeste, y donde junto al encuentro de aquélla con el camino local que

Figuras 43.32 a 43.34.
Construcciones decimonónicas en Puentenansa: vista general del pueblo y de su puente sobre el río Quivierda (F. Cevallos de León, 1910-1920, CDIS, Ayto. Santander), este puente hacia 1938 (Biblioteca Nacional de España) y balneario de La Brezosa en la actualidad (LVC).

sube al núcleo de este pueblo, hay una llamativa casa decimonónica con buhardillas de estilo francés (*figura 43.31*). La vía seguía por **Celis** y en su salida sur debía superar el arroyo de Rioseco, lo que hacía con una amplia revuelta y un puente de fábrica de piedra. Algo más adelante, en **La Cotera**, superaba con otra bóveda de piedra el arroyo de La Cabrilla y, seguidamente, antes de alcanzar Puentenansa, atravesaba el barranco de Primicies, que lo hacía también con una amplia revuelta y otro puente que permitía el paso al cauce fluvial; todos estos cursos de agua entregaban sus aguas al río Nansa por su margen derecha.

Puente sobre el río Quivierda en Puentenansa. Se trata de una estructura pétrea de tres bóvedas escarzanas de 8 metros de vano y 5 metros de ancho. Antes de construirse este nuevo paso, aquí existió un puente de madera (Fundación Botín, valle del Nansa). La *figura 43.32*

(Fernando Cevallos de León. Puentenansa, 1910-1920, Fondo Centro de Estudios Montañeses, Centro de Documentación de la Imagen de Santander, CDIS, Ayuntamiento de Santander) muestra una vista general de este puente sobre el Quivierda, en la segunda década del siglo XX, antes de que entregue sus aguas al Nansa cuyo cauce seco se ve en primer plano. Este puente sufrió, en 1937, varios daños durante la Guerra Civil; la *figura 43.33* recoge una instantánea de esta estructura con las reparaciones provisionales que se hicieron para facilitar el paso. Ya a comienzos del siglo XXI fue ensanchado (ver 6.3D).

Algo más adelante, junto al río Nansa y no lejos de Cosío, se construyó a mediados de la centuria decimonónica el Balneario de La Brezosa (*figura 43.34*) que dinamizó la vida de esta zona del valle de Rionansa durante más de medio siglo.

Puente de La Herrería en Cosío (*figura 43.35*). Se encuentra al norte de este bello pueblo y junto a su ferrería dieciochesca. En esta zona, antes de construirse este nuevo paso, existió un puente de madera que daba servicio a un camino antiguo (Fundación Botín, valle del Nansa). El nuevo puente fue proyectado y construido al iniciarse la década de los 80 del siglo XIX. Se trata de una estructura de tres bóvedas pétreas de medio punto, y 8,5 metros de vano, que cruzan el río Nansa a cierta altura del mismo, lo que condiciona el amplio desarrollo de sus pilas y estribos. Su longitud total es de unos 30 metros y su anchura de 5 metros. El trabajo de cantería de su fábrica es de gran calidad y conserva sus pretiles originales de sillería, rematados con albardillas bien talladas.

Esto último, no es usual en muchos puentes de piedra, pues en las obras de modernización de los mismos y con vistas a incrementar el ancho de su plataforma, para facilitar el tráfico, se retiran estos muretes de protección y se disponen voladizos de hormigón armado y barandillas de seguridad, tal como se hizo en los puentes vecinos al norte y sur de éste que nos ocupa.

Figuras 43.35 a 43.37.
Puentes decimonónicos en Cosío:
en la Herrería, sobre el río Nansa, y
en el núcleo del pueblo, sobre el río Vendul.
Casilla de peones camineros al norte
de Sarceda (LVC).

En el caso concreto de esta estructura, en las obras de ampliación y mejora de la carretera, llevadas a cabo en esta zona a comienzos de la segunda década del siglo XXI, se decidió rectificar el trazado de la vía sobre el río, evitando una curva y contracurva que hacía aquí la carretera primigenia, y se optó por hacer un nuevo puente junto al existente, lo que hizo innecesario la retirada de sus pretiles y ensanchamiento. Estamos, pues, ante un buen ejemplo para ver con calma y seguridad, al estar sin tráfico, un bello puente original de esta carretera de finales del siglo XIX.

Puente decimonónico de Cosío (*figura 43.36*). Cruza el río Vendul a unos 190 metros aguas abajo del histórico puente dieciochesco (3.3C) que sirve a esta localidad. Se trata de una estructura de los años 80 del Ochocientos, conformada con tres bóvedas escarzanas de piedra, de

9 metros de vano, que cuenta con un trabajo de cantería de gran calidad, como el resto de estructuras de esta vía. En la imagen que se adjunta, al puente original se le han añadido voladizos de hormigón para incrementar el ancho de paso de la actual carretera, esta obra es principios de la segunda década del siglo XXI.

Algo más adelante la nueva carretera decimonónica bordea el pueblo de Rozadío y en el límite con el municipio de Tudanca, no lejos de Sarceda, se conserva una de las casillas de peones camineros (*figura 43.37*) que se hicieron al tiempo de la carretera, en el último decenio del siglo XIX; estas edificaciones estaban destinadas al mantenimiento de la vía y a albergar a los trabajadores que se encargaban de esta labor. También, en la salida sur de Puentenansa puede verse otra de estas construcciones.

La carretera continua por Sarceda, Santotís y La Lastra, frente a Tudanca que se encuentra en la otra orilla del río Nansa, evitando el paso por los mismos. Seguidamente, la nueva vía abordó la ingente tarea de atravesar la difícil garganta que hacía el Nansa desde esta zona hasta la entrada al valle de Polaciones.

El paso por la Hoz de Bejo (*figuras 43.38 y 43.39*). Este tramo, de unos 7 km, desde La Lastra de Tudanca (485 m) a La Laguna de Polaciones (810 m), es un gran logro de la ingeniería de caminos; especialmente en el paso del desfiladero, donde tiene varias revueltas para ir cogiendo altura, está encajonada entre las rocas y cuenta con importantes muros pétreos de contención del terreno, algunos con grandes contrafuertes, y un túnel (*figura 43.40*).

Puente sobre un arroyo que baja de El Potro (*figura 43.41*). Se encuentra a la salida del túnel citado, cerca ya del límite entre los municipios de Tudanca y Polaciones; la obra cruza el curso de agua citado que va a juntarse más abajo con el Nansa. La carretera salva el barranco con muros de mampostería y una bóveda de medio punto que permite el paso del agua; ésta inicialmente sería de fábrica pétrea, como los di-

Figuras 43.38 a 43.42. *Tornos de la carretera decimonónica en el estrecho de Vejo (mapas.cantabria y LVC); aspecto de la carretera en citado desfiladero; altos muros de contención con contrafuertes y túnel en esta vía; y puente cerca y al sur de la galería anterior. Bóveda sobre el río de la Guariza en Pejanda (LVC).*

ferentes pasos que se construyeron en esta vía decimonónica, pero en la actualidad ha sido sustituida por una de hormigón; también, los pretiles que protegen este paso son ahora de hormigón y diferentes a los muretes vecinos. Se desconoce el motivo de estos cambios, quizás estén relacionados con las obras de la gran presa de la Cohilla, que se construyó en el ecuador del siglo XX, y que se encuentra a unos 500 metros de esta pequeña estructura.

Puente de Pejanda sobre el río Guariza (*figura 43.42*). Ya en Polaciones, pasada La Laguna, la carretera continúa por Callecedo y Pejanda, aquí cruza el río de la Guariza a gran altura sobre el mismo, lo que hace con un puente de fábrica de medio punto sobre el que se ha construido un amplio terraplén sobre el mismo, de modo que la rasante de la carretera mantenga una cota adecuada sin verse condicionada por el barranco que origina el citado curso fluvial. Poco después éste se encuentra con el arroyo Bejudal, y la unión de ambos recibe a partir de aquí el nombre de río Nansa.

Por último, por **Santa Eulalia y Salceda**, la carretera abordaba el paso de las estribaciones occidentales de la sierra de Peña Labra y alcanzaba, cerca del puerto de Piedrasluengas, el cruce de carreteras que, hacia el noroeste entraba en Liébana y bajaba a Potes, junto al río Bullón, y hacia el sur a La Pernía palentina y Cervera de Pisuerga.

Añadir que, en esta zona alta del valle del Nansa, el mapa de 1900 de la Diputación de Santander (*figura 43.2*), planteaba una posible carretera del Estado en dirección este-oeste, que estaba sin estudiar (marcada de punto rojos en tal plano), que buscaba conectar Tudanca, hacia levante con el pueblo de El Tojo, en el valle de Cabuérniga, y hacia poniente con el pueblo de Buyezo, en el valle de Valderrodíes del municipio de Cabezón de Liébana. Finalmente, esta vía no se ha hecho, pero hubiera supuesto un cambio importante en las comunicaciones de todos los pueblos de montaña de este amplio territorio.

D. *La vía este-oeste decimonónica de enlace de los valles de Cabuérniga, Rionansa, Lamasón y Peñarrubia. Las conexiones con Liébana*

El diccionario de Pascual Madoz nos ofrece la situación de los caminos de éste área a mediados del Ochocientos; como se pone de manifiesto, el itinerario utilizado para la comunicación de Liébana con la costa era, prioritariamente por el valle de Lamasón (Cires, Quintanilla y Sobrelapeña), Celis y valle de Herrerías. También, se hace referencia a la construcción de la nueva carretera por la Hermida siguiendo al río Deva hacia la mar, que cambiaría, finalmente, el modo de conectarse la comarca lebaniega con la zona costera. Como se indica en el diccionario, todavía el paso de la cordillera hacia el norte de Palencia se planteaba por Sierras Albas.

Carmona: *Los caminos locales si se exceptúa el que dirige a Santander, en mal estado; recibe la correspondencia de Cabezón de la Sal, por valijero.*

Quintanilla del Valle: *Además de los caminos locales pasa por el centro del pueblo el de Liébana a Santander; recibe la correspondencia de Cabezón de la Sal.*

Sobre la Peña: *Hay un camino que dirige a Liébana, otro a Peñarrubia. Otro con dirección a la costa por Celis y Herrerías, y otro a Rionansa: recibe la correspondencia de Cabezón.*

Cires: *Los caminos locales a excepción del que se dirige a Liébana; recibe la correspondencia de Cabezón de la Sal por valijero.*

Cicera: *Los caminos locales y en malísimo estado: recibe la correspondencia de Lamasón por cualquier vecino.*

Linares: *Los caminos dirigen a los pueblos limítrofes: recibe la correspondencia de Potes por peatón.*

Hermida: *Los caminos dirigen a los pueblos limítrofes, excepto el que se está construyendo por orden del gobierno de Sierras-albas a Tinamayor: recibe la correspondencia de la administración de Potes por peatón.*

El mapa de Francisco Coello de 1861 nos ofrece tres itinerarios principales en esta zona. A excepción de la carretera que se está construyendo por el Desfiladero de La Hermida (ver 4.4A) el resto de las vías son de herradura. Un primer camino parte de Ruente, el mapa nos indica una vía a media ladera de la Sierra del Escudo de Cabuérniga, que se dirige a Carmona, Cabrojo y Puentenansa, donde se encuentra con la vía norte-sur del Nansa.

Los otros dos caminos que recoge Coello en esta zona nos muestran las rutas tradicionales de enlace con Liébana. Una parte de Celis y va por la Venta de Fresnedo, Sobrelapeña, Quintanilla, Río, Cires, Bedoya (ya en Cillorigo de Liébana) y la vía principal junto al río Deva. Cerca del lugar anterior, y algo más al norte, hay otra ruta que va de Lebeña y se dirige a Cicera (Peñarrubia), Piñeres, Roza, Navedo, Linares, Caldas y La Hermida, de nuevo junto al río Deva.

Años después se plantea la carretera provincial que hoy utilizamos, de Valle de Cabuérniga a La Hermida, de unos 45 kilómetros. En la Guía de Coll de 1896 se informa que de esta vía estaba finalizado el primer tramo de 15 km de Valle, a Carmona y Puentenansa; de aquí a Sobrelapeña estaba en estudio y el tramo más occidental sin estudiar. El mapa de 1900 de la Diputación de Santander, ratifica la información anterior, con la salvedad que el itinerario entre Puentenansa y La Hermida estaba siendo analizado por el Estado.

En la *figura 43.43 (Fernando Cevallos de León. Carmona, 1910-1920, Fondo Centro de Estudios Montañeses, Centro de Documentación de la Imagen de Santander, CDIS, Ayuntamiento de Santander)* se muestra una imagen, de la segunda década del siglo XX, de **Carmona** y de esta carretera que bordea el pueblo por el norte y que está trazada al pie de la Sierra del Escudo de Cabuérniga.

Añadir que, **La Hermida**, del municipio de Peñarrubia, punto final de la ruta transversal que comunicaba estos importantes valles de Cantabria (Saja, Nansa, Lamasón y Deva) experimentó un destacable desarrollo a la par que la carretera por el desfiladero homónimo iba siendo una

Figuras 43.43 a 43.45.
Vista de Carmona y la carretera de finales del siglo XIX (F. Cevallos de León, 1910-1920, CDIS, Ayto. de Santander). Construcciones de los años 80 del siglo XIX en La Hermida-Peñarrubia: balneario (La Hermida hotel-balneario) y su puente de acceso sobre el río Deva (LVC).

realidad. Así, a comienzos de los años 80 del siglo XIX se inauguró el gran complejo del balneario de La Hermida (*figura 43.44*) que contaba con una gran hospedería, galería de baños, ermita y parque; este establecimiento dinamizó la economía del municipio y zonas próximas

Puente del Balneario de La Hermida (*figura 43.45*). Se trata de un paso que permitía comunicar el balneario, situado en la margen derecha del río Deva, con la carretera paralela a éste, que en esta zona va por su margen izquierda. Es una estructura de dos vanos apoyada en los estribos y en una pila cimentada en el medio del río; los elementos portantes verticales son de fábrica pétrea de sillares bien labrados, destacando la buena ejecución de la pila central que tiene tajamares de tipo semicilíndrico; el tablero horizontal está soportado por vigas metálicas del tipo Warren reforzadas con montantes verticales que parten de todos los nudos inferiores, las uniones de los perfiles están resueltas con roblonado.

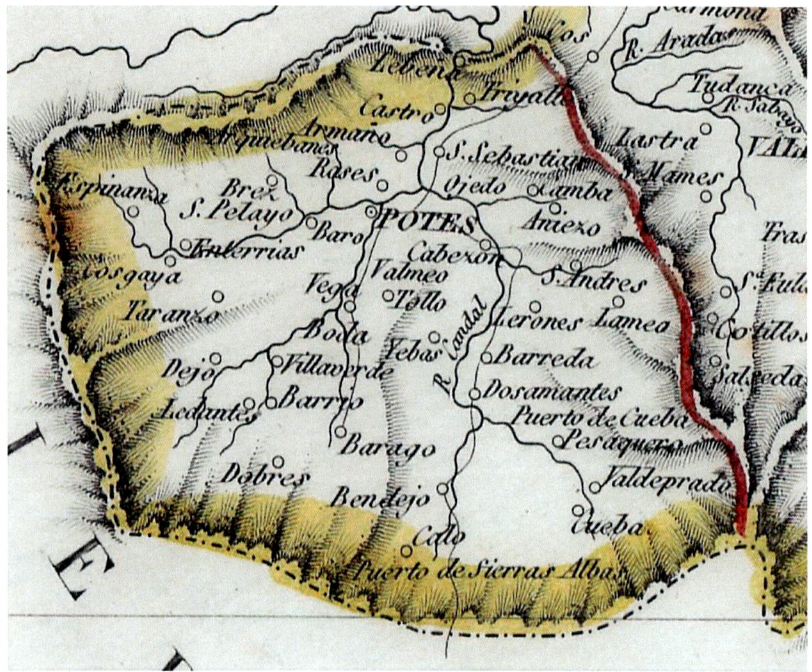

Figura 44.1. *Zona del Mapa de R. Alabern y E. Mabon (1847) que recoge los caminos de la comarca de Liébana (Biblioteca Nacional de España).*

4.4 La red viaria del siglo xix en la comarca de Liébana

Las *figuras 44.1 y 44.2* muestran los caminos y carreteras de esta comarca a mediados y finales del Ochocientos, en el plano de Alabern y Mabon, y en el de Coello y la Diputación de Santander, respectivamente.

Por las características orográficas de esta comarca, rodeada de altas montañas, todavía mediado el siglo xix sus comunicaciones con el exterior son difíciles; esto queda bien recogido en el diccionario de Pascual Madoz (1850) cuando en la voz «Potes, partido judicial» expone las difi-

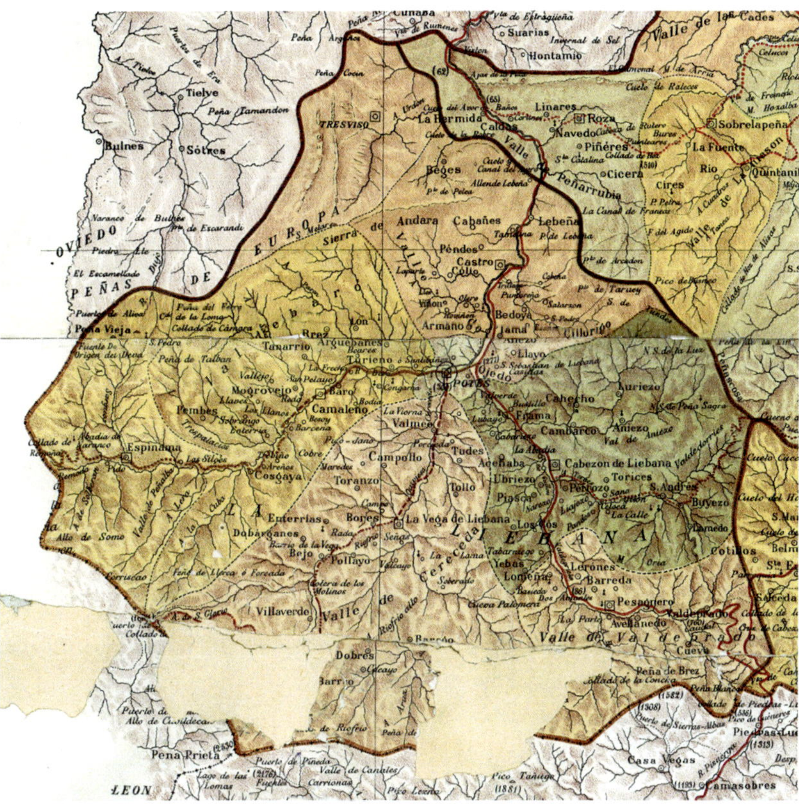

Figura 44.2. *Zona del Mapa de la Diputación de Santander, 1900 (ampliación del de Francisco Coello de 1861) que recoge las carreteras de la comarca de Liébana (Biblioteca Nacional de España).*

cultades de los puertos de montaña que deben superarse por el sur para cruzar desde Castilla la cordillera cantábrica:

> Estando el país formado por una cordillera de montañas, sólo puede penetrarse en él por los collados que se forman de más o menos elevación, algunos de los cuales sólo son accesibles en los meses de verano, y ninguno en los de invierno, especialmente después de las grandes nevadas.

Los más accesibles y frecuentados son, el puerto de Sierras-albas, que corresponde a Pernía, provincia de Palencia, y el que se dice Cantalaguarda y también de Piedras luengas por pasar por el pueblo de este nombre, que también pertenece a Pernía: ambos puertos se reúnen en el valle de Valdeprado.

Continuando luego hacia el sur se encuentran también otros puertos como son, los de Arioz, Riofrio, San Glorio o San Claudio, Cubo y Remona, por los cuales transitan carros, pero a costa de mil penalidades y fatigas.

En los puertos de Cantalaguarda, Sierras-albas y Arioz, hubo hasta fines del siglo pasado casas o ventas para refugio de los pasajeros, de que sólo quedan las señales de su existencia. Hubo en Pernía una institución con el nombre de Hermandad, que tenía por objeto cuidar de los pasos de estos tres puertos, de las casas que había en ellos, y de las que tenía establecidas por los caminos y puentes de Pernía; pero un obispo de León, dicen, la disolvió agregando sus rentas al hospital de Cervera, desde cuya fecha, fue en decadencia el cuidado de los puertos y ventas, hasta llegar al completo abandono.

Hay que esperar a la segunda mitad del siglo XIX para ver cómo las carreteras que se hicieron, de nuevo trazado o por acondicionamiento de caminos ya existentes, abren esta bellísima comarca y sus Picos de Europa a los «viajeros ilustrados de finales de la centuria decimonónica» y a unos tráficos comerciales más sustanciales; sobremanera la espectacular carretera del desfiladero de La Hermida (*figura 44.3*) que supuso un gran avance para las comunicaciones de Liébana con la costa y Santander.

Este apartado se ha dividido en cuatro secciones. En la primera, se contemplan las vías del valle de Cillorigo y la citada nueva carretera por el desfiladero de la Hermida. La segunda recoge la vía que sigue al río Deva por el valle de Camaleño, aguas arriba de Potes. La tercera y cuarta describen las vías de los valles del Quiviesa y del Bullón, respectivamente.

Potes en el siglo XIX. Al igual que se ha hecho en los capítulos anteriores, antes de describir las vías de los cuatro grandes valles de Liébana, se ofrece una breve reseña de esta villa, cabeza de la comarca.

Figuras 44.3 y 44.4. *Carretera decimonónica en el desfiladero de La Hermida, cuya construcción fue trascendente para el devenir de Liébana, e iglesia nueva de San Vicente, del siglo XIX, en Potes (LVC).*

A comienzos del siglo, Potes se vio envuelta en varios episodios bélicos de la Guerra de la Independencia. En 1839 se creó la Sociedad de Amigos del País de Liébana, que abogó por la construcción de la carretera por el desfiladero del Deva hacia Unquera. Esta villa continuó siendo la encrucijada de los caminos lebaniegos, lo que recoge Pascual Madoz (1850) al tratar de este lugar:

> Le cruzan el puente de San Cayetano y el de la cárcel que dan comunicación a los vecinos de uno y otro lado… y 4 caminos que parten del centro de la villa y se dirigen a los mencionados valles de Cillorigo, Valdeprado, Cereceda y Camaleño: la correspondencia se recibe de Torrelavega por valijero.

Por otro lado, en el ecuador de la centuria, el descubrimiento de yacimientos de zinc en los Picos de Europa hizo que se abrieran minas en la zona de Andara, Áliva y Liordes, lo que dio trabajo a muchos lebaniegos y supuso la creación de varios caminos entre los puertos de montaña y los valles. Este hecho y el efecto que produjo la nueva carretera con la costa, abrió Liébana a un incipiente turismo y benefició a Potes como centro neurálgico de la comarca. En esta villa y a lo largo del siglo XIX, se construyó su nueva iglesia parroquial de San Vicente (*figura 44.4*).

Hans Gadow (1895) hace una serie de comentarios sobre los alojamientos de esta estratégica villa al final del siglo XIX:

> Viniendo del este, que es casi el único acceso posible, nos encontramos en primer lugar, a la izquierda de la carretera, con la Fonda Vizcaína, donde los coches que vienen del pueblo costero de Unquera hacen parada … El establecimiento es francamente agradable, siempre que no se sea muy exigente. La casa es grande y tiene dos entradas: la izquierda conduce a la tienda, donde se vende comida, vino y otras cosas necesarias para el que está viajando, como alforjas, cuerdas, cadenas, ronzales y bridas… La puerta de la derecha lleva al lugar donde se guardan los coches, detrás están los establos y un lioso tramo de escaleras y pasillo que conducen a la fonda propiamente dicha.
>
> Las habitaciones están blanqueadas, escasamente amuebladas y bastante limpias y ordenadas, sin embargo, hay multitud de insectos: cucarachas, chinches o incluso pulgas, aunque esta últimas es más fácil que se te peguen en los callejones.
>
> El clero y los ingenieros de minas son los principales clientes de La Vizcaína. Parece ser que antiguamente los explotadores de minas ingleses y demás viajeros preferían otra fonda un poco más alejada, situada a la derecha de la carretera y decorada con un gran escudo de armas, que pertenecía a un tal Celestino Prados … La tercera posada, la Fonda del Teran, está en el centro del pueblo, en una calle estrecha y ruidosa, carente de aire y vistas, y es más comercial.

A. *Las vías decimonónicas por Cillorigo de Liébana: la nueva carretera por el desfiladero de la Hermida hacia Unquera*

Ansola *et al.* (2014) recogen que, a principio de este siglo, en 1804, hay una primera iniciativa por parte del asentista Manuel Avella Fuertes de abrir un camino por el desfiladero de La Hermida, que tiene por objeto facilitar el transporte de madera de roble de los montes de Liébana; pero dos testimonios citados en esta fuente aseguran que lo construido fue insuficiente: *no quedó bien hecho ni llegó más que hasta una legua por debajo de la Hermida.* Según este dato, se habría llegado hasta la zona de la Estragüeña, a orillas del Deva y en el extremo norte de Peñarrubia, en el linde con el valle asturiano de Peñamellera Baja; o sea, de las cuatro leguas que tiene el desfiladero, entre Castro Cillorigo y Panes, se habrían hecho tres leguas, y quedaba una para alcanzar esta villa asturiana.

De nuevo en Ansola *et al.* (2014) se muestra un estupendo «Plano de la Provincia de Liébana», c. 1830 (del Centro Geográfico del Ejercito) que recoge los principales caminos de esta comarca. En los que respecta a Valdecillorigo, todavía sólo aparecen los caminos ya consolidados de la Edad Moderna (3.4A), de Potes va a Ojedo, señala el puente sobre el río Bullón, y se alcanza Tama, aquí ofrece dos alternativas hacia levante y al norte: la primera va por el valle de Bedoya al Puerto de Taruey; la otra, cruza por el puente de Tama el río Deva, alcanza Castro Cillorigo y por el puente de este lugar vuelve a la orilla derecha del Deva y se dirige a Lebeña, el camino no va junto al río, evitando el primer tramo del desfiladero, sino por el interior, desde este pueblo se dirige hacia el nordeste y ofrece dos vías, una por el Collado del Arcedón y la otra por la Canal de Francos.

Ansola *et al.* (2014) vuelven a darnos noticia de la evolución de este camino del desfiladero en 1840, según aparece en la Memoria de ese año de la Sociedad Económica de Amigos del País de Liébana, se menciona la insuficiente obra que se hizo en tal camino a principios del Ochocientos y a las obras que se promovieron en esta fecha que *recompuso y limpió dicho camino, habilitándole para carro; rompió un trozo más hasta pasados los Cantos de Estragüeña, donde las chalanas o barcas chatas pueden llegar más cómodamente y con todas aguas… las comunicaciones con los valles de Peñarrubia y Peñamellera están expeditas en todas las estaciones, sin necesidad de los largos y penosos rodeos del puerto de Pelea y Canal de Francos…*

En esta citada memoria, aparece un comentario interesante relativo a la exportación de corcho desde Liébana hacia el mercado francés, que nos muestra el modo en que se movían las mercancías desde esta comarca antes de la existencia del camino del desfiladero: *a lomo por Taruey o en ruedas dando el inmenso rodeo de 26 leguas que hay por Aguilar y Reinosa a Santander;* y frente a ello, los beneficios usando el camino carretero del desfiladero hasta su trasbordo a chalanas.

En igual sentido se manifiesta Antolín Esperón en 1848, en sus *Impresiones de un viaje a Santander,* cuando expone la necesidad de una adecuada salida de esta comarca hacia la costa (en López García 2000): *Toda la parte de Liébana… tan abundante y rica en bosques y arbolados de todo género, tan codiciados por los extranjeros, sobre todo para construcción naval, se ve privada de explotar estos recursos por falta de salida y exportación, pues necesita una carretera hacia la costa…*

El mapa de Alabern y Mabon de mediados del siglo XIX (*figura 44.1*) es muy poco preciso al definir la vía que discurría por este valle en busca de la costa regional, parece querer indicar que desde Ojedo va hacia San Sebastián (Tama), Trillayo y por los valles de Bedoya, de Lamasón y de Nansa (Rábago) se dirige hacia Estrada y San Vicente de la Barquera; es decir, sería el camino habitual utilizado en la Edad Moderna (3.4A).

En la misma época Pascual Madoz, nos ofrece la descripción de los caminos de este territorio: primero, se recogen los comentarios que hace de las vías de largo recorrido (en la voz Potes partido judicial), todavía se refiere a los caminos que llevan hacia la costa por el valle de Lamasón, hace ya mención a la nueva carretera que irá por el desfiladero de la Hermida, y a los difíciles caminos hacia Asturias atravesando los montes noroccidentales; en segundo término, se recogen las vías que cita en varios pueblos de la zona:

> Ya en el noreste se ven otros 2 caminos de herradura, que dirigen a las montañas de Santander, el uno por Bedoya y puerto de Tarruey, y el otro por Lebeña y puerto de Arcedón; este puerto, aunque de muy mal piso y trabajoso, es el que más se transita durante el invierno para la capital de provincia.

> Siguiendo un poco sobre el norte se encuentra la abertura o quiebra de la cordillera de peñas que cierra el país por dicha parte, y da salida a todas sus aguas; por este sitio y por las orillas del río Deva, es por donde se está

construyendo la carretera, que dando principio en Sierras-albas, terminará en el mar y puerto de Tinamayor; esta será la salida más fácil y cómoda que tendrá Liébana, tanto para Castilla, como para la costa y capital de provincia.

Réstanos hablar del pasaje que hay para Asturias al noroeste por entre las encumbradas peñas de Europa, el cual es sólo de herradura y sumamente escabroso.

Lebeña: *Caminos: pasa por la población el que dirige a Santander y marina de Asturias; es de herradura y se encuentra en mal estado; recibe la correspondencia de Potes.*

Castro: *Antiguamente hubo sobre el Deva un puente de piedra que arruinó una avenida; construido otro de madera sufrió la misma suerte que el anterior; en la actualidad sólo hay un mal pontón que desaparecerá cuando menos se piense. Los caminos carreteros, locales y en no muy buen estado; recibe la correspondencia de Potes.*

Bedoya: *Los caminos son de pueblo a pueblo, estrechos y en mal estado, útiles no obstante para carros, y acude a Potes por la correspondencia.*

Bejes: *Los caminos son locales, de herradura, y se hallan en muy mal estado; acude por la correspondencia a Potes.*

Señalar que al principio del siglo XIX se construyeron en Salarzón, en el Concejo de Bedoya, un par de edificios interesantes, promovidos por el Conde de la Cortina: la iglesia (*figura 44.5*), con un bello cimborrio central octogonal y un llamativo pórtico de columnas y frontón triangular, donde una placa a su entrada recoge *A Dios Optimo Máximo y a S. Juan Bautista Patrono de esta Parroquia...Año de 1819;* y una gran casona para su familia (*figura 44.6*).

Los caminos mineros desde Andara hacia el desfiladero de La Hermida. Antes de describir la famosa e importante carretera del desfiladero de La Hermida, se va a hacer mención a dos difíciles caminos que se hicieron en esta zona por sendas compañías mineras que, pasado el ecuador del Ochocientos, explotaron el macizo de Andara para obtener calamina, blenda y zinc. Monterde (1873) hace referencia a estas vías: una, de 21 kilómetros y con pendientes de 12% casi a lo largo del

Figuras 44.5 y 44.6. *Edificios de principios del siglo* XIX *en Salarzón, en el Concejo de Bedoya: iglesia de San Juan Bautista y casona de los Gómez Cortina (LVC).*

recorrido, va al pueblo de Bejes y luego alcanza La Hermida; la otra, de unos 17 kilómetros y con inclinaciones más fuertes va por Tresviso y baja a Urdón, en parte a la vera del río homónimo, donde éste confluye con el Deva, cerca y al norte de La Hermida.

Arce (2006) recoge que en **Bejes** (582 m) se construyó en el siglo XIX su iglesia de Santa María (*figura 44.7*) y destaca que en la parte final de esta centuria y comienzos del siglo XX este pueblo contó con una importante población, al ser un lugar de paso del mineral que se extraía en los Picos de Europa. Desde este pueblo a La Hermida (114 m) hay algo menos de seis kilómetros y el camino desciende a la vera del río Corvera, hasta su confluencia con el Deva.

Tresviso (907 m) tiene unos 70 habitantes y es la capital y única población del pequeño municipio homónimo (16 kilómetros cuadrados); se encuentra al noroeste de Bejes, del que dista unos 4,5 kilómetros por un camino de montaña que los une. La *figura 44.8* (*Autor desconocido. Tresviso, 1880-1900, Colección Biblioteca Municipal de Santander, Centro de Documentación de la Imagen de Santander, CDIS, Ayuntamiento de Santander*) muestra una imagen de este pueblo a finales del siglo XIX; en ella, en primer término, puede verse un tramo del camino que, hacia levante, lleva al desfiladero de La Hermida.

Figuras 44.7 a 44.10. *Iglesia de Bejes (LVC) y pueblo de Tresviso (Autor desconocido, CDIS, Ayto. Santander). Camino entre Tresviso y Urdón (montejuan.blogspot y LVC).*

El camino entre Tresviso y Urdón (*figuras 44.9 y 44.10*). Esta espectacular pista de montaña fue construida a mediados del siglo XIX, tiene unos 6 kilómetros y un gran desnivel, de unos 840 metros, lo que condicionó un camino de herradura con numerosas revueltas, que perseguían tener largos recorridos con unas pendientes asumibles para los animales que bajaban cargados de mineral hacia la carretera del desfiladero. Su anchura es de 1,5 a 2 metros. Hacia la mitad del recorrido se encuentra el denominado Balcón de Pilatos, un mirador natural del río Urdón que se asoma sobre el abismo. Esta singular ruta se ha convertido en una clásica excursión para los amantes de la montaña; el autor la hizo hace varios años y aún recuerda con emoción las magníficas vistas que se disfrutan de los Picos de Europa.

Puentes en la zona de Entrambos Puentes (*figuras 44.11 y 44.12*). Ya cerca, a unos 900 metros, de la confluencia en el Deva del río Urdón, el camino cruza este cauce con un puente de piedra, conformado con una bóveda de medio punto, de unos 6 metros de vano y 2,8 metros de ancho total; sus arcos de embocadura son de dovelas bien talladas en sus dos caras vistas y el resto de la bóveda, tímpanos y pretiles son de mampostería; el puente apoya en dos estribos que tienen una zona en vertical antes de que apoye sobre ellos el vano pétreo. Cerca de este puente hay otro, que salva un pequeño arroyo que entrega sus aguas en el Urdón, las características de la estructura son similares a la anterior, aunque sus dimensiones son algo menores.

La nueva carretera por el desfiladero de La Hermida. Es a partir de los años 60 del Ochocientos, cuando se produjo un hecho de gran trascendencia para Liébana, la construcción por el Estado de esta carretera, una obra de titanes, que se llevó a cabo con éxito y que causó la admiración de los contemporáneos a su ejecución, fue objeto de numerosos escritos de viajeros ilustrados y, todavía hoy, nos sorprende y asombra. Deben destacarse sus cuidadas obras de fábrica, entre ellas cuatro importantes puentes sobre el río Deva, cuyo proyecto se debió al ingeniero de caminos Cayetano González de la Vega.

Figuras 44.11 y 44.12. *Puentes sobre el río Urdón y un arroyo afluente (LVC).*

Las *figuras 44.13 y 44.14 (Fernando Cevallos de León, 1910-1920, Fondo Centro de Estudios Montañeses, Centro de Documentación de la Imagen de Santander, CDIS, Ayuntamiento de Santander)*, muestran dos imágenes de esta carretera en la segunda década del siglo xx, la primera de ellas en la zona donde comienza el desfiladero, una vez dejado atrás el pueblo de Castro Cillorigo y yendo hacia el norte, y la segunda en la parte central de esta imponente garganta pétrea.

Esta vía, entre Ojedo y Unquera se terminó a mediados de los 60, Ansola *et al.* (2014) citan un documento de 1868, relativo a la memoria sobre la liquidación de este tramo, que tenía un ancho del orden de los ocho metros, un firme de piedra machacada, tipo macadam, y cuatro puentes pétreos de sillería sobre el río Deva, con luces de 16 a 18 metros.

Figuras 44.13 y 44.14. *Dos imágenes de la carretera del desfiladero de la Hermida en la segunda década del siglo xx (Fernando Cevallos de León, 1910-1920, Fondo Centro de Estudios Montañeses, CDIS, Ayuntamiento de Santander).*

Monterde nos informa al respecto en la Revista de Obras Públicas de 1873 (tomo I-21); así, recoge las grandes dificultades que supuso su construcción, que éstas fueron superadas con éxito y que ya estaban en servicio los 37 kilómetros que mediaban entre Ojedo, junto a Potes, y Unquera; al tiempo que resaltaba la importancia del tráfico minero en esta vía:

La carretera de tercer orden de Palencia a Tina Mayor, no es la más importante entre las de la provincia de Santander, pero es, sin duda alguna, la más notable por las circunstancias especiales del terreno por donde ha sido trazada, sorprendiendo con su ejecución a los que, conociendo cuan inaccesible es el estrecho desfiladero por donde serpentea el río Deva, en la longitud de 21 kilómetros, no creían en la posibilidad de su construcción, ni por el fondo de su valle, en el cual apenas hay espacio para que por él corra el río, ni por sus escarpadas vertientes que lo cierran.

Desde antiguo ha existido el propósito de construir esta carretera, como medio de extraer las maderas de la Liébana, que para la marina se ha dicho que tenían gran aplicación. Después de haber dado muestras en varias ocasiones de querer intentar la ejecución de esta obra, el primer plan de carreteras, publicado en 6 de Septiembre de 1860, incluyó esta línea... con la denominación de Palencia a Tina Mayor por Cervera y Potes... En la provincia de Palencia sube la carretera por el valle de Pisuerga hasta la divisoria que atraviesa por el puerto de Piedras-Luengas, descendiendo a la provincia de Santander por el arroyo de Valdeprado hasta su confluencia con el rio Deva en Ojedo ...

... aun no admitiendo que los intereses generales del Estado reclamasen su apertura, el Gobierno hubiera debido construirla porque tamaña empresa no podían acometerla los pueblos del valle, ni siquiera la provincia, a pesar de la superioridad de los medios de que dispone; pero que indudablemente no hubieran alcanzado para llevar a feliz término esta obra notable y difícil ...

A pesar de estas dificultades excepcionales los Ingenieros obraron con tal inteligencia, celo y prudencia, que ningún error grave se cometió en el trazado ni resultaron perdidos o inútiles trabajos de ninguna clase. La carretera con pendientes suaves y casi uniformes, aprovechando lo más accesible de las escarpadas laderas del estrecho valle del Deva, sube con la pendiente general de este río a la parte superior de su cuenca.

… en la actualidad es seguramente la industria minera la que en primer término puede decirse que explota esta carretera; y para hacerlo patente basta indicar que, para las minas, que en general sólo en los meses de Junio a Octubre se pueden explotar en los picos de Europa, hay construidos por distintas empresas tres caminos carreteros…

Catalina en la memoria de carreteras de 1883 nos informa que los 66 kilómetros que hay entre el puerto de Piedrasluengas y Unquera ya están en servicio y nos ofrece las características de los puentes más importantes de este recorrido, según se recoge en la *tabla 44.1*.

PUENTE	RÍO	CARACTERÍSTICAS
De Frama	—Viaducto—	De cinco bóvedas de 6,3 m de luz
Lebeña	Deva	De una bóveda de 16 m de luz
Juancho	Deva	De una bóveda de 16 m de vano
Junco	Deva	De una bóveda de 16 m de luz
Urdón	Urdón	De una bóveda de 12 m de vano
Estragueña	Deva	De una bóveda de 18 m de vano

Tabla 44.1. *Puentes de fábrica pétrea de la carretera de tercer orden entre el Puerto de Piedras Luengas y Unquera (Memoria de Carreteras de 1883 y LVC).*

En lo que sigue vamos a recorrer esta nueva carretera hacia el norte, entre Ojedo y Unquera, y recogeremos los puentes más notables que nos encontramos en el recorrido por Cantabria; en este itinerario hay unos 15 kilómetros que la vía atraviesa el municipio asturiano de Peñamellera Baja, estando 5 de ellos en el límite de las dos regiones. Más adelante, en 4.4D seguiremos la vía hacia el sur, entre Ojedo y la cordillera cantábrica, yendo aguas arriba del río Bullón por el valle de Valdeprado, buscando el puerto de Piedrasluengas, paso a Palencia.

Figuras 44.15 y 44.16. *Puentes sobre el río Bullón en Ojedo y el cauce del Santo en La Ventosa de Castro Cillorigo (LVC).*

Puente de Ojedo sobre el río Bullón (*figura 44.15*). Esta estructura permitía en enlace de la villa de Potes con la nueva vía hacia la costa que nos ocupa, y que por Ojedo seguía hacia el sur, como se ha adelantado, por la margen derecha del Bullón hacia Frama y Cabezón de Liébana. La hechura del puente es similar a la de los otros que se hicieron para esta infraestructura decimonónica, se trata de una estructura pétrea que cruza el río a bastante altura, lo que condiciona que los muros de sus estribos tengan un tramo en vertical, hasta que desde ellos se despliega una bóveda de medio punto. En la imagen puede apreciarse la imposta horizontal, que remata la bóveda del puente y señala la rasante de la vía, y sus pretiles configurados con ortostatos (lajas o bloques grandes de piedra colocados verticalmente). Este puente sería ensanchado en los años 90 del siglo xx (ver 6.4A).

Puente sobre el río Santo en Castro Cillorigo (*figura 44.16*). Saliendo de Ojedo, la carretera va por la margen derecha del río Deva y a su paso por el barrio de La Ventosa de Castro cruza el río Santo, que baja del Valle de Bedoya, poco antes de que entregue sus aguas en el cauce principal. Esto lo hace con una estructura de fábrica de sillares pétreos que cruza el río a bastante altura, lo que condiciona que sus estribos tengan una considerable altura vertical, de ellos arranca una bóveda de medio punto. Toda la obra de cantería es de gran calidad.

Figuras 44.17 y 44.18. *Puente de Lebeña sobre el río Deva: alzado y detalle de su estribo (C. Huidobro M., 2015).*

Puente de Lebeña sobre el río Deva (*figuras 44.17 y 44.18*). Dejado atrás el pueblo de Castro Cillorigo, comienza el desfiladero y al poco se alcanza Lebeña, aquí la vía cruza a la otra orilla del río Deva, lo que hace con una estructura de piedra en forma de bóveda de medio punto. Vega (1997) recoge que fue proyectado en 1858 por el ingeniero de caminos Cayetano González de la Vega y su luz es de 16 metros. En las citadas imágenes se muestran el alzado, aguas arriba del puente, y un detalle del arranque de su bóveda sobre una base de mayor dimensión y con un desarrollo en altura de 6 hiladas de sillares. Su ancho es de unos 7 metros, el trabajo de cantería es muy bueno, cuidando todos los detalles, y el puente muestra solidez.

Puente de Juancho sobre el río Deva. En la *figura 44.19* (*Fernando Cevallos de León. Desfiladero de la Hermida, 1910-1920, Fondo Centro de Estudios Montañeses, Centro de Documentación de la Imagen de Santander, CDIS, Ayuntamiento de Santander*) se muestra una imagen de esta estructura pétrea; ésta se ubica al norte del municipio de Cillorigo de Liébana, entre las riegas de Algobras y Maredes, cerca del límite con Peñarrubia. Está conformado por una bóveda escarzana de 16 metros de luz y 3,1 metros de flecha (Monterde 1873).

Figuras 44.19 a 44.21. *Puentes en el desfiladero de la Hermida: de Juancho sobre el Deva (F. Cevallos de León, 1910-1920, CDIS, Ayuntamiento de Santander). Pontones sobre los arroyos Cicera (LVC) y Navedo (Fundación Botín, Peñarrubia-Internet).*

Puente sobre la riega de Cicera (*figura 44.20*). Permite el paso de este arroyo que baja del pueblo homónimo y que entrega sus aguas en el Deva poco después de esta estructura, que se ubica ya en el municipio de Peñarrubia. Es un pontón de pequeña luz resuelto con sillares pétreos muy bien labrados, como ocurre en el resto de fábricas de esta carretera. En los años 60 del siglo xx, cerca y al norte de este puente se construyó una caseta para los pescadores de salmones y truchas que surcan las aguas del Deva.

Puente sobre el arroyo de Navedo (*figura 44.21*). Se ubica en el municipio de Peñarrubia y cruza este cauce fluvial, que baja del pueblo de Navedo, cerca de su unión al Deva. Desde aquí se inicia «la ruta de

Las Agüeras», una antigua vía de comunicación entre el desfiladero de La Hermida y los pueblos de la zona alta de Peñarrubia.

La Fundación Botín (valle del Nansa y Peñarrubia - Internet) nos ofrece la siguiente información de esta estructura: *Es un pontón de planta y rasante rectas, de una sola bóveda circular de sillería primorosamente labrada y escasos 5 m de luz en el que destaca la embocadura de dovelas acodadas de considerable longitud. Al iniciarse la década de 1860 la carretera salvaba el río Navedo mediante un puente de madera, y se estaba a la espera de disponer de los recursos suficientes para levantar un puente definitivo. Entre 1861 y 1863 se elaboró el proyecto y se construyó el puente, y esa es la fecha que aparece grabada en un ortostato del pretil.*

Puente de Junco o de La Barca (*figura 44.22*). Está sobre el río Deva, en el municipio de Peñarrubia, al sudeste y no lejos del balneario de La Hermida. Se trata de una bóveda escarzana de 16 metros de luz y 3,1 metros de flecha (Monterde 1873). La Fundación Botín recoge que a este puente se le denomina de La Barca, posiblemente porque en esta zona hubiera un antiguo paso de barcas; y que como en el caso anterior, inicialmente fue un puente de madera y finalmente, en 1863, se acabó el de piedra.

Siguiendo hacia el norte, poco después la carretera pasa frente al Balneario de la Hermida, que se encuentra en la margen derecha del Deva, y al que se accede por un puente metálico de finales del siglo XIX (ver 4.3D). Seguidamente, se encuentra una casilla de peones camineros (*figura 44.23*), contemporánea de la nueva vía y que era un edificio de apoyo al personal de mantenimiento de esta infraestructura.

Puente de Corvera (*figura 44.24*). Se encuentra sobre el río homónimo, en el pueblo de La Hermida, poco antes de confluir en el Deva. La Fundación Botín nos ofrece la siguiente descripción:

> Puente de planta y rasante rectas, de una sola bóveda escarzana de sillería y 5m de luz ... La imposta, también de sillería sobresaliente del

Figuras 44.22 a 44.26.
Puente de Junco o La Barca sobre el Deva.
Caseta de Peones Camineros al sur
de La Hermida. Puentes sobre los ríos
Corvera en La Hermida,
el Urdón en el lugar homónimo y
el Deva en Estragüeña*.
(* Fundación Botín, Peñarrubia,
1999-Internet). (LVC, resto de fotos).*

paramento, es tangente a la bóveda. Los estribos, igualmente de sillería enlazan con la bóveda mediante unos muretes achaflanados. El conjunto de la fábrica es de labra homogénea. El peto está formado por una sucesión de ortostatos de considerable tamaño, todos conservados. También se conserva un cono truncado de piedra de la primitiva señalización vertical.

Puente de Urdón (*figura 44.25*). Salva el río homónimo justo antes de confluir con el Deva, esta estructura se conforma con una bóveda escarzana de 12 metros de vano. La Fundación Botín, en su estudio sobre el patrimonio de Peñarrubia, recoge que en este lugar existía, previamente a la construcción de la carretera, un estrecho puente de piedra (*figura 33.84*) que inicialmente esta vía utilizó provisionalmente hasta 1863 en que se inauguró el actual, fecha que aparece inscrita en el pretil.

Puente de Estragüeña (*figura 44.26*). Es una bella estructura pétrea que salva el río Deva al norte de Peñarrubia, en el límite con el municipio asturiano de Peñamellera Baja, de modo que cada uno de sus estribos se encuentra en uno de los citados distritos. Está conformada por una bóveda escarzana de 18 metros de vano y 3,3 metros de flecha (Monterde 1873). Es el puente que salva una mayor luz en esta carretera.

Desde aquí, la nueva vía, ya por la margen derecha del Deva hasta el mar Cantábrico, primero atravesaba el municipio de Peñamellera Baja, pasaba por su capital, la villa de Panes, y después de Buelles, entraba en el municipio cántabro de Val de San Vicente, y por San Pedro de las Baheras y Molleda alcanzaba la carretera de la costa en Unquera (4.2B).

Seguidamente, se recogen las vivencias de cuatro viajeros que recorrieron esta nueva vía entre este último pueblo citado y La Hermida o Potes en el cuarto final de la centuria decimonónica.

Benito Pérez Galdos (1876), en su viaje por el occidente de Cantabria recorre el desfiladero de La Hermida y narra con su singular estilo la impresión que le produce el mismo:

> Llaman a esto Gargantas; debiera llamársele el esófago de la Hermida, porque al pasarlo se siente uno tragado por la tierra. Es un paso estrecho y tortuoso entre dos paredes, cuya alta cima no alcanza a percibir la vista. El camino, como el río, va por una gigantesca hendidura de los montes resquebrajados. Parece que ayer mismo ha ocurrido el gran cataclismo que agrietara la roca, y que de ayer a hoy no han hallado las dos empinadas márgenes su posición definitiva. Todo se mueve allí como si no tuviera base. La

vista no puede convencerse de que aquellas ingentes baldosas que se han puesto en pie puedan permanecer así mucho tiempo. Allí el pánico que precede a los grandes desplomes es permanente, y el viajero anda en perpetuo susto, viendo una cordillera suspendida sobre su cráneo

Mars Ross y Stonehewer-Cooper (1884), dos viajeros ingleses, en *Las montañas de Cantabria o a tres días de Inglaterra*, recogían sus impresiones elogiosas sobre esta carretera entre Unquera y Potes y el desfiladero de La Hermida, por su interés se resume lo más relevante (en López García 2000):

> La carretera, apta incluso para cualquier clase de rueda, está admirablemente cuidada, transcurre entre colinas bajas que guardan el paso del sur, después desciende al valle del rumoroso Deva, durante una distancia larga se mantiene en la orilla derecha … ya está uno cerca del paso principal … un desfiladero respecto del cual puede afirmarse con conocimiento de causa que, en cuanto a grandeza, carece de rival en Europa … No es el nuestro el sentimentalismo del viajero inexperto, sino el sentimiento sincero de quienes saben qué es la belleza, el de quienes acaban de hallar algo excepcionalmente majestuoso … Mirando hacia los montañosos centinelas de caliza, el reflexivo viajero se sentirá inclinado a asombrarse del poder de desgaste del agua, que ha hecho un hondo corte …

> Hemos dicho que la carretera es perfecta: de hecho, no conocemos una carretera de montaña que pueda igualársele. Durante unas veinte millas no sube ni baja, hay continuamente obras de reparación. Los elegantes puentes de piedra que cruzan el río y otras corrientes son un modelo de los de su especie, como se advierte en alguna de nuestras fotografías, un pequeño pretil de piedra evita que el descuidado viajero se caiga al Deva, que discurre paralelo a la carretera casi todo el camino hacia los Picos. Esta carretera se terminó hacia 1868, ciertamente honra al Gobierno español.

Alfonso Pérez Nieva (1893), en *Por la Montaña, notas de un viaje a Cantabria*, recoge unos comentarios interesantes sobre la dificultad que entrañaba ir a los Picos de Europa, destino que, como se ha escrito, comenzaba a ser demandado por los primeros turistas. Algunas de las excursiones solían tener como punto de partida La Hermida, donde había alojamiento suficiente en su famoso balneario, inaugurado a comienzos de los años 80 de la centuria decimonónica, u otras hospederías ligadas a los baños medicinales. Para abordar la aproximación a los Picos se ascendía a caballo hacia Bejes y se utilizaban las rutas abiertas por las compañías mineras. En estos años, para llegar a La Hermida desde Santander el viaje se efectuaba en diligencia; posteriormente, a partir de 1895, cuando se puso en servicio el ferrocarril de Santander a Torrelavega y Cabezón de la Sal, el viaje en diligencia se podía iniciar desde una de estas dos poblaciones y se hacía menos pesado. Antes de esto, Pérez Nieva escribe en 1893 (en López García, 2000):

> Para los que recorren la línea de Santander, la excursión a los Picos es peliaguda. Hay que detenerse en Torrelavega, y tomar la diligencia que le lleva a uno por Cabezón de la Sal, San Vicente de la Barquera, Unquera y Panes hasta la Hermida; total, ochenta kilómetros de diligencia: al bajar del coche se pide una cama y la unción.

Hans Gadow (1895) escribe sobre su alojamiento en La Hermida:

> Pasadas las diez de la noche, agotados y hambrientos, golpeábamos la puerta del hotel ... un establecimiento de veraneo con 100 habitaciones limpias y bien aireadas. El precio por habitación de primera clase es de 8 pesetas ...es una especie de balneario que debe su existencia a un manantial que surge de una fisura en la piedra.

Gadow, también, comenta su impresión sobre otro alojamiento algo más adelante, hacia Potes:

> En la carretera, casi frente a la iglesia de Lebeña, hay una pequeña posada, la cual, teniendo en cuenta sus habitaciones y la cortesía y el carácter servicial de sus gentes, podría ser un lugar idóneo para un amante de la pesca.

Finalizamos esta sección, recogiendo que en el mapa de 1900 de la Diputación de Santander el trazado de esta carretera estatal por el valle de Cillorigo aparece bien definida; en el plano, también están delineados los «caminos antiguos carretiles» hacia Peñarrubia y Lamasón, por los puertos de Arcedón y de Taruey.

B. *Las vías decimonónicas por Camaleño: desde Potes aguas arriba del río Deva*

Al formarse los ayuntamientos constitucionales en los años 30 del Ochocientos, la capitalidad del valle de Valdebaró se estableció en Camaleño, que dio su nombre al nuevo municipio extendido a lo ancho y largo de este histórico territorio.

El citado plano de 1830 (en el Centro Geográfico del Ejército, ver 4.4A) recoge el camino principal que va por este valle: de Potes hasta Camaleño discurre por la margen derecha del río Deva, a partir de este pueblo, ya en la parte alta del cauce, se cruza éste en tres ocasiones para alcanzar Espinama.

El mapa recoge los diferentes puentes, un total de nueve, que permiten el paso desde la vía principal a los pueblos que se encuentran en la otra margen (varios de ellos se han descrito en 3.4B). Se indican, además, tres caminos que se dirigen al puerto de Aliva para pasar al Principado de Asturias: uno sube desde Mogrovejo, el segundo por Enterría y Pembes y, el tercero, por Espinama. Asimismo, desde Cosgaya sube un camino a la vera del río Cubo hasta el puerto homónimo, o collado de Llesba, y desde ahí se dirige al puerto de San Glorio. Sin embargo, no aparece en este plano la vía que desde Espinama iba hacia el paso de Valcabao, al sur de Peña de Remoña, hacia el Puerto de Pandetrave, que une las comarcas leonesas de Tierra de la Reina y Valdeón.

En las primeras décadas del siglo XIX, hay dos testimonios, recogidos por Santos Briz (anexo A1), referentes a la utilización del camino entre los valles de Camaleño y Valdeón, a través del puerto de Remoña: uno es relativo a la primera guerra carlista en que, el 15 de agosto de 1836, la expedición mandada por el mariscal Miguel Gómez, pasó del valle leonés a Espinama donde hicieron noche; el otro se refiere a un gasto del entonces ayuntamiento de este lugar (lo fue de 1836 a 1867) que, en sus cuentas de 1840, recoge una partida relativa al *importe de las seis cántaras de vino que se consumieron el día que fueron los vecinos a espalar las nieves y limpiar el camino para salir a Castilla.*

El mapa de Alabern y Mabon de mediados del siglo XIX (*figura 44.1*) no recoge vía alguna por este valle. En la misma época, el diccionario de Madoz nos informa sobre los caminos de algunos lugares de este territorio, y como se verá su estado era bastante deficiente, al mismo tiempo nos da noticia de algunos puentes que tramaban la comunicación entre los diferentes pueblos como sigue:

Baró: … *Deba, como queda dicho, es el río que pasa lamiendo la población que nos ocupa … hay sobre él 4 puentes; el de Beares y el de Camaleño, de piedra, y los otros dos para pasar a San Pelayo. De madera, uno de carro, el otro peonil, y ambos construidos en el año 1844, por haber arrebatado en el anterior la grande avenida del mes de febrero los que había… Los caminos son locales, malos, estrechos, descuidados, sumamente lodosos en tiempo de lluvia y la mayor parte carreteros; recibiendo la correspondencia en Potes.*

Mogrovejo: *Caminos: son locales y malos, pero carreteros: recibe la correspondencia en Potes.*

Cosgaya: *Los caminos, carreteros, pendientes y en mal estado. Recibe la correspondencia de Potes.*

Espinama: *Caminos: locales, carreteros y en mediano estado. Recibe la correspondencia en Potes.*

Debe de recordarse, asimismo, que al principio de este apartado uno de los pasos citados de Castilla hacia Liébana por Madoz (1850) era por el puerto de Remoña, enlazando el valle leonés de Valdeón con el concejo lebaniego de Espinama y se remarcaba que *por los cuales transitan carros, pero a costa de mil penalidades y fatigas.*

Los caminos mineros hacia Fuente Dé y Espinama. A mediados del siglo XIX hay otro hecho que va a aportar tráfico al camino principal del municipio de Camaleño, y es el descubrimiento, por técnicos de la Real Compañía Asturiana de Minas, de yacimientos de zinc en la Vega de Liordes (terreno asturiano que linda, en el collado homónimo, con Cantabria) y en los puertos de Aliva. Su explotación va a necesitar de caminos carreteros que bajen el mineral hasta el valle del Deva y ya por la vía junto a este río, que también será mejorada por esta compañía minera, alcanzar la zona de Potes y la carretera del Desfiladero de La Hermida hacia la costa.

El camino de los Tornos de Liordes (*figura 44.27*). En «espinama.es» se describe cómo la compañía minera citada construyó esta vía con 38 revueltas en zigzag, junto al Canal del Embudo, que salvaban el desnivel entre Fuente Dé (1 070 m) y el Collado de Liordes (1 900 m), desde donde bajaban los carros de mineral, y que admiró al conde de Saint-Saud en 1891: *es preciso verlo para creer en la existencia de tal camino, abierto en una especie de ranura vertical que no es más que un horrible precipicio.* El autor de este estudio ha subido por esta vía y recuerda con emoción la gran belleza de la Vega de Liordes.

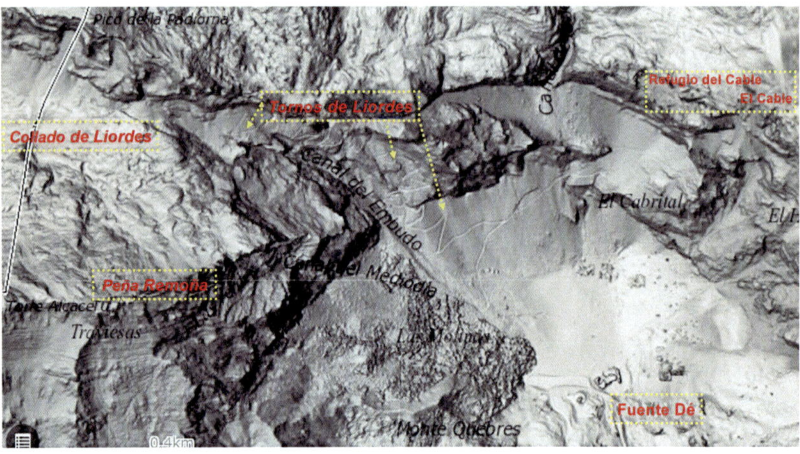

Figura 44.27. *Camino minero de la Vega de Liordes hasta Fuente Dé y el Balcón del Cable (mapas.cantabria y LVC).*

La vía desde los puertos de Aliva a Espinama. En estas otras minas, se habilitó un camino de carros entre estos lugares. Ya a principios del siglo XX se pensó en bajar el mineral desde la zona de Lloroza hacia Fuente Dé por medio de un cable, lo que constituiría el antecedente de la instalación del teleférico turístico que se instalaría en los años 60 del Novecientos (6.4B) desde el último lugar hasta el Balcón del Cable (1 850 m).

Monterde (1873) recoge que uno de los tres caminos carreteros construidos por las empresas mineras que operaban en Liébana era por este valle de Camaleño, y nos informa cómo el tráfico de minerales supuso para esta zona la mejora de la vía principal del camino primigenio que articulaba la comunicación de los pueblos ubicados en el mismo: ... *por el valle de Espinama desciende a Potes por un antiguo camino vecinal de una longitud de 16 a 17 kilómetros, que ha habilitado recientemente la Compañía que lo utiliza para el transporte de sus minerales.*

Santos Briz (anexo A1) recoge que en 1882 el ministerio de Fomento aprobó la propuesta de la Diputación de Santander de construir una carretera *De Ojedo (en la de Palencia a Tinamayor) al puerto de Remoña, o al punto más conveniente de la que construya la provincia de León para ponerse en comunicación con la de Santander por Potes, Camaleño y Espinama.*

La guía de Coll de 1896, nos informa de la situación de la carretera provincial desde Ojedo (en la carretera de Unquera al puerto de Piedrasluengas) al puerto de Remoña, en un itinerario que va a la vera del río Deva hasta sus orígenes en Fuente Dé. En la parte final de la centuria decimonónica, la nueva carretera, aprovechando y mejorando el camino previo existente, tiene construidos 8 kilómetros en un recorrido que tiene como hitos Ojedo, Potes, Turieno, Baró y Camaleño; la citada guía, recoge que se encuentra con proyecto aprobado el tramo hasta Los LLanos (junto a Mogrovejo) y el resto de la ruta por Cosgaya, Espinama y la zona de Remoña, se encuentra sin estudiar.

Figuras 44.28 a 44.30.
*Ermita de San Roque de 1871
en Bárcena-Los Llanos.
Puentes sobre el río Deva:
en Areños-Cosgaya y en Camaleño (LVC).*

El mapa de 1900 de la Diputación de Santander (*figura 44.2*) recoge la situación descrita en el párrafo anterior, con la novedad de que el tramo entre Camaleño y Los Llanos ya se encuentra en construcción, y aparece una línea de puntos (sin estudiar) para el tramo por Cosgaya, Espinama y Collado de Remoña; en el plano, todavía aparecen, levemente delineados, dos «caminos antiguos carretiles « hacia el puerto de Aliva, desde Mogrovejo y Espinama; y no hay referencia a la vía desde Cosgaya hacia el puerto del Cubo.

Para finalizar esta sección se recogen tres hitos constructivos del siglo XIX en este valle de Camaleño. En Bárcena-Los Llanos se construyó, en el último tercio de esta centuria, la bella ermita de San Roque (*figura 44.28*), en una inscripción que se encuentra en la clave del arco de entrada se lee *Se hizo con limosna. Año de 1871*.

Puente de Areños-Cosgaya sobre el río Deva (*figura 44.29*). Se trata de una estructura de piedra de unos 22 metros de larga y 4 metros de ancha. Su construcción puede ser del siglo XIX, pero no se conoce con exactitud. Está conformado por tres bóvedas escarzanas ejecutadas con sillarejos que apoyan en los estribos y en dos pilas con tajamares en triángulo cimentadas en el cauce del río; los tímpanos y pretiles son de fábrica de mampostería.

Puente de Camaleño sobre el río Deva (*figura 44.30*). Esta estructura de piedra corresponde a la nueva carretera que se hizo por el valle de Camaleño en la parte final del siglo XIX y principios del XX, tal como se ha expuesto previamente. Está conformado por una bóveda de medio punto ejecutada con sillares, tiene unos 10 metros de luz y 6 metros de ancho y su obra de cantería es de gran calidad.

C. *Las vías decimonónicas por Vega de Liébana: en la cuenca del río Quiviesa*

Al formarse los ayuntamientos constitucionales en los años 30 del Ochocientos, la capitalidad del valle de Cereceda se estableció en La Vega, con lo que este histórico territorio se convirtió en el municipio de Vega de Liébana.

El citado plano de 1830 (en el Centro Geográfico del Ejército, ver 4.4A) recoge muy bien los caminos de este valle: desde Potes iba, por la margen derecha del río Quiviesa hasta el puente «Ynojo» (en el plano), a la altura de Tudes y Tollo, y alcanzaba «Vega», desde donde la vía principal se bifurcaba en dos: un camino iba hacia el sur, hacia Lama, Soberado, «Varago», pasaba cerca de Dobres y Cucayo, y seguía al puerto de Aruz; el otro ramal, iba hacia el sudoeste, a «Bada», en donde volvía a dividirse en dos.

Debe señalarse aquí que en este mapa de 1830 existe un error al posicionar el «puerto de Pineda», que lo coloca donde realmente está el «puerto de Riofrio», donde se encuentran las fuentes del río homónimo que baja por Cucayo y Bárago a La Vega, donde confluye en el Quiviesa.

Desde «Bada», nuevamente hacia el sur, iba una vía por Villaverde y Ledantes al «puerto de Riofrío» (en el mapa pone erróneamente «puerto de Pineda»); y, siguiendo hacia el sudoeste, por «Bejo» se alcanzaba el Puerto de San Glorio y el paso a «Tierra de la Reina» y Riaño.

El mapa de Alabern y Mabon de mediados del siglo XIX (*figura 44.1*) recoge en este valle un camino con los siguientes jalones: Potes, Vega y Bárago. En esta época, el diccionario de Madoz nos informa en similar sentido a lo visto en los valles lebaniegos precedentes, los caminos entre los diferentes pueblos se encuentran en mal estado, así:

La Vega de Liébana: *Los caminos, aunque carreteros, son locales, estrechos y malos: recibe la correspondencia de Potes.*

Bárago: *Pasa por el pueblo el camino que conduce de Guardo a Potes, por el puerto de Pineda, habiendo algunos otros de pueblo a pueblo y todos en muy mal estado; la correspondencia la reciben en la cabeza del partido.* // Aquí parece que hay un error y se refiere al «puerto de Aruz» que es el más próximo de Bárago, o algo más a poniente se encuentran el «puerto de Riofrío» y el «puerto de San Glorio». Probablemente, este desliz venga de que Madoz habría consultado el citado mapa de 1830, que contiene esta equivocación.

Dobres: *Los caminos son locales y malos; se andan no obstante con carros: recibe la correspondencia en Potes.*

Aruz: *Puerto de pastos y también de tránsito para Castilla… Tiene camino carretero sumamente escabroso y pendiente, el cual sale por el valle en que están situados los pueblos de Bárago y Dobres… En este puerto y por la parte de Castilla se forma otro valle con un descenso muy suave y regular por donde se baja a los pueblos que llaman Tierra de Alba, siendo Bidrieros el primero que se encuentra; todo este tránsito que corresponde a lo que en general se dice Pineda o baldíos de Pineda, está en el verano poblado de rebaños de merinas, en cuya temporada se transita frecuentemente; fuera de ella es peligroso porque tiene mucha altura y el despoblado es de cerca de 4 leguas sin abrigo alguno, pues no se encuentra ni un árbol donde guarecerse, siendo raro el año en que en la estación del frío no se encuentren cadáveres de personas ateridas: para acudir a estas desgracias y a la comodidad del tránsito en cuanto era posible, hubo en lo antiguo una institución con carácter religioso que se titulaba Cofradía de las Letanías de Pernía ...*

Bores: *Los caminos son locales, malos y estrechos, andándose por ellos no obstante con carros del país; acude por la correspondencia a Potes.*

Ledantes: *Los caminos, aunque pendientes, malos y descuidados, se andan con carros: recibe la correspondencia en Potes.*

El plano de 1861 de Francisco Coello para este gran valle recoge un camino principal carretero a la vera del río Quiviesa, con los siguientes hitos: Potes, Valmeo, La Vega, Bores y Bada. Además, unos caminos de herradura en línea con lo citado en el plano de 1830: uno hacia Bejo y el puerto de San Glorio, otro hacia Ledantes y los Altos de Riofrío y otro hacia Bárago y Cucayo y el puerto de Aruz. Nuevamente, el mapa de Coello, como el citado de 1830, posiciona incorrectamente el «puerto de Pineda», que se encuentra realmente bastante más a levante, por encima de los pueblos de Caloca y Vendejo, en el municipio de Pesaguero.

En el desplazamiento por los pueblos de este valle, el viajero decimonónico podría apreciar algunas nuevas iglesias que se construyeron en este siglo. Así, en el valle del río Frío fueron levantadas a finales de la centuria: la San Cristóbal en Bárago (*figura 44.31*), en 1899 según aparece en una placa pétrea adosada a un muro de la misma, y la de Cucayo (*figura 44.32*).

En las *figuras 44.33 y 44.34* se muestran dos instantáneas que nos retrotraen a la centuria del XIX: un carro que se conserva junto a una casa de Tudes; y la Pisa o Batán de Ledantes (Bien de Interés Local), un ingenio hidráulico de madera que se utilizaba para preparar las telas para su posterior hechura de ropa.

Figuras 44.31 a 44.34. *Construcciones y otros elementos del siglo XIX en el municipio de Vega de Liébana: iglesias de Bárago y de Cucayo; carro en Tudes; y pisa o batán en Ledantes (LVC).*

La construcción de una nueva carretera por este valle se plantea a finales del siglo XIX; así, Catalina en la memoria del año 1889, presentada al ministro de Fomento, recoge una carretera que se encuentra en estudio y que va, por el valle del Quiviesa desde Ojedo (en la vía de Palencia a Tina Mayor por Piedras Luengas) a la villa leonesa de Riaño, y expone que la misma tendrá unos 30 kilómetros en la provincia de Santander.

La actualización, en 1900, del mapa de Francisco Coello y editado por la Diputación de Santander (*figura 44.2*) recoge que esta vía del Estado comienza en Potes y que el tramo de 8 kilómetros, por Valmeo, hasta La Vega se encuentra en construcción; y que el resto de la carretera, por Bores y «Bejo», hasta el puerto de San Glorio se encuentra en estudio.

Además, en este plano aparecen dos antiguos camino carretiles: uno desde Bejo va hacia el puerto de San Glorio y otro por Villaverde y Ledantes lleva al puerto de Riofrío (también incorrectamente nombrado en el mapa como puerto de Pineda, tal como este autor tenía en su mapa de 1861).

D. *Las vías decimonónicas por los municipios de Cabezón de Liébana y de Pesaguero: en la cuenca del río Bullón*

Al formarse los ayuntamientos constitucionales en los años 30 del Ochocientos, el antiguo valle de Valdeprado se dividió en dos municipios: uno, en la parte baja del rio Bullón, se denominó Cabezón de Liébana y con capital en el pueblo homónimo; el segundo, en la parte alta del citado río, se llamó Pesaguero, con capital en este pueblo.

El citado plano de 1830 (en el Centro Geográfico del Ejército, ver 4.4A) recoge las vías principales que surcaban este valle: desde Potes y Ojedo salían dos ramales, por la margen izquierda y derecha del río Bullón respectivamente, que se dirigían a Frama. Desde aquí y por la margen izquierda del río Bullón el camino llegaba a Cabezón, donde cruzaba a la otra orilla del río y, hacia el sur, alcanzaba la zona de Pesaguero, en la «Venta las Puentes», en donde se bifurca en dos: una vía iba hacia mediodía a Vendejo y el puerto de Sierras Albas; la otra hacia levante, a Avellanedo, donde algo más arriba de este pueblo, volvía a dividirse en dos ramales uno hacia Valdeprado y el valle de «Poblaciones», y otro hacia «Cueba» y el «puerto de Cueba» (según el mapa), en el límite con Palencia y cerca del collado de Piedras Luengas.

De estos dos pasos parece que era más utilizado, por ser más seguro, el de Sierras Albas; aquí, el 21 de Marzo de 1838, durante la primera Guerra Carlista, hubo un cruento enfrentamiento entre las tropas carlistas del conde de Negrí y las isabelinas del general Latre; éste, consiguió, con ayuda de las nevadas, derrotar a los carlistas en la denominada «Acción General de Vendejo» (Wikipedia, Obregón 2000 y Ansola *et al.*, 2014).

El mapa de Alabern y Mabon de mediados del siglo XIX (*figura 44.1*) recoge en este valle un camino con los siguientes jalones: Ojedo, Cabezón, Barreda, Dosamantes, «Bendejo» y Puerto de Sierras Albas. En esta época, el diccionario de Pascual Madoz nos informa sobre los diferentes caminos, como sigue:

Frama: *Los caminos son carreteros, se encuentran en malísimo estado y dirigen a los pueblos limítrofes: recibe la correspondencia en Potes.*

Cambarco: *Los caminos locales, carreteros y en regular estado; recibe la correspondencia de Potes.*

Cabezón de Liébana: *Los caminos locales y malos; recibe la correspondencia de Potes.*

Buyezo: *Los caminos locales, carreteros y en regular estado; acude a Potes por la correspondencia.*

Lamedo o Lameo: *Los caminos carreteros, pero estrechos y en muy mal estado; acude por la correspondencia a Potes.*

Barreda: *El río Bullón corre por el término de este lugar, y sobre él hay un puente de piedra algo deteriorado para pasar a Lomeña, y otro, también de piedra, llamado de Robullón para el tránsito del camino que viene de Castilla, que atraviesa todo el valle de Valdeprado... los caminos son de pueblo a pueblo, malos, estrechos y descuidados, sin embargo, de lo cual sirven para carro de bueyes, y la correspondencia se recibe en Potes.*

Bendejo: *Los caminos son locales, a excepción del que, atravesando por Sierras Albas, conduce a Castilla; acude a Potes por la correspondencia.*

Cueva: *Los caminos locales si se exceptúa el que dirige a Castilla, se encuentran en no muy buen estado, y aunque carreteros son bastante incomodos por lo pendientes; recibe la correspondencia de Potes.*

Piedras Luengas: *Puerto con camino carretero en la provincia de Santander... se halla próximo al pueblo de que toma nombre, correspondiente a la provincia de Palencia.»*

Señalar, además, que en relación a los pueblos de Buyezo y Lamedo, el diccionario de Madoz, en la voz «Potes, partido judicial» informa de dos caminos que conducen al valle de Polaciones:

> A la parte oriental de puertos de Cantalaguarda o de Piedras-luengas, se encuentran 2 parajes de que salen 2 caminos, uno carretero que por el pueblo de Lamedo va a juntarse con el que sale de Polaciones por el sitio de Cabezuela, y otro de herradura que por Buyezo se une también al de Polaciones.

El plano de Francisco Coello de 1861 muestra en este valle del río Bullón un camino carretero con los siguientes hitos: Ojedo, Frama, Cabezón de Liébana, Lerones, Pesaguero, Valdeprado y Collado de Piedras-Luéngas. También, un camino carretero desde Puente Asnil, al norte de Cabezón, hacia Perrozo, San Andrés, Buyezo y Lamedo. Además, caminos de herradura en línea con lo expuesto anteriormente.

A lo largo del amplio valle del Bullón el viajero decimonónico podría recrearse en nuevas construcciones hechas en esta centuria. Así, en el valle de Aniezo se levantaron las iglesias de El Salvador de **Luriezo** (*figura 44.35*), que fue construida en 1823 con dinero de donaciones indianas, y la de **Aniezo** (*figura 44.36*), fechada en 1853; también, en este «Valle Estrecho» se construyeron varios puentes sobre el río que lo modela.

Puente de tablero de madera en Aniezo (*figura 44.37*). Sobre el río homónimo al del pueblo, se recoge aquí una sencilla estructura de vigas de madera que apoyan sobre sendos estribos de mampostería. Esta obra sirve de ejemplo a la multitud de pasos similares que se han utilizado en numerosos lugares para salvar pequeños cursos de agua. Inicialmente, la plataforma del puente sería de tablones de madera, ahora en el actual paso que recoge la imagen, probablemente reparado varias veces a lo largo del tiempo, puede observarse que en los laterales se han colocado unos perfiles metálicos que contienen una losa de hormigón

Figuras 44.35 a 44.40. *Construcciones del siglo* xix *en el valle del río Bullón: iglesias de Luriezo y de Aniezo; puente con tablero de madera en Aniezo; iglesias de Cabezón de Liébana y de Lerones; horreo y fuente en Valdeprado (LVC).*

Volviendo al valle principal, a lo largo del mismo se encuentran otras edificaciones del siglo XIX: en **Cabezón de Liébana** su iglesia de San Emeterio y San Celedonio (*figura 44.38*) es de 1880. Más arriba, ya en Pesaguero, en **Lerones** su templo parroquial de Nuestra Señora de la Asunción (*figura 44.39*) es de 1866, según consta en la clave del arco de entrada de la portada; y en **Valdeprado**, se conserva un horreo (*figura 44.40*), restaurado en 1984, y junto a él una fuente que data de 1833.

La nueva carretera por Cabezón de Liébana y Pesaguero. Esta vía es parte de la carretera estatal de tercer orden entre Palencia y Tinamayor, por Carrión, Saldaña, Cervera y Potes. Una vez finalizado, hacia mediados de los años 60 del Ochocientos (ver 4.4A), el tramo de 37 kilómetros desde Unquera hasta Ojedo (próximo a la capital lebaniega); se abordaron los 29 kilómetros que faltaban hasta el puerto de Piedrasluengas, cercano al límite entre las dos provincias, que quedaron concluidos en la década de los 70. Ansola *et al.* (2014) recoge que este itinerario ya fue cartografiado como carretera en 1882 en el «Mapa itinerario del distrito militar de Burgos».

Esta carretera, de características técnicas similares a la del desfiladero, fue de nuevo trazado en parte de su recorrido y subía, hacia el puerto de Piedrasluengas, constantemente por la margen derecha del río Bullón, sin puente alguno sobre este río y evitando el atravesar los pueblos. Así, respecto al camino tradicional, en Frama bordeaba el pueblo por el nordeste y en Cabezón también evitaba cruzar por el núcleo del pueblo; a partir de Pesaguero y Valdeprado buscaba el paso de la cordillera, y con una serie de revueltas alcanzaba cerca a la Venta de Pepín, el límite provincial y, finalmente, el collado de Piedras Luengas. En este itinerario se cruzaban un par de ríos de cierta entidad que confluían en el Bullón, lo que exigió dos nuevas estructuras de paso.

Puente de Vieda sobre el río Aniezo (*figuras 44.41 y 44.42*). Se encuentra al sur de Frama y se resolvió con un viaducto de cinco vanos

Figuras 44.41 a 44.43. *Puentes decimonónicos de la nueva carretera entre Ojedo y Piedrasluengas: de Vieda-Frama, sobre el río Aniezo (plano y alzado), y de Puente Asnil, sobre el río Lamedo (plano en Sazatornil 1996 y LVC resto de fotos).*

que salvaba el cauce fluvial y la zona de barranco que hacía el terreno en tal zona. Tiene una longitud total de unos 50 metros y una anchura de 7,5 metros. Su proyecto se debe al ingeniero de caminos Francisco Sánchez y Sánchez (Sazatornil, 1996).

La estructura del viaducto es de piedra y está conformada por sendos estribos en sus extremos y cuatro pilas de altura variable, acomodándose al perfil de la hondonada, y cinco bóvedas de medio punto. Las pilas están construidas con sillares almohadillados y son de sección variable, disminuyendo desde su apoyo en la cimentación hasta la zona en que arrancan los arcos, donde existe un plano de imposta que remata la cabeza de las pilas. La cantería de las bóvedas es de gran calidad, destacando las dovelas de sus arcos de embocadura.

Este puente sufrió importantes daños en sus tres bóvedas centrales durante la Guerra Civil, en 1937, y la reconstrucción posterior de las mismas se hizo ya con hormigón.

Puente sobre el río de Lamedo (*figura 44.43*). Se encuentra en el paso de la carretera por Puente Asnil y vino a sustituir al puente histórico que se encuentra unos 40 metros aguas arriba del nuevo (ver 3.4D). Su longitud total es de unos 45 metros y su anchura similar a la del puente de Vieda. La estructura es de piedra y está conformada por muros de acompañamiento de alto variable para acomodarse al barranco creado por el río y una bóveda de medio punto, de unos 9 metros de vano. En esta zona el paso se encuentra a bastante altura sobre el cauce fluvial, lo que condiciona la altura de los estribos. Estos y los arcos de embocadura de la bóveda son de sillares bien tallados, el interior de ésta es una fábrica de sillarejos y los muros de tímpano sobre el arco son de mampostería concertada, remata la obra una imposta horizontal de sillares de pequeño espesor.

Amador de los Ríos (1891) relata una excursión que desde Potes se plantea hasta la iglesia románica de Santa María de Piasca, primero en carruaje, por la carretera del valle de Cabezón de Liébana, después andando, por el camino que desde el cruce con dicha carretera sube hacia el lugar del antiguo monasterio; en lo que sigue, y con el ánimo de imbuirnos en el ritmo sosegado de los viajeros de finales del Ochocientos, se recoge parte de la misma:

> Hermosa era la mañana … Tomamos el coche que debía conducirnos en la carretera de Palencia, al pie, no más, de la altísima montaña, en uno de cuyos repliegues, como pájaro en su nido, se oculta el lugar de Piasca … Atrás en breve tiempo quedó Hojedo, y avanzando por el ancho y cuidado camino, a la derecha, a poco, … en medio de abundantes huertas pobladas de cerezos, divisase a Frama…

> A no larga distancia, abandonamos el carruaje, y con ánimo valeroso comenzamos a trepar por la senda, a la derecha también del camino practicada … aquel por cual hubimos de internarnos, cuán dulce nos pareció y suave; cuán hermosas y dignas del pincel de los artistas montañeses las deliciosas perspectivas con que brindaba la madre naturaleza … continuaba delante de nosotros empinándose cada vez más, hasta producir intolerable fatiga … El camino, siempre en cuesta de gran pendiente, continuaba impertérrito, causando en nosotros maravilla el encontrar en él, subiendo también, pero con mayor despacio y lentitud más provechosa, uno de los carros del país, tirado por la tarda pareja de corpulentos bueyes …

Finalizamos esta sección, señalando que en el mapa de 1900 de la Diputación de Santander aparece detallado el trazado de esta importante carretera estatal que, sin duda, es la columna vertebral de las comunicaciones de estos dos municipios lebaniegos, que constituyeron el antiguo valle de Valdeprado, y su conexión con el resto de la comarca.

Añadir, que en este mapa hay definidas tres vías más: la carretera que conecta la parte alta de Valdeprado con el valle de Polaciones; asimismo, aparece el «camino antiguo carretil» hacia el puerto de Sierras-Albas; y, también, está dibujada una posible vía estatal, todavía sin estudio (en línea de puntos), que conectaría Cabezón de Liébana, vía Buyezo, con Tudanca.

5.
LA LÍNEA FERROVIARIA EN LAS COMARCAS OCCIDENTALES DE CANTABRIA (SIGLOS XIX AL XXI)

5.1 LA CONSTRUCCIÓN DE LA INFRAESTRUCTURA FERROVIARIA EN LA ZONA OCCIDENTAL DE CANTABRIA

EN el tomo I de esta obra se recogió el marco general, geográfico y temporal, en que se desarrolló la implantación de la red ferroviaria en Cantabria. En lo que respecta a su zona occidental, que ahora nos ocupa, la *tabla 51.1* recoge los datos más significativos de la línea férrea abierta en este territorio por la Compañía del Ferrocarril Cantábrico, con sede en la capital de Cantabria. Esta empresa construyó entre 1891 y 1905 los 100 kilómetros de infraestructura que conectaba Santander con Llanes (Asturias). La obra se abordó en dos fases: en 1895 se puso en servicio hasta Cabezón de la Sal y en 1905 se completó hasta Llanes.

Por su parte la Compañía de los Ferrocarriles Económicos de Asturias, con sede en Oviedo, puso en servicio la línea de Oviedo a Infiesto, de 48 kilómetros, en 1891; posteriormente, en 1905, lo hizo hasta la villa de Llanes. Por lo que, desde esta fecha quedaron conectadas las capitales de Santander y Oviedo.

LÍNEA	CONCE-SIÓN	CONSTRUC-CIÓN	EN SERVICIO	KM TOTAL	KM EN CANTABRIA
Santander-Torrelavega-Cabezón de la Sal	1890	1891/1895	1895	45	45
Cabezón de la Sal-Llanes	1900	1901/1905	1905	55	31

Tabla 51.1. *Datos sobre las líneas férreas construidas en la Zona Occidental de Cantabria entre 1891 y 1905 (LVC).*

En este capítulo se describirán el trazado de este gran proyecto a lo largo del territorio occidental de Cantabria, entre Torrelavega y Unquera, y los puentes que hubo de construirse para hacer viable esta infraestructura de transporte. Como ya se expuso en el citado tomo I (en su apartado 6.1), estas estructuras de paso utilizaron como elementos portantes verticales estribos y pilas de sillería o de mampostería concertada, dado que en la época en que se ejecutaron todavía no se utilizaba el hormigón armado para estos menesteres, y como elementos horizontales, que salvaban los vanos a superar, se usaron, principalmente, vigas metálicas de celosía que organizaban una red resistente compuesta por perfiles y chapas unidos por roblonado.

La *figura 51.1* recoge el itinerario de este ferrocarril de Santander a Llanes en un bello mural que se encuentra en la estación de la capital de Cantabria. Además, la *figura 51.2* muestra un mapa que se encuentra en la fachada de poniente de la estación de Cabezón de la Sal y que señala las estaciones que tiene este ferrocarril entre Puente San Miguel y Unquera, y el camino de Santiago junto a la costa cantábrica.

Señalar que el tramo entre Santander y Torrelavega, de 26 kilómetros, de este proyecto ferroviario, esta descrito en el tomo I de esta obra, que contempla el territorio de la zona central de Cantabria; se recomien-

Figura 51.1. *Mural artístico de la línea férrea entre Santander y Llanes que se encuentra en la estación de los ferrocarriles de vía estrecha de Santander (LVC).*

Figura 51.2. *Mapa ubicado en la estación de Cabezón de la Sal que recoge el trazado y las estaciones del ferrocarril entre Puente San Miguel y Unquera, y el camino de Santiago por la Costa Occidental de Cantabria (LVC).*

da su consulta para enmarcar el resto de la línea hacia Asturias dentro del contexto general. Además, aquí no se hará referencia a la parte asturiana de esta línea, de 24 kilómetros, entre Bustio y Llanes, al encontrase fuera del área geográfica que contempla este tomo III.

A los lectores interesados en profundizar en este tema, se les recomienda consultar *La Cía. del Ferrocarril Cantábrico. Línea de Santander a Llanes*, excelente obra monográfica de Manolo López-Calderón (2020).

En este libro se recoge que el primer intento de unión ferroviaria de Oviedo con Santander es de 1880, a iniciativa de Gabino Mendoza Fernández Cortina, y que en 1882 el ingeniero de caminos Adolfo Gónima Ruiz firmó el proyecto de esta línea de 213 kilómetros. Posteriormente, en 1888, el ingeniero León Revol hizo los estudios del tramo entre Santander y Cabezón de la Sal y dirigió sus obras. Ya en 1903, el tramo entre esta villa y la de Llanes se debe al ingeniero Francisco Domenchina.

Antes de describir las principales obras del itinerario por la zona occidental de Cantabria, se recogen algunos datos de carácter general que enmarcan e introducen esta línea ferroviaria. Señalar que fue muy utilizada hasta los años 60 del siglo xx, cuando el transporte por carretera fue tomando un mayor protagonismo, al tiempo que no se mejoró el ferroviario.

En relación al sistema de tracción de la línea a Llanes, desde sus inicios hasta principios de los años 50 del siglo xx, fue con máquinas de vapor, a partir de esta fecha comenzó un cambio progresivo a locomotoras diésel y ya a partir de mediados de los 60 este fue el sistema empleado. Añadir, que en 1981 se electrificó el tramo entre Santander y Puente San Miguel, y en 1984 el trayecto hasta Cabezón de la Sal, buscando potenciar el servicio de cercanías.

En los más de ciento veinte años que tiene esta línea ferroviaria, aparte de los trabajos lógicos de mantenimiento, sus características básicas son las del principio. Se han hecho pocas mejoras en la infraestructura y en el parque de material móvil, con lo que actualmente, se ha convertido un medio de transporte no competitivo para el transporte de personas o mercancías entre Cantabria y Asturias.

En la actualidad, para viajar entre Santander y Oviedo se ofrecen dos servicios al día y el trayecto dura cinco horas y media, con una velocidad media de unos 40 km/h. Llama la atención que al poco del comienzo del uso de la tracción diesel en esta línea, el viaje entre Santander y Oviedo se realizaba, en 1953, en ese mismo tiempo, cinco horas y media (López- Calderón, 2020); lo que nos confirma la mala situación de este servicio de transporte.

Señalar que la opción del viaje en autobús entre estas dos capitales, ofrece entre 9 y 12 servicios diarios, según el día de la semana que se elija, con un tiempo de duración que va de 2 horas y 15 minutos en la oferta más rápida a las 3 horas y 15 minutos en la de más duración. Por otro lado, el viaje en automóvil por las autovías A-8, hasta pasado Villaviciosa, y A-64, hasta Oviedo, se estima en dos horas, para un recorrido de 191 kilómetros, lo que es un tiempo mucho menor que el viaje en tren.

En la oferta de trenes de cercanías, entre Santander y Cabezón de la Sal, la situación es algo más favorable, y compite, en cierto modo, con los desplazamientos por carretera, pero en los últimos años se está produciendo un deterioro del servicio, con la consiguiente pérdida de viajeros, por lo que debiera hacerse un esfuerzo en la renovación de la infraestructura y del material rodante, de modo de hacer una oferta atractiva para el uso del ferrocarril.

En lo que sigue, en el apartado 5.2 se describe el tramo entre Torrelavega y Cabezón de la Sal, de 19 kilómetros, construido en la primera mitad de la última década del siglo XIX y puesto en servicio en 1895; el mismo sigue al río Saja por los municipios de Torrelavega, Reocín, un pequeño trecho por el sudeste de Alfoz de Lloredo, y Cabezón de la Sal; es decir, prácticamente por el norte de la comarca del Saja.

En el apartado 5.3, se refiere la línea entre Cabezón de la Sal y Unquera, de 31 kilómetros, que entró ya en funcionamiento en los albores del siglo XX, en 1905, y que recorre los municipios de Cabezón, Valdáliga, San Vicente de la Barquera y Val de San Vicente; o sea, por el oeste de la comarca Costa Occidental.

5.2 EL FERROCARRIL DE FINALES DEL SIGLO XIX ENTRE TORRELAVEGA Y CABEZÓN DE LA SAL

La puesta en servicio de esta línea férrea potenció el desarrollo de los diferentes lugares por los que circulaba el tren; a modo de ejemplo se recoge el impacto que tuvo en Cabezón de la Sal en Meer *et al.* (2003):

> Los efectos económicos inducidos por el aumento de la conectividad que supuso la llegada del ferrocarril otorgaron definitivamente a la Villa un rango urbano mucho mayor del que cabría esperar de su tamaño demográfico y de las dimensiones de su espacio edificado-Delgado Viñas.

> … la apertura de Cabezón tanto hacia nuevos productos y materias primas, que podían llegar más fácilmente desde fuera, como hacia nuevos mercados, que con el traqueteo del ferrocarril pasaban a ser más accesibles y cercanos-Ansola Fernández.

Por otro lado, rápidamente surgieron nuevas posibilidades de conexión de las estaciones del ferrocarril con otros lugares vecinos a las mismas; así, en la Guía de Coll (1896), un año después de la llegada del tren a Cabezón se recogen observaciones útiles para los viajeros del tren:

> Los trenes de la Compañía están en combinación con las líneas de coches de Asturias y Cabuérniga, Potes, Comillas, etc. Los viajeros tomarán y dejarán estos coches en la estación de Cabezón.

> Coche en Puente San Miguel para Santillana a todos los trenes.

Además, surgieron actividades turísticas asociadas a esta línea férrea; así de la citada guía de 1896, se recogen dos excursiones que tienen sus puntos de enlace en sendas estaciones:

Viaje a Santillana, antiquísima villa, que encierra muy curiosos monumentos, especialmente la Colegiata y Claustro. Trayecto por ferrocarril de Santander a Puente San Miguel, duración del viaje, una hora 30 minutos...

El viaje en tren de Santander a Puente San Miguel se realiza en la actualidad entre 37 a 45 minutos, dependiendo del servicio.

A Comillas, precioso puerto de mar que cuenta con valiosísimos monumentos de universal fama. Trayecto por ferrocarril de Santander a Cabezón, duración del viaje por ferrocarril, una hora 50 minutos. Idem id. en coche, una hora.

En la actualidad, el trayecto entre Santander y Cabezón de la Sal es de una hora y 5 minutos, o una hora y 21 minutos, según el tren que se tome.

En lo que sigue recorreremos la ruta entre Torrelavega y Cabezón y se comentarán los hitos constructivos más relevantes de la misma. En este tramo existen varios puentes, los más significativos están recogidos en la *tabla 52.1*, siendo los más importantes los que cruzan los ríos Besaya y Saja; asimismo, existen varios pasos de la línea sobre carreteras o caminos, en general con luces pequeñas, y en los últimos años ha existido una política de ir suprimiendo encuentros del ferrocarril y carreteras al mismo nivel. Debe recordarse que, desde 1984, la línea de Santander hasta Cabezón de la Sal está electrificada.

PUENTE-LUGAR	MUNICIPIO	RÍO O VÍA	TIPOLOGÍA Y MATERIAL	LARGO TOTAL
Torrelavega	Torrelavega	Besaya	Vigas metálicas de celosía y estribos pétreos	46
Sta. Isabel-Quijas	Reocín	Saja	Vigas metálicas de celosía y estribos pétreos	40
Ontoria	Cabezón de la Sal	Arroyo Marras o San Ciprián	Vigas metálicas de alma llena (armadas)	18,7

Tabla 52.1. *Puentes principales actuales de la línea férrea entre Torrelavega y Cabezón de la Sal (Datos de FEVE y LVC).*

Saliendo hacia poniente desde la primera ciudad (título otorgado a Torrelavega precisamente en 1895, cuando se inauguró esta línea del ferrocarril Cantábrico) el tren atravesaba el río Besaya, poco antes de que entregue sus aguas al Saja; esto lo hacía con un puente de 45 metros de luz del que se ha escrito en el tomo I. En **Torres** la línea férrea iba paralela a la carretera general y ambas eran cruzadas con un paso superior (*figura 52.1*) por el ferrocarril minero de la Real Compañía Asturiana de Minas; este puente estuvo operativo hasta los años 80 del siglo xx, cuando cesó este servicio y la actividad de la compañía; ya a principio de los años 90, en este lugar se construyó un puente carretero que lleva a Ganzo y Duález.

Poco después la traza del ferrocarril Cantábrico entraba en el valle de Reocín y alcanzaba la estación de **Puente San Miguel** (*figura 52.2*), que es un amplio y bello edificio de dos plantas, con nueve vanos en cada piso de sus fachadas principales, las que dan al andén y a la calle de acceso, y que cuenta con una marquesina soportada por artísticas ménsulas metálicas. El siguiente jalón era el apeadero de **Santa Isabel de Quijas** (*figura 52.3*), poco después, la línea salvaba una carretera local y seguidamente atravesaba el río Saja con un bello puente.

Lo anterior conlleva una larga obra de fábrica pétrea con muros en ambas caras que contienen el terraplén sobre el que se asienta la plataforma del ferrocarril; se trata de una obra de cantería de gran calidad en la labra y colocación de los sillares sensiblemente almohadillados. Sobre estos estribos se asientan las estructuras que superan los obstáculos citados. El paso sobre la carretera local lo hace con un tablero de estructura metálica de unos 7 metros de luz.

Puente de ferrocarril sobre el río Saja. Se trata de una estructura de dos vigas metálicas de celosía tipo Pratt de 10 recuadros, estando los cuatro centrales arriostrados con cruces de San Andrés, y cuyos elementos constitutivos, chapas y perfiles, están unidos por roblonado.

Figuras 52.1 a 52.3.
*Paso superior del ferrocarril minero
de la RCAM sobre la línea del Cantábrico y
la carretera general hacia Asturias
(cortesía M. López Calderón).
Estaciones de Puente San Miguel y
de Santa Isabel-Quijas (LVC).*

El puente tiene una luz de 38 metros y fue construido a principios de la década de los noventa del Ochocientos, en la *figura 52.4* se muestra una imagen de esa época (del «fondo fotográfico Quijas»), en ella se aprecian los citados muros recién ejecutados y las cimbras de madera que se utilizaron temporalmente para construir las vigas metálicas.

Las *figuras 52.5 y 52.6* muestran el puente en la actualidad, después de la rehabilitación a que fue sometido en 2019, y que conservó la estructura primigenia. Las vigas tienen una altura de 3,2 metros y el ancho entre ellas es de 4,35 metros; perpendicularmente a las mismas existen unas celosías secundarias de canto 1,2 m que reciben las cargas del tren y las transmiten a las vigas principales. Debe señalarse que esta estructura metálica es la única que se conserva en Cantabria como fue construida a finales del siglo XIX, cuando se hizo este ferrocarril hacia Asturias, las demás han ido sustituyéndose en los últimos años, por lo que tiene un alto valor testimonial.

Figuras 52.4 a 52.6.
*Puente del ferrocarril del Cantábrico
sobre el río Saja: en fase de construcción
(hacia 1893, cortesía de C. Losada) y
dos vistas en la actualidad (LVC).*

El ferrocarril, ya por la margen izquierda del río Saja, entra algo más adelante en el sudeste del municipio de Alfoz de Lloredo, que recorre durante 2,8 kilómetros, es la zona del pueblo de **Rudagüera**, donde tiene un apeadero en su barrio de San Pedro (*figura 52.7*). Nuevamente, vuelve a transitar por el oeste del municipio de Reocín, a lo largo de 2,4 kilómetros, en esta zona cuenta con el apeadero de **Golbardo**. Por este término continúa yendo junto al Saja y frente a Caranceja alcanza el municipio de Cabezón de la Sal, a la altura donde estaba la antigua Venta del Río. Aquí, existe un cruce al mismo nivel entre la traza del ferrocarril y la carretera que comunica Casar de Periedo con la zona de Golbardo, Rudagüera y Novales; justo junto al estribo izquierdo del reconstruido puente decimonónico que une Caranceja y Casar.

Figuras 52.7 a 52.9.
Estación de Rudagüera, acantilado rocoso junto al ferrocarril a la entrada de Casar de Periedo y estación de este lugar (LVC).

Desde aquí la línea ferroviaria va entre la antigua carretera nacional y un gran macizo calizo (*figura 52.8*) que cae a plomo sobre el borde de aquélla y que en su momento hubo de perfilarse para ubicar la plataforma del tren. A 300 metros se encuentra la estación de **Casar de Periedo** (*figura 52.9*), donde se conservan el alero y la marquesina originales, y un almacén adosado a aquélla.

Ya por el valle de Cabezón el ferrocarril atraviesa la amplia vega del histórico concejo de Periedo, hasta acercarse nuevamente al río en **Virgen de la Peña** donde cuenta con estación (*figura 52.10*), en ella cabe destacar su bella marquesina metálica soportada por cuatro columnas de fundición y artísticas ménsulas; justo a poniente de este edificio se encuentra el túnel homónimo de unos 170 metros de longitud (*figura*

52.11). Poco después, a unos 900 metros, la vía férrea atraviesa el túnel de Ontoria (*figura 52.12*), de unos 180 metros, antes de alcanzar este pueblo.

Entre estos dos lugares, distanciados dos kilómetros, la plataforma del ferrocarril va junto a la carretera nacional N-634 y algo elevada sobre la cota de ésta, tal como puede verse en la *figura 52.11*, ello ha obligado a hacer, en parte del recorrido, muros de contención de la explanación del ferrocarril, los cuales están ejecutados con obra de cantería de gran calidad.

En **Ontoria**, junto al apeadero del ferrocarril, se encuentra un cargadero de mineral de zinc (*figura 52.13*), construido con estructura de hormigón armado, por la Real Compañía Asturiana de Minas, en 1925, tal como consta en una inscripción junto a la cumbre; el material llegaba aquí por cable aéreo desde una explotación que se encontraba a unos 3,5 kilómetros en el municipio de Udías, y una vez en esta terminal era cargado en vagones para ser transportado por tren al puerto de Requejada, junto a la ría de San Martín de la Arena de Suances, desde donde era exportado.

Junto al apeadero de Ontoria hay un paso a nivel del ferrocarril con la vía que desde la carretera nacional lleva al citado pueblo, y adyacente a este cruce un puente que salva el arroyo de San Ciprián que viene desde Cabezón de la Sal.

Puente del ferrocarril en Ontoria (*figura 52.14*). Se trata de una estructura de un vano de 13,75 metros de luz. Inicialmente, hasta los años 90 del siglo xx, su plataforma horizontal estuvo soportada por dos vigas de celosía Pratt de 10 recuadros, contando los seis centrales con diagonales en «cruz de San Andrés» (FEVE); luego se sustituyeron por dos vigas armadas de alma llena, de 1 metro de canto y separadas entre si 3,8 metros, formadas por chapas soldadas y los rigidizadores adecuados; en sus dos laterales dispone de pasarelas de servicio.

Figuras 52.10 a 52.14. *Estación de Virgen de la Peña y túnel homónimo y muro de contención de la plataforma férrea. En Ontoria: túnel, antiguo cargadero de mineral y puente sobre el arroyo San Ciprián (LVC).*

Figuras 52.15 y 52.16.
Estación de Cabezón de la Sal:
vista general (LVC) y
foto aérea de su planta y playa de vías
(mapas.cantabria 2020).

A 1,5 kilómetros de ese puente y siguiendo una alineación recta se alcanza la estación de **Cabezón de la Sal** (*figura 52.15*); ésta inicialmente era de una planta y tenía un andén cubierto con una amplia y bella marquesina, que se conserva; ya en el siglo xx se hizo un segundo andén y se añadió una planta al edificio; el complejo cuenta con una amplia playa de cinco vías (*figura 52.16*).

Añadir, que el mapa de 1900, de la Diputación de Santander (*figura 42.2*) muestra el trazado de este ferrocarril de vía estrecha entre Santander y Unquera: en el tramo hasta Cabezón de la Sal como ya construido y, a partir de esta villa, en la parte más occidental de la región, lo delinea en fase de ejecución. Ya el mapa de 1914 (*figura 62.1*), de la jefatura de obras públicas de la provincia de Santander, muestra el itinerario completo de esta línea férrea.

5.3 El ferrocarril de principios del siglo XX entre Cabezón de la Sal y Unquera

En el apartado 5.2 se ha descrito la implantación de la línea ferroviaria que se puso en marcha a finales del siglo XIX en la zona occidental de Cantabria, entre Santander y Cabezón de la Sal, y que fue inaugurada en 1895. Diez años después se completó su recorrido hasta Unquera en Cantabria y en el oriente asturiano hasta Llanes, villa esta que ya se encontraba conectada ferroviariamente con Oviedo, lo que permitió la conexión de las dos capitales provinciales.

En lo que sigue se recogen los hitos más relevantes de este ferrocarril en los 31 kilómetros que median entre Cabezón y Unquera, y los principales puentes y pasos sobre carreteras que hay en este itinerario. Varios de ellos han sustituido, parcialmente, los elementos estructurales con que contaban inicialmente: si bien restan los estribos y pilas de fábrica originales; las vigas metálicas, en su caso, son de nueva factura, al haber sustituido a las primigenias en las dos décadas finales del siglo XX. Los datos geométricos de las obras que se recogen en la *tabla 53.1*, y cuando se citan en varios de los puentes, han sido facilitados por FEVE al autor, lo que se agradece.

Después de la estación de Cabezón de la Sal el trazado se va hacia el sur haciendo un gran lazo que rodea la parte más antigua de esta gran villa, en este tramo cruza con pequeños puentes los arroyos de San Ciprián y de Pontonilla, nuevamente cuando gira hacia el norte se encuentra otro cauce que cruza con una estructura de paso.

Puente sobre el arroyo de las Navas (*figura 53.1*). Es de un vano y de 8,7 metros de luz y se encuentra junto al polideportivo Matilde de la Torre. Inicialmente fue de estructura metálica y en los años 90 del siglo XX se sustituyó por un tablero constituido por ocho vigas prefabricadas de hormigón pretensado y losa superior de igual material. El ferrocarril, antes de abordar el Alto del Turujal y entrar en el valle de Valdáliga cruza este arroyo, también denominado de Navas de Rey, otras tres veces más en las proximidades de Cabezón de la Sal.

Saliendo de Cabezón (128 m de altitud) y en dirección a Asturias, el ferrocarril asciende hacia el alto de **El Turujal** (187 m), en el límite entre los municipios de Cabezón de la Sal y Valdáliga. La *figura 53.2* muestra la vía en la rampa que existe cerca del citado alto, que es la divisoria de aguas de los ríos Saja y Escudo.

PUENTE-LUGAR	MUNICIPIO	RÍO O VÍA	TIPOLOGÍA Y MATERIAL	LARGO TOTAL
Cabezón de la Sal	Cabezón de la Sal	Arroyo Navas	Vigas de hormigón	16,7 m
«San Andrés»- La Herrería	Valdáliga	Río Escudo y CA- 851	Bóveda de hormigón	20,8 m
Al sur de la ermita de S. Pedro de Caviedes	Valdáliga	Río Escudo	Vigas metálicas de celosía	36,6 m
Las Cuevas, Roiz.	Valdáliga	CA-848	Vigas de hormigón	18,0 m
Nordeste de Villanueva, Roiz	Valdáliga	Río Escudo	Fábrica pétrea- Dos bóvedas	38,7 m
Dovalina-Noroeste de Villanueva, Roiz	Valdáliga	Río Escudo	Vigas metálicas de alma llena	32,8 m
La Vega-Sudeste de El Barcenal	Valdáliga	Río Escudo	Vigas metálicas de celosía	35,6 m
Entrambosríos	S. Vte. Barq.- Val S. Vicente	Río Gandarilla	Vigas mixtas acero-hormigón	24,6 m
Oeste de la estación de Pesués	Val de S. Vicente	CA-181	Losa de hormigón	29,0 m
Pesués	Val de S. Vicente	Río Nansa	Vigas metálicas de celosía	71,5 m
Unquera (hacia Bustio en Asturias)	Val de S. Vicente	Río Deva	Vigas metálicas de celosía	98,0 m

Tabla 53.1. *Puentes actuales de la línea férrea de Cabezón de la Sal a Unquera en la Comarca Costa Occidental (Datos de FEVE y LVC).*

López-Calderón (2020) expone que el Turujal es el punto más alto de esta línea férrea, luego el ferrocarril desciende hasta Treceño (87 metros). En esta zona en que se sube hacia la misma desde los dos valles se encuentran las mayores pendientes de la línea de Santander a Llanes, con inclinaciones de 20 milésimas por metro (o sea del 20 ‰ o, bien, del 2%, éstas que no son importantes para un vehículo carretero, son muy exigentes para un tren). Al respecto, Lopez-Calderón escribe: «*Para coronar el Turujal, los trenes carboneros procedentes de Asturias, tenían que segregar la mitad de sus vagones, la maniobra tenía lugar en Treceño o en Unquera; también, a los trenes de vapor de mercancías, para ascender por esta rampa, se les proporcionaba una tracción adicional por cola*».

La vía baja hacia Hualle, ya en el valle del río Escudo, y gira hacia el sur haciendo una gran revuelta o torno, buscando una solución progresiva de la diferencia de cotas a resolver, que bordea citado pueblo y al de **La Herrería** (115 m), al volver hacia el norte, cruza una carretera y el cauce del Escudo por vez primera, de las cinco veces que lo hará en este valle.

Puente ferroviario de San Andrés, sobre el río Escudo y la carretera de Treceño a San Vicente del Monte. Inicialmente, el tablero de este puente estaba soportado por dos vigas metálicas de celosía, con cruces de San Andrés en cada recuadro (*figura 53.3*). En los años 60 del siglo xx se hizo una mejora del trazado de la citada carretera y, en esta zona, se llevó por debajo de este puente, por lo que se reestructuró este paso superior del ferrocarril a la solución actual (*figura 53.4*).

Se trata de una bóveda de hormigón de 14 metros de luz, cuyo espesor en la clave es de un metro, y tiene un ancho del tablero para el paso del ferrocarril de 4,63 m. La ferrovía pasa a una altura considerable sobre el cauce fluvial, lo que conlleva que la infraestructura posea unos importantes muros de acompañamiento hasta alcanzar el paso.

Figuras 53.1 a 53.6. *Puente sobre el arroyo Navas de Rey en Cabezón de la Sal. Rampa hacia el Alto del Turujal. Puente de San Andrés, junto al barrio de La Herrería, sobre el río Escudo: solución inicial (cortesía M. López-Calderón) y actual. El ferrocarril a su paso por Treceño: paso sobre el camino del cementerio y estación (LVC).*

Poco después, siguiendo la margen izquierda del río Escudo, se alcanza **Treceño**, aquí al sur de la iglesia parroquial el trazado del ferrocarril tiene un paso superior (*figura 53.5*) sobre la carretera local que conduce al cementerio; el vano, de unos 3 metros de luz, se resuelve con una bóveda de medio punto de sillería pétrea y muy buena ejecución, lo mismo que los altos muros de acompañamiento que contienen el terraplén de la plataforma ferroviaria en esta zona.

Seguidamente, la línea férrea alcanza la estación de Treceño (*figura 53.6*), que se encuentra a 10 kilómetros de la de Cabezón de la Sal. Es un edificio de dos plantas y tres vanos a las fachadas que dan al andén y a su acceso exterior, y tiene unas características similares a las de las tres estaciones que siguen a continuación, hasta alcanzar la de Unquera, que es un edificio más amplio. En la estación de Treceño se conserva un depósito de agua de hormigón armado que, en los tiempos del vapor, abastecía a las locomotoras. Y por lo expuesto previamente, respecto a la composición adecuada de los trenes de mercancías, tiene una playa de cuatro vías que permite estas operaciones.

Puente del ferrocarril sobre el río Escudo, al sudoeste de San Pedro de Caviedes. Se encuentra a unos 600 metros de la ermita románica de San Pedro, y al este de El Mazo, y con este paso la traza del ferrocarril pasa a la margen derecha del río. Se trata de una estructura de un vano, con estribos de fábrica pétrea de sillares. Inicialmente, fue un puente con tablero de vigas de celosía con montantes y diagonales en «cruz de San Andrés» (*figura 53.7*).

Se sustituyó en los años 80 del siglo xx por dos nuevas vigas metálicas de celosía de tipo Warren, de 20,1 metros de vano y cuyas barras están unidas con soldadura, la *figura 53.8* recoge los trabajos de ejecución de esta estructura metálica en un lugar próximo al lugar del puente. Posteriormente, el tablero antiguo fue retirado con ayuda de unas grúas (*figura 53.9*), al tiempo que con éstas el nuevo fue dispuesto en su posición

Figuras 53.7 a 53.10. *Puente del ferrocarril sobre el río Escudo, al sudoeste de la ermita de San Pedro de Caviedes: estructura primigenia, ejecución del nuevo tablero metálico y retirada de las vigas antiguas (Tableros y Puentes S.A.). Y el puente en la actualidad (LVC).*

definitiva (*figura 53.10*). El apoyo de éste se ha hecho sobre unos nuevos soportes de hormigón armado que se encuentran adyacentes de los estribos primigenios.

El ferrocarril continúa hacia poniente y pasa al norte de El Mazo y de Movellán, dos barrios de Roiz, en esa zona atraviesa un túnel de unos 240 metros de longitud, bajo el «Cotero de la Granja», y alcanza la estación de **Roiz** en Las Cuevas (*figura 53.11*), poco después cruza por encima de la carretera CA-848 que, por el norte de este pueblo, lo comunica con la carretera nacional del Cantábrico N-634.

López-Calderón (2020) escribe sobre el uso que, en sus primeros años de historia, tuvo esta parada: «*Hasta la estación de Roiz, en el municipio de Valdáliga, transportado en carros de bueyes, llegaba el mineral de calamina y blenda procedente de la cuenca minera de Rionansa que explotaba la Real Compañía Asturiana en los cotos de La Florida, La Cuerre y Cuévanos*».

Figuras 53.11 a 53.13.
Infraestructuras ferroviarias en Roiz-Las Cuevas: estación y puente de hormigón armado sobre la carretera CA-848 (LVC); obra de fábrica pétrea en un paso inferior de una calle de este pueblo al trazado férreo (M. López Calderón).

Nuevo puente sobre la carretera al norte de Roiz-Las Cuevas (*figura 53.12*). Se trata de una estructura conformada por dos pórticos de hormigón armado que salvan un vano de 11 metros y que fue inaugurada en 2006, ello permitió ampliar el ancho de paso de la citada carretera que conduce a la capital del municipio de Valdáliga. La estructura primigenia era una obra de fábrica pétrea conformada por una bóveda de medio punto y un vano de unos 5 metros.

Pontón de fábrica pétrea en Las Cuevas-Roiz (*figura 53.13*). Algo más adelante de la estructura de hormigón anterior, a unos 90 metros de ella, se encuentra otro paso inferior al ferrocarril, su construcción fue obligada para permitir la comunicación a un grupo de casas que quedaba separado del núcleo del pueblo por la vía férrea. Dado que la plataforma del tren pasa a bastante altura del camino de acceso a estas viviendas, la estructura pétrea que se hizo tiene altos muros de acompañamiento de mampostería careada de grandes piezas y estribos de sillería; sobre ellos se conformó una bóveda de medio punto, de cinco metros de vano, con dovelas bien talladas; el remate de toda la obra se consigue con una imposta de sillares de no gran espesor.

El ferrocarril continúa hacia el oeste, por la margen derecha del río Escudo, que en esta zona tiene varios meandros y, después de atravesar un pequeño túnel, cruza nuevamente el citado cauce, al norte del barrio de Villanueva de Labarces, por dos veces. Esto lo hace con dos estructuras que se encuentran próximas, distanciadas unos 350 metros entre sí, y que cruzan el río a bastante altura sobre el mismo.

Puente de «dos ojos» al nordeste de Villanueva (*figura 53.14*). Está conformado por una gran estructura pétrea de 38,7 metros de longitud, que rellena, en forma de una gran V, el barranco creado por el río, buscando dar una plataforma de paso al ferrocarril; su obra de can-

Figuras 53.14 y 53.15. *Puente del ferrocarril, sobre el río Escudo, al norte de Villanueva-Labarces: estructura pétrea de dos bóvedas (cortesía de M. López-Calderón) y su rehabilitación en 2022 (LVC).*

tería es de gran calidad. El necesario desagüe hidráulico lo resuelve con dos bóvedas de medio punto de 7 metros de vano y 3,8 metros de ancho; la pila central, en donde apoyan éstas, se eleva unos 5,5 metros sobre el río y presenta tajamares semicilíndricos; la imposta de remate vuela ligeramente sobre el plano vertical de muros y bóvedas lo que proporciona un ancho para el paso del tren de 4,45 m. En agosto de 2022 este puente se encontraba en rehabilitación y cubierto con un importante andamiaje (*figura 53.15*).

Puente Dovalina al norte de Villanueva. Se encuentra próximo al anterior, y está conformado por un tablero de estructura metálica de dos vanos que apoya en sendos estribos y una alta pila de fábrica pétrea, resuelta con sillares almohadillados. La longitud total del puente es de 32,8 metros, cada vano tiene una luz de 16 metros. Inicialmente, sus vigas portantes eran dos celosías metálicas con montantes verticales y diagonales en «cruz de San Andrés» (*figura 53.16*). Actualmente, la estructura horizontal está soportada por dos vigas de 1,2 metros de altura,

Figuras 53.16 y 53.17.
Puente Dovalina sobre el río Escudo, de dos vanos con vigas metálicas sobre apoyos de fábrica pétrea: tablero primigenio (cortesía de M. López-Calderón) y actual (LVC).

compuestas por chapas y rigidizadores soldados, que sirven de soporte al resto de elementos metálicos y que ofrecen una plataforma de 4,6 metros de ancho (*figura 53.17*). Su gran pila central tiene una altura de 7,8 metros y se apoya sobre una zapata cimentada sobre el lecho de unos 2 metros de profundidad (según datos de FEVE).

Puente de La Vega al sudeste de El Barcenal (*figura 53.18*). Más adelante, a 1,4 kilómetros de la última estructura y poco antes de abandonar Valdáliga, en la zona de La Vega, el ferrocarril cruza por quinta, y última vez, el río Escudo. Esto lo hace en la actualidad con una nueva estructura metálica conformada con dos vigas en celosía de tipo Warren y de 20 metros de luz, la misma se apoya en unos soportes de hormigón armado, situados en los laterales de los estribos primigenios de fábrica de sillares pétreos.

Poco después, a unos 900 metros, ya en el municipio de San Vicente de la Barquera, en el que la ferrovía recorre 6,3 kilómetros, se encuentra el apeadero de **El Barcenal** (*figura 53.19*) y a 4 km, después de haber sido atravesada la traza ferroviaria dos veces por la autovía A-8 del Cantábrico que la sobrevuela, alcanza la estación de San Vicente (*figura 52.20*), ubicada en **La Acebosa,** que está a 2,6 km de la histórica villa.

Paso superior al ferrocarril en La Acebosa (*figura 53.21*). El ferrocarril sigue hacia poniente y al norte del citado pueblo va un largo trecho en trinchera, en este recorrido su traza corta el camino histórico que viene de San Vicente de la Barquera hacia este lugar y que ha sido, y es, la ruta que lleva la vía de peregrinación hacia Santiago de Compostela y hacia Santo Toribio de Liébana.

El paso superior de este camino por encima del ferrocarril, de unos 18 metros de largo por 4 metros de ancho, se resolvió con una estructura de hormigón armado interesante y llamativa, y que, en los albores del siglo xx, fue una de las pioneras de este novedoso material, que devendría en el más utilizado en la construcción de puentes a partir de esos primeros tanteos.

Figura 53.18 a 53.21. *Puente ferroviario de La Vega sobre el río Escudo, al sudeste de El Barcenal. Apeadero de este lugar. Estación de San Vicente de la Barquera en La Acebosa (LVC). Y, al norte de este pueblo, paso superior sobre el ferrocarril (cortesía M. López-Calderón).*

El tablero del camino sobre la vía férrea está resuelto con dos vigas rectangulares paralelas, de canto colgado, que apoyan en los estribos y en cuatro pilares de hormigón sumamente esbeltos; para arriostrar estos soportes entre sí, y mejorar su comportamiento frente a pandeo, se conectan a cierta altura del terreno con dos piezas de atado que los solidarizan; para completar el plano horizontal por donde va el camino hay una losa de nervios de hormigón que apoyan en citadas vigas y vuelan un poco sobre ellas.

Poco después del paso descrito, el ferrocarril cruza el río Gandarilla, cerca ya de su desembocadura que rodea a San Vicente de la Barquera por el occidente y el norte. A partir de aquí se entra en el municipio de Val de San Vicente, que es el último que recorre el ferrocarril, a lo largo de más de 8 kilómetros, por Cantabria.

Puente de Entrambosríos sobre el río Gandarilla (*figura 53.22*). Este paso recibe el nombre del lugar donde se ubica, su estructura portante está configurada por unos largos muros y altos estribos de fábrica pétrea, y que en la actualidad están reforzados localmente con unos largueros metálicos que los confinan. Sobre la fábrica descansa un nuevo tablero de 8 metros de vano y estructura mixta, compuesta por dos vigas metálicas conectadas a una losa superior de hormigón.

Paso superior al ferrocarril en Serdio. Algo más adelante, al norte de este pueblo y en la zona de Sel del Rey, existía otro paso superior al ferrocarril (*figura 53.23*) de tres vanos y características similares al descrito

Figura 53.22 a 53.24.
Puente ferroviario de Entrambosríos sobre el río Gandarilla (LVC).
Paso superior sobre el ferrocarril en Serdio: soluciones primigenia y actual (El Diario Montañés-Internet).

en La Acebosa. Desafortunadamente, y dado que su estado de deterioro era notable, fue demolido para ubicar en su lugar una nueva estructura. La solución actual es un puente de un vano (*figura 53.24*), de unos 25 metros de luz y 5,7 metros de ancho total, que consta de dos encepados sobre micropilotes sobre los que apoya un tablero conformado con tres vigas prefabricadas de hormigón y sobre las cuales va una losa de este mismo material.

Desde este paso superior y a unos 3 kilómetros se alcanza la **estación de Pesués** (*figura 53.25*), que es similar a las tres que la preceden desde Treceño. Poco después, el ferrocarril cruza la carretera que sigue el valle del Nansa y a continuación se enfrenta al paso de la importante ría de Tina Menor en el estuario del citado río, lo que se logra con un singular puente ferroviario.

Puente sobre la carretera del Valle del Nansa, CA-181 (*figura 53.26*). El paso actual del ferrocarril sobre esta carretera primaria regional se construyó a finales de los años 90 del siglo XX, cuando se mejoró esta vía que articula las comunicaciones del valle del Nansa entre Pesués y Puentenansa. La estructura se resolvió con una losa de hormigón de 12,7 metros de vano que apoya en los muros estribo, del mismo material, que contienen el terraplén creado para dar paso al ferrocarril. Inicialmente, este paso se encontraba algo más al oriente y era de menor luz.

Figuras 53.25 y 53.26. *Estación de Pesués y puente ferroviario sobre la carretera CA-181 que sigue al río Nansa hasta Puentenansa (LVC).*

Puentes del ferrocarril sobre el río Nansa, de 1905 y de 2006. El paso de este cauce fluvial se hizo inicialmente con un importante puente metálico de un vano de dos vigas de celosía de unos 50 metros de longitud (*figura 53.27*), del tipo «estructura reticular rómbica sin montantes», que es único entre los puentes ferroviarios construidos en Cantabria, el autor no conoce otro de esta tipología en esta región; el mismo tenía su plataforma de tráfico, por donde circulaba el tren, por la parte superior de las citadas vigas, cuyos perfiles y chapas estaban unidas por roblonado.

Peris (2012) recoge que en esa zona se hizo previamente un puente provisional de madera, que facilitaba la extracción de los escombros del largo túnel de Pesués, que se encuentra nada más cruzar el río, a la vez que se utilizó para la construcción de las citadas vigas metálicas.

Figuras 53.27 a 53.29.
Puente de Pesués sobre el río Nansa en Tina Menor: solución inicial de 1905 (cortesía M. López-Calderón) y el construido en 2006 (LVC). Entrada oriental del túnel de Pesués (Pablo Hojas Llama, 1980-1990, CDIS, Ayto. de Santander).

Este puente singular ha tenido una vida de servicio de 100 años y en 2006 fue sustituido por una nueva estructura metálica (*figura 53.28*), también de un vano e igual longitud, conformado con dos vigas de celosía tipo Pratt, y 5,3 metros de altura, que constan de 12 recuadros con montantes y diagonales unidos por soldadura; estas vigas se arriostran entre sí y apoyan una plataforma superior de 5,6 metros de ancho por donde circula el tren.

El montaje de la nueva estructura se hizo en una finca próxima y en parte de un relleno provisional hecho en el río; una vez ensambladas las diferentes partes formando un todo, entre sendas vigas y perfiles adicionales que constituían un gran tubo de acero, con la ayuda de tres potentes grúas se retiró el conjunto inicial y se instaló el nuevo en su posición definitiva.

Pasado el río, la línea se encuentra con el **túnel de Pesués**, de 640 metros de longitud, siendo el más importante de este ferrocarril del Cantábrico entre Santander y Llanes. La *figura 53.29* (*Pablo Hojas Llama. Vías de FEVE a su paso por Pesués, 1980-1990, Fondo Pablo Hojas Llama, Centro de Documentación de la Imagen de Santander, CDIS, Ayuntamiento de Santander*) muestra la entrada de levante de esta galería, justo después de superar el puente descrito previamente.

La salida del túnel se encuentra a poniente del pueblo homónimo y a 2 kilómetros de ella se ubica la **estación de Unquera** (*figura 53.30*), una de las más importantes de este ferrocarril; es un edificio de tres plantas y 4 vanos por piso, en cada una de las fachadas principales, que lindan con las vías al norte y con la calle del pueblo al sur. Poco después, la ferrovía se encuentra con Tina Mayor, que cruza con un puente y alcanza Bustio en la provincia de Asturias.

Puente del ferrocarril sobre el río Deva. Se trata de un importante puente de tres vanos conformado por dos vigas metálicas en celosía que apoyan en dos pilas centrales y estribos laterales de fábrica de sillares de piedra caliza. Inicialmente, en 1905, las vigas eran del tipo de montantes y «cruces de San Andrés» (*figura 53.31*); uno de los vanos de este puente fue destruido en 1937 durante la Guerra Civil (*figura 53.32*) y reconstruido a continuación. Después, en los años 80 del siglo xx las vigas se sustituyeron por dos celosías tipo Warren de 92 metros de longitud; su vano central es de 36 m y los dos laterales de 28 m (*figura 53.33*).

Como epílogo de este capítulo, debe subrayarse que este ferrocarril, con un siglo largo de servicio, ha sido una parte importante de la historia social y económica de la zona occidental de Cantabria.

Figuras 53.30 a 53.33. *Estación de Unquera (LVC). Puente del ferrocarril sobre el río Deva: solución primigenia con celosías metálicas de «cruces de San Andrés» (cortesía M. López-Calderón); con un vano destruido en la Guerra Civil (Ministerio de Cultura 2020); y en la actualidad con celosías Warren (LVC).*

6.
LA RED VIARIA DE LOS SIGLOS XX Y XXI
EN LAS COMARCAS OCCIDENTALES DE CANTABRIA

6.1 INTRODUCCIÓN A LA RED VIARIA DE LOS SIGLOS XX Y XXI
EN LA ZONA OCCIDENTAL DE CANTABRIA

EL marco general de la construcción de las carreteras de Cantabria, en los 120 años que abarca el periodo que nos ocupa en este capítulo, ha sido descrito en el apartado 7.1 del tomo I de esta obra. Se recomienda su lectura para comprender el alcance de los cambios habidos en este tiempo, de las exigencias que impusieron los nuevos automóviles de motor que aparecieron al principio del siglo XX, de las posibilidades de los nuevos materiales estructurales que se fueron utilizando y de los tipos de puentes que se desarrollaron en este periodo de algo más de un siglo.

Se concluía que, en esta época, la red viaria de la región había alcanzado un alto nivel de calidad y una extensión notable, con más de 600 kilómetros de vías del Estado, unos 2 000 kilómetros de carreteras autonómicas y 5 000 kilómetros de vías municipales.

Resumiendo, los hitos más relevantes para el área geográfica de este libro (para mayor detalle véase el tomo I) se tiene:

- En las dos primeras décadas del siglo xx se completa la red general de carreteras de la provincia que se había ido construyendo desde los años 60 del Ochocientos.

- En 1926 las carreteras hacia el Escudo y Burgos y la de la Costa, a lo largo del litoral cantábrico, entran en el plan nacional de firmes especiales.

- En 1937, en la Guerra Civil, durante la retirada del ejército republicano hacia Asturias, varios puentes de la zona occidental de Cantabria fueron destruidos, buscando retrasar el avance de las tropas nacionales que lo perseguían. El número de estructuras afectadas en estas comarcas fue considerable, las *figuras 61.1 a 61.3* recogen los daños que se produjeron en alguno de los puentes. Entre los comentarios que acompañan a las instantáneas tomadas se escribe «… *en la destrucción de puentes por voladura eran muy efectivos los dinamiteros asturianos…*».

- En los años 40 la carretera entre San Sebastián y Santiago de Compostela, de unos 730 kilómetros a lo largo de toda la costa cantábrica, pasó a denominarse N-634. Y en la zona occidental de Cantabria va por Torrelavega, Cabezón de la Sal, San Vicente de la Barquera y Unquera, en el límite con Asturias.

- En 1950 se aprobó el plan de modernización de las carreteras españolas que, en su primera etapa, de 1951 a 1955, se aplicó exclusivamente a los itinerarios de mayor circulación; y que en la provincia de Santander alcanzó, nuevamente, a la carretera de la Costa y la que conduce a Burgos.

- En 1967 se puso en marcha el programa «redia», o red de itinerarios asfálticos, que en la provincia de Santander benefició exclusivamente a la carretera de la Costa.

- En los años 80 y 90 del siglo xx las carreteras nacionales y autonómicas de Cantabria tuvieron importantes mejoras. En las *tablas 61.1 y 61.2* se recoge la nomenclatura y longitud de las vías más importantes de la región.

- A finales de los años 90 y el comienzo del siglo XXI se puso en servicio la autovía del Cantábrico A-8 a su paso por la zona occidental de la región, sus diferentes tramos se fueron abriendo al tráfico según las fechas que recoge la *tabla 61.3*. En 2002 se posibilitó la comunicación de Santander con Unquera por autovía (67 kilómetros en 42 minutos). Y en 2014, una vez que se completó el tramo de la A-8 de Unquera a Pendueles, se posibilitó la conexión de las capitales de Cantabria y del Principado de Asturias por autovía (Santander a Oviedo, 191 kilómetros en algo menos de 2 horas).

Figuras 61.1 a 61.3.
En 1937, durante la Guerra Civil, varios puentes fueron dañados en la zona occidental de Cantabria: puente Portillo en Comillas, puente de La Maza en San Vicente de la Barquera y puente de Unquera (Biblioteca Nacional de España).

CLAVE	VÍA	KM
A-8	Autovía entre Torres y Unquera (límite con Asturias)	42,1
N-634	Carretera entre Torres y Unquera (límite con Asturias)	49,7
N-621	Carretera entre Unquera y Puerto de San Glorio (límite con León)	65,1
CA-131	Barreda (N-611)-La Revilla (N-634)	30,7
CA-132	Viveda (CA-131)-Suances (CA-351)	6,0
CA-133	Puente San Miguel (N-634)-Santillana (CA-131)	4,2
CA-134	Santillana del Mar (CA-133)-Cuevas de Altamira	1,7
CA-135	Cabezón de la Sal (N-634)-Comillas (CA-131)	11,0
CA-136	Variante de Puente San Miguel y de Santillana-Tagle/Suances	9,1
CA-137	Variante al norte de Santillana	2,5
CA-180	Cabezón de la Sal (N-634)-Valle de Cabuérniga (CA-182)	11,6
CA-181	Pesués (N-634)-Puentenansa (CA-182)	20,0
CA-182	Valle de Cabuérniga (CA-180)-Puentenansa (CA-181)	15,1
CA-184	Ojedo, Potes (N-621)-Piedrasluengas (límite con Palencia)	25,4
CA-185	Potes (N-621)-Fuente Dé	23,4

Tabla 61.1. *Vías estatales y autonómicas primarias en las Comarcas Occidentales de Cantabria (siglos xx y xxi). (Gob. de España y de Cantabria y LVC).*

CLAVE	VÍA	KM
CA-235	San Vicente de la Barquera (N-634)-La Acebosa (A-8)	1,6
CA-236	Ría del Capitán-San Vicente de la Barquera: Puente Zapedo (CA-131)-Puente de la Maza (N-634 y CA-364)	6,7
CA-280	Valle de Cabuérniga-Espinilla-Salcedillo: Valle de Cabuérniga (CA-180)-Salcedillo (Límite con Palencia)	42,5
CA-281	Puentenansa-Piedrasluengas: Pte. N. (CA-182)-Límite Palencia	34,4
CA-282	Puentenansa (CA-281)-La Hermida (N-621)	30,1
CA-283	Riocorvo (N-611)-Virgen de la Peña (N-634)	11,8

Tabla 61.2. *Carreteras autonómicas secundarias en las Comarcas Occidentales de Cantabria (siglos XX y XXI). (Gobierno de Cantabria y LVC).*

TRAMO	AÑO
A-8: Sierrapando-Torres	Noviembre 2000
A-8: Torres-Cabezón de la Sal	Junio 1998
A-8: Cabezón de la Sal-Lamadrid	Abril 2002
A-8: Lamadrid-Unquera (L.P. Asturias/Cantabria)	Octubre 2001

Tabla 61.3. *Inauguración de la autovía A-8 a su paso por la Cantabria Occidental (Wikipedia y LVC).*

Como fuentes documentales para analizar la evolución de las carreteras en el marco temporal de este capítulo se han estudiado los siguientes mapas:

- (1902-04) Cuerpo de Estado Mayor Ejército: Mapa itinerario Santander.

- (1906) Imprenta F. Fons, Santander. Mapa de la Provincia de Santander.

- (1914) Jefatura Obras Públicas. Provincia de Santander.

- (1942) Instituto Geográfico Nacional: Provincia de Santander.

- (1974) Instituto Geográfico Nacional: Provincia de Santander.

- (2017) de la Consejería de Obras Públicas y Vivienda del Gobierno de Cantabria.

6.2 LA RED VIARIA DE LOS SIGLOS XX Y XXI EN LA COMARCA COSTA OCCIDENTAL

En las figuras que siguen se muestran las carreteras que recogen tres planos de la región para este territorio, de fechas de 1914 (*figura 62.1*), de 1974 (*figura 62.2*) y de 2017 (*figura 62.3*), lo que nos permite visualizar la evolución y densificación de la red viaria a lo largo del último siglo.

Este apartado se ha dividido en cuatro secciones. Las dos primeras se refieren a dos vías estatales que discurren entre Cabezón de la Sal y Unquera, la carretera nacional N-634 y la autovía del Cantábrico A-8. La tercera parte describe los avances habidos en la carretera de la costa, convertida ahora en la CA-131, una vía primaria de Cantabria. Finalmente, la cuarta sección se refiere a las mejoras en otras vías de la comarca.

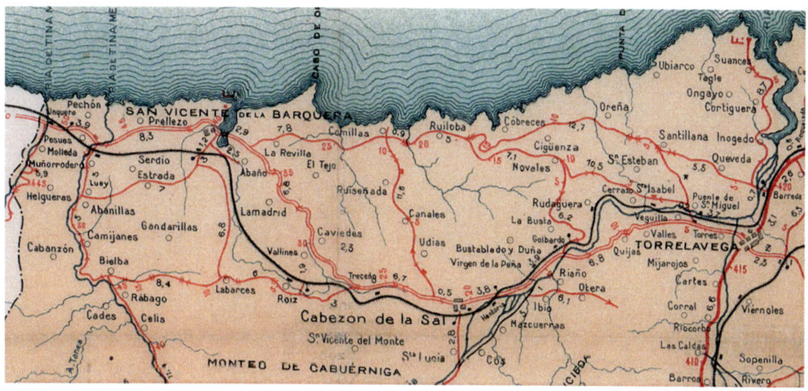

Figura 62.1. *Las carreteras de la Costa Occidental en parte del Plano de la Provincia de Santander (1914), Fondos del Instituto Geográfico. Nacional, CC BY 4.0 ign.es.*

Figura 62.2. *Las carreteras de la Costa Occidental en parte del Plano de la Provincia de Santander (1974) del Instituto Geográfico Nacional.*

Figura 62.3. *Vías en la comarca de la Costa Occidental en 2017, según el Mapa de Carreteras de la Consejería de Obras Públicas del Gobierno de Cantabria.*

A. *La carretera de Cabezón a Unquera (N-634)*

El itinerario general de esta carretera nacional no ha variado, sustancialmente, desde su construcción en los años 60 del siglo XIX, y es tal como se ha expuesto en 4.2B; así puede constatarse en los planos de 1914, 1974 y 2017 (*figuras 62.1 a 62.3*) que recogen la evolución de la red viaria de este territorio en los últimos años. Lo que sí se han mejorado notablemente, aproximadamente a los 100 años de su ejecución, son sus características técnicas, como se describirá en esta sección.

Durante la Guerra Civil, en la toma de la provincia de Santander por las tropas nacionales en agosto de 1937, esta carretera fue protagonista de la retirada del ejército republicano hacia Asturias, que destruyó un buen número de puentes buscando cubrir su repliegue; los daños y reconstrucciones habidas se recogerán al entrar en el detalle de las infraestructuras. En *Imágenes de la Guerra Civil en Cantabria: Puentes destruidos* de la Biblioteca Nacional de España (BNE 2020, en internet) pueden verse, en varios de ellos, los daños habidos en sus estructuras y las labores de reconstrucción provisional que se arbitraron hasta su rehabilitación definitiva.

En los años 70 del siglo XX, tratando de mejorar las prestaciones de la carretera e incrementar su capacidad, se mejoraron algunas zonas concretas del recorrido con ensanchamientos y rectificación de curvas, así como con la construcción de nuevos puentes, que sustituyeron a los primigenios que no eran suficientes para absorber el tráfico creciente en esta importante vía que recorría la costa cantábrica. Finalmente, esto motivó la necesidad de una infraestructura de mayor capacidad que diera el relevo a esta carretera centenaria y en el año 2002 ya se encontraba en servicio el tramo de la autovía A-8 entre Cabezón y Unquera (6.2B).

En lo que sigue recorreremos esta vía de 30 kilómetros y se describirán las principales novedades y los hitos constructivos que jalonan su recorrido.

En **Treceño**, en la tercera década del siglo XX, se construyó una vía que permitía el acceso desde la carretera general a la estación del ferrocarril de la citada villa, que había entrado en servicio en 1905 (5.3). Desde la N-634, partía una rampa de unos 36 metros de largo, limitada por muros de piedra de mampostería y pretiles del mismo material, rematados con albardillas de sillares cuya cara superior está ligeramente curvada; este nuevo tramo de carretera salvaba el río Escudo que se interpone entre ambas infraestructuras.

Puente de Treceño a su estación de ferrocarril (*figura 62.4*). Se denomina de «La Cagigalera» y es una estructura de piedra de un vano resuelta con una bóveda escarzana de 12 metros de luz y 2 metros de flecha; su proyecto es de 1920, del ingeniero de caminos José Pardo Gil, y fue construida hacia 1926 (Vega 1997). Su obra de fábrica está resuelta con sillares bien labrados; rematando los arcos de embocadura y tímpanos existe una imposta horizontal de sillares de pequeño espesor, sus pretiles son como los existentes en la carretera descrita, de la que forma parte.

Antes de ejecutarse este puente de piedra, se utilizó «*un estrecho puente colgante hecho en 1919 con tres cables metálicos amarrados a dos bloques de piedra mampostería a los extremos*» (Arias 1926). Dado que el servicio del ferrocarril en esta villa comenzó en 1905, debe entenderse que, en los primeros años, el acceso a la estación se haría por un camino y, probablemente, el río se pasaría con un puente de madera.

Recoger que, en los años 70, en los 18 kilómetros que hay desde Cabezón de la Sal hasta la entrada oriental al puente de La Maza en San Vicente de la Barquera, se amplió la plataforma de la carretera, con una vía lenta adicional en la zona del alto de El Turujal, próximo a Treceño, en la de Caviedes y desde La Revilla hacia San Vicente, aquí se rectificaron varias curvas y se mejoró notablemente el trazado.

El puente de La Maza de San Vicente de la Barquera. Esta estructura, de más de trescientos años, sufrió daños en varias bóvedas en agosto de 1937 (*figuras 42.21, 61.2 y 62.5*), en concreto en una de las fotos de la Guerra Civil recogidas por la Biblioteca Nacional (2020) se cita «*volado por seis sitios*»; como puede observarse en ellas, sus tajamares son de tipo triangular en las dos fachadas del puente; posteriormente, la estructura pétrea fue reparada en las zonas requeridas. La *figura 62.6* (*Prats. San Vicente de la Barquera. Puente de la Maza, 1 de agosto de 1952, Fondo Centro de Estudios Montañeses, Centro de Documentación de la Imagen de Santander, CDIS, Ayuntamiento de Santander*) muestra el aspecto de este gran puente a comienzos de los años 50 del siglo XX. En los años 70 fue ensanchado, alcanzando los 9 metros, y las pilas se remataron con tajamares semicilíndricos, disponiendo apartaderos en la calzada cada tres vanos (*figura 62.7*). En esta reforma, frente a los pretiles que tenía el puente primigenio en los laterales, como elementos de protección frente a caídas, ahora se dispusieron barandillas metálicas en la mayor parte de la longitud del puente y muretes de sillería en la zona en que se ubican las pilas del puente.

Figuras 62.4 a 62.7. *Puente de Treceño sobre el río Escudo, en la vía que, desde la carretera N-634, accede a la estación de ferrocarril de esta villa (LVC). Puente de la Maza en San Vicente de la Barquera: en 1937 con daños de la Guerra Civil, a mitad del siglo xx (Prats, CDIS, Ayto. Santander) y en la actualidad (LVC).*

No lejos del gran puente de la Maza, a unos 380 metros al sur de su estribo occidental, junto a la carretera a La Acebosa, se encuentra la Casa Pozo (*figura 62.8*), de los primeros años el siglo xx, que se ha rehabilitado para ubicar el centro de interpretación del Parque Natural de Oyambre.

La *figura 62.9 (Bustamante Hurtado-Torrelavega. San Vicente de la Barquera. Plaza de José Antonio, ca. 1965, Colección Adela Echevarría Sánchez, Centro de Documentación de la Imagen de Santander, CDIS, Ayuntamiento de Santander)* muestra el paso de la carretera nacional N-634 por la villa barquereña, a mediados de los años 60 del siglo xx, se ven unos pocos coches aparcados junto a la plaza mayor.

El siglo xx trajo nuevas infraestructuras a la histórica villa de San Vicente de la Barquera. En los años 20 de esta centuria los hermanos Luis y Gloria de la Mata Linares fundaron dos colegios para la educación de los hijos de los marineros, el de Cristo Rey en 1922 y el Corazón de María en 1926 (*figura 62.10*). En el ecuador del siglo se hizo una lonja para el pescado, que ha sido sustituida por una nueva en 1999 (*figura 62.11*).

El puente de Tras San Vicente de la Barquera. Este puente fue inaugurado en 1799 (3.2A). Vega (1997) recoge que en 1904 el ingeniero José González Fernández lo rediseñó; entendemos que para alguna reforma que se llevó a cabo en tal época, posiblemente para retirar sus pretiles pétreos y ensanchar el ancho útil de circulación. Hacia 1937, en una foto recogida por Lecrercq Sáiz (*figura 62.12*) se aprecia cómo el puente tiene barandillas. Este puente fue nuevamente ensanchado en los años 50 del Novecientos, para ello se amplió su plataforma con una losa de hormigón armado en voladizo.

En los años 70, el tráfico de la carretera de la costa había crecido notablemente, con lo que el puente era insuficiente para absorberlo, y en los fines de semana de la época veraniega se creaban grandes atascos en este lugar; por otro lado, al norte de este paso, la zona de La Barquera fue un área de expansión del núcleo previo de San Vicente, con lo que el paso de personas por el puente era también elevado. Todo ello llevó, en la década de los 80, a la ampliación de esta estructura (*figura 62.13*), para ello se ensancharon sus bóvedas y se alargaron sus pilas, al tiempo que los nuevos tajamares se llevaron hasta el tablero superior creando apartaderos, a modo de miradores sobre la ría; en esta fecha, también se rectificó una curva muy cerrada que existía en su lado norte, lo que condujo a cegar dos arcos próximos a esta ribera, con lo que el puente pasó a tener siete vanos.

En los años 70 del siglo xx, en la zona de Boria y Santillán, al norte del río Gandarilla y de San Vicente, esta carretera tuvo importantes mejoras de rectificación de curvas y de ensanchamiento, con la incorporación de un tercer carril; algo similar se hizo en la zona de Prellezo y Los Tánagos.

Figuras 62.8 a 62.13. *San Vicente de la Barquera en el siglo xx: casa Pozo (Ayto. S. Vicente de la Barquera); la carretera nacional N-634 a su paso por esta villa (Bustamante Hurtado, ca. 1965, CDIS, Ayto. de Santander); colegio Corazón de María y nueva Lonja de pescado. Puente Nuevo o de Tras San Vicente de la Barquera: en 1937 (blog Lecrercq Sáiz) y en la actualidad (LVC el resto de fotos).*

El puente pétreo de Pesués. Esta bella estructura, de finales del siglo XIX (4.2B), fue dañada durante la Guerra Civil. La *figura 62.14* muestra este paso en 1937: puede verse que tres de sus bóvedas están incompletas, en esas zonas sus pretiles pétreos han desaparecido y han sido sustituidos por barandillas de madera para evitar las caídas; en otras partes pueden verse los pretiles originales. En la reconstrucción de las bóvedas que habían sufrido roturas se utilizó ya el hormigón, si bien para mantener la estética global del puente los arcos de embocadura se hicieron con dovelas de piedra.

En los años 70 se hizo, a levante de este puente, una nueva estructura para la carretera nacional y el puente decimonónico pasó a servir a la carretera primaria regional CA-181 que va junto al Nansa aguas arriba de este lugar. En los años 90, su tablero se ensanchó a 11 metros, con voladizos de hormigón armado, y se le dotó de dos aceras para el paso de peatones (*figura 62.15*).

El nuevo puente de Pesués (*figura 62.16*). En los años 70, y dentro de las importantes mejoras que se realizaron en esta carretera de la costa se hizo un nuevo puente a unos 250 metros del histórico, aguas abajo del rio Nansa. Esta estructura, de unos 84 metros de longitud, permitía un paso de mayor anchura (11 metros) y evitaba un quiebro, casi perpendicular, que hacia la carretera primigenia en la entrada sur del puente anterior. El nuevo paso tiene cuatro vanos, constituidos por un tablero de vigas prefabricadas de hormigón pretensado y una losa superior, que apoya en tres entramados, formados cada uno por un cargadero soportado por sendas columnas de hormigón armado, y en dos estribos del mismo material. En estas obras se ensanchó, asimismo, la carretera y se rectificó una curva muy cerrada que existía al este de Pesués.

A su paso por Pesués la carretera deja a un lado su nueva iglesia de San Pedro y San Sebastián (*figura 62.17*), inaugurada en 1950, la anterior fue destruida en 1937 durante la Guerra Civil. Poco después, el viajero se encuentra con el edificio del ayuntamiento de Val de San Vicente (*figura 62.18*), construido a finales de los años 60 del siglo xx.

Figuras 62.14 a 62.18.
Patrimonio construido en Pesués: puentes sobre el río Nansa, el decimonónico en 1937, con los daños de la Guerra Civil, y en la actualidad, ya ensanchado (Bibl. Nac. de España y LVC); el nuevo puente, de los años 70 del siglo xx, aguas abajo del histórico; iglesia parroquial y ayuntamiento de Val de San Vicente (LVC).

El puente de hormigón de Unquera (*figuras 62.19 y 62.20*). En los primeros años del siglo XX el puente de madera que existía en este lugar (4.2B) se encontraba en mal estado y se solicitó por parte de las autoridades locales que se construyera un nuevo paso. Finalmente, a mediados de los años 20 se hizo un puente de vigas de celosía de hormigón, proyectado por el insigne ingeniero José Eugenio Ribera uno de los introductores de las estructuras hormigón armado en España; asimismo, en 1902 fue autor del singular puente de Golbardo (ver 6.3A).

Este profesor y director de la Escuela de Ingenieros de Caminos de Madrid, en su libro *Puentes de fábrica y hormigón armado* ofrece las características del puente de Unquera: estaba formado por tres vanos de 26,5 metros de luz y ancho libre de 6 m. En agosto de 1937 fue destruido por el ejército republicano en su retirada hacia Asturias (*figuras 61.3 y 62.19*). Durante su reconstrucción, para permitir el paso de la carretera se hizo un puente provisional junto a la estructura dañada; actualmente el puente presenta su imagen previa. Finalmente, en la primera década del siglo XXI se le han adosado dos pasarelas peatonales por su exterior, de modo de facilitar el paso de personas entre las localidades de Unquera y de Bustio (*figura 62.20*).

El nuevo puente de Unquera en la N-634 (*figura 62.21*). En los años 70 del siglo XX se hizo una variante de la vía que nos ocupa, buscando evitar el paso del tráfico creciente por el pueblo de Unquera y relevar al puente anterior en el servicio a la carretera nacional. Esta variante se llevó al norte del pueblo y de la línea del ferrocarril del Cantábrico; el paso del río Deva se hizo a unos 80 metros aguas abajo del puente ferroviario, para ello se construyó una nueva estructura de tres vanos y unos 111 metros de largo; el tablero apoya en los estribos y en dos pilas apantalladas cimentadas sobre el río, está constituido por siete vigas prefabricadas de hormigón pretensado, perpendicularmente a las mismas existen unos nervios transversales que solidarizan el conjunto, y sobre estos elementos va una losa hormigonada *in situ*.

Figuras 62.19 a 62.23. *Patrimonio reciente en Unquera: Puente de los años 20 del siglo xx: destruido en 1937 durante la Guerra Civil y el reconstruido en la actualidad (cortesía M. López-Calderón y LVC). Nuevo puente de la carretera N-634. Antiguo Colegio de San Felipe Neri, 1918, e iglesia de los Stos. Mártires Emeterio y Celedonio, 2012 (LVC).*

Como se ha señalado, Unquera que no existía como pueblo a mediados del siglo xix, experimentó un importante desarrollo a partir de los años 60 de la centuria decimonónica, con la apertura de las dos carreteras que confluían en este cruce fluvial, la del desfiladero de La Hermida y la de la costa, a lo que se sumó el paso y estación del ferrocarril del Cantábrico a partir de 1905. En 1918 se puso en marcha el colegio e internado de las Hermanas de San Felipe Neri (*figura 62.22*), que desde 2010 es un Centro de Educación Postobligatoria dependiente del Gobierno de Cantabria. En 2012 se inauguró su iglesia parroquial de los santos Emeterio y Celedonio (*figura 62.23*).

B. *La autovía del Cantábrico A-8 en la comarca Costa Occidental: desde Cabezón de la Sal hasta Unquera*

El mapa de la *figura 62.3* muestra el trazado de esta importante infraestructura viaria, el mismo es sensiblemente paralelo a la carretera nacional N-634. El tramo de autovía que ahora nos ocupa tiene 26 kilómetros y entró en servicio en 2002, a lo largo del mismo hay cuatro enlaces y varias significativas estructuras de paso, aquí se recogen nueve de ellas, las más importantes.

Viaducto sobre el arroyo de Las Navas (*figura 62.24*). Se encuentra poco después de dejar el enlace oeste de Cabezón de la Sal (*figura 63.36*) y poco antes de que la A-8 deje este municipio y entre en el de Valdáliga. Es una gran estructura de 380 metros de longitud que salva el citado cauce y un camino local. Tiene ocho vanos y el tablero está conformado por un cajón de 8,4 metros de ancho que actúa como una viga continua que es soportada por las pilas de sección constante. Para completar los 27,6 metros de anchura total que tiene la autovía se disponen jabalcones prefabricados que cargan sobre el citado cajón central y, junto con éste, sirven de apoyo a una losa superior.

En este lugar se ubica el kilómetro 250 de la autovía del Cantábrico y algo más adelante, a la altura del Turujal, entra en el valle de Valdáliga. La A-8 deja a su diestra los monte Canales y Corona, en esta zona existen tres pasos de fauna sobre la autovía, el tercero y más largo es el túnel de Caviedes, de 270 metros de largo. Pasado éste, se encuentran el área de servicio homónima y luego dos grandes estructuras ubicadas en este municipio de Valdáliga.

Viaducto de Caviedes (*figura 62.25*). Permite a la autovía el paso sobre la carretera nacional N-634 y el arroyo del Molino del Concejo. Su proyecto se debe a la ingeniería cántabra APIA XXI, que ofrece los siguientes datos: longitud total de 259 metros; sus cinco vanos centrales se apoyan en sendos arcos de hormigón armado de 79 metros de luz y 6 metros de anchura; cada arco se construyó sobre cimbra empleándose además encofrados de madera machihembrada para dar así una buena textura al hormigón.

Viaducto de Roiz (*figura 62.26*). Salva la carretera regional CA-848, que une Roiz a la carretera N-634, y el arroyo del Cubo. Se trata de una gran estructura de hormigón de 192 metros de longitud y seis vanos, que pasa a gran altura sobre la citada carretera.

Después de este viaducto se encuentra el enlace que sirve a Caviedes, Roiz, Lamadrid y conecta con la N-634; poco después, la A-8 pasa por otro importante y bello puente.

Viaducto sobre el río Escudo (*figura 62.27*). Se ubica en las proximidades de la desembocadura de este cauce en la ría de San Vicente de la Barquera, en el límite de este municipio con el de Valdáliga y cerca de Abaño; permite salvar a la autovía el río y la vía del ferrocarril del Cantábrico; y su longitud entre estribos es de 229 metros.

El proyecto es de un equipo de ingenieros liderado por el profesor Javier Manterola de la consultora Carlos Fernández Casado S.L. y fue construido por la UTE DRAGADOS-F.C.C. (Unión Temporal de Empresas). Sus características técnicas son: Los arcos son de directriz parabólica de 126,4 m de luz y 15,8 m de flecha. Cada arco está formado por dos tubos metálicos de 1,2 m de diámetro, rellenos de hormigón para formar un arco mixto. Cada pareja de tubos está unida entre sí en los puntos donde recibe, por medio de columnas, la carga del tablero. Los arcos se cimentan a través de un elemento de hormigón armado que transmite la carga a la roca.

Figuras 62.24 a 62.27. *Viaducto de Las Navas al oeste de Cabezón de la Sal. Viaductos de la A-8 a su paso por el municipio de Valdáliga: de Caviedes, de Roiz y del río Escudo (LVC).*

A continuación, la autovía tiene un enlace entre Abaño y La Acebosa, que permite permite la conexión con estos pueblos y San Vicente de la Barquera, poco después tiene dos estructuras de paso.

Viaducto de la Acebosa (*figura 62.28*). Salva la carretera regional CA-934 y un pequeño arroyo. Se trata de dos grandes estructuras gemelas de hormigón, de 220 metros de longitud y con cinco vanos cada una. Cada tablero está constituido por piezas prefabricadas longitudinales y transversales. Su sección está formada por un cajón central de fondo curvo y costillas prefabricadas en forma de artesa (Saldaña y Colina, 2006).

Puente sobre el río Gandarilla (*figura 62.29*). Se trata de una estructura de 84 metros de longitud y tres vanos, resueltos con vigas prefabricadas de hormigón y losa superior de este material. Se encuentra en el límite entre los municipios de San Vicente de la Barquera y Val de San Vicente.

Más adelante la autovía tiene un enlace en Los Tánagos y permite conectar con la carretera nacional N-634, Pesués y la vía regional de primer orden CA-181, que sigue al río Nansa hasta Puentenansa. Poco después la A-8 cruza el estuario del Nansa con otro espectacular y bello puente.

Viaducto de Tina Menor (*figura 62.30*). Se ubica sobre la ría homónima y permite salvar a la autovía el ferrocarril del Cantábrico, la carretera regional CA-181 y el río Nansa. Sin lugar a dudas, es una gran obra de la ingeniería civil que llama la atención a las personas que lo observan. Saldaña y Colina (2006) recogen que su construcción se hizo por procesos tradicionales en el lado de Santander, mientras que en el lado de Oviedo se ejecutó en la orilla, llevándolo a su posición definitiva mediante empuje.

López Manzano *et al.* (2002) nos ofrecen sus características: es un puente mixto de 378,5 metros y cuatro vanos, siendo los dos centrales de 125 m y los dos laterales de 65 metros; su planta es en curva, tiene una pendiente constante del 1,65% y un peralte variable. Su tablero es mixto y está formado por un cajón central metálico de 10 metros de ancho y 6 metros de canto, debidamente rigidizado, de almas llenas verticales; y unos puntales laterales de perfiles con forma de Cruz de San Andrés que reciben la losa de hormigón armado superior y sus voladizos, hasta alcanzar los 30 metros de ancho total de calzada.

Puente sobre la carretera N-634 y el FC del Cantábrico en Pesués (*figura 62.31*). La autovía A-8 bordea este pueblo por el sur y al oeste del mismo cruza la carretera nacional y la traza del ferrocarril; esto lo hace con dos puentes de dos vanos, uno para cada una de sus cal-

Figuras 62.28 a 62.32. *Puentes de la autovía del Cantábrico a su paso por: el municipio de San Vicente de la Barquera, al norte de La Acebosa y sobre el río Gandarilla; y el municipio de Val de San Vicente, en Pesués, viaducto de Tina Menor y puente sobre la N-634 y el FC, y en Unquera, puente sobre la ría de Tina Mayor (LVC).*

zadas. Cada puente, de unos 69 metros de largo y 15 metros de anchura, está constituido por los estribos y un entramado portante soportado por cuatro columnas y ubicado entre las dos vías que sobrevuela; sobre ellos descansa un tablero compuesto por vigas prefabricadas de hormigón pretensado, de sección artesa, sobre las que apoyan unas prelosas y una losa hormigonada *in situ*.

En el resto del recorrido por Cantabria, la autovía tiene otro enlace en Unquera que permite la conexión con la nacional N-634 y la carretera N-621, que conduce a la comarca de Liébana y al Parque Nacional de Picos de Europa. Poco después la A-8 cruza la ría de Tina Mayor entrando en Asturias.

Puente de la autovía A-8 sobre el río Deva (*figura 62.32*). Es una estructura de hormigón de 126 metros de longitud, que salva la ría de Tina Mayor. Sus dos tableros, uno para cada calzada, apoyan sobre los estribos y dos entramados que se ubican sobre el cauce, la estructura horizontal tiene tres vanos que están resueltos con vigas prefabricadas y una losa superior de hormigón. La cimentación se ha realizado con pilotes de 43 metros de largo (Saldaña y Colina, 2006).

C. *La carretera Barreda, Santillana, Comillas y La Revilla (CA-131)*

La construcción, en 1893, del puente de La Barca en Barreda (ver tomo I) potenció el uso de esta carretera de la costa occidental, en cuyo itinerario aparecían lugares de gran interés ligados al incipiente gusto de la clase más ilustrada por las excursiones culturales; en efecto, a lo largo de esta vía se encuentran: la histórica villa de Santillana del Mar, la cueva de Altamira, declarada Patrimonio de la Humanidad por la Unesco en 1985 y Comillas. El itinerario de la vía se recoge en las *figuras 62.1 a 62.3* y se ha mantenido sensiblemente igual desde sus mejoras del último tercio del siglo XIX.

A lo largo de los últimos 120 años, fundamentalmente a partir de 1970 en que se incrementa el tráfico ligado al turismo y a un mayor poder económico de la clase media y, algo después, con los desplazamientos relacionados con las segundas viviendas destinadas al ocio, esta carretera ha visto mejorar sus características técnicas, con vista a facilitar el tránsito por esta zona tan solicitada.

No obstante, todavía en la primera mitad del siglo xx, podían verse imágenes como las que recogen las *figuras 62.33 y 62.34 (Ángel de la Hoz. Caminos de Santillana del Mar, 1954, Archivo Ángel de la Hoz, Centro de Documentación de la Imagen de Santander, CDIS, Ayuntamiento de Santander)* en que aparecen dos caminos en el entorno de Santillana del Mar que nos hacen pensar en la enorme labor llevada a cabo, en las últimas décadas, para alcanzar el buen nivel que tienen actualmente las carreteras regionales.

En lo que sigue recorremos los 30 kilómetros de esta ruta apuntando los principales acontecimientos relacionados con esta carretera habidos en el periodo que nos ocupa. Cruzado el río Saja-Besaya y pasado Viveda, en los años 20 se construye en **Queveda** su nueva iglesia parroquial de San Andrés (*figura 62.35*).

En la zona de **Santillana del Mar**, ya a principios del siglo xxi, se acondiciona un cinturón de carreteras y rotondas alrededor de esta histórica villa que buscan mejorar la creciente circulación que este foco turístico lleva asociado; se trata de las carreteras CA-136 y CA-137 que están en servicio desde 2010. A finales del siglo xx, se inaugura el Museo Nacional y Centro de Investigación de Altamira (*figura 62.36*) un singular edificio proyectado por el arquitecto santanderino Juan Navarro Baldeweg.

Paso superior de Caborredondo sobre la CA-131 (*figura 62.37*). Es en los años 90 de la vigésima centuria cuando esta carretera experimentó importantes mejoras de rectificación de curvas y ensanchamiento de la misma. Superado Oreña, la vía evitó el paso por Caborredondo mediante una variante, sobre ella se construyó un paso superior para facilitar el desvió hacia el pueblo de Novales. Se trata de una estructura de tramo recto de unos 34 metros de longitud y 8,5 m de anchura; la misma está conformada por sus estribos de hormigón armado y un table-

Figuras 62.33 a 62.36. *Caminos en el entorno de Santillana del Mar en el ecuador del siglo* xx *(Á. de la Hoz, CDIS, Ayto. de Santander). Edificaciones del siglo* xx *junto a la carretera de la costa occidental, CA-131, a su paso por el municipio de Santillana del Mar: Iglesia de San Andrés en Queveda y Museo de Altamira en Santillana (LVC).*

ro biapoyado en ellos, compuesto por 8 vigas prefabricadas de hormigón de unos 26 metros, sobre las cuales apoya una losa del mismo material.

En **Novales**, en las primeras décadas del siglo xx, promovido por tres benefactores se construyó el Asilo de San José (*figura 62.38*) para ayudar a las personas sin recursos del municipio.

Figuras 62.37 a 62.39.
Construcciones del siglo XX en el entorno de la carretera de la costa occidental CA-131: paso superior sobre esta carretera en Caborredondo, asilo de San José en Novales y nuevo puente de esta vía en Toñanes (LVC).

Nuevo puente de Toñanes (*figura 62.39*). En este pueblo, en los años 70 del Novecientos, se hizo una variante para evitar el paso del arroyo de la Presa por el estrecho puente pétreo existente (3.2A) y el brusco quiebro que tenía que dar la carretera al abordarle. Ello obligó a construir un largo terraplén contenido por altos muros de fábrica de mampostería careada, el paso a su través del citado curso fluvial se permitió con una bóveda de hormigón de medio punto; los muros de tímpano sobre ésta son, también, de fabrica pétrea similar a la descrita.

En **Cóbreces**, en la primera década del siglo XX; se levantó la abadía de Santa María de Viaceli (*figura 62.40*), unos de los primeros edificios de estructura de hormigón armado de la región, bajo el patrocinio de los hermanos Quirós Pomar; cerca de aquí y en la misma época, esta

Figuras 62.40 a 62.42.
*Construcciones del siglo xx junto
a la carretera de la costa occidental:
en Cóbreces, abadía de Santa María
de Viaceli y colegio Quiros; y en Liandres,
puente de la CA-131 (LVC).*

familia, financió la construcción del «Instituto Agrícola-Práctico de Quiros» (*figura 62.41*). La vía entre este pueblo y la Venta de Tramalón tuvo importantes mejoras de trazado a finales de los años 80 del siglo xx: se suprimieron dos revueltas muy pronunciadas y se construyó un nuevo puente sobre el arroyo de la Conchuga.

Puente de la CA-131 en Liandres (*figura 62.42*). En los años 90 del siglo xx se hizo una variante al paso de la carretera de la costa por este pueblo, para evitar la circulación de vehículos por parte del mismo. Esto condicionó la construcción de esta estructura que salva por encima la vía local que lleva al barrio de La Iglesia, capital del municipio de Ruiloba. Se trata de un puente de tramo recto y un vano, de unos 20 metros de luz, cuyo tablero está constituido por vigas prefabricadas de hormigón pretensado sobre las cuales apoya una losa de hormigón ejecutado *in situ*.

En el acceso oriental de Comillas, en la zona del Portillo, donde hay un entrante del mar en la costa, la *figura 62.43 (Autor desconocido. Comillas.Vista desde el Portillo. 1920-1930, Colección Carlos Monar González, Centro de Documentación de la Imagen de Santander, CDIS, Ayuntamiento de Santander)* muestra, en los años 20 del siglo XX, la carretera que sube desde la zona en que desagua el arroyo Gandaria en la mar, hacia la parte alta de Comillas, El Espolón y la Plaza Corro de San Pedro. En ese momento, todavía no está construida la carretera que, por la margen derecha de la que se muestra en la imagen, va próxima a la costa, vía que no se haría hasta los años 70 de la centuria. También, en esta foto puede verse, al fondo de la misma, el complejo del Seminario de esta famosa villa de los arzobispos.

El puente Portillo. Este histórico paso sobre el arroyo Gandaria (4.2A), en el límite entre Ruiloba y Comillas, fue ensanchado en 1929, según el proyecto del ingeniero de Caminos Gonzalo Santamaría Imaz (Vega 1997). Fue destruido durante la Guerra Civil (*figuras 61.1 y 62.44*) y en su reconstrucción se aprovecharon los estribos de fábrica de la estructura pétrea que servía a la carretera decimonónica, pero ya la bóveda se rehízo con hormigón; en estas figuras se observa la importante cimbra de madera que hubo de hacerse para, sobre ella poder fabricar el nuevo puente; también, en citadas imágenes pueden verse los voladizos que se construyeron a finales de los años 20 para ensanchar la obra primigenia. Nuevamente, la plataforma de esta estructura fue ampliada en la segunda década del siglo XXI, para ello se utilizaron elementos prefabricados que volaban sobre la estructura portante principal y sobre ellos se hormigonó una losa *in situ* (*figura 62.45*).

Puente en la variante norte de Comillas (*figura 62.46*). En los años 70 del siglo XX se hizo una nueva carretera al norte de Comillas que evitaba el paso del tráfico este-oeste por la villa. Ello exigió la construcción de una larga estructura de muros de fábrica pétrea que salvara el desnivel existente en la zona por donde iba el camino que comunicaba el

Figuras 62.43 a 62.46. *Entrada oriental de la carretera de Comillas desde el Portillo en los años 20 del siglo xx (Autor desconocido, CDIS, Ayto. de Santander). Puentes de la CA-131 en Comillas: en el Portillo, el destruido en 1937 durante la Guerra Civil y el actual; y en la zona del muelle sobre una vía local (LVC).*

puerto y playa de Comillas con su núcleo histórico y la traza superior de la nueva vía. El paso de esa calle de la villa, que discurría a nivel inferior de la rasante de la nueva carretera, se permitió por medio de una bóveda de medio punto, de hormigón armado, de unos 9 metros de vano y 20 metros de largo, siendo su trazado en curva.

Esta variante norte de Comillas, que sigue la carretera de la costa en su itinerario hacia el oeste, a La Revilla, fue mejorada a finales del siglo xx, disponiendo rotondas en los puntos de encuentro de vías secundarias a la citada CA-131: una de ellas al noroeste de la villa, cerca del puente anterior; y otra a poniente, donde inserta la calle que va del centro histórico hacia esta glorieta, donde la carretera principal que seguimos se aleja de la población.

Otras variantes de Comillas. En los primeros años del siglo XXI se trató de hacer otra variante que, partiendo de la zona del puente Portillo y a la vera del arroyo Gandaria, fuera hacia al sur a enlazar con la carretera que unía Comillas y Cabezón de la Sal (CA-135), pero finalmente por exigencias medioambientales no pudo llevarse a cabo.

También, en la primera década de la centuria actual se pretendió hacer una variante en el acceso a la playa de Oyambre, pero los requerimientos de protección de este Parque Natural impidieron que se llevara a cabo. En esta época se mejoró la carretera que nos ocupa en el tramo de la ría de La Rabia hasta La Revilla.

Nuevos puentes en las rías de La Rabia y del Capitán (*figuras 62.47 y 62.48*). Estas estructuras han permitido retirar las antiguas escolleras y terraplenes que cegaban en parte las marismas y regenerar el espacio natural, de gran valor medioambiental, de éstas. Fueron inaugurados en 2009: el primero tiene 114 metros de longitud y está en el límite entre los municipios de Comillas y Valdáliga; y, ya en este término, el segundo tiene 128 metros. En ambos casos, su anchura es de 10,5 metros, con dos carriles de 3,5 m, una acera de 2,0 m y el resto para los arcenes y barandillas de protección.

El que va sobre la ría de La Rabia tiene cuatro vanos y apoya en los estribos y en tres pilas apantalladas de hormigón armado, su tablero está constituido por una estructura mixta compuesta por vigas metálicas y una losa hormigonada *in situ*. El que salva la ría del Capitán tiene cinco vanos, su estructura horizontal está conformada por vigas prefabricadas de hormigón más una losa superior de este material, y apoya en los estribos y en cuatro entramados constituidos por un cargadero y dos columnas circulares.

Figuras 62.47 a 62.49.
Puentes de comienzos del siglo XXI sobre
las marismas de La Rabia y del Capitán.
Hito kilométrico de la CA-131
al occidente de La Rabia (LVC).

La *figura 62.49* muestra uno de los hitos kilométricos de esta carretera, se ubica a poniente de la ría de La Rabia. Estos mojones son unos prismas triangulares de hormigón que indican al viajero el punto de la vía en donde se encuentra.

D. *Otras carreteras de la comarca Costa Occidental*

En lo que sigue se describen los hitos constructivos más notables habidos a lo largo de los últimos 120 años en las otras vías comarcales, señalar las importantes mejoras que han tenido éstas en los últimos 40 años. Las *figuras 62.1 a 62.3* muestran sus itinerarios y evolución a lo largo de este periodo.

Variante de Puente San Miguel y de Santillana (CA-136). Es esta una importante carretera de unos 9 kilómetros y, en una buena parte de nueva construcción, aunque comparte 1,2 kilómetros, en la zona de Vispieres, con la antigua carretera CA-133 (de 4,2 kilómetros) que conecta Puente San Miguel con el núcleo histórico de Santillana del Mar. La CA-136 parte del enlace de Puente San Miguel en la autovía A-8, se dirige a Santillana del Mar, bordea esta villa por su zona oriental y finaliza no lejos de Tagle y de Suances (*figura 62.3*). Esta carretera discurre 1,7 kilómetros por el municipio de Reocín y el resto por el de Santillana del Mar. Su ancho es de 10 metros, con dos carriles de 3,5 m metros y dos arcenes de 1,5 metros, más aceras en zonas urbanas. Fue inaugurada en 2011 y cuenta con un importante puente sobre el río Saja en Puente San Miguel, que se describe en 6.3A.

Nueva variante norte de Santillana (CA-137). Por el norte bordea el núcleo histórico de esta villa monumental y trata de facilitar el tráfico a su alrededor, de modo que los vehículos que circulan por la carretera de la costa este-oeste CA-131 puedan utilizarla y no tengan que cruzar Santillana del Mar. Tiene 2,5 kilómetros de longitud y presenta un ancho de 8 metros, con dos carriles de 3,25 metros y dos arcenes de 0,75 metros. Enlaza a levante con la CA-136 y a poniente con la CA-131. Fue inaugurada en 2009 (*figura 62.3*).

Carretera de Cabezón de la Sal a Comillas (CA-135). Esta importante carretera de 11 kilómetros tuvo notables mejoras a comienzos del siglo XXI. En la *figura 62.50* se muestra esta vía a su paso por el municipio de Udías, que atraviesa de sur a norte durante cuatro kilómetros, sobre ella discurre la carretera que, desde esta carretera primaria regional, se dirige a Valoria y Pumalverde (capital municipal).

Carretera de San Vicente de la Barquera a la Estación de Ferrocarril en La Acebosa. Esta vía, de unos 2,5 kilómetros, se construyó a principio del siglo XX y su objetivo era aproximar la villa al ferrocarril, que entró en servicio en 1905. El camino antiguo a La Acebosa iba por lo alto de la ría, por «Las Calzadas», por donde actualmente va el «camino de peregrinación a Santiago y a Liébana» (2.2C).

Puente del Arna (*figura 62.51*). La carretera a la estación se llevó próxima a la gran ría, partía junto al estribo izquierdo del puente de la Maza, y en su primera parte debía evitar dos entrantes de agua de la ría hacia el occidente, esto obligó a la vía a hacer un par de revueltas para superarlos. El primero de ellos se ubicaba en la zona de Punta Escubilles y se bordeó. El segundo brazo de agua, donde confluía un arroyo que venía de La Acebosa, se cruzó con el «puente del Arna» para ello la carretera se llevó hacia el interior y por donde se estrechaba el curso de agua se hicieron dos terraplenes protegidos con escolleras y se dejó un paso en su centro para permitir el flujo y reflujo de la ría. A partir de aquí ascendía dando un rodeo, por su parte occidental, al pequeño monte «El Cueto» (91 m). A lo largo de la carretera se plantaron plátanos de sombra; tales como pueden verse en la zona junto a este segundo entrante de la ría (*figura 62.52*).

Carreteras de San Vicente de la Barquera hacia Hortigal y Labarces. El mapa de 1900 de la Diputación de Santander (*figura 42.2*) muestra un par de carreteras que se dirigen hacia el sur de la histórica villa marinera y que se encuentran en su fase preliminar: una en proyecto, hacia el sudoeste a Hortigal, que abre el camino hacia Estrada, Portillo y Gandarilla; y otra en estudio, hacia Labarces.

El mapa de 1914 muestra esas carreteras ya construidas y ambas parten desde La Acebosa, que se alcanza desde San Vicente en el modo indicado en el punto precedente.

Puente de Hortigal sobre el río Gandarilla (*figura 62.53*). Aquí se encuentra el límite entre los ayuntamientos de San Vicente de la Barquera y Val de San Vicente, y este pueblo es paso del Camino de Santiago del Norte. En este lugar existió un puente construido en los años

Figura 62.50 a 62.54.
*Carretera CA-135 a su paso
por el municipio de Udías (Google maps).
Antigua carretera de San Vicente
de la Barquera a su estación de ferrocarril
en La Acebosa: puente del Arna y aspecto
de la vía en esta zona. Puentes
de Hortigal (cortesía R. Sánchez Ortega)
y de Árdiga (LVC el resto de fotos).*

60 de siglo XIX, según nos informa Rafael Sánchez Ortega (*blog cosucas de san vicente*) que recoge la oferta pública de construcción del mismo en noviembre de 1860, en los siguientes términos:

Ayuntamiento de San Vicente de la Barquera. Con la aprobación competente, se saca a remate la construcción de un puente sobre el rio de Hortigal, mancomunado entre este Ayuntamiento y el de Val de San Vicente; cuyo plano, condiciones facultativas y económicas se hallarán de manifiesto en la Secretaría de este Ayuntamiento...

Este puente volvió a salir a concurso en octubre de 1861 al no haber merecido la aprobación del Sr. Gobernador de la provincia el remate del año anterior. Finalmente, se hizo y parece que al cabo de unos años se malogró, pues a comienzos del siglo xx se hizo uno nuevo algo más abajo, a 50 metros del anterior, se trata de una estructura con estribos y bóveda escarzana de sillares de piedra.

Puente Árdiga sobre el arroyo homónimo (*figura 62.54*). La carretera de La Acebosa a Labarces se abordó a comienzos del siglo xx y no lejos de este pueblo cruzaba el barranco Árdiga, esto lo hizo con una obra de fábrica de piedra que adaptaba sus muros de contención de la explanada al perfil en «V» del cauce y con un pontón de sillería, en estribos y bóveda de medio punto, que permitía el fluir del arroyo; todo el paso se protegió con pretiles de mampostería rematados con albardillas de sillares de pequeño espesor y cara superior abarquillada o convexa.

Un siglo después, a principios de la segunda década del siglo xxi, esta carretera se mejoró y, en concreto, este puente se amplió por medio de una losa de hormigón que volaba sobre los muros de piedra, pasando su anchura de los 6 metros iniciales a unos 8,5 metros; ahora, la seguridad frente a caídas se consiguió con una barandilla de montantes y largueros metálicos, capaces de evitar la salida de los vehículos al vacío.

Nueva carretera de acceso a San Vicente de la Barquera desde la autovía A-8 (CA-235). Esta vía, de 1,6 kilómetros, se hizo a principios del siglo xxi para conectar la histórica villa con la autovía del Cantábrico (*figura 62.3*). Para su primera parte se utilizó la antigua carretera a la estación del ferrocarril, hasta la zona del puente del Arna, a partir de aquí se hizo una nueva vía hasta encontrase con la autovía. En la zona inicial se mejoró notablemente el trazado existente, primero se evitó el rodeo que la carretera hacia a la Casa Pozo (*figura 62.8*) y se llevó en recto por su parte occidental, luego se superaron con puentes los dos entrantes de la ría que se citaron previamente.

Puente junto a Punta Escubilles y nuevo puente del Arna (*figuras 62.55 y 62.56*). Se trata de dos estructuras de hormigón que rectifican el trazado y evitan las curvas pronunciadas de la vía primigenia que conducía a la estación del ferrocarril. El primer puente tiene 70 metros de longitud y dos vanos. El segundo tiene 140 metros de longitud y cuatro vanos, y se encuentra 200 metros al oriente del antiguo paso del Arna. El ancho del tablero de estos dos puentes es de unos 12 metros, contando con una pequeña acera para el paso de viandantes, sus laterales están protegidos por barreras metálicas anticaída.

Carretera de acceso a Roiz (CA-848). En este lugar, capital de Valdáliga, se construyó a finales de los años 50 del siglo XX la sede de su ayuntamiento (*figura 62.57*). A comienzos del siglo XXI, desde la carretera nacional N-634 y la nueva autovía A-8, que discurren al norte de

Figuras 62.55 y 62.56. *Puentes sobre la ría de San Vicente de la Barquera en la nueva carretera CA-235 que enlaza esta villa con la autovía del Cantábrico A-8: en Punta Escubilles y actual paso del Arna (LVC).*

este pueblo, se mejoraron sustancialmente sus conexiones con el mismo a través de la vía CA-848 (*figura 62.58*), lo cual favoreció al municipio en su conjunto.

Carretera de Treceño a Puente El Arrudo (CA-850). Esta importante vía para Valdáliga y Herrerías, que recorre 17,3 kilómetros de este a oeste, ha mejorado sustancialmente sus características en los últimos años. En 2010 se renovaron dos estructuras en sus primeros kilómetros: a 0,5 kilómetros de su comienzo en la carretera nacional N-634, al este de El Mazo, se hizo un nuevo viaducto y en el kilómetro 3 se amplió

Figuras 62.57 a 62.60. *Construcciones contemporáneas en el municipio de Valdáliga: ayuntamiento en Roiz-Las Cuevas (LVC), accesos a este lugar por la CA-848 desde la N-634 y la A-8 (mapas.cantabria y LVC), viaducto al este de El Mazo (ASCAN) y residencia Valdáliga para personas mayores en La Cocina (LVC).*

el puente existente en el barrio de La Cocina. Otra mejora habida, con vistas a incrementar su seguridad, se ha producido en 2019, cuando se ha actuado en doce curvas de escasa visibilidad y radio reducido.

Nuevo viaducto en la CA-850 (*figura 62.59*). Esta estructura de hormigón se inauguró en 2010 y se encuentra cerca del entronque de esta vía regional en la carretera estatal N-634, salva el río Escudo y la traza del ferrocarril de Santander a Oviedo. Su longitud total es de 140 metros y tiene tres vanos que apoyan en los estribos y en dos entramados de hormigón armado, cada uno compuesto por dos columnas y un cargadero sobre el que apoya el tablero; éste está conformado por seis vigas prefabricadas de hormigón pretensado sobre las cuales apoya una losa hormigonada *in situ*.

Puente en La Cocina-Roiz de la CA-850. En este pueblo la carretera salva el arroyo de Bustriguado con un puente construido a finales del siglo xix (*figura 42.34*). Esta estructura ha sido ampliada en 2010 duplicando su ancho, que inicialmente era de unos 5 metros, para ubicar una carretera de dos carriles y dos aceras.

En este barrio de Roiz se ha inaugurado en 2018 una residencia para personas mayores con 60 plazas (*figura 62.60*), lo que es un ejemplo de este tipo de actuaciones basadas en la colaboración de la iniciativa privada y del gobierno regional y que apoya a las familias en un buen cuidado de sus ancianos, estando éstos próximos a sus lugares de origen, al tiempo que dinamiza de modo importante el empleo en el mundo rural.

Puentes de hormigón armado en las carreteras regionales de la comarca. Desde los años 40 del siglo xx este nuevo material se ha impuesto en las diferentes estructuras de paso sobre ríos que se han ido necesitando en diversas vías, en algunos casos ampliando estrechos puentes de fábrica pétrea que eran insuficientes para las exigencias de las nuevas carreteras. En lo que sigue se recogen algunos ejemplos que ilustran este tipo de soluciones que son de uso frecuente y podemos ver a menudo.

Puentes de hormigón en la carretera de Hualle-Treceño a San Vicente del Monte (CA-851). Esta carretera de 5 kilómetros, salva a lo largo de su recorrido varias veces el río Escudo. En los años 60 del siglo XX se hizo una reforma de esta vía, en la zona del puente de ferrocarril de San Andrés en la Herrería, lo que obligó a su reestructuración (*figura 53.4*). En esta actuación sobre la carretera se hicieron tres nuevos puentes de hormigón armado sobre el río Escudo, uno en Hualle (*figura 62.61*) y dos más en la zona en que la carretera pasaba bajo la citada ferrovía, uno allí mismo (*figura 62.62*) y otro poco después, a unos 130 metros del anterior (*figura 62.63*).

Sus tableros están resueltos con vigas de hormigón armado, de sección rectangular y canto importante, y losa superior de igual material; su protección frente a caídas estuvo confiada inicialmente a una barandilla de hormigón armado de montantes y un larguero horizontal (*figura 62.64*), en una solución que se ve frecuentemente en los puentes de los años 40 a 70 de la centuria. Ahora, en la ampliación y mejora de esta carretera realizada en 2010, estas protecciones han sido sustituidos por un entramado de elementos metálicos, como puede verse en las fotos actuales de estos puentes que se describen; además, en el puente de Hualle se ha adosado, junto al alzado de aguas arriba, una pasarela que facilita el tránsito de peatones.

También en esta zona, al norte de La Herrería y en un camino secundario que salva el río Escudo puede verse la ampliación que se ha hecho de un puente antiguo de estribos de fábrica pétrea, utilizando una bóveda de hormigón para dar apoyo a la vía en cuestión (*figura 62.65*).

Puente de hormigón en la carretera de La Cocina a Bustriguado (CA-852). En esta carretera de 3,5 kilómetros fue mejorada su plataforma y seguridad vial en 2003; además, se amplió un puente de tramo recto de tres vanos, sobre el arroyo Bustriguado, que se encuentra al sur del barrio de La Cocina de Roiz. Inicialmente el ancho del puente

Figuras 62.61 a 62.65. *Puentes de hormigón armado sobre el río Escudo: en Hualle, bajo el puente San Andrés del ferrocarril del Cantábrico y al sudoeste y cerca del lugar anterior. Barandillas de protección primigenias del puente anterior (Google 2009). Estructura de paso con bóveda de hormigón en una vía local de La Herrería (LVC el resto de fotos).*

era de unos 5 metros y después de la intervención pasó a 8 metros. La *figura 62.66* muestra las vigas y losa de hormigón del tablero y puede apreciarse cómo los estribos primigenios del puente son muros de fá-

Figuras 62.66 a 62.69. *Puente sobre el arroyo Bustriguado al norte del barrio de La Cocina de Roiz: tablero horizontal de vigas y losa de hormigón armado y estructura portante vertical, inicial (izda.) y ampliación (dcha.). Puentes de tablero de hormigón armado sobre el río Escudo: en Movellán de Roiz y en Abaño (LVC).*

brica de grandes piedras, lo mismo que lo son sus dos pilas intermedias. En la *figura 62.67* puede verse su alzado de aguas abajo y la ampliación realizada, ahora los nuevos elementos portantes verticales han sido ejecutados con hormigón armado y, para entonar con los existentes, se han revestido con losas de piedra, también se ha revestido de igual modo el frente de la estructura horizontal. A unos 470 metros al norte de este paso, y una vez sobrepasado el pueblo, este arroyo entrega sus aguas en el río Escudo.

Otros puentes de hormigón sobre el río Escudo. A lo largo de este cauce se suceden varias estructuras de paso, de esta tipología, que salvan el río. En general, son puentes de dos o tres vanos cuyos tableros están resueltos con losas de hormigón, apoyados en sus estribos laterales y una o dos pilas centrales conformadas con fábricas de piedra o de hormigón. A modo de ejemplo se recogen dos de ellos.

Puente de Movellán-Roiz (*figura 62.68*), su tablero está resuelto con vigas prefabricadas de hormigón sobre las cuales se ha ejecutado una losa hormigonada *in situ*, es de dos vanos, su longitud total es de 18 metros y su anchura de unos 5 metros. Su barandilla de hormigón es habitual en los pasos construidos en los años 40 a 60 del siglo xx, como se ha escrito y visto anteriormente. Esta estructura permite el paso desde la carretera regional CA-850 a fincas ganaderas. Y, a la luz de varias fotografías aéreas, parece que pudiera haberse construido en los años 60 del siglo xx.

Puente de Abaño (*figura 62.69*). Se encuentra al sudeste de este pueblo y salva el río Escudo poco antes de que éste alcance la marisma de Rubín y la ría de San Vicente de la Barquera; esta estructura sirve a una carretera local que comunica la citada población con Lamadrid de Valdáliga. Es un puente de tres vanos, una longitud total de 22 metros y un ancho de unos 4 metros. Su tablero es una losa de hormigón armado que apoya en dos pilas centrales de fábrica, cuyos primeros metros son de piedra y luego de ladrillo macizo, que sirven de encofrado y revestimiento a un relleno de hormigón.

6.3 La red viaria de los siglos xx y xxi en la comarca Saja-Nansa

Al igual que se ha hecho en el apartado anterior se recogen las carreteras que para esta zona geográfica muestran los tres planos citados, de 1914 (*figura 63.1*), 1974 (*figura 63.2*) y 2017 (*figura 63.3*).

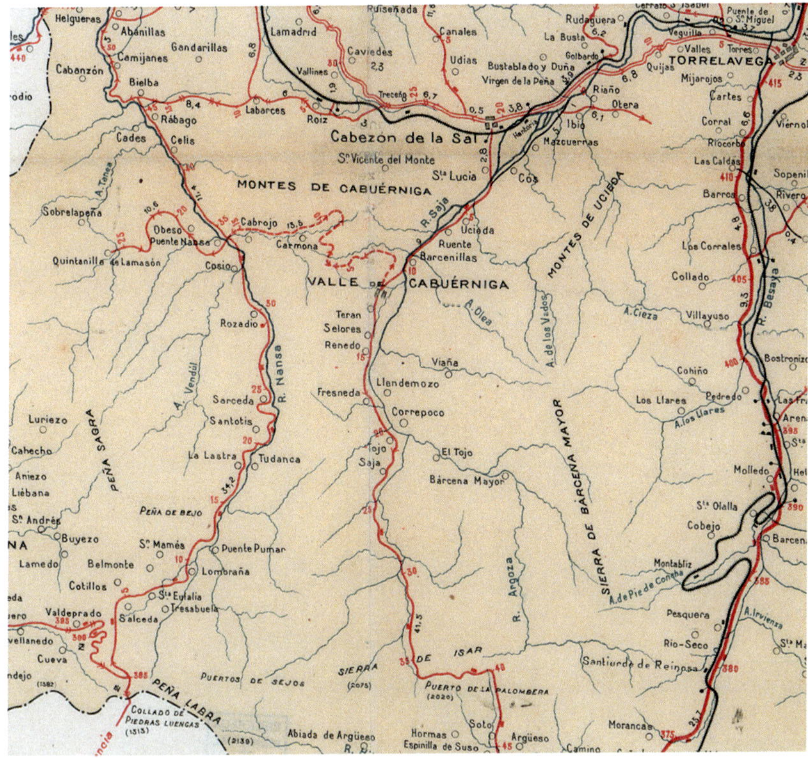

Figura 63.1. *Las carreteras de la Comarca Saja-Nansa de Cantabria, en parte del Plano de la Provincia de Santander (1914), Fondos del Instituto Geográfico Nacional.*

Este apartado se ha dividido para su desarrollo en cinco secciones, en las cuales se muestra la evolución que han tenido las vías de la comarca Saja-Nansa desde comienzos del siglo XX hasta la actualidad: En las dos primeras se describen las carreteras que siguen aguas arriba al río Saja desde Torrelavega hasta Cabezón de la Sal: una es la vía convencional decimonónica (4.3A), que vendrá a denominarse en este siglo N-634, y la otra es la nueva autovía A-8, ambas son estatales y son parte de estas im-

Figura 63.2. *Las carreteras de la Comarca Saja-Nansa de Cantabria, en parte del Plano de la Provincia de Santander (1974) del Instituto Geográfico Nacional.*

portantes infraestructuras de transporte que recorren toda la costa cantábrica, desde el País Vasco hasta Galicia. Las dos partes que siguen recogen las vías regionales que junto a los ríos Saja y Nansa van desde la citada carretera nacional N-634 hasta los puertos de Palombera en el primer caso, y de Piedras Luengas en el segundo. Finalmente, la quinta sección describe las novedades habidas en la carretera que conecta los valles del Saja, Nansa y Deva, desde Valle de Cabuérniga hasta La Hermida en el desfiladero homónimo.

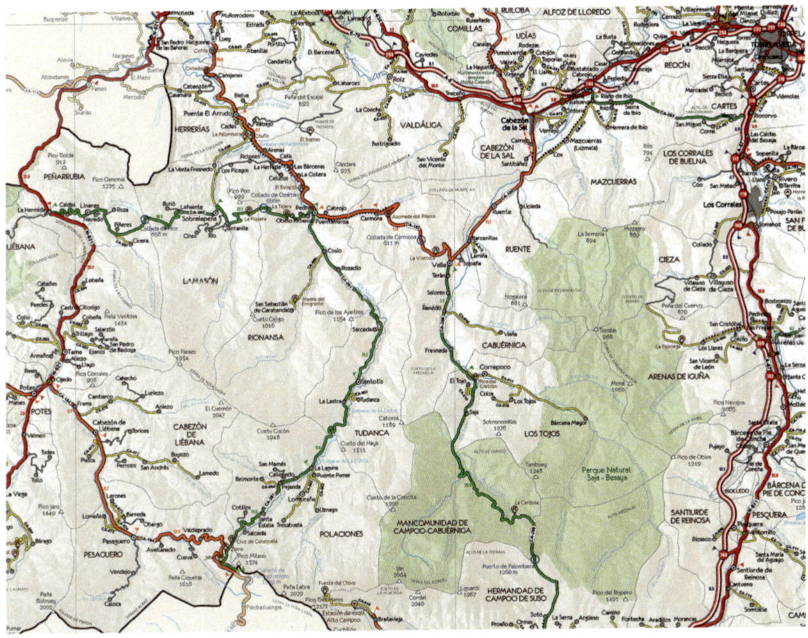

Figura 63.3. *Vías de la Comarca Saja-Nansa de Cantabria, en 2017, según el Mapa de Carreteras de la Consejería de Obras Públicas del Gobierno de Cantabria.*

A. La carretera de Torrelavega a Cabezón de la Sal (N-634)

A lo largo del siglo XX, esta importante vía, de unos 18 kilómetros, tuvo varias novedades que buscaban adaptar la misma al tráfico creciente que se produjo a partir de los años 70 de la centuria, finalmente este fenómeno conduciría a la necesidad de construir la autovía A-8 (6.3B), una infraestructura de gran capacidad destinada al tráfico de largo recorrido, y que dejaba a esta histórica carretera nacional para servir el tráfico local y de corto y medio alcance de los pueblos colindantes a la misma. En lo que sigue se recorre esta vía, partiendo desde la zona oeste de Torrelavega.

A la salida de esta ciudad, la carretera cruza el río Besaya para pasar a **Torres** esto lo hace con un puente que ha sido descrito en el tomo I de esta obra. Poco después, la vía entra en el valle de Reocín, y alcanza **Puente San Miguel**, donde se estableció en los años 70 del siglo xx una importante fábrica de cubiertas Firestone (*figura 63.4*), hoy Bridgestone.

Poco después, entronca en esta carretera la vía que por el sur venía desde la gran explotación minera de Reocín, que se encuentra a unos 2 kilómetros y que fue durante algún tiempo el mayor yacimiento de zinc de Europa; su explotación había comenzado en los años 80 del siglo xix y tuvo su auge a lo largo del xx, en 1936 se inauguró el Pozo Santa Amelia (*figura 63.5*) de 300 metros de profundidad, y en el ecuador del Novecientos esta empresa alcanzó los 3 000 empleados. También en esta población, capital del municipio de Reocín, se abrieron en 1927 sus escuelas unitarias (*figura 63.6*) y en 1969 se inauguró su iglesia de San Miguel (*figura 63.7*), junto a la histórica ermita homónima.

En los años finales del siglo xx el desarrollo de Puente San Miguel y el tráfico creciente condujo a la necesidad de hacer una variante a la carretera que, después de cruzar el río Saja por el puente histórico (4.3A), se dirigía a Santillana del Mar; ello supuso la ejecución de una nueva vía (*figura 63.8*), que entroncaba en la carretera que recorremos, y la construcción de un paso sobre dicho cauce.

Nuevo puente en la variante de Puente San Miguel (*figura 63.9*). Se construyó en la primera década del siglo xxi y cruza el río Saja aguas arriba, a unos 750 metros, del puente histórico y a levante de La Veguilla. Esta bella estructura tiene una longitud total de 96,4 metros y 14 metros de alto, está soportada por dos arcos de hormigón armado, de 64 metros de vano, de los que cuelga, mediante tirantes dispuestos en diagonal, el tablero del puente; éste tiene un ancho de 12 metros, donde se ubican dos carriles de circulación, dos aceras y sendos arcenes. Su proyecto es de la prestigiosa firma de ingeniería Fernández Casado y fue inaugurado en 2011.

Figuras 63.4 a 63.9. *Construcciones del siglo xx en Puente San Miguel: fábrica de cubiertas Bridgestone, castillete metálico del Pozo Santa Amelia de la mina de Reocín (Archivo histórico minero-A. Suárez Martínez), escuelas y nueva iglesia de Puente San Miguel (LVC las otras fotos). Variante de Puente San Miguel, carretera CA-136, y puente sobre el río Saja de 2011 (SIEC).*

Siguiendo por la carretera general, señalar que en los años 70 se realizaron obras de ensanchamiento, dotándola de tres carriles a ambos lados del alto de **Quijas**. A principios del siglo xx, pasado el pueblo de **Barcenaciones** y desde la vía que recorremos (N-634), se hizo un importante puente sobre el río Saja, su objeto era enlazar esta carretera a la estación de **Golbardo**, por donde circulaba desde 1895 el nuevo ferrocarril de Santander a Cabezón de la Sal; además, se mejoraba notablemente la conexión con ese pueblo, que se venía haciendo desde Casar de Periedo, a través de la carretera que lo enlazaba con Novales.

Puente de Golbardo sobre el río Saja (*figura 63.10*). Se trata de una estructura histórica que es Bien de Interés Cultural de Cantabria, con la categoría de Monumento, desde 2002, a los cien años de su construcción. Está constituido por dos arcos circulares de hormigón armado de 30 metros de luz, con una flecha de 4 metros. Esta estructura tiene una gran importancia dentro de la historia y desarrollo de los puentes en España, pues fue una de las primeras estructuras de esta tipología y nuevo material que se construyó en nuestra patria.

En el catálogo de la exposición *Puentes arco en España* (del Ministerio de Fomento, 2012) se recogen un total de 33 obras significativas de la historia de la construcción de estas estructuras en nuestro país, una de ellas es el puente de Golbardo. El mismo abre el apartado V «Aparición y auge del hormigón estructural» de este documento, con una ficha técnico-histórica titulada «*Golbardo, un puente pionero*» que se inicia con el siguiente texto: «*Al abordar los puentes de hormigón armado en España, una referencia obligada es la del ingeniero de caminos José Eugenio Ribera, autor de uno de los primeros puentes, junto con el de la Peña, construidos en España con el nuevo material, el de Golbardo*».

Fue proyectado por José Eugenio Ribera en 1902, profesor y director en la Escuela de Ingenieros de Caminos de Madrid, donde enseñaba «Puentes de fábrica y hormigón armado», fue asimismo uno de los primeros investigadores de este nuevo material en España y compaginó tales actividades con la de empresario siendo fundador de la Compañía de Construcciones Hidráulicas y Civiles, que fue la que construyó el puente que nos ocupa.

En esta obra participó como director de la misma el ingeniero de Caminos Alberto Corral, muy ligado a Cantabria y donde desarrolló una importante actividad profesional en el desarrollo de infraestructuras de todo tipo. En Santander (donde falleció en 1942) intervino en numerosas obras que configuraron la ciudad (el desaparecido puente de Atarazanas, el Real Club Marítimo, la Ciudad Jardín, etc.).

En la Revista de Obras Públicas (ROP) de diciembre de 1902, Ribera expone que el puente se proyectó con arreglo a un novedoso sistema de construcción que patentó: el mismo utilizaba la armadura interior de los arcos (perfiles de acero curvados en caliente que tenían estabilidad y rigidez propia) que por sí solos eran capaces de resistir el peso de aquéllos, haciendo el papel de las habituales cimbras de madera, así que se evitaba la erección de éstas bajo los arcos en fase de ejecución, lo que conllevaba un ahorro importante y evitaba el peligro que una crecida del río diera al traste con la costosa estructura auxiliar y la parte de obra apoyada temporalmente en ésta.

En este artículo de la ROP, Ribera comenta que para voltear los dos arcos de hormigón (que se empotran en los estribos) sólo necesitó quince días y un ligerísimo andamio de servicio para montar las cerchas metálicas (ubicadas en el interior de aquéllos). Los dos arcos se arriostraron con viguetas ejecutadas al mismo tiempo (las mismas llevan una barra sujeta con tuercas a los perfiles interiores y que mantienen los mismos en una posición invariable). Sobre los arcos se empotran los pilares (situados a 1,5 m de distancia entre ejes) que sostienen el tablero.

Puente sobre el ferrocarril en Golbardo (*figura 63.11*). La carretera que iba desde el puente descrito hacia Novales atravesaba las vías

Figuras 63.10 a 63.15. *Puentes en Golbardo: de 1902 sobre el Saja (LVC); sobre el ferrocarril (LVC); y dos vistas del nuevo viaducto de 2019 (Ascan y LVC). Carretera entre el río Saja y macizo rocoso, en la zona entre Barcenaciones y Caranceja: Años 20 del siglo xx (V. del Campo, CDIS, Ayto. de Santander) y en la actualidad (LVC).*

del ferrocarril de Santander a Oviedo; para evitar los peligros que esto generaba, a finales de los años 80 del siglo xx se hizo un puente carretero sobre la línea férrea. Se trata de una estructura de hormigón de cinco vanos, de 50 metros de largo y 8 metros de ancho; cada vano de su tablero está constituido por 7 piezas prefabricadas de sección en «pi» o doble TT, sobre las cuales hay una losa hormigonada *in situ*; los elementos portantes verticales son los estribos y cuatro pórticos de hormigón formados por dos soportes y un dintel cargadero.

Nuevo viaducto de Golbardo (*figuras 63.12 y 63.13*). A principios del siglo xxi, el puente de 1902 no servía adecuadamente a las exigencias del tráfico existente en esta carretera hacia Novales (CA-354) y desde aquí a la costa (CA-352 y CA-353), su estrechez no permitía el cruce de dos coches y tampoco podía ser utilizado por los vehículos pesados. Ello justificó la construcción de este importante y bello viaducto que se ubica a 100 metros aguas abajo del puente histórico BIC y fue puesto en servicio en 2019.

Se trata de una estructura de 210 metros de longitud, condicionada por exigencias de desagüe hidráulico, y seis vanos de luces $30 + 60 + 36 + 30 + 30 + 24$. En los tres primeros vanos la estructura portante principal es metálica y el tablero es de hormigón; el vano principal de 60 metros, que salva el cauce del Saja, está constituido por dos arcos de acero que, por medio de esbeltos montantes del mismo material, reciben las cargas de la plataforma horizontal. Los tres siguientes vanos, el último de los cuales salva las vías del ferrocarril de Santander a Oviedo, son de estructura de hormigón.

Su anchura es de 12 metros, donde se ubican dos carriles de 3,5 metros, dos aceras y barandillas de seguridad. La ejecución de esta gran obra pública fue realizada por dos empresas cántabras: la constructora ASCAN y el proyecto es de la ingeniería Arenas y Asociados quien expone:

Ha pretendido un diseño respetuoso con el puente existente, a la vez que responder a los condicionantes funcionales, tanto para el tráfico rodado y peatonal, como hidráulico que requería el nuevo puente. Por ello, que se planteó un puente arco de tablero superior en un único vano de 60 m de luz el cual en las vistas desde Barcenaciones y las márgenes del Saja, enmarca al puente de Ribera, con el cual establece un diálogo del todo adecuado, traduciendo el lenguaje formal y estructural de los albores del siglo XX a los recursos manejados en la actualidad del siglo XXI, pues de otra manera hubiese significado no haber entendido a nuestros maestros, entre los cuales, en lugar destacado, se encontraba Ribera.

Dejado atrás Barcenaciones y el encuentro con la vía a Golbardo y Novales, la carretera N-634 va, antes de llegar a Caranceja, durante unos 400 metros junto al río Saja, se trata del tramo en que el paso de la misma junto a un gran macizo de piedra caliza obligó, durante su construcción en el siglo XIX, a dejar unos robustos voladizos rocosos sobre la traza de la carretera, lo que generaba en los viajeros, por un lado una cierta inquietud como se ha expuesto anteriormente (4.3A), y por otro una curiosidad.

La *figura 63.14* (*Víctor del Campo Cruz. Reocín. Peña de Caranceja y puente de Golbardo, 1925-1930, Fondo Antonio Mallavia, Centro de Documentación de la Imagen de Santander, CDIS, Ayuntamiento de Santander*) muestra en la segunda mitad de los años 20 del siglo XX este farallón rocoso, y unas personas, junto a un automóvil, posando tranquilamente frente al fotógrafo, el tráfico en esa época era muy pequeño; además, en la instantánea podemos ver, al fondo, el puente de Golbardo. En los años 90 del siglo XX se rebajaron esas rocas salientes (*figura 63.15*) lo que permitió un paso franco en esta singular zona.

Reconstrucción del puente entre Caranceja y Casar de Periedo sobre el río Saja. Durante la Guerra Civil este paso fue destruido en agosto de 1937 y abierto al tráfico provisionalmente (*figura 63.16*); se arbitró una solución de tres tramos de 12 metros (Lecrercq, 2015): dos de vigas-tirante y uno de vigas Vallespín o celosías de cordones horizontales

Figuras 63.16 a 63.19. *Puentes entre Caranceja y Casar de Periedo sobre el río Saja: el decimonónico, solución provisional después de su destrucción en la Guerra Civil y el reconstruido en los años 40 del siglo XX (Lecrercq y LVC); y nueva estructura aguas arriba del anterior. Escuela de Casar de principios del siglo XX (LVC).*

y diagonales de madera y montantes de barras de acero. Posteriormente, el puente se volvió a reconstruir con una solución similar a la primigenia, pero las tres bóvedas que apoyaban la plataforma de la carretera se hicieron ya con una solución de hormigón armado (*figura 63.17*). De este material se hizo, asimismo, la barandilla que vuela ligeramente sobre los tímpanos y arcos de embocadura del puente y tiene una estética que es la habitual de esta época en el ecuador del siglo. El proyecto de este nuevo puente es de 1939 y su autor el ingeniero de caminos José Iglesias Valiente (Vega, 1997); su longitud es de 40 metros y su anchura de 7 metros.

El nuevo puente entre Caranceja y Casar de Periedo (*figura 63.18*). El paso anterior forzaba a la carretera a hacer un brusco giro de noventa grados una vez cruzado el río Saja; además, pasadas tres décadas desde su ejecución, su ancho resultaba insuficiente para el creciente tráfico de la carretera; esto condujo a que en los años 70 del siglo XX se construyera una nueva estructura, a unos 285 metros aguas arriba de la anterior, lo que permitió rectificar el trazado de la carretera y su ensanchamiento. El nuevo puente tiene cuatro vanos, apoya sobre estribos y pilas de hormigón armado y su tablero está conformado con vigas prefabricadas de hormigón pretensado que se completan con una losa hormigonada *in situ*; su longitud es de 86 metros y su ancho de 9 m.

En Casar de Periedo, a principio del siglo XX se inauguró el edificio de sus escuelas (*figura 63.19*). La carretera continuaba por la amplia vega de este término y volvía a acercarse al río en Virgen de la Peña, donde existe una vía de conexión con el otro lado del río Saja mediante un puente que conduce a Villanueva de la Peña y a Mazcuerras. En lo que sigue se describen los dos puentes que en este lugar se han construido en el periodo que nos ocupa y luego continuaremos por la carretera nacional hacia Cabezón de la Sal.

Puente de hormigón armado entre Virgen y Villanueva de la Peña. Permite la conexión a la N-634 de la carretera que discurre por la margen derecha del río Saja, entre este lugar, Mazcuerras y el puente de Santa Lucía. Este puente a finales del siglo XIX era de madera (4.3B). En las primeras décadas del siglo XX fue sustituido por uno de hormigón armado, tal como se aprecia en la foto (*figura 63.20*) tomada, en agosto de 1937, después de su destrucción por el ejército republicano, en su retirada hacia Asturias; al fondo de la imagen se aprecia el Santuario de la Virgen de la Peña.

Obregón (2008) recoge en su libro sobre este periodo, que la reconstrucción de esta estructura tardó varios años y provisionalmente se hizo uno de madera, utilizándose, asimismo una barca para el paso, «*produciéndose algunos accidentes y ahogados en la posguerra*».

Figuras 63.20 a 63.22.
Puentes entre Virgen y Villanueva de la Peña sobre el río Saja: el destruido durante la Guerra Civil (Biblioteca Nacional de España) y el de los años 40 del siglo xx. Nuevo puente colgante inaugurado en 2023 (LVC).

El nuevo puente construido en este lugar, en los años 40 del siglo xx, es una estructura de tres vanos (*figura 63.21*) de hormigón armado, de una longitud total entre estribos de unos 60 metros y tiene dos pilas con tajamares semicilíndricos. Su tablero es de unos 6 metros de anchura y está soportado por vigas de gran canto sobre las que apoya una losa, todo ello hormigonado *in situ*. Su tipología es la habitual que se utilizaba para los puentes de tramos rectos en la parte central del siglo xx. También, sus barandillas de protección son de hormigón y de las formas habituales en estas estructuras tipo.

Puente colgante de Virgen de la Peña (*figuras 63.22*). Este singular y bello paso sobre el río Saja, proyecto de la ingeniería cántabra Silga, ha sido puesto en servicio en marzo del 2023, su objetivo es facilitar las comunicaciones del municipio de Mazcuerras y del Valle de Cabuérniga y su conexión con la carretera nacional N-634; además para ello se ha ejecutado sobre esta vía principal una rotonda que agiliza y da seguridad a los movimientos entre las dos carreteras, la estatal y la regional. Esta nueva estructura ha venido a sustituir al puente descrito previamente, que tiene menor anchura y obligaba a la carretera a una curva cerrada, en ángulo recto, en el acceso desde la margen derecha del río.

El puente colgante tiene tres vanos, 96 metros de longitud total (14 + 68 + 14) y 13 metros de anchura, donde se alojan dos carriles, dos amplias aceras y las barreras y barandillas de seguridad; su tablero es una estructura mixta de perfiles de acero y losa de hormigón y está sustentado por péndolas (tirantes) de acero que transfieren sus cargas a dos cables catenarios que se encuentran en ambos laterales, cada uno de los cuales está apoyado en dos pilas metálicas, de unos 15 metros de altura, y en sus dos estribos extremos.

Puente de la carretera N-634 sobre el ferrocarril en Ontoria (*figuras 63.23*). En este pueblo el ferrocarril de Santander a Oviedo cruza dos carreteras, la nacional que nos ocupa y la vía que se dirige desde ésta a Ontoria y Vernejo. Este hecho, además de peligroso, dificultaba el funcionamiento adecuado de las carreteras; por ello, a finales de los años 90 del siglo xx, un siglo después de que este ferrocarril entró en servicio hasta Cabezón de la Sal, se construyó una estructura de hormigón que hacía pasar a la N-634 sobre la traza del ferrocarril. Se trata de un puente de dos vanos, cuyo tablero está resuelto con vigas prefabricadas de hormigón pretensado y sobre ellas una losa hormigonada *in situ*; sus dimensiones son de 41 metros de largo y 10,5 metros de ancho.

A poco más de un kilómetro de esta estructura, la carretera N-634 pasa junto a la factoría Textil Santanderina (*figura 63.24*), que se encuentra al oriente de Cabezón de la Sal, y que comenzó su actividad en 1923. Para entrar en esta industria debe cruzarse un arroyo que viene desde la citada villa.

Figuras 63.23 a 63.25.
*Puente de la carretera nacional N-634
sobre el ferrocarril de Santander
a Oviedo en Ontoria. Factoría de Textil
Santanderina en Cabezón de la Sal y
puente de acceso sobre el arroyo
San Ciprián (LVC).*

Puente sobre el arroyo San Ciprián al este de Cabezón (*figura 63.25*). En esta imagen se muestra el encauzamiento de este cauce y el puente que lo cruza para entrar, desde la carretera nacional N-634, en la mencionada fábrica textil. Es una estructura de un vano, de unos 10 metros de luz, que se ha ensanchado a finales de los años 90 del siglo XX; su tablero está conformado con vigas prefabricadas de hormigón pretensado y una losa hormigonada *in situ*.

Finalmente, la carretera alcanza **Cabezón de la Sal**, que ha tenido un importante desarrollo a lo largo del siglo XX, impulsado en parte por la llegada del ferrocarril a finales del siglo XIX. Ya en la primera década de la vigésima centuria se construyeron nuevas edificaciones, entre otras: la quinta del Conde de San Diego (*figura 63.26*), hoy Casa de Cultura de Cabezón; y promovidos por la Fundación Ygareda y Balbas,

Figuras 63.26 a 63.28.
*Edificios de principios del siglo XX
en Cabezón de la Sal: actual Casa
de Cultura, Escuela de Comercio y
Colegio del Sagrado Corazón (LVC).*

la Escuela de Comercio (*figura 63.27*), hoy un Centro de Educación de Personas Adultas, y el Colegio del Sagrado Corazón (*figura 63.28*).

Los citados cursos de agua que atraviesan Cabezón de la Sal (4.3A) han causado sistemáticas inundaciones en la villa y zonas próximas. En Meer (2003) se recogen varias referencias al respecto; en concreto, de la hemeroteca de El Diario Montañés se muestran dos portadas de sendas riadas que hubo en 1953: la del 7 de junio expone «*El desbordamiento de los ríos Rey y Saja han producido graves inundaciones en Cabezón de la Sal y en su comarca*»; la del 11 de octubre «*Inundaciones en toda la provincia, a consecuencia del temporal ... En Ontoria, el Saja se llevó tres casas y un centenar de carros de tierra*». En la actualidad se han canalizado alguno de estos arroyos y el problema está más controlado; además, en parte se han cubierto para facilitar el tránsito e incrementar la zona peatonal.

B. La autovía del Cantábrico A-8 de Torrelavega a Cabezón de la Sal

El tramo entre Torres y Cabezón de la Sal de esta importante infraestructura de transporte fue inaugurado en 1998; Torres se encuentra a poniente de Torrelavega, en la margen izquierda del río Besaya, justo antes de que éste entregue sus aguas al Saja. En el itinerario de 18 kilómetros que nos ocupan, entre los viaductos de Torres y el enlace de carreteras que hay al oeste de Cabezón, hay cinco grandes estructuras y tres enlaces intermedios. En lo que sigue se recorre esta ruta y se describen estos hitos constructivos.

Viaducto de Torres (*figuras 63.29 y 63.30*). Una vez superado el enlace oeste de Torrelavega, ubicado a poniente del encuentro de los ríos Besaya y Saja, la autovía cruza en Torres por encima de la carretera nacional N-634, el ferrocarril de Santander a Oviedo, una vía local y dos puentes que conectan este pueblo con el de Ganzo, en la margen izquierda del Saja. Esto lo hace con un gran viaducto de hormigón de 320 metros de largo y seis vanos (42 + 62 + 60 + 56 + 59 + 41), luces condicionadas por la situación de las infraestructuras citadas. Las cinco pilas de cada calzada son de sección elíptica y acaban en unos capiteles incorporados al tablero. Éste es una viga continua formada por una losa de sección parcialmente circular; las dos calzadas se unen por una losa que da lugar a un tablero único de 30,8 metros de ancho (Saldaña y Colina, 2006).

A continuación, al sudoeste de Puente San Miguel, hay un enlace que permite la conexión con la carretera nacional y la nueva variante que conduce a Santillana del Mar. Poco después, a unos 3,8 kilómetros, se encuentra el enlace de Quijas y Barcenaciones, donde se ubica la nueva conexión con Novales.

Viaducto de Caranceja (*figura 63.31*). Se encuentra al sur de este lugar y es una estructura de hormigón de 215 metros de longitud que salva el arroyo del Pernal de Agüera. Tiene seis vanos y su tablero de 28,8 metros de ancho está soportado en cada tramo por cuatro vigas prefabri-

Figuras 63.29 a 63.32. *Viaducto de Torres: Planta y alzado sur desde la carretera nacional N-634 (mapas.cantabria y LVC). Viaducto de Caranceja y Puente sobre el arroyo Ceceja, cerca de Periedo (LVC).*

cadas del tipo artesa (sección U), de 36 metros de longitud media y 1,9 metros de canto (Saldaña y Colina, 2006).

Puente sobre el arroyo Ceceja (*figura 63.32*). Se encuentra al sur de Periedo, en el límite de los municipios de Cabezón de la Sal y de Mazcuerras, a menos de un kilómetro de que este curso fluvial, que viene de la ladera norte de los Montes de Ucieda, entregue sus aguas al Saja. Tiene 11 vanos y su longitud total es de 173 metros; su tablero tiene un ancho de 28,8 metros y apoya en los estribos y en dos alineaciones de pilas de sección elíptica. Los cinco vanos centrales apoyan en dos arcos

Figuras 63.33 a 63.36. *Puentes de la A-8 en Virgen de la Peña: sobre el río Saja y sobre la carretera N-634 y el ferrocarril del Cantábrico (LVC). Pasos superiores sobre la A-8: de la carretera CA-371 (Google maps) y glorieta al noroeste de Cabezón de la Sal (mapas.cantabria).*

escarzanos de hormigón armado de 76 metros de vano, 19 metros de flecha y 6 metros de anchura (Saldaña y Colina, 2006).

Puente sobre el río Saja (*figura 63.33*). Permite el paso de la autovía en la zona cercana a Periedo y Virgen de la Peña. Es una estructura de hormigón, de 96 metros de longitud en tres vanos, siendo el central de 40 metros. Su tablero tiene 35,8 metros de ancho y está apoyado sobre cinco vigas prefabricadas artesas por vano, de sección en U y dos metros de canto, sobre las cuales va una losa hormigonada *in situ*; su estructura portante vertical está constituida por sus dos estribos y diez pilas cimentadas sobre pilotes (Saldaña y Colina, 2006).

Pasado el río Saja se encuentra el tercer enlace de la A-8 entre Torrelavega y Cabezón de la Sal; éste permite las incorporaciones y salidas de la zona de Casar de Periedo, Virgen de La Peña, Mazcuerras y el este de Cabezón.

Viaducto sobre la carretera N-634 y el ferrocarril de Santander a Oviedo (*figura 63.34*). Al sur de Cabrojo, y a unos 350 metros después de cruzar el río Saja, la A-8 se encuentra con la carretera nacional y el ferrocarril de vía estrecha del Cantábrico; el paso por encima de estas infraestructuras se hace con dos losas adosadas de hormigón de dos vanos, una para cada calzada de la autovía; las mismas apoyan en los estribos y en cuatro columnas que se encuentran entre la carretera y el ferrocarril.

Pasos superiores de otras carreteras sobre la autovía. A modo de ejemplo, se recogen dos estructuras de este tipo. La *figura 63.35* muestra un puente que pasa sobre la autovía para dar servicio a una carretera regional la CA-371 que comunica Ontoria con Bustablado. Se trata de un pórtico de hormigón de 70 metros de largo y 10 metros de ancho, de 46 metros de luz entre apoyos de sus pilas inclinadas. Esta tipología de estructuras es habitual y a lo largo de la A-8 pueden verse varias.

Glorieta al noroeste de Cabezón de la Sal (*figura 63.36*). Está conformada con dos estructuras de planta curva que dan lugar a un enlace que rodea a la autovía por su parte superior. Es utilizado para comunicar Cabezón con la autovía y para dar paso a la carretera primaria regional CA-135 que enlaza esta villa con Comillas y la carretera de la costa CA-131. Al tiempo, entronca en ella otra vía regional de la cual se bifurcan otras dos carreteras que sirven al municipio de Udías.

C. *La carretera por el valle del río Saja, desde Cabezón de la Sal al Puerto de Palombera. Las vías por Mazcuerras*

El mapa de 1914 (*figura 63.1*) recoge esta carretera tal como fue trazada y construida en la parte final del siglo XIX (4.3B); asimismo, muestra información respecto a la carretera desde Valle de Cabuérniga hacia el valle del Nansa, que será desarrollada en la «sección E» de este apartado.

Durante la Guerra Civil fueron dañados varios puentes del valle y reconstruidos en los años siguientes. El mapa del Instituto Geográfico de 1942 marca algunas novedades respecto al plano citado anteriormente: en la zona de Ucieda aparece un tramo de carretera construida que se dirige hacia el valle del Besaya, a enlazar con otra que desde aquí sale de Los Llares; por otro lado, más arriba, pasado Fresneda, sale una nueva carretera, que cruza el Saja cerca de Correpoco, y que llega a Bárcena Mayor; un ramal de esta vía sube a los pueblos de Los Tojos y de Colsa.

La edición, del mismo Instituto, del mapa de 1974 (*figura 63.2*) recoge las nuevas carreteras que alcanzan pueblos próximos a la vía principal y elevados sobre ella, así: la que sube a Lamiña, a Viaña y al Tojo. Con ellas se completan las comunicaciones de los diferentes pueblos del valle y estas carreteras son las que vuelven a aparecer en el mapa actual, de 2017, de la Consejería de Obras Públicas (*figura 63.3*).

Debe señalarse que, al comienzo de los años 90 del siglo XX, la carretera por el valle del Saja, hasta llegar al municipio de Los Tojos, experimentó una notable mejoría, con ensanchamiento de la misma y otras obras asociadas; de igual modo este cambio afecto a la vía que iba desde la carretera principal hasta el apartado pueblo de Bárcena Mayor.

De nuevo, en 2008, el tramo de unos 20 kilómetros entre Cabezón de la Sal y el enlace a la carretera a Barcena Mayor fue reparado, dentro de la política de mantenimiento sistemático de las carreteras que lleva la Consejería de Obras Públicas. Asimismo, también a principio del siglo XXI se hizo una obra de mejora del firme y de la seguridad vial en la carretera que va de El Tojo al Puerto de Palombera y acaba en Espinilla (capital de la Hermandad de Campoo de Suso).

En lo que sigue recorreremos este bello valle y haremos mención a los puentes y otros hitos construidos en los últimos 120 años. Saliendo de Cabezón de la Sal hacia el sur, en **Carrejo** se construyó a principios del siglo XX el llamativo Asilo-hospital (*figura 63.37*), promovido por Pedro de Alcántara Igareda, oriundo de ese pueblo y que hizo una gran fortuna en Cádiz.

Nuevo puente de Santa Lucía (*figuras 63.38 y 63.39*). A principios del siglo XX, la carretera de Cabezón de la Sal entraba en el valle de Cabuérniga atravesando la estructura ya comentada en 4.3B, que era

Figuras 63.37 a 63.39.
Asilo-hospital de Carrejo y puente de Santa Lucía (reconstruido en 1939) sobre el río Saja, en el límite entre Cabezón de la Sal y Mazcuerras (LVC).

suma de dos vanos pétreos del antiguo puente de la Edad Moderna y una serie de tramos de madera hechos al construir la vía decimonónica. En 1905 el ingeniero de caminos José Pardo proyectó un nuevo puente que se ubica aguas arriba del Saja, a unos 150 metros del antiguo, este puente fue terminado en 1911 y destruido por el ejército republicano, en agosto de 1937, tratando de dificultar la toma de la provincia de Santander por el bando nacional; fue reconstruido en 1939 (Vega 1997).

El actual puente es de tramos rectos y tiene tres vanos de unos 17 metros de luz. Cruza el río Saja a gran altura, lo que condiciona el alto de las pilas, éstas son de fábrica pétrea y sus tajamares presentan acabados redondeados, llegando hasta la media altura del soporte. El tablero es de hormigón armado y presenta una sección transversal típica de los puentes de mediados de la centuria, hechos con este material: está conformado con dos potentes vigas rectangulares sobre las que apoya una losa con voladizos, lo que da una forma de «TT» o letra griega «pi».

El nuevo puente de Meca (*figura 63.40*). Dentro de las mejoras que tuvo la carretera del valle del Saja en los años 90, se encontraba la construcción de esta nueva estructura en el citado barrio de **Ucieda**, que evitaba el ángulo recto que hacía el antiguo trazado al cruzar el río Bayones; se ubica a unos 80 aguas abajo del paso decimonónico (4.3B). El nuevo puente cruza esviado este cauce, es de un vano y tiene una longitud total de unos 34 metros, su tablero está conformado con vigas prefabricadas de hormigón pretensado y sobre ellas una losa de hormigón armado; también, de este material son sus estribos.

La carretera de Ucieda hacia el valle de Cieza. Como se ha expuesto (4.3B) en las primeras décadas del siglo xx se abordó este proyecto, que no llegó a completarse. Se construyeron unos 6 kilómetros del mismo, hasta la zona del Millagre, unos cuatro kilómetros más adelante del Barrio de Arriba de Ucieda, y tres puentes sobre el río Bayones. Si dejamos la carretera general y nos adentramos por esta nueva vía, nos encontraremos con las antiguas escuelas de Ucieda, inauguradas en 1926 (*figura 63.41*).

A lo largo del recorrido de esta infraestructura, de 4,5 metros de anchura, podemos apreciar diferentes hitos constructivos. La *figura 63.42* muestra unos muros de mampostería en una zona en que la rasante de la carretera está en trinchera, por debajo del terreno circundante. La *figura 63.43* recoge uno de los mojones pétreos de la vía, el que indica el kilómetro cuatro. Algo más adelante, podemos ver los guardarruedas (*figura 63.44)* que coronan un muro en el borde de esta carretera y evitan la caída al río.

Puentes sobre el río Bayones (*figura 63.45*). A lo largo de esta carretera se cruza en tres ocasiones este curso fluvial. Estas estructuras son de dos vanos de unos 9 metros de luz, sus estribos y pila central son de fábrica de piedra, conformada por mampuestos y sillarejos recibidos con mortero, su tablero está resuelto con una losa de hormigón armado.

Volviendo a la carretera principal del valle del Saja, después de Ucieda se alcanzaba **Ruente**, donde en 1912 se inauguró un bello edificio para alojar el ayuntamiento y las escuelas (*figura 63.46*). A la salida de este pueblo existe un puente que cruza el Saja y que da servicio a una carretera local que sigue al arroyo Monte Aa y permite el acceso al territorio que se encuentra en la margen izquierda del río; algunos ramales de esta vía permiten acercarse a la parte sur de la imponente Sierra del Escudo de Cabuérniga. En enero de 2019 una gran riada del Saja provocó un importante argayo en la carretera principal y este puente tuvo serios daños que aconsejaron su demolición; en lo que sigue se describe éste y la nueva estructura que ha venido a sustituir a la anterior.

Puente de Ruente destruido por una avenida del Saja (*figura 63.47*). Había sido construido en 1972, según aparecía escrito en un mojón que existía en su estribo derecho; tenía 40 metros de longitud y un ancho de 5 m; la estructura era de cuatro vanos y estaba apoyada sobre

Figuras 63.40 a 63.45. *Construcciones del siglo* xx *en Ucieda: nuevo puente de Meca y escuelas. E hitos de la carretera que sigue al río Bayones: muros de mampostería, mojón kilométrico, guardarruedas y puente (LVC).*

tres pilas y sendos estribos de mampostería pétrea de arenisca, su tablero era una losa de hormigón armado. En este lugar se conoce la existencia de un puente desde al menos los años 40 del siglo xx, según puede verse en fotos áreas de esta zona en tal época. Probablemente, la estructura siniestrada estaba construida sobre los mismos apoyos del puente previo cuyo tablero sería de madera y que en los años 70 se decidió sustituir por el citado de hormigón. El aspecto de ese paso con vigas de madera sería muy parecido al que luego se verá en el pueblo de Saja (*figura 63.57*), uniendo los dos barrios de este lugar que se encuentran a ambas orillas del río homónimo.

Nuevo puente de Ruente sobre el Saja (*figura 63.48*). La nueva estructura se inauguró en 2021 y mientras se construyó, se dispuso una

Figuras 63.46 a 63.48.
Construcciones de los siglos xx y xxi en Ruente: ayuntamiento y antiguas escuelas (LVC); puentes sobre el río Saja hacia monte Aa: el destruido por una avenida en fase de demolición (Javier Rosendo. DM) y el nuevo (LVC).

pasarela provisional que permitía el paso de personas y ganado. El nuevo puente tiene dos vanos y es de hormigón, su longitud es de 55,5 metros de largo y tiene 10 metros de ancho. Para mejorar la capacidad de desagüe del río, se ha hecho con una sola pila, en vez de las tres que tenía el antiguo, y se ha ampliado la anchura del cauce en esa zona.

Pontón sobre el arroyo de Barcenillas (*figura 63.49*). Siguiendo hacia el sudoeste, la carretera alcanza este pueblo, que bordea por el occidente, y a la salida del mismo cruza el arroyo homónimo, que confluye en el Saja poco después. El paso lo hace con un pontón de un vano, de unos 5,5 metros de vano y estructura de hormigón, que puede servirnos de ejemplo de los muchos de este tipo que son necesarios cuando se ejecutan las carreteras y deben salvarse pequeños cursos de

Figuras 63.49 a 63.51.
*Construcciones del siglo xx
en Barcenillas: pontón de hormigón
armado sobre el arroyo homónimo; y
dos vistas del puente sobre el río Saja,
el provisional de madera
después de la Guerra Civil (BNE) y
el reconstruido con bóvedas de hormigón
(LVC resto de fotos).*

agua; en concreto este pontón ha sido ensanchado en las mejoras que tuvo esta carretera en la última década del siglo xx. Paralelo a este paso y aguas arriba del arroyo, hay otras dos estructuras similares que permiten la conexión del pueblo con la carretera que sube a la aldea de Lamiña.

Puente de Barcenillas sobre el Saja. El importante puente pétreo que cruzaba este río en la parte sudoeste del pueblo (ver 4.3B) fue destruido durante la Guerra Civil, en agosto de 1937. Provisionalmente se hizo una estructura de madera de seis vanos (*figura 63.50, Biblioteca Nacional de España*). Posteriormente, se construyó un nuevo puente de tres vanos de unos 19 metros de luz y 6 metros de ancho (*figura 63.51*): sus estribos y dos pilas centrales están resueltas con fábrica de sillares bien labrados, estos muros de piedra sirven de contenedor al hormigón ciclópeo que rellena su interior; sus tres bóvedas escarzanas son de hormigón, sus tímpanos son de piedra y corona la estructura una losa de hormigón armado que vuela sobre el paramento del puente.

La carretera sigue avanzando por el valle de Cabuérniga hasta alcanzar Renedo. Dejando, por un momento, la vía principal para dirigirnos al pueblo de Viaña, la carretera secundaria cruza primero el río Saja y después los hace por dos veces sobre el arroyo de Viaña que confluye en el primero a unos 300 metros aguas abajo del primer paso que lo salva. Las tres estructuras tienen como material principal el hormigón armado y por su tipología han debido ser construidas en el ecuador del siglo xx.

Puente de Renedo sobre el río Saja (*figura 63.52*). Por la vía secundaria hacia Viaña, yendo hacia levante y a unos 300 metros de la carretera general nos encontramos con este importante puente de unos 60 metros de largo, 6 metros de ancho y de tres vanos de unos 14 metros de luz. Su estructura portante vertical está formada por los estribos y dos pilas centrales, cuya parte inferior es de fábrica pétrea y el resto de hormigón armado; sobre estos elementos apoya un tablero de losa de hormigón, con una barandilla también de este material. Su construcción es de los años 50 del siglo XX, tal como se aprecia viendo la evolución de fotos aéreas que recoge para este lugar mapas.cantabria, previamente el paso del río se hacía con otro puente que estaba situado algo más al norte, aguas abajo del actual. Como se ha expuesto en 3.3B la existencia de un puente en este lugar ya aparece en el plano de Tomás López de Vargas de 1774, donde es denominado «de las Trechas».

Puente en arco sobre el arroyo de Viaña (*figura 63.53*). Estando ya en la margen derecha del Saja comienza la subida a Viaña, poco después la vía cruza, por vez primera, el arroyo homónimo; esto lo hace con un puente en arco que salva el barranco a bastante altura, ello ha requerido la construcción de una larga estructura de piedra que sigue el perfil de éste y que permite el paso del río con una bóveda de medio punto de unos 9 metros de vano hecha con hormigón, siendo pétreos sus tímpanos y pretiles de protección; tiene una anchura de 5,5 metros.

Puente de tramo recto sobre el arroyo de Viaña (*figura 63.54*). Antes de alcanzar el pueblo, la carretera pasa nuevamente sobre este cauce, esto lo hace con una estructura de unos 12 metros de vano, 5,5 metros de ancho y que cruza el arroyo con esviaje. Su tablero está resuelto con tres robustas vigas de canto colgado sobre las que apoya una losa, todo ello hormigonado *in situ* sobre encofrados adecuados. Su barandilla de protección es similar a la del puente de las Trechas y presentan la tipología habitual de esta época central del siglo XX.

De regreso a la carretera del valle de Cabuérniga, a tres kilómetros de Renedo se encuentra **Fresneda** y junto a la entrada al pueblo hay una estatua dedicada a «Pepe el de Fresneda» (*figura 63.55*), este hombre oriundo de este lugar fue un excelente cazador y luego Guarda Mayor de la Reserva Regional de Caza Saja, falleció en 1995 a los 85 años. Entrando a este pueblo, hacia el este, llegamos a un paso sobre el río Saja que permite el acceso a las fincas de la otra margen.

Figuras 63.52 a 63.56.
*Puentes de hormigón en la carretera
de Renedo de Cabuérniga a Viaña:
paso de tres vanos sobre el río Saja,
bóveda sobre el arroyo de Viaña y,
sobre este cauce, un tramo recto de un vano
(LVC). Hitos del siglo XX en Fresneda:
estatua del Guarda Mayor de la Reserva
«Pepe el de Fresneda» y
puente sobre el río Saja (LVC).*

Puente de Fresneda (*figura 63.56*). Se construyó en los años 90 del siglo XX, es una estructura de hormigón de unos 40 metros de larga por 5,5 metros de ancha; tiene dos vanos (25 + 15), su tablero esta soportado por vigas prefabricadas de hormigón pretensado sobre las cuales va una losa hormigonada *in situ*, sus apoyos son muros de hormigón armado.

Dejando Fresneda, al sur de esta población, en la zona en que el Canal de Valfría pasa bajo la carretera, a finales de los años 80 del siglo XX se rectificó su trazado, suprimiendo una curva cerrada. Esto exigió un nuevo pontón, paralelo y a unos 55 metros aguas abajo del paso de piedra citado en 4.3B.

La vía continua hacia el sur y a 1,2 kilómetros, poco antes de la confluencia en el Saja del río Argonza, que viene de Bárcena Mayor, se entra en el municipio de Los Tojos y la carretera también se bifurca, en dos ramales que siguen a los citados ríos. Siguiendo por la vía principal hacia el sur, alcanzamos el pueblo de **Saja**, donde un puente sobre el río homónimo, une sus dos barrios; más adelante, seguiremos la carretera que nos lleva al impar y bello Bárcena Mayor.

Puente de Saja sobre este río. Es un paso de 4 vanos, de unos 28 metros de largo entre sus estribos de piedra y 4 metros de ancho. Inicialmente este puente tuvo un tablero conformado con estructura de madera (*figura 63.57*), el apoyo de sus vigas de carga en las tres robustas pilas de mampostería careada se hacía por medio de unas zapatas de madera que ayudaban al trabajo de flexión de aquéllas. Posteriormente, su tablero se sustituyó por una losa de hormigón armado, tal como está en la actualidad (*figura 63.58*).

Dos kilómetros más arriba la carretera alcanza, en su kilómetro 13, el lugar donde se ubica el Centro de Interpretación del Parque Natural Saja-Besaya, en la zona conocida como Cueva del Poyo, y donde la vía cruza el arroyo Barranco del Sel de San Martín. Algo más arriba, y a mano izquierda de la vía principal, se encuentran dos puentes, separados entre si poco menos de un kilómetro, que permiten cruzar el río Saja y pasar a una pista que sigue la margen derecha del valle y permite volver al pueblo de Saja.

Puente «Bárcena Sellano» sobre el Saja (*figura 63.59*). Es el primero de los pasos citados, se encuentra cerca del lugar denominado

Pozo del Hombre Bueno. Es un puente de unos 14 metros de largo, 4 metros de ancho y tiene dos vanos. Su tablero es una losa de hormigón armado que está soportado por los estribos y una pila central construidos con fábrica pétrea.

Puente sobre el Saja junto a la Mina de Lápiz (*figura 63.60*). Nuevamente algo más arriba, junto al kilómetro 14 de la carretera que llevamos, en el límite entre el municipio de los Tojos y la gran reserva natural y ganadera de la Comunidad de Campoo-Cabuérniga, hay una pista que conduce a otro paso sobre el río, en la zona denominada El Paulinar,

Figuras 63.57 a 63.60. *Puentes sobre el río Saja: en el pueblo homónimo, con tableros de madera y de hormigón armado (lostojoscantabria.com y LVC), y en los lugares del Pozo del Hombre Bueno y de la Mina de Lápiz (LVC).*

que permite conectar con el camino citado anteriormente; asimismo, desde aquí otra pista permite enlazar con la vía histórica que desde Los Tojos y Colsa lleva al collado de Ozcaba.

Esta estructura tiene dos vanos, su longitud es de unos 14 metros y su ancho 4 metros; sus elementos portantes verticales son sus estribos de fábrica de piedra y una robusta y alta pila del mismo material, en ellos se apoya su plataforma horizontal de hormigón armado, que está constituida por tres potentes vigas de sección rectangular y una losa sobre ellas. Es posible que este tablero y el del puente anterior fueran de madera en el pasado; similares al del pueblo de Saja (*figura 63.57*).

Ya por este bello y amplio espacio natural de la Comunidad de Campoo-Cabuérniga, junto a las hayas que acompañan a la carretera, ésta pasa sobre el arroyo o canal de la Costanilla y algo antes del kilómetro 16 cruza, por última vez, el río Saja.

Puente del «Pozo del Amo» (*figura 63.61*). En este lugar, a 617 metros de altitud, hay una bella cascada del Saja. Parte de la importante estructura pétrea decimonónica (4.3B) que permitía el paso sobre el río fue destruida durante la Guerra Civil y reconstruida por la Jefatura de Obras Públicas de Santander (Vega 1997), se hizo una bóveda de medio punto de hormigón y 12 metros de vano.

La carretera sigue su ascensión y, pasado el kilómetro 23, alcanza el **Balcón de la Cardosa** (*figura 63.62*), a 1 047 metros de altitud, un mirador construido por Obras Públicas en 1960, en el cual se ha ubicado una bonita escultura de un corzo, y desde donde se tienen unas bellas vistas del valle y del gran bosque dejado atrás. A partir de aquí los árboles ya no son frecuentes y después del kilómetro 27 se llega al **Puerto de Palombera** (*figura 63.63*), a 1 260 metros.

La carretera a Correpoco y Bárcena Mayor. A principios del siglo XX se hizo esta carretera que comunicaba, a lo largo de unos 9 ki-

Figuras 63.61 a 63.63.
Cascada «Pozo del Amo» desde el puente sobre el río Saja de la carretera CA-280 (Google maps).
Balcón de la Cardosa y puerto de Palombera (LVC).

lómetros, la vía principal del valle del Saja con los pueblos a la vera del río Argonza o Lodar, hasta alcanzar Bárcena Mayor. Este pueblo gracias al valor de su arquitectura tradicional y su homogeneidad, fue declarado Conjunto Histórico-Artístico en 1979 y se convirtió en un lugar muy visitado por el turismo.

Esta nueva carretera comenzaba a 1,5 kilómetros al sur de Fresneda, donde dejaba la vía general para dirigirse a levante, poco después cruzaba el Saja, lo que exigió un puente importante, y buscaba la margen derecha del Argonza, al que seguía por tal orilla hasta Bárcena Mayor. Este trazado llevaba la vía por la ribera que se encuentra expuesta al sur y, por tanto, más soleada y con menos humedad que la del borde izquierdo, por donde discurría el antiguo camino tradicional.

A principios de los años 90 del siglo XX se hizo una importante actuación en esta carretera, con ensanchamiento de la misma, nueva pavimentación, mejora de las medidas de seguridad y de la señalización. Después, en la primera década de la nueva centuria, se construyó un aparcamiento a las afueras de Bárcena Mayor, de modo de evitar la entrada de vehículos al pueblo. Nuevamente, a finales de la segunda década del siglo XXI se han hecho labores de mantenimiento, con la construcción de algún muro de sostenimiento y la pavimentación integral del firme.

Puente de Correpoco sobre el río Saja (*figura 63.64*). Se ubica a unos 400 metros del entronque de las dos carreteras que se han citado, que aproximadamente es donde comienza el municipio de Los Tojos. Aguas arriba de este paso, a unos 700 metros, el río Argonza entrega sus aguas al Saja. Este bello puente es una importante obra de fábrica de piedra de 48 metros de longitud y dos vanos que apoyan en el centro del río en un robusta y alta pila, sobre ella descansan dos bóvedas escarzanas de muy buena factura. En las importantes obras que se hicieron en la carretera a comienzos de los años 90 del Novecientos, la plataforma de esta estructura fue ensanchada a 10 metros, por medio de una losa con voladizos de hormigón armado que se apoyaban en el puente primigenio.

Poco después de este puente, a 1,4 kilómetros, se alcanza **Correpoco**, donde a principios de los años 50 del siglo XX se hizo el edificio del ayuntamiento del municipio (*figura 63.65*) y se continua hacia Bárcena Mayor. No lejos del primer pueblo, a unos 2 kilómetros, se encuentra el enlace a la vía que asciende a Los Tojos, la cual debe cruzar el río Argonza.

Puente de la Ponvieja (*figura 63.66*). Se trata de una estructura de un vano que tiene unos 15 metros de largo y 4 metros de ancho, luego no permite el cruce de dos vehículos. Sus estribos son de fábrica pétrea y sobre ellos apoya un tablero de hormigón armado conformado por dos potentes vigas rectangulares sobre las que descansa una losa con voladizos del mismo material. Se trata de una solución habitual y efectiva para re-

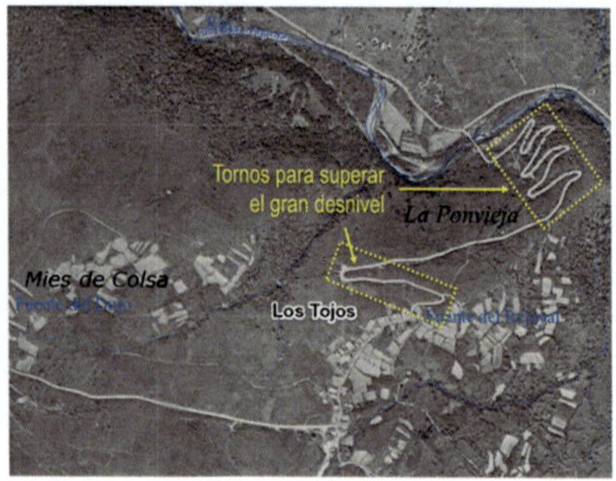

Figuras 63.64 a 63.67. *Construcciones del siglo xx en el municipio de Los Tojos: puente sobre el Saja en la carretera hacia Bárcena Mayor, ayuntamiento en Correpoco y puente en La Ponvieja (LVC). Tornos en la carretera a Los Tojos y Colsa (mapas.cantabria 1956 y LVC).*

solver puentes normales y que se utilizó sistemáticamente en las décadas centrales del siglo xx.

La carretera que sube a Los Tojos y Colsa (CA-818, *figura 63.67*) es de unos 4 kilómetros y supera un desnivel de unos 330 metros, pasando de la cota 400 a la 730; de ellos, en sus dos primeros kilómetros asciende casi 200 metros y esto lo consigue con 8 grandes revueltas, en cada una de las cuales un vehículo debe girar 180 grados, o sea entra en la curva en un sentido y sale de la misma en el sentido contrario; estamos, pues, ante un trazado muy exigente.

Las carreteras por Mazcuerras, la paralela al Saja (CA-812) y la que conecta con el Besaya (CA-283). En 4.3B se ha expuesto cómo la vía entre los puentes de Virgen de la Peña y el de Santa Lucía, por la margen derecha del río Saja, se encontraban en servicio a finales del siglo XIX y se planificaba la conexión de Villanueva de la Peña con el valle del Besaya.

En el plano de 1914 (*figura 63.1*) esta segunda carretera aparece como construida hasta el Alto de San Cipriano, en el límite con el municipio de Cartes, y ya en el mapa del Instituto Geográfico Nacional de 1942, se muestra que está construida hasta Riocorvo, junto al Besaya. En la actualidad es una vía regional de segundo orden, CA-283, de 12 kilómetros y enlaza dos carreteras nacionales, la N-634 en Virgen de la Peña y la N-611 en Riocorvo.

Estas carreteras del municipio de Mazcuerras han sido mantenidas a lo largo del siglo XX y mejoradas sustancialmente hacia el cambio del siglo: en los años 90 del Novecientos, la CA-283 que va hacia el Besaya, y a principio del siglo XXI, la CA-812 que discurre junto al Saja. Además, esta última ha visto ampliada su plataforma y hechas otras obras al comienzo de la segunda década. Asimismo, las carreteras de conexión hacia Herrera de Ibio, el pueblo más hacia el sur de este «concejón», también ha experimentado mejoras en estos años.

En lo que sigue recorremos estas vías comentando las principales novedades a lo largo de los últimos 120 años. Antes de ello, se recoge que en 1908 una riada del Saja destruyó un puente de madera que unía Mazcuerras con Ontoria (Meer, 2003).

Puente sobre el arroyo Pulero (*figura 63.68*). En la carretera paralela al Saja, y yendo hacia el puente de Santa Lucía, una vez pasado Luzmela (o Mazcuerras), la vía cruza el cauce citado, afluente del Saja. Esta estructura es de un vano y tiene una luz de unos 10 metros. Sus estribos son de sillares de piedra y su tablero es de vigas y losa de hormigón armado. Este puente ha sido ensanchado en las mejoras que ha tenido esta carretera en el comienzo del siglo xxi, ello se ha conseguido adosándole dos pórticos de hormigón armado por cada lado del puente y ahora su anchura es de 8 metros.

Poco después en el pueblo de **Cos** la carretera pasa junto a sus antiguas escuelas (*figura 63.69*), de los años 20 del Novecientos y fruto de la beneficencia; en la placa conmemorativa de este hecho se lee: «*Escuela Nacional. Edificio regalado a este su pueblo natal por Doña Antonia del Rivero y de la Vega a quien el vecindario dedica esta inscripción. Testimonio de profundo agradecimiento. Cos 13 Junio 1926*».

Figuras 63.68 a 63.71. *Construcciones del siglo xx en Mazcuerras: puente de Luzmela sobre el arroyo de Pulero, antiguas Escuelas de Cos, puentes de Riaño de Ibio y de Sierra de Ibio (LVC).*

Puente de Riaño de Ibio (*figura 63.70*). En la nueva carretera, de principios del siglo XX, hacia el Besaya, esta estructura permitía a la vía el paso del arroyo Ceceja, afluente del Saja; se trata de una bóveda pétrea escarzana de 11,5 metros de luz y 1,1 metros de flecha; su proyecto, de 1903, es del ingeniero de caminos José Pardo y fue construido en 1912 (Vega, 1997). En 2018, el Gobierno de Cantabria ha construido una pasarela junto al puente que nos ocupa, con el objetivo de permitir el paso de peatones en condiciones de seguridad.

Puente de Sierra de Ibio (*figura 63.71*). Poco después de la estructura anterior, la carretera pasa el arroyo de la Sierra, cuyas fuentes se hallan en las laderas del monte Ibio, y que se ubica poco antes de llegar al pueblo citado; este curso fluvial confluye con el arroyo Ceceja en Riaño. Este paso se amplió en la mejora de esta carretera de finales del siglo XX, tiene unos 12 metros de largo y 8 metros de ancho, está resuelto con una estructura de hormigón armado y salva una luz de unos 9 metros.

D.   *La carretera a lo largo del río Nansa, desde Pesués, en La Marina,*
a la Cruz de Cabezuela, en el límite con Liébana. Y otras vías tributarias

En 4.3C vimos cómo esta vía estaba casi finalizada a finales del siglo XIX, el mapa de 1914 de la jefatura de Obras Públicas (*figura 63.1*) muestra ya completada esta carretera. En lo que sigue recorremos esta vía aguas arriba del Nansa y se comentarán las novedades más importantes habidas en esta bella ruta a lo largo de los últimos 120 años. Deben destacarse las importantes obras de mejora que se llevaron a cabo en los años 90 del Novecientos y primera década del siglo XXI, con rectificación de curvas, ensanchamientos de la vía, mejora de la señalización y nuevos puentes. En **Muñorrodero** en los años 30 del siglo XX se construyó junto a la carretera la iglesia de Nuestra Señora de la Natividad (*figura 63.72*).

La carretera CA-181, que discurre entre Pesués y Puentenansa a lo largo de 20 kilómetros, continua hacia el sur y entra en el municipio de

Herrerías, a la altura de El Collado, donde se encuentra el Mirador del Poeta, por encima del puente histórico del Tortorio (3.3C) sobre el Nansa. En este lugar se halla el **«punto kilométrico seis»** (*figura 63.73*) de esta vía primaria; estos hitos son prismas triangulares de hormigón que llevan la identificación de la carretera y del punto donde se ubican.

Nuevo puente sobre el arroyo Berrellín (*figura 63.74*). Salva este cauce poco después del encuentro con la carretera que lleva a Bielva; aquí, en los años 90, se mejoró notablemente el trazado de la antigua carretera y se abandonó el anterior paso de obra de fábrica (4.3C) que se halla unos metros aguas arriba. El puente es de un vano resuelto con vigas prefabricadas de hormigón pretensado más una losa superior ejecutada *in situ*.

Puente El Arrudo sobre el Nansa. Se encuentra a continuación de la anterior estructura y permite la conexión a la carretera principal del valle de las que vienen, por un lado, del valle de Lamasón, desde Sobrelapeña y Quintanilla, y por otro la que baja de Cabanzón. Hasta los años 20 del Novecientos existió aquí un puente de madera (4.3C), y en esta década se construyó una importante estructura de fábrica pétrea que cruza a bastante altura sobre el Nansa.

La longitud total de este puente es de unos 76 metros y tiene tres vanos, que están conformados con bóvedas escarzanas de 15 metros de vano. Esta estructura fue parcialmente destruida durante la Guerra Civil, la *figura 63.75* (Biblioteca Nacional de España) muestra los trabajos de reparación en el muro de tímpano y pretiles sobre una de sus pilas. A finales del siglo xx fue ensanchado, hasta 9,5 metros, mediante una losa de hormigón con voladizos (*figura 63.76*).

Más adelante, siguiendo en la carretera principal hacia el sur, una vez pasada la intersección con la carretera que sube a Rábago y a la famosa cueva El Soplao, se encuentra la presa y embalse de Palombera (*figura 63.77*) una de las infraestructuras hidráulicas que, en los años 40 del si-

Figuras 63.72 a 63.77.
*Construcciones del siglo xx junto, o en,
la carretera del valle del Nansa:
iglesia de Muñorrodero, hito kilométrico
de la CA-181, nuevo puente sobre el arroyo
Berrellín en esta carretera, puente El Arrudo
sobre el río Nansa (reparando los daños
de la Guerra Civil-BNE, y en la actualidad)
y presa de Palombera (LVC resto de fotos).*

glo XX, llevó a cabo la empresa Saltos del Nansa para el aprovechamiento energético integral del potencial hidroeléctrico de esta cuenca; la presa es de gravedad (resiste los empujes horizontales del agua gracias a su propio peso) y de vertedero (los aliviaderos de agua, en caso de llenado del embalse por grandes lluvias, están en la coronación de la presa); está construida con hormigón y tiene 25 metros de altura y 71 metros de longitud.

Puente sobre el arroyo Rioseco (*figura 63.78*). Después de **Celis**, a principios del siglo XXI, se mejoró notablemente el paso sobre este cauce; para ello, se suavizaron los cambios bruscos que hacia el trazado al encontrase con el arroyo y se ensanchó, mediante voladizo de hormigón armado, la estructura de fábrica pétrea del puente primigenio.

Nuevo puente en La Cotera (*figura 63.79*). Se encuentra en este pueblo, sobre el arroyo de la Cabrilla; aquí se abandonó el antiguo trazado que hacía una revuelta en este lugar, y se rectificó la curva. El puente es de un vano y su tablero está constituido por una estructura mixta de una viga metálica en cajón, prefabricada en taller, sobre la que se conforma una losa de hormigón armado ejecutado *in situ*. El puente se construyó a comienzos del siglo XXI y tiene unos 30 metros de largo por 10 metros de ancho.

Puente de Primicies (*figura 63.80*). La carretera cruza seguidamente el barranco sobre el arroyo de este nombre y, al principio del siglo XXI, se amplió este paso pasando de unos 5,6 metros de ancho a cerca del doble; para ello se adosaron nuevas bóvedas de hormigón a las ya existentes y se construyeron nuevos muros de contención de los terraplenes que se hicieron.

Desmontes en roca (*figura 63.81*). Desde La Cotera hasta Puentenansa la carretera va constreñida entre la Peña Cabrojo, una estribación al occidente de la Sierra del Escudo de Cabuérniga, que se encuentra a la izquierda de la vía y el cauce del Nansa que discurre bastante más abajo a su derecha, hasta que la carretera viene a aproximarse a la cota del río en

Figuras 63.78 a 63.81. *Construcciones contemporáneas en la carretera CA-181 del valle del Nansa: ampliación de la plataforma sobre el puente del arroyo Rioseco, nuevo puente en La Cotera, ensanchamiento del puente sobre el arroyo de Primicies y desmonte en roca al norte de Puentenansa (LVC).*

el segundo pueblo citado. Esto ha conllevado que en el ensanchamiento de la carretera que se hizo en esta zona, a comienzos del siglo XXI, se han tenido que realizar importantes desmontes en roca en la ladera de la citada peña; obras que han sido especialmente complejas en las proximidades de Puentenansa.

La carretera alcanza **Puentenansa**, donde en 1925 se inauguró la iglesia de San Jorge (*figura 63.82*) y cruza el río Quivierda. El puente decimonónico existente (ver 4.3C), fue reparado después de los daños

Figuras 63.82 a 63.85. *Construcciones contemporáneas junto a la carretera del valle del Nansa. En Puentenansa: iglesia de San Jorge y puente ensanchado sobre el río Quivierda. Nuevo puente de la Herrería junto a Cosío y el paso de la carretera por Rozadío (LVC).*

sufridos en la Guerra Civil y a comienzos del siglo XXI se decidió su ensanchamiento. Para ello, con estudios geotécnicos se comprobó que la cimentación de sus estribos y pilas era suficiente para asumir el incremento de cargas que supondría el nuevo tablero ampliado, luego le retiraron sus pretiles pétreos y fue ensanchado con una losa con voladizos de hormigón armado que apoyaba sobre las bóvedas de piedra del puente primigenio (Fundación Botín, valle del Nansa), su anchura paso a ser de 10 metros y se le dotó con dos aceras y barandillas metálicas de protección frente a caídas (*figura 63.83*).

Ya a finales de la primera década de esta centuria actual, se llevaron a cabo las mejoras de la carretera a partir de este pueblo hacia el sur, hasta Piedrasluengas, en el límite con Palencia; ya como vía regional secundaria (CA-281) y a lo largo de 35 kilómetros.

Nuevo puente de la Herrería (*figura 63.84*). Poco antes de alcanzar el pueblo de **Cosío**, la carretera cruza el río Nansa, donde hacia el año 2012 se hizo una nueva estructura, aguas abajo y junto al puente de fábrica pétrea (4.3C); la misma es de un vano, frente a los tres que presentaba la anterior, su tablero es de estructura mixta con vigas de acero, que se macizan de hormigón en su zona de apoyo en los estribos, sobre las cuales va una losa. Su longitud es de unos 60 metros de largo y 10 metros de ancho y cuenta con una acera para peatones en el lado de aguas abajo del río.

La carretera continua por **Rozadío**, al que bordea por su margen occidental y pasa bajo las tuberías de agua a presión (*figura 63.85*) que alimenta la central hidroeléctrica que se ubica en este pueblo y que entró en servicio en los años 40 del Novecientos, como parte de las infraestructuras que hizo la compañía Saltos del Nansa S.A., creada en 1941, para explotar el aprovechamiento hidráulico del río.

El puente de Sarceda sobre el Nansa (*figura 63.86*). Esta estructura de hormigón armado es de los años 60 del siglo xx, se hizo junto a otra anterior que se encontraba adyacente y aguas abajo de la actual. Es un paso de tramo recto de cuatro vanos, de unos 30 metros de largo y 3,5 metros de anchura; está resuelto con una losa que apoya en los estribos y en tres pilas de sección rectangular, de unos 8 metros de altura y cimentadas en el cauce fluvial.

El puente de Tudanca sobre el Nansa (*figura 63.87*). Desde la carretera principal del valle, el acceso a este Conjunto Histórico se hace con una vía que parte del pueblo de **La Lastra** y cruza el río con un puente de tres vanos de unos 36 metros de longitud y 3,6 metros de ancho; su tablero es de hormigón armado, conformado por dos vigas rectangulares sobre los que apoya una losa. En la imagen que se adjunta, se aprecia que las dos pilas originales han sido encamisadas recientemente con hormigón armado, con vistas a ensanchar este paso.

A unos 360 metros aguas arriba de este puente se encuentra la **presa de La Lastra**, construida en 1945 con estructura de hormigón, el embalse homónimo y la central hidroeléctrica Peña de Bejo (*figura 63.88*), obras promovidas por la empresa Saltos del Nansa.

Dejado atrás el pueblo de La Lastra, la carretera aborda el **desfiladero de Bejo** y Cossío (1960) recoge la impresión que le hizo a Unamuno su paso por aquél, en una visita que hizo a Tudanca alrededor de los años 30 del siglo XX, este insigne pensador dejo escrito:

> Desde el valle, o ensanchadura, de Polaciones al de Tudanca, ambos en la estrecha cuenca del mismo río, se abre este paso por una imponente garganta, la hoz de Bejo. Y fue de soñarla, más que de verla, cuando ya de noche la recorrí, por la carretera a caballo … a la luz de la luna llena … Parecía aquello la puerta fatídica e imponente del otro mundo, de ultratumba. … En el fondo, cantaba a la luna el río Nansa. Los robles y las hayas que vestían las faldas de los riscos se bañaban en la lumbre dulce de la luna, en su lumbre lechosa.

En esta hoz se construyó en los años 40 del siglo XX **la presa bóveda de la Cohilla** (*figura 63.89*), una espectacular obra de ingeniería civil de 116 metros de altura que, en su momento fue la más alta de España, la misma está construida con hormigón ligeramente armado y contiene en su trasdós un embalse de 450 hectáreas que permite almacenar 12 hectómetros cúbicos de agua. La presa cuenta con dos desagües de fondo y un aliviadero de superficie que vierte las aguas a un túnel excavado en la roca que lleva las aguas excedentes lejos del emplazamiento de esta impar obra.

Dado que el embalse de La Cohilla afectaría un tramo de unos dos kilómetros de la carretera decimonónica, la sociedad Saltos del Nansa

Figuras 63.86 a 63.91. *Construcciones contemporáneas junto a la carretera del valle del Nansa: puentes sobre este río en Sarceda y en Tudanca, conjunto hidroeléctrico de La Lastra, presa bóveda de la Cohilla, nueva variante a la carretera decimonónica por encima de su trazado inicial (Fundación Botín) y mirador de la Cruz de Cabezuela (LVC resto de fotos).*

tuvo que hacer una variante a ésta; el nuevo trazado va por encima del primigenio (*figura 63.90*), y cuando hay poca agua almacenada puede verse la vía antigua.

Cerca del final de esta vía del Nansa está **el mirador de la Cruz de Cabezuela** (*figura 63.91*), donde en los años 90 del siglo xx se ubicó una escultura que simboliza el encuentro entre un lebaniego y un purriego (gentilicio aplicado a los habitantes del valle de Polaciones); poco después, se encuentra el cruce de carreteras que llevan hacia el Collado de Piedrasluengas y Palencia, o bien a Liébana, vía Pesaguero.

En lo que sigue, se recogen algunos puentes e hitos constructivos existentes en las carreteras secundarias que confluyen en la principal del río Nansa, las recorreremos de norte a sur, aguas arriba de este río.

Los puentes de Casamaría sobre el río Suspino. Al oeste de Herrerías, en la carretera CA-855 que conduce desde puente El Arrudo hacia Cabanzón y el valle asturiano de Peñamellera, se encuentran dos puentes contemporáneos que permiten a esta vía superar el citado curso fluvial, afluente del Nansa; están documentados en el estudio de la Fundación Botín sobre este valle.

El paso más antiguo (*figura 63.92*), es de 1910, se trata de una importante estructura pétrea que permite salvar el desnivel que origina el río Suspino en la zona de paso de la carretera, la misma está compuesta de dos grandes muros de mampostería, que soportan el terraplén de la vía, en los cuales se ubica una bóveda de sillería de medio punto y 6 metros de luz que deja pasar el curso fluvial. Inicialmente, tenía pretiles de seguridad y, posteriormente, para ganar anchura se dispuso una barrera metálica. Esta construcción, con una anchura de vial de 5 metros, parece que es muy estimada por los vecinos y, con muy buen criterio, se ha preservado como parte de la historia del lugar y como testigo del modo de hacer este tipo de obras al comienzo del siglo xx.

Un siglo después, en 2010, y con el objetivo de ensanchar la carretera a 7,5 metros, una vez que se desechó la idea de ampliar la antigua estructura, por las dificultades que ello conllevaba, y porque además se quería mejorar el trazado de la vía y evitar una revuelta que tenía allí la carretera existente, se decidió hacer una variante a ésta y un nuevo puente (*figura 63.93*). Este tiene una longitud total de unos 66 metros, es de dos vanos de 30 metros de luz; su tablero está conformado por una celosía espacial metálica de elementos tubulares y una losa superior de hormigón armado; de este material son sus apoyos, los dos estribos y tres pilas intermedias, formadas por fustes de sección troncocónica de 6,45 m de altura y diámetro variable, más ancho en la base (1,80 m) que en la cabeza.

El contraste entre las dos estructuras enfrentadas muestra a las claras el enorme cambio que ha habido en el siglo que media entre ellas, de un terraplén construido a base de muros con grandes volúmenes de piedra y un pequeño vano resuelto con una bóveda, a una estructura de hormigón y acero que salva los grandes vanos con una solución liviana. O sea, de una solución tradicional con cientos de años de historia, a una que es fruto de la nueva tecnología, basada en un conocimiento profundo del análisis estructural y en la disponibilidad de unos materiales de altas prestaciones.

Las nuevas carreteras a El Soplao. Esta es una cueva de singular importancia por la calidad y cantidad de bellas formaciones geológicas; la misma, a unos 525 metros de altitud, pertenece al macizo de La Florida, una explotación minera de calaminas, blendas y galenas, que se ubica en la Sierra de Arnero entre los municipios de Valdáliga, Herrerías y Rionansa, y que estuvo explotándose entre 1855 y 1979. En 2005 el Gobierno de Cantabria la abrió al turismo una vez que se acondicionó la misma y el entorno para recibir las visitas (*figura 63.94*); se llega a la cueva en un tren minero y el recorrido comienza en una antigua galería de la mina; en la actualidad es una de las grandes atracciones naturales que ofrece la región.

Figuras 63.92 a 63.96.
*Puentes en Casamaría (Herrerías)
sobre el rio Suspino, de principios
de los siglos XX y XXI:
Uno pétreo y otro de estructura de acero y
hormigón (LVC). Acceso a la cueva
de El Soplao, un gran recurso turístico de
Cantabria (Wikiviajes-Frobles). Puentes
sobre el Nansa en La Laguna y
en Callecedo (LVC).*

Lo anterior supuso la reconversión de las antiguas pistas de acceso a la mina en carreteras de montaña, capaces de absorber el tráfico de este foco de turismo: primero, hacia 2005, se preparó la vía que sube desde la carretera del valle del Nansa por Rábago (Herrerías); y hacia 2010, la vía que viene desde Roiz y Caviña (Valdáliga), la cual es la más ventajosa para los visitantes del área metropolitana de Santander-Torrelavega.

Otros puentes sobre el río Nansa en Puente Pumar. Para finalizar esta sección se recogen dos puentes de hormigón que se encuentran cerca de este pueblo, en dos carreteras que lo comunican con la vía principal de Polaciones, la CA-281.

El primero (*figura 63.95*) está en la carretera CA-862 que va desde **La Laguna** hacia Puente Pumar y Uznayo, y parece haber sido construido en el ecuador del siglo XX. Es una estructura de dos vanos con un tablero de losa de hormigón de 16 metros de largo por 5 metros de ancho; el mismo apoya en elementos portantes de fábrica de mampostería careada, sus dos estribos y una pila central cimentada en el curso del río. En 2020, esta plataforma estaba deteriorada con signos de corrosión en algunas armaduras y ya en 2023 estaba rehabilitado.

El segundo (*figura 63.96*) se ubica en una carretera local que va desde **Callecedo** a Puente Pumar, es un paso de un vano de unos 9 metros de largo por 5 metros de ancho, construido en los años 90 del siglo XX, sustituyendo a uno previo. Sus muros de estribo y tablero son de hormigón armado.

E.   *La carretera este-oeste de enlace de los valles de Cabuérniga, Rionansa, Lamasón y Peñarrubia*

A principios del siglo XX esta vía estaba construida entre Valle y Puentenansa, y era de carácter provincial; encontrándose en estudio, por el Estado, el tramo entre este último lugar y La Hermida, donde enlazaba con la carretera del desfiladero que atraviesa este pueblo (4.3D).

El plano de 1914, de la jefatura de obras públicas de Santander (*figura 63.1*), ofrece novedades respecto a la carretera, que ahora depende en su totalidad del Estado: la primera de ellas, es llamativa, pues para el tramo entre Valle y Puentenansa, de unos 15 kilómetros, expone que es una «carretera intransitable para automóviles», se entiende pues que la vía primigenia no estaba todavía acondicionado para los vehículos de motor; la segunda información se refiere, al tramo desde el último lugar a Quintanilla de Lamasón, de unos 10 kilómetros, que recoge que es una carretera de tercer orden y se encuentra en servicio.

El plano de 1942, del Instituto Geográfico, expone que la carretera está operativa en sus 45 kilómetros. En lo que sigue se recorre esta vía de este a oeste y se recogen los puentes e hitos constructivos más significativos: primero lo haremos por la actual CA-182, carretera primaria regional de 15 kilómetros entre Valle de Cabuérniga y Puentenansa; y seguidamente, por la CA-282, carretera secundaria de 30 kilómetros entre este último lugar y La Hermida, ya en la carretera nacional N-621.

Saliendo de Valle, a unos 3 kilómetros se encuentra el Mirador de la Vueltuca, desde donde se contempla una bella panorámica del valle de Cabuérniga, que llama la atención por la amplitud y llanura de la vega del río Saja. Poco después, cerca del kilómetro 5, se alcanza la **Collada de Carmona** (611 metros), donde hay un bello monolito (*figura 63.97*), erigido por Obras Publicas en 1962. Más adelante, hacia el kilómetro 8, la carretera pasa junto al mirador de la Asomada del Ribero desde donde se ve muy bien el conjunto histórico de Carmona junto con el barrio de San Pedro; y, hacia el oeste, el corredor viario que estamos recorriendo, al sur de la imponente sierra del Escudo de Cabuérniga, también se ven los dos ramales que parten del mismo hacia el pueblo y los dos puentes que existen para cruzar el río Quivierda.

Puente al nordeste de Carmona (*figura 63.98*). Se trata de una bóveda elíptica pétrea de unos 9 metros de vano y 4,5 metros de ancho; sus arcos de embocadura están formados por dovelas de sillares almohadillados bien tallados y de labra similar es la imposta que marca la rasante de la carretera; el interior de la bóveda, los muros de tímpano y los pre-

Figuras 63.97 a 63.100. *Hito pétreo de la Collada de Carmona. Puentes al nordeste y noroeste de Carmona sobre el río Quivierda. Puente sobre el cauce del río Nansa en Puentenansa (LVC).*

tiles son de mampostería bien concertada; estos últimos están rematados con albardillas de tipo prismático y cara superior convexa.

Este puente fue construido en los primeros años 60 del siglo xx, según me informó un vecino que vive cerca de esta estructura, y fue hecho por canteros de la zona. Antes existió, aguas abajo y adyacente a esta paso, un puente previo de tablero de madera y del cual se conserva el estribo izquierdo, esta estructura servía a una cambera que entraba en el pueblo haciendo una pequeña curva; la nueva vía de acceso se hizo recta y perpendicular a la carretera principal y entró en servicio a finales de la citada década.

Puente al noroeste de Carmona (*figura 63.99*). Se trata de una bóveda escarzana de hormigón armado de unos 9 metros de vano y 6 metros de ancho; este puente fue construido en los años 90 del siglo xx y da servicio a una segunda nueva carretera de acceso a Carmona. Previamente en este lugar existió una vadera para el paso de ganado y carros.

Dejado atrás Carmona, por la margen derecha del río Quivierda se alcanza Puentenansa donde se cruza dicho cauce fluvial por el puente decimonónico que sirve a la carretera principal, norte-sur, del valle del Nansa (ver 6.3D); poco después, a unos 250 metros, se pasa este río.

Puente entre Puentenansa y Rioseco. Permite a la vía que se dirige hacia poniente, ahora ya como CA-282, cruzar el río Nansa. La historia de este paso es interesante y está bien recogida por la fundación Botín (internet) y se resume a continuación. Inicialmente para pasar el río en esta zona existió un puente de madera.

Cuando en la primera década del siglo xx se hizo la carretera desde estos pueblos hasta Quintanilla de Lamasón, se construyó en este lugar un puente de fábrica pétrea de tres bóvedas escarzanas o rebajadas, la central de 12 metros de luz y las dos laterales de 6 metros; este puente ya aparece recogido en el citado plano de 1914 (*figura 63.1*). Esta estructura fue destruida parcialmente en la Guerra Civil, en agosto de 1937, y la gran riada de septiembre de 1938 arrastró una de las pilas y, con ello el puente; aprovechando los restos, se hizo un puente provisional de madera hasta la construcción de un nuevo paso más duradero.

El puente actual (*figura 63.100*) se hizo en 1948, y se aprovecharon partes del destruido; se trata de una estructura de dos vanos que cruza el río oblicuamente; sus elementos portantes verticales están hechos con fábrica pétrea en su perímetro y hormigón ciclópeo en su interior; sobre los dos estribos y la pila central apoyan dos bóvedas escarzanas de 14 metros de luz ejecutadas con hormigón; sus tímpanos y pretiles son de mampostería concertada y la imposta y albardillas de sillería. Su longitud total es de unos 40 metros, incluyendo los muros de aproximación hacia las bóvedas, y su anchura de 8 metros.

La nueva carretera continuaba hacia el **collado de Ozalba** (*figura 63.101*), de 556 metros de altitud, por donde entraba en el municipio de Lamasón, y alcanzaba Quintanilla al comienzo de la segunda década del siglo XX, tal como recoge el citado mapa de 1914 de la Jefatura de Obras Públicas (*figura 63.1*). En este itinerario se recoge uno de los pontones de fábrica que se hicieron.

Pontón sobre el arroyo Calacó (*figura 63.102*). Cruza este cauce fluvial en el último torno que hace la carretera antes de alcanzar Quintanilla. Se trata de una estructura de muros de fábrica de piedra de mampostería concertada que se acomodan al barranco que hace el arroyo en el citado lugar. Los estribos son de sillería y sobre ellos apoya una bóveda escarzana de hormigón que soporta la plataforma de la carretera. Es probable, por el tipo de estructuras de fábrica pétrea que se hicieron a lo largo de esta carretera, que inicialmente la bóveda fuera de sillares de piedra y que como ocurrió en el puente anterior y el denominado Llampu, que se describirá algo más adelante, que el vano primigenio fuera dañado durante la Guerra Civil y después reconstruido con hormigón.

La continuación de la carretera desde Quintanilla hacia La Hermida se abordó ya en los años 20. Inicialmente, se pensó en que la vía cruzara con un puente el río Tanea al sur del primer pueblo citado y se llevaría hacia Lafuente, pero finalmente la vía se dirigió hacia el este de Sobrelapeña y allí cruzó el río Lamasón para dirigirse ya a Lafuente.

El puente Pereu sobre el río Tanea en Quintanilla (*figura 63.103*). Se ubica junto a la entrada sur de este pueblo de la carretera que nos ocupa. Es una bella estructura pétrea de unos 35 metros de longitud total y un ancho de unos 5 metros. En su parte central se ubican dos estribos y una bóveda escarzana de 10,5 metros con obra de cantería bien ejecutada, los muros de acompañamiento hasta alcanzar las orillas del río

Figuras 63.101 a 63.104. *Collado de Ozalba. Puentes en arco en la zona de Quintanilla de Lamasón: paso del arroyo Calacó y sobre los ríos Tanea y Lamasón (LVC).*

son de mampostería, los pretiles y sus albardillas, que protegen los laterales de la construcción, son de sillería.

La fundación Botín (internet) ofrece información adicional de esta obra, así expone que los pretiles tienen una altura de 0,65 metros y un ancho de 0,45 m; que su construcción se hizo en los años 20 y con la idea de que por este paso iría la carretera hacia La Hermida, aunque finalmente el trazado se modificó y este puente sirve ahora a una vía local que lleva al pueblo de Río.

Puente de Llampu sobre el río Lamasón entre Sobrelapeña y Quintanilla (*figura 63.104*). Se encuentra al norte de estos pueblos

Figuras 63.105 a 63.107.
*Carretera por el Valle de Lamasón:
pontones de fábrica pétrea en Lafuente y
sobre la riega de Hoz;
y este collado en el límite con el municipio
de Peñarrubia (LVC).*

y muy cerca de donde enlaza, en la carretera CA-282 que seguimos, la que sube desde Puente El Arrudo, Cades y Venta Fresnedo por la margen izquierda del río Lamasón, vía que también se construyó por estas fechas. Inicialmente, el paso sobre este río se resolvió con una larga estructura de piedra que contenía los terraplenes que exigía la rasante de la carretera que nos ocupa, el cruce del cauce se resolvió con una bóveda escarzana de 12 metros de vano y fábrica de sillería. Durante la Guerra Civil, en agosto de 1937, fue destruido parcialmente y se reconstruyó en 1939 por la jefatura de obras públicas de Santander (fundación Botín, internet); la nueva bóveda se hizo ya con hormigón.

Pontones en Lafuente y sobre la riega de la Hoz (*figuras 63.105 y 63.106*). Las dos estructuras de fábrica pétrea que recogen estas imágenes son ejemplo de cómo se solucionó en esta carretera el paso de los pequeños cursos de agua que ésta se encontraba en su desarrollo: el primer pontón se ubica junto a la bella iglesia románica de Lafuente y el segundo algo más adelante cuando, dejado atrás Los Pumares, la vía cruza la riega de Hoz. En ambos casos, el vano necesario sobre el cauce fluvial se salva con una bóveda de medio punto que apoya en los estribos, todo ello en fábrica de sillería; lo mismo que las piezas que forman la línea de imposta que marca la rasante de la vía y las albardillas de remate de los pretiles.

En su itinerario hacia poniente, pasado el **Collado de Hoz** (*figura 63.107*), de 658 metros, límite entre Lamasón y Peñarrubia, la carretera continuaba hacia Linares (500 m), capital del municipio de Peñarrubia, y desde este pueblo descendía cerca de 400 metros, a lo largo de 5,5 kilómetros, hasta alcanzar el río Deva y La Hermida (114 m); esto condicionó un trazado de gran dificultad que requirió de numerosas revueltas o tornos para salvar el importante desnivel (*figura 63.108*).

El puente de La Hermida (*figura 63.109*). La carretera que venimos recorriendo llegaba a este pueblo una vez cruzado el río Deva y, en este lugar, entroncaba con la carretera del desfiladero; el paso del cauce lo hace con una importante estructura pétrea, de una longitud total de unos 45 metros y que permite el paso del río por dos bóvedas escarzanas de 14,6 metros de vano y unos 5 metros de ancho.

Sus características constructivas son similares a las de los otros puentes de esta carretera y cuenta con una excelente obra de cantería en sus estribos y pila central, en sus bóvedas y tímpanos, imposta de coronación que marca la rasante horizontal de la vía, y en sus pretiles y albardillas de protección. Este puente se inauguró en la segunda década del siglo XX, y cuenta con apartaderos en sus entradas, a la altura de los estribos, donde se ensancha el paso y permite el cruce de los vehículos.

La fundación Botín (internet) recoge que antes de hacerse esta estructura de piedra, existió aquí un puente de dos vanos con vigas y table-

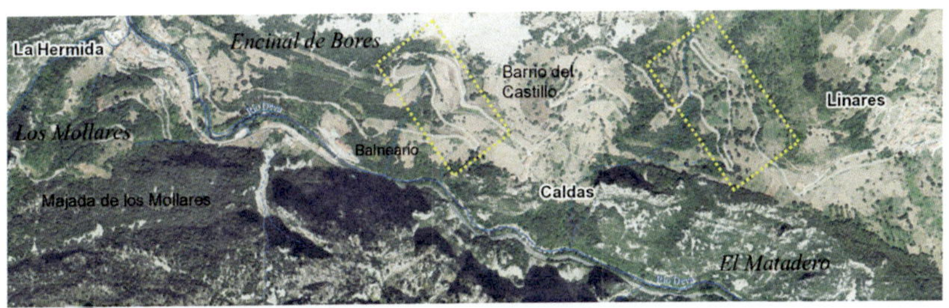

Figuras 63.108 a 63.111.
Tornos y trazado de la carretera de Peñarrubia entre Linares y La Hermida (mapas.cantabria 2017 y LVC). Construcciones contemporáneas en La Hermida: puente sobre el río Deva (principios del s. xx); balneario rehabilitado y pasarela (principios del s. xxi) (LVC).

ro de madera, apoyado sobre estribos y una pila de fábrica cimentada en una roca que afloraba en el cauce del río.

En este pueblo de la Hermida, a mitad del desfiladero homónimo, su famoso balneario, de los años 80 del Ochocientos, se rehabilitó y amplió notablemente en la primera década del siglo xxi, abriendo una nueva etapa en su larga historia de más de un siglo (*figura 63.110*).

Pasarela sobre el río Deva en La Hermida (*figura 63.111*). En este concurrido pueblo, en parte debido a los usuarios del balneario, se construyó a finales de la primera década del siglo XXI, una moderna pasarela sobre el Deva que facilita el movimiento de personas entre las dos márgenes del río. Se encuentra a unos 120 metros aguas abajo del puente pétreo anterior y está conformada por una viga cajón biempotrada en los estribos. Es una estructura metálica de acero corten, de un vano de unos 60 metros de longitud, su trazado en planta es curvo y tiene un ancho variable entre 5 y 3,2 metros; es un proyecto de la ingeniería cántabra Dynamis.

Puentes de hormigón de tramo recto en el valle de Lamasón. Para finalizar esta sección, en lo que sigue, se recogen algunas estructuras de hormigón existentes en las carreteras secundarias de este municipio; los mismos nos pueden ilustrar sobre este tipo de obras construidas a partir de los años 40 del siglo XX.

Puente de hormigón armado en Quintanilla sobre el río Tanea (*figura 63.112*). En la salida norte de este pueblo hay un camino local que va hacia poniente, al pueblo de Sobrelapeña; al comienzo de esta vía se cruza el citado río, poco antes de que entregue sus aguas en el Lamasón. Esto se hace con un puente de tres vanos, de unos 20 metros de largo y 3,5 metros de ancho; está resuelto con estructura de hormigón armado en estribos, pilas, vigas de carga de canto colgado y una losa; todo ello hormigonado *in situ* sobre cimbras y encofrados apropiados.

Puente de hormigón en Quintanilla sobre el río Lamasón (*figura 63.113*). En la vía local anterior, de enlace de este pueblo con el de Sobrelapeña, en los en los años 70 del siglo XX se hizo un nuevo puente y ramal de conexión al norte, que se ubica a unos 120 metros aguas abajo del paso anterior, justo después de que el río Tanea entregue sus aguas en el Lamasón. Es un puente de un vano de unos 20 metros de largo por 7 metros de ancho que apoya en dos estribos de hormigón armado; el tablero del puente está constituido por vigas prefabricadas de hormigón sobre las cuales va una losa hormigonada *in situ*.

Figuras 63.112 a 63.115. *Puentes de tramo recto: en Quintanilla sobre los ríos Tanea y Lamasón; en Sobrelapeña sobre el arroyo de Lafuente; y en Venta Fresnedo sobre el río Lamasón (LVC).*

Viendo estos dos puentes tan próximos y ejecutados con unos treinta años de diferencia, cabe resaltar el salto tecnológico habido en ese periodo. Para un ancho de cauce sensiblemente igual, el primer puente se apoya en dos pilas intermedias, con lo que los vanos a salvar por el tablero son pequeños, y se ha construido *in situ* en el mismo emplazamiento en que se ubica. La segunda estructura salva la luz entre estribos sin apoyo alguno intermedio y sus largas vigas han sido hechas en una factoría y luego transportadas hasta el lugar del puente y montadas con grúas apropiadas, lo que supone un grado de industrialización y desarrollo constructivo no existente en el momento que se hizo el puente anterior.

Puente de hormigón en Sobrelapeña sobre el arroyo de Lafuente (*figura 63.114*). El caserío de este pueblo se ubica en las dos márgenes del citado cauce y en los años 70 del siglo XX se hizo este nuevo paso de unos 18 metros de largo por 4 de ancho; anteriormente se cruzaba el río por un puente que se encontraba aguas abajo del actual. La estructura que nos ocupa está conformada por dos tableros que salvan dos brazos fluviales que hace el arroyo en ese lugar y aprovecha una pequeña isla que existe en el medio del cauce para ubicar un macizo contenido por muros de fábrica pétrea y los estribos de hormigón de cada tablero; éstos se conforman con una losa de hormigón.

Puente de Venta Fresnedo sobre el río Lamasón (*figura 63.115*). Se ubica en la carretera que comunica el citado pueblo con Riclones y Celis. Se trata de un puente de un vano, de unos 22 metros de largo y 5 metros de ancho que fue construido en los años 90 del siglo XX, y que vino a sustituir a otro que se encontraba adyacente y aguas abajo del actual. Éste tiene dos estribos de hormigón armado y su tablero está constituido por vigas prefabricadas de hormigón sobre la cuales va una losa de este material ejecutada *in situ*.

6.4 LAS CARRETERAS DE LOS SIGLOS XX Y XXI EN LA COMARCA DE LIÉBANA

Al igual que se ha hecho en el apartado anterior se recogen las carreteras que para esta zona geográfica muestran los tres planos citados, de 1914 (*figura 64.1*), 1974 (*figura 64.2*) y 2017 (*figura 64.3*).

Como se ha hecho en capítulos previos, este apartado se ha dividido en cuatro secciones para describir las vías que nos ocupan y su evolución a partir del siglo XX, y el orden que se sigue en la exposición es similar: se comienza con los dos municipios que riega el río Deva, el de Cillorigo de Liébana y el de Camaleño, se sigue con el de Vega de Liébana, recorrido

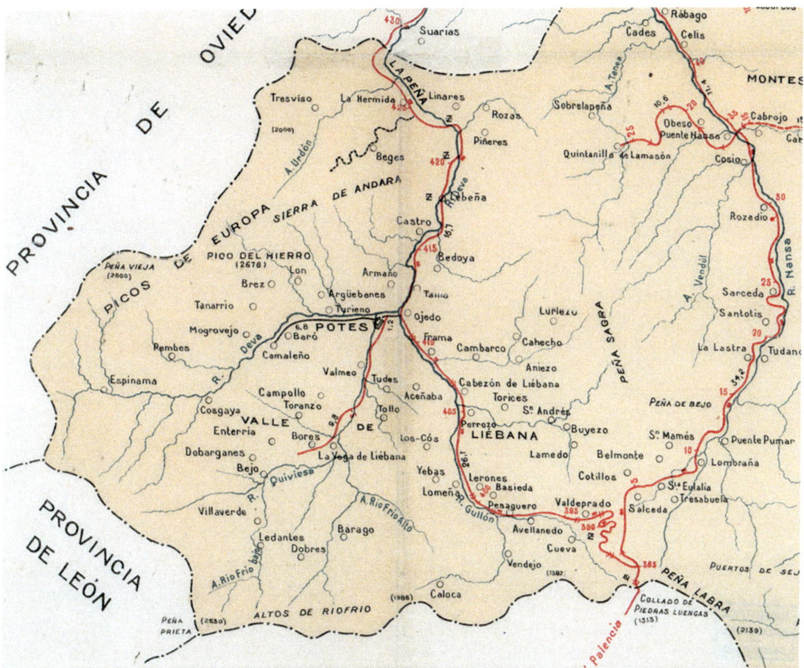

Figuras 64.1. *Las carreteras de la Comarca de Liébana en parte del Plano de la Provincia de Santander (1914), Fondos del Instituto Geográfico Nacional.*

por el río Quiviesa y, finalmente, con los dos municipios que baña el río Bullón, el de Cabezón de Liébana y el de Pesaguero.

Potes en el siglo xx y xxi. Antes de recorrer las carreteras de esta comarca, se recogen las principales novedades que, en materia viaria y en general, se han producido en Potes, capital de Liébana, en los últimos 120 años. En los años 10 del Novecientos el indiano Félix de las Cuevas González (Aniezo 1830-México 1918) ofreció el construir un asilo para ancianos, lo que se llevaría a cabo en la siguiente década, obra que se ampliaría en los años 70 de dicha centuria (*figura 64.4*).

Figuras 64.2. *Las carreteras de la Comarca de Liébana de Cantabria en parte del Plano de la Provincia de Santander (1974) del Instituto Geográfico Nacional.*

Esta villa sufrió el 31 agosto de 1937 un importante incendio durante la Guerra Civil, y en los años que siguieron se procedió a su reconstrucción a través de la Dirección General de Regiones Devastadas. Así, se levantaron nuevos edificios para ubicar la plaza del mercado, correos, el hospital (*figura 64.5*); uno de los proyectos más importantes que se abordó fue el de mejorar la traza de la vía principal que cruzaba Potes de oriente a occidente, aguas arriba del río Deva, en dirección al municipio de Camaleño, esto conllevó la construcción de un nuevo puente.

Puente Nuevo de Potes sobre el río Quiviesa (*figura 64.6*). Es un puente de bóveda de medio punto, conformado por piedra y hormigón, que fue construido en los años 40 del siglo xx por el Plan de Regiones Devastadas, trabajando en su ejecución presos cedidos por el Patronato de redención de penas por el trabajo. El paso tiene una longi-

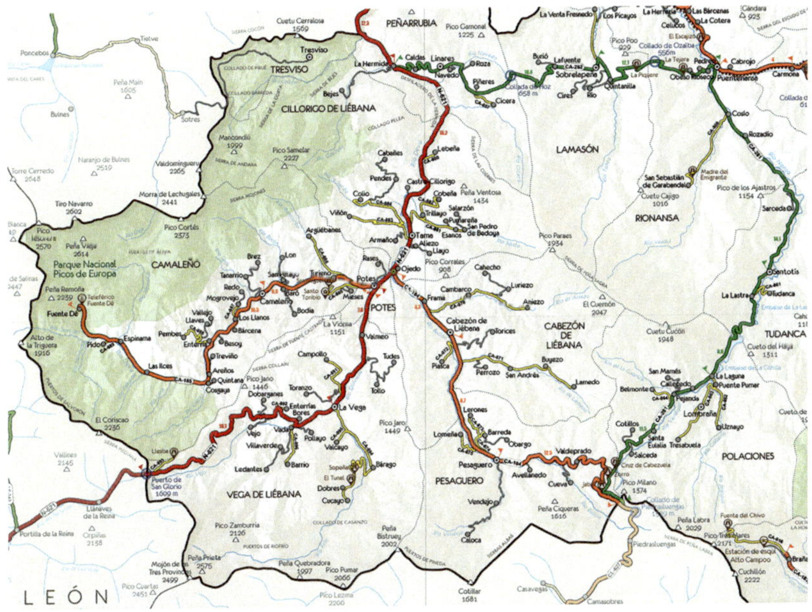

Figura 64.3. *Las carreteras de la Comarca de Liébana en 2017, según el Mapa de Carreteras de la Consejería de Obras Públicas del Gobierno de Cantabria.*

tud de unos 18 metros de largo y 12 metros de ancho, en que se ubican la carretera de 7 metros y dos amplias aceras de 2,5 metros.

Los estribos del puente tienen una parte en vertical, lo que confiere a la estructura un aspecto de esbeltez; este tramo está constituido por siete hiladas de sillería, que sirven de contenedor a un relleno de hormigón ciclópeo. La bóveda, de unos 12 metros de vano y 10 metros de ancho, es de hormigón, y sus arcos de embocadura y tímpanos son de piedra. Sobre estos hay unos voladizos pétreos que sustentan parte de las aceras. En los laterales del puente hay cuatro contrafuertes que aportan estabilidad lateral a esta estructura que cruza el río a gran altura.

Todavía en los años 60, Potes era una villa de dimensiones reducidas, tal como muestra la *figura 64.7* (*Foto Alsar. Potes. Picos de Europa,*

Figuras 64.4 a 64.9. *Patrimonio del siglo xx en Potes: Asilo de Félix de las Cuevas. Centro de Salud. Puente nuevo sobre el río Quiviesa. Potes y Picos de Europa, 1960-1970 (Foto Alsar, CDIS, Ayto. de Santander), puente en el barrio Virgen de Valmayor y pasarela sobre el río Deva (LVC resto de fotos).*

1960-1970, Colección Adela Echevarría Sánchez, Centro de Documentación de la Imagen de Santander, CDIS, Ayuntamiento de Santander). Es a partir de los años 70 cuando comienza una etapa de importante desarrollo de Potes, en parte debido a la llegada del turismo en gran escala, en lo cual influyó notablemente la apertura del teleférico de Fuente Dé en 1966, y al conseguir población de otros municipios de Liébana que se estableció en esta villa por los mejores servicios de educación, salud y otros que ofrecía, al tiempo que mayores oportunidades para las familias jóvenes.

Puente del barrio Virgen de Valmayor de Potes sobre el río Deva (*figura 64.8*). En este lugar existía un paso que permitía el acceso al Santuario de la patrona de la villa, se trataba de una bóveda de medio punto hecha con fábrica de piedra, con unas dimensiones de unos 11 metros de luz y 4 metros de ancho. En los años 70 del siglo XX, para facilitar el tránsito rodado al nuevo instituto y otras instalaciones que se habían inaugurado en la margen izquierda del río Deva se ensanchó esta estructura a 6,5 metros; esto se hizo adosando a la primigenia una bóveda de hormigón; en la clave de ésta hay una placa en que aparece el escudo de los ingenieros de caminos y la fecha «*Año 1974*». Posteriormente, al principio de la segunda década del siglo XXI se añadió una pasarela junto a la fachada oeste del puente, de modo de mejorar la seguridad de los peatones que lo utilizan.

Nueva pasarela de Potes sobre el río Deva (*figura 64.9*). A comienzo de la década de los 70 se inauguró el Instituto de Educación Secundaria Jesús de Monasterio, ubicado en la margen izquierda del río Deva, poco después de que el río Quiviesa haya entregado sus aguas al primero, y enfrente al antiguo Convento de San Raimundo que se haya en la orilla derecha. Ello condicionó la necesidad de un paso sobre el Deva que permitiera el acceso al instituto y las nuevas instalaciones que se fueron construyendo en tal zona.

Se hizo una estructura de muros de piedra, de unos 45 metros de longitud, que salvaba la depresión que hace el Deva en tal zona y en el paso del río se construyó una bóveda de hormigón de unos 16 metros de vano y 4 metros de anchura. Al igual que en el puente nuevo el paso peatonal va a gran altura del río, lo que condicionó la necesidad de un tramo vertical en sus estribos y luego el desarrollo de la bóveda de medio punto; asimismo, el arranque de los apoyos, los arcos de embocadura y los tímpanos están acabados en piedra.

Para finalizar estos breves apuntes de Potes en los últimos 120 años, añadir que, en 1983, en atención al importante patrimonio que posee, fue declarada Conjunto Histórico Artístico; y que, en las últimas décadas, esta villa se ha convertido en un importante centro turístico que sirve de cabecera a las bellezas que posee la comarca de Liébana y Picos de Europa.

Por último, señalar que en el año 2019 se ha aprobado el expediente de información pública del proyecto de trazado de una variante de carretera por el norte de Potes, que mejorará sustancialmente su vialidad: por un lado de esta villa, al eliminar la circulación del tráfico de paso que en la actualidad atraviesa el centro de la población, aquél que desde la carretera N-621 se dirige hacia el monasterio de Liébana y el teleférico de Fuente Dé; y por otro lado, a los usuarios de esta carretera nacional que se dirigen hacia el municipio de Vega de Liébana y la provincia de León, evitándoles el paso por la zona este de Potes y encauzándoles directamente hacia los citados destinos.

A.   *La carretera desde Potes, vía el desfiladero de La Hermida, hacia la costa en Unquera. Otras carreteras de Cillorigo de Liébana*

En lo que sigue primero nos centraremos en la carretera nacional del Desfiladero de la Hermida (N-621) y, seguidamente, en las carreteras que partiendo de aquélla dan servicio a los diferentes valles secundarios de este municipio.

El mapa de 1914 de la Jefatura de Obras Públicas de Santander (*figura 64.1*) no muestra variación alguna de lo expuesto en 4.4A en relación a la carretera que une Potes y Ojedo con Unquera. Este plano ya no hace referencia a los antiguos caminos hacia Peñarrubia y Lamasón.

Las tres *figuras 64.10 a 64.12* de Prats, Bustamante E. y Alsar muestran instantáneas de esta carretera por el Desfiladero de La Hermida entre los años 1952 a 1975 en que todavía puede verse su aspecto sin las mejoras que se producirían en la parte final del siglo XX y primeras décadas del XXI. Como puede apreciarse en estas imágenes la defensa lateral frente a caídas desde la vía está encomendada a guardarruedas (postes de piedra) colocadas próximos entre sí o bien a pretiles (muretes y troncos de cono de piedra) que, también, aparecen en las *figuras 44.13 y 44.14.*

En los años 90 del siglo XX se realizó una variante al trazado de la antigua carretera en el municipio de Val de San Vicente, entre Molleda y San Pedro de las Baheras. Ya desde finales del siglo XX se ha prestado atención a los sistemas de protección contra desprendimientos de rocas, colocando mallas metálicas ancladas en las laderas.

En los últimos años se han ido sucediendo importantes actuaciones para mejorar las condiciones de circulación a lo largo del desfiladero, siempre respetando los valores ambientales de un espacio tan singular. En el año 2018 se construyeron cuatro importantes puentes sobre el río Deva, sustituyendo a otros tantos que por su estrechez y por su posición sensiblemente perpendicular respecto al trazado general dificultaban la conducción. Seguidamente se han hecho obras de ensanchamiento de la calzada con algunos desmontes parciales y, sobre todo, con zonas voladas hacia el cauce del río, buscando permitir el cruce de vehículos con mayor amplitud.

En lo que sigue recorreremos esta vía desde Ojedo describiendo las principales novedades habidas en los últimos 120 años; además, señalar que este municipio de Cillorigo de Liébana ha visto incrementado su patrimonio con diferentes edificaciones singulares, que se han levantado junto a la carretera principal del valle, y que veremos en nuestro viaje.

Al poco de dejar Potes, a un kilómetro, la carretera alcanza **Ojedo**, donde a mediados de los años 50 se edificó la iglesia de San Sebastian

Figuras 64.10 a 64.12.
*(Del Centro de Documentación
de la Imagen de Santander, CDIS,
Ayuntamiento de Santander):*

*Prats. Desfiladero de la Hermida,
1 de agosto de 1952, Fondo Centro
de Estudios Montañeses.*

*Bustamante, E. (Potes). Carretera
Unquera-Potes, Desfiladero de la Hermida,
1965-1975,
Colección Víctor del Campo Cruz.*

*Foto Alsar. Picos de Europa.
Desfiladero de la Hermida, 1965-1975,
Colección Víctor del Campo Cruz.*

(*figura 64.13*); asimismo, en la segunda parte del siglo XX se construyeron dos nuevos puentes en este pueblo.

Puente sobre el río Deva en Ojedo (*figura 64.14*). Se ubica en una carretera local que se construyó a principios de los años 70 para ir hacia el lugar de La Magdalena, en la margen izquierda del Deva, el puente se encuentra poco antes de que el río Bullón entregue sus aguas al principal. Es una estructura de tres vanos de unos 18 metros de largo por 3,5 metros de ancho, y está soportada por los estribos y dos pilas de hormigón armado, el tablero está conformado por vigas prefabricadas de hormigón sobre la cuales va una losa de este material.

Puente sobre el río Bullón en Ojedo (*figura 64.15*). Volviendo a la carretera principal, poco después del desvío anterior, aquélla cruza el

Figuras 64.13 a 64.15.
*Patrimonio del siglo XX en Ojedo:
iglesia parroquial, y puentes sobre los ríos
Deva y Bullón (LVC).*

puente decimonónico sobre el Bullón. En los años 90 del siglo xx se hizo una ampliación de este paso, para permitir el ensanchamiento de la vía, al tiempo que se generaba un espacio auxiliar donde se ubicó una pequeña plaza-mirador. Unos metros más adelante, donde accede a la vía que nos ocupa la carretera que sigue al Bullón hasta sus fuentes, en la primera década del siglo xxi se implanto una rotonda que organiza el tráfico de este importante encuentro entre vías.

La estructura que se hizo para este ensanchamiento del paso es un puente de tramo recto de unos 16 metros de vano: con estribos de hormigón armado y un tablero que apoya en estos muros y que está conformado por vigas prefabricadas de hormigón pretensado y sección «doble T», sobre las cuales va una losa de hormigón vertida *in situ*.

Ensanchamiento del pontón sobre la riega de Llayo (*figura 64.16*). La carretera continua y poco antes del desvío a Aliezo y Llayo cruza el arroyo de este nombre, también denominado riega de La Fragua. En esta zona, en los años 90 del siglo xx, se amplió la anchura del pontón decimonónico, de modo de ensanchar la vía existente y ubicar dos aceras para facilitar el paso de peatones; el ancho definitivo alcanzó los 12 metros. Para ello se encastraron en los muros de aproximación del pontón primigenio, con los refuerzos pertinentes, vigas de carga en voladizo, sobre las cuales se apoyaron vigas prefabricadas de hormigón, dispuestas paralelas a la carretera, y sobre las cuales va a una losa.

En el paso de la carretera por **Tama** se ven tres edificios del último siglo. El primero de ellos es la iglesia de la Asunción de Nuestra Señora de los Ángeles, inaugurada en 1930 (*figura 64.17*); poco después, se encuentra la bella casa del indiano mexicano Luis de la Cuevas (*figura 64.18*), que fue edificada en los años 20 del Novecientos, y que en la actualidad es la sede del ayuntamiento de Cillorigo de Liébana; y algo más adelante se ubica el Centro de Visitantes «Sotama» del Parque Nacional de Picos de Europa (*figura 64.19*), abierto a comienzos del siglo xxi, en 2003.

Figuras 64.16 a 64.20.
Patrimonio del siglo XX y comienzos del XXI en Tama: ensanchamiento de la carretera sobre la riega de Llayo; iglesia parroquial; ayuntamiento de Cillorigo de Liébana; y Centro de visitantes del Parque Nacional de los Picos de Europa. Puente sobre el río Deva en Castro Cillorigo (LVC).

Puente sobre el Deva en Castro Cillorigo (*figura 64.20*). En este pueblo se conoce la existencia de un puente sobre el río desde antiguo (ver 3.4A) que comunica el núcleo principal de Castro, en la margen izquierda, con su barrio de La Ventosa en la orilla derecha, por donde pasa la carretera principal. En los años 40 del siglo xx se hizo en este lugar un nuevo puente de un vano, cuyas dimensiones son de unos 18 metros de largo por 4 metros de ancho. Los estribos del paso son de fábrica pétrea y sobre ellos descansa un tablero soportado por dos robustas vigas de hormigón armado, que por la gran luz que salvan tienen un canto o altura importante, sobre ellas apoya una losa con voladizos.

Cuatro nuevos puentes sobre el río Deva: Lebeña, Juancho, Junco y Estragüeña (*figuras 64.21 a 64.24*). En 2018 se relevaron del servicio de la carretera las cuatro estructuras primigenias descritas en 4.4A (*tabla 44.1*); para ello se construyeron nuevos puentes de hormigón que van sobre las antiguas sin apoyarse en ellas, para ello se utilizó un ingenioso método de construcción.

El primer nuevo puente que se hizo fue el de Lebeña, para ello se levantaron unas estructuras metálicas junto a los estribos del puente decimonónico y, apoyándose en ellas se ejecutó la nueva plataforma conformada por vigas prefabricadas de hormigón y una capa compresora ejecutada *in situ*; una vez finalizado el nuevo tablero, y una vez retirados los pretiles del puente original, se deslizó sobre unos patines adecuados la nueva estructura por medio de gatos hidráulicos y se apoyó en unos nuevos apoyos de hormigón, que se hicieron por detrás y al interior de los estribos originales de sillería pétrea.

Un método similar se utilizó en los otros tres puentes citados. Además, con voladizos adecuados dispuestos en los nuevos tableros se consiguió que las aproximaciones de la carretera hacia los vanos a salvar tuvieran sobreanchos que hicieran más cómoda la circulación, evitando los giros bruscos.

Ensanchamientos de la calzada con estructuras y voladizos (*figura 64.25*). Otra actuación relevante, llevada a cabo en los primeros años 20 del siglo xxi, es el ensanche de la plataforma primigenia de la carretera decimonónica, para ello se han construido junto a ésta, por el lado del cauce del río Deva, entramados de hormigón medianeros a la vía y con losas con voladizos hacia el río se ha ampliado su ancho en algunas

Figuras 64.21 a 64.25.
Nuevos puentes sobre el río Deva en el desfiladero de La Hermida: el de Lebeña, Juancho, Junco y Estragüeña. Ensanchamiento de la carretera con vigas y voladizos hacia el cauce del río Deva (LVC).

zonas donde éste era más estrecho. La figura que se adjunta está tomada al norte del puente Juancho, sobre el Deva, y de su afluente la riega Maredes, en ella pueden verse dos soportes de hormigón armado, las vigas alineadas que apoyan sobre ellos y sobre estas una losa en voladizo.

Nuevas infraestructuras en la desembocadura del río Urdón en el Deva. En este lugar del oeste de Tresviso, junto a la carretera del desfiladero de La Hermida, se construyó a principios de la segunda década del siglo xx la Central Hidroeléctrica de Urdón, de esta época es el puente que se encuentra cercano y aguas arriba de esta industria; ésta sufrió un importante incendio en 1952 y fue reconstruida nuevamente, la misma está apoyada sobre dos bóvedas de hormigón que salvan el cauce del rio (*figura 64.26*).

Figuras 64.26 a 64.29. *Construcciones de los siglos xx y xxi junto a la desembocadura del río Urdón en el Deva: central hidroeléctrica sobre el Urdón; puente aguas arriba de esta central; y pasarela sobre este río y el camino que sube a Tresviso. Pasarela sobre el Deva en el Coto Arenal (LVC).*

Puente sobre el río Urdón, al sudoeste de la central eléctrica (*figura 64.27*). Es un paso de comienzos del siglo XX, de unos 16 metros de largo y 2,5 metros de ancho, que salva el río con dos vanos. Su estructura portante vertical es de fábrica de sillares y mampuestos calizos, sus estribos y pila central tienen una altura considerable. Inicialmente, su tablero probablemente estuviera soportado por tres vigas de madera apeadas con tornapuntas en unas ménsulas salientes de piedra que se aprecian en los elementos pétreos verticales. Posteriormente, el tablero se apoyó en cuatro esbeltos arcos de hormigón armado sobre cuyas claves apoyan vigas continuas de carga de este material, que recorren el intradós de la losa que materializa la superficie horizontal; es posible que este cambio en la solución de la plataforma tuviera lugar al reconstruir la central eléctrica vecina, en la primera mitad de los años 50. Las barandillas del paso, también de hormigón armado, resultan llamativas.

Pasarela sobre el río Urdón y el camino a Tresviso (*figura 64.28*). Es de finales de la segunda década del siglo XXI, tiene unos 30 metros de longitud y unos 2 metros de anchura. Se construyó para dar continuidad a un camino antiguo que va desde La Hermida hasta Urdón por encima de la carretera del Desfiladero, y que permite a éste, una vez superado el río Urdón descender hasta conectar con el camino que aguas arriba de este curso fluvial va a Tresviso. El paso está resuelto con una estructura de celosía compuesta por tubos huecos de acero, tres de ellos de mayor diámetro son longitudinales, y el resto son las diagonales que materializan la viga biapoyada espacial que salva el vano existente entre los estribos de hormigón armado donde se apoya.

Dejada atrás la desembocadura del río Urdón, la carretera entra en Asturias y la recorre durante 15 kilómetros, hasta alcanzar el pueblo de San Pedro de las Baheras en el municipio cántabro de Val de San Vicente. Los cinco primeros kilómetros de este recorrido van por la margen izquierda del Deva, cuyo cauce es el límite con el municipio de Peñarrubia que se encuentra en la orilla derecha.

Puente sobre el río Deva en el Coto del Arenal (*figura 64.29*). Se encuentra a un kilómetro al norte de Urdón y comunica la carretera del Desfiladero con el citado coto de pesca. Es un paso que se construyó en los años 60 del siglo xx y tiene unos 18 metros de largo por 3,5 metros de ancho. Está resuelto con una bella bóveda escarzana de hormigón armado, sobre la que carga en siete alineaciones (los estribos, la clave y cuatro muretes) la losa del tablero. Su barandilla de protección también es de hormigón y del tipo habitual que se utilizaba en el ecuador del siglo xx para los puentes de este material estructural.

Otras carreteras de Cillorigo de Liébana. En lo que sigue se recogen las principales novedades del periodo que nos ocupa en las carreteras secundarias de este municipio.

El mapa de la provincia de Santander de 1942, del Instituto Geográfico Nacional, ya recoge la carretera de Tama a Viñón por la ladera izquierda del Deva. La versión de 1974 de este plano (*figura 64.2*) muestra ya las carreteras que conducen a diferentes pueblos que se encuentran a ambos lados de la vía nacional N-621, así: por la margen derecha del Deva aparecen las que conducen a San Pedro de Bedoya, a Cobeña y Lebeña; y por la margen izquierda, añade el ramal a Colio. No obstante, no están recogidas las carreteras que llevan a Pendes y Cabañes, a Bejes y a Tresviso.

Más adelante, la mejora de las carreteras se llevaría hasta los pueblos más alejados y elevados respecto al valle y alcanzaría a todos los lugares poblados. Así, la carretera de Tresviso a Sotres (Asturias), sobre un antiguo trazado minero, se comenzó en 1974 y no se finalizó hasta 1991 (Ansola *et al.* 2014). El mapa de 2017 de la Consejería de Obras Públicas del Gobierno de Cantabria (*figura 64.3*) muestra que todos los núcleos habitados tienen carretera y éstas son sistemáticamente mantenidas por este departamento.

Puente de Colio sobre el río La Sorda (*figura 64.30*). Como se ha expuesto, la carretera que lleva de Tama hacia los pueblos más elevados del oeste de Cillorigo de Liébana, Colio, Pendes y Cabañes, se planteó en los años 70 del siglo XX desde la vía que llevaba a Viñón. Esta nueva carretera, que en parte aprovechó el camino existente, debía cruzar el río La Sorda. Esto lo hizo con un paso de un vano de unos 16 metros de largo por 7 metros de ancho; sus estribos son muros de hormigón armado y su tablero está constituido por seis vigas prefabricadas de hormigón, de sección en «U», sobre las cuales va una losa del mismo material.

Por esta nueva carretera, en el tramo entre Cabañes y Pendes se canaliza el camino de peregrinos a Santo Toribio de Liébana, que llega al primer pueblo citado desde Lebeña. Por encima de Pendes, al oeste de la Peña del Encinal y del Pico Aliago (623 m), hay una campa con castaños milenarios donde, a finales de la segunda década del siglo XXI, se ha ubicado un hito informativo (*figura 21.9*) del Camino Lebaniego, dentro de la política de promoción de esta histórica ruta.

Figuras 64.30 a 64.32.
Construcciones contemporáneas en las carreteras secundarias de Cillorigo de Liébana: puente sobre el río La Sorda, cerca de Colio; y hacia San Pedro de Bedoya, iglesia de Trillayo y puente sobre el río Santo en Pumareña (LVC).

En la otra margen del río Deva, por la carretera que desde Tama recorre el Valle de Bedoya, también se han ido produciendo mejoras a lo largo del siglo xx. En Trillayo en la primera década de este siglo se completó su iglesia parroquial de Nuestra Señora de la O (*figura 64.31*).

Puente a Pumareña sobre el río Santo (*figura 64.32*). En esta carretera, en los años 70 del siglo xx, se construyó un nuevo puente de acceso al pueblo, sustituyendo al que existía aguas abajo del actual. Es una estructura de unos 9 metros de largo por 4 metros de ancha, los estribos verticales y base de los muros laterales son de hormigón armado; el vano sobre el cauce se resuelve con una bóveda de medio punto de hormigón, de unos 5 metros de luz; los tímpanos y alzado de los muros, así como lo pretiles, son de fábrica de mampostería careada de piedras calizas.

Figuras 64.34 a 64.35.
Construcciones del siglo xx en Bejes: carretera a La Hermida y puente de esta vía sobre el río Corvera. Pontón sobre este río junto a la iglesia de Bejes (LVC).

La nueva carretera a Bejes (*figura 64.33*). La conexión de este bello pueblo con La Hermida y la carretera del Desfiladero venía haciéndose, desde mediados del siglo XIX, por el camino construido por la compañía extractora que operaba en el macizo de Andara y transportaba por ella los minerales de zinc hasta el Deva (4.4A). En los años 80 del siglo XX esta vía de unos 5 kilómetros se ensanchó, se protegieron con barandillas de hormigón los tramos con peligro de caída y se convirtió en la carretera que hoy puede disfrutarse.

Puente sobre el río Corvera en la carretera de Bejes (*figura 64.34*). Se encuentra a mitad del recorrido de esta vía, en la zona de Carbajo del Puerto, y fue construido en la mejora habida en los años 80. Es un paso de un vano de unos 10 metros de largo y 6 metros de ancho, que cruza esviadamente el cauce fluvial, su estructura se conforma con una bóveda escarzana de unos 7 metros de luz, siendo de hormigón armado todos sus elementos.

Pontón sobre el río Corvera en Bejes (*figura 64.35*). Se ubica junto a la iglesia de Santa María y al cementerio del pueblo, y es un paso de un vano que tiene unos cinco metros de largo y 2,2 metros de ancho. Sus estribos son muros de fábrica de grandes mampuestos de roca caliza. Es probable que su tablero fuera inicialmente de estructura de madera y que en ecuador del siglo XX se sustituyera por la plataforma que hoy existe, compuesta por dos robustas vigas de hormigón armado y losa con voladizos del mismo material.

B.   *La carretera desde Potes, vía el municipio de Camaleño, hacia Fuente Dé*

Esta carretera de 22,5 kilómetros se ha ido completando a lo largo del siglo XX; de Potes (291 m) a Fuente Dé (1 094 m) debe salvarse un desnivel de 800 metros. En 4.4B vimos, en el mapa de la Diputación de Santander de 1900 (*figura 44.2*); que entre Potes y Camaleño, distanciados 6,5 kilómetros, se encontraba construida una carretera provincial; asimismo, ese mapa recoge que, desde este último pueblo hasta Los Llanos, estaba en construcción y, desde aquí, hasta Espinama y el collado de Remoña sin estudiar. Además, este plano recoge algunos caminos antiguos carreteriles, como los que conectan Mogrovejo y Espinama con Aliva, una zona de brañas, o pastos de alta montaña, donde también hubo explotaciones mineras, y con cotas que oscilan entre 1 400 y 1 600 metros.

El mapa de 1914 de la jefatura de obras públicas de Santander (*figura 64.1*) muestra que la carretera por este valle se encontraba construida hasta Camaleño; por tanto, en estos primeros años de la nueva centuria, no se había avanzado en el tramo hasta Los Llanos que estaba iniciado a finales del Ochocientos. En el plano de 1914, ya no se hace referencia a los antiguos caminos que llevaban a los puertos de Aliva. Tampoco, recoge la carretera que se hizo en 1903, por suscripción popular (Ansola *et al.* 2014), desde el oeste de Potes hasta el monasterio de Santo Toribio.

El mapa de 1942 del Instituto Geográfico Nacional (IGN) muestra que la carretera ya ha llegado a Pido (925 m), algo más arriba y a un kilómetro de Espinama (875 m). De hecho, Santos Briz recoge que, esta carretera del valle de Camaleño alcanzó Espinama en 1920. También, el plano muestra la carretera al monasterio de Santo Toribio.

En las tres figuras que siguen, se recogen instantáneas de los años 50 del siglo XX que tienen un gran valor testimonial: en todas ellas se ve que el nivel de acabado de la vía es con una capa de grava, todavía no está asfaltada.

La *figura 64.36* (*Bustamante, E. [Potes]. Carretera a Santo Toribio, 1950, Colección Cámara Cantabria, Centro de Documentación de la Imagen de Santander, CDIS, Ayuntamiento de Santander*), muestra la vía que, a la salida de Potes, lleva al Monasterio de Santo Toribio; llama la atención la vestimenta de las personas que aparecen en la imagen, bastante formal y que era la habitual en tal época, y que las personas han ido caminando hasta el monasterio, todavía no había muchos automóviles.

Figuras 64.36 a 64.38.

Tres vistas de las carreteras del valle de Camaleño en el ecuador del siglo XX, puede observarse que en ninguna de ellas la plataforma aparece asfaltada:

Bustamante, E. (Potes), Carretera a Santo Toribio, 1950.

Bustamante, E. (Potes), Subiedes, 1945-1955, vista del monte Subiedes desde la carretera de Camaleño.

Autor desconocido, Liébana, carretera de Espinama, 1950-1960.

(Todas las imágenes están custodiadas en el CDIS, Ayto. de Santander).

La *figura 64.37* (*Bustamante, E. [Potes]. Subiedes, 1945-1955, —vista del monte Subiedes desde la carretera de Camaleño— Colección Cámara Cantabria, Centro de Documentación de la Imagen de Santander, CDIS, Ayuntamiento de Santander*). En esta imagen vemos a gente paseando tranquilamente por la carretera, el paso de vehículos en esa época era mínimo.

La *figura 64.38* (*Autor desconocido. Liébana, carretera de Espinama, 1950-1960, Colección Cámara Cantabria, Centro de Documentación de la Imagen de Santander, CDIS, Ayuntamiento de Santander*). Aquí podemos apreciar el vehículo que unos viajeros llevan para una excursión hacia los Picos de Europa, la foto está tomada poco antes de alcanzar Espinama, al fondo de la foto se aprecia la gran mole caliza de una de las peñas que rodean el circo glaciar de Fuente Dé, enclave singular donde nace el río Deva.

En los años 60 del siglo xx se aprobaron varias obras públicas que cambiarían profundamente la dinámica económica de esta última área, así: en 1962, la Diputación de Santander, aprobó la construcción del Teleférico de Fuente Dé, que eleva al viajero hasta la estación y mirador del Cable (a unos 1 800 metros) y le deja cerca de la imponente Peña Vieja (2 614 m), una de las grandes moles calizas del Parque Nacional de los Picos de Europa; al año siguiente, el Gobierno hizo lo propio con la edificación de un Parador de Turismo; y, también en este año, se dio luz verde a la ejecución de la carretera entre Espinama y Fuente Dé; obras que se inaugurarían en 1966.

Estas infraestructuras de Fuente Dé supusieron un fuerte impulso a la actividad turística de la comarca lebaniega en general y, especialmente, de la villa de Potes y del valle de Camaleño. Así, surgieron numerosos establecimientos dedicados a estos negocios, como, por ejemplo, el hotel del Oso en Cosgaya en los años 70, y otros más que se fueron haciendo en los años posteriores.

El mapa del IGN de la provincia de Santander de 1974 (*figura 64.2*), recoge ya que la carretera principal del valle de Camaleño ha alcanzado ya Fuente Dé. También, en este plano aparecen varias carreteras secundarias del valle, la que va al monasterio de Santo Toribio, a Argüebanes, a Mogrovejo, a Pembes y a Pido.

En los años 80 del siglo XX la vía de Potes a Fuente Dé tiene importantes mejoras, se ensancha y se hacen tres nuevos puentes sobre el río Deva en Camaleño, Los Llanos y al oeste de Cosgaya; el objetivo de estas obras era dar un adecuado servicio al tráfico creciente por esta vía, motivado por la gran atracción turística que supuso el citado teleférico de Fuente Dé. Y ya desde esos años hasta la actualidad, se completa la red viaria a todos los pueblos, tal como muestra el plano de 2017 de la Consejería de Obras Públicas de Cantabria (*figura 64.3*).

Respecto a la posible carretera de Fuente Dé al puerto de Pandetrave, vía Remoña, que se planteó a finales del Ochocientos, la misma finalmente no se ha construido: su traza, de unos 12 kilómetros, se encuentra en el Parque Nacional de los Picos de Europa (creado en 1918, ampliado notablemente en 1995 y, algo más, en 2014; pasando de 169 kilómetros cuadrados, hasta alcanzar los 671 en la actualidad, de los cuales 154 están en Cantabria, y el resto en Asturias y León). La concienciación del gran valor natural de este singular espacio, ha modificado el modo de enfocar esta vía; así, en la segunda mitad del siglo XX, el camino histórico existente se acondicionó como una pista ganadera y, en la actualidad quiere mejorarse levemente, con un gran respeto a los valores medioambientales del entorno por donde se desarrolla, para permitir un tránsito regulado y limitado a todoterrenos de transporte público.

En lo que sigue se recorre este valle de Camaleño prestando atención a los principales hitos constructivos de los últimos 120 años.

Puente de Baró-San Pelayo sobre el río Deva (*figura 64.39*). Se denomina «puente Carabaño». Aquí existió un paso conformado con una bóveda de piedra de medio punto, ésta fue reestructurada con hormigón hacia la mitad del siglo XX y posteriormente ampliada, en los años 80 de dicha centuria, adosando a la anterior una nueva bóveda de hormigón. En la actualidad, las dimensiones de este paso son de unos 12 metros de luz y 7,5 metros de ancho.

Puente de Quintana-San Pelayo sobre el río Deva (*figura 64.40*). Permite la comunicación entre estos barrios, separados entre sí por el río. Se trata de una estructura de hormigón armado de tramo recto y dos vanos que apoyan en los estribos y en una pila cimentada en medio del cauce fluvial. Su longitud total es de unos 14 metros y su anchura de 3,5 metros. El tablero está conformado por dos robustas vigas sobre las que apoya una losa con voladizos, solución que era habitual en las estructuras de este tipo que se construían hacia el ecuador del siglo XX.

Nuevo puente de Camaleño sobre el río Deva (*figura 64.41*). Hemos visto en 4.4B que la nueva carretera por el valle de Camaleño comenzó a construirse en la última década del siglo XIX y que hacia 1900 había llegado hasta este pueblo. Aquí, en el paso de la vía sobre el Deva se hizo un bello puente de bóveda de medio punto hecha con sillares pétreos (*figura 44.30*), el mismo cruzaba el cauce de modo perpendicular al mismo.

En la ampliación que se hizo de esta carretera en los años 80 del siglo XX, aquí se construyó junto a la antigua estructura una nueva, más amplia y cuya traza era oblicua a la dirección del río, lo que evitaba la curva y contra-curva del puente primigenio, con la mejora en la conducción y seguridad que esto suponía. La nueva estructura es también de un vano y tiene unas dimensiones de unos 20 metros de largo por unos 12 metros de ancho, en uno de sus laterales tiene una acera y, en el otro, una banda terrosa. Sus estribos son muros de hormigón armado y sobre ellos apoyan varias vigas prefabricadas y una losa, también de hormigón.

Puentes de Los Llanos sobre el río Deva En este pueblo se encuentran sobre el Deva tres puentes vecinos, uno de la Edad Moderna (*figura 34.21*) y dos del siglo XX. El primero de éstos (*figuras 64.42*), se hizo aguas abajo del más antiguo, y fue construido en la segunda década de esta

Figuras 64.39 a 64.43.
Puentes del siglo XX sobre el río Deva en el municipio de Camaleño en: Baró, Quintana, Camaleño y Los Llanos (de principios de la centuria y de finales de los años 80) (LVC).

centuria para servir a la nueva carretera del valle de Camaleño; es un bello puente de sillares de piedra, con obra de cantería muy bien ejecutada, y es similar al que se había hecho en Camaleño unos años antes. Merece la pena contemplar sus elementos constituyentes: estribos, arcos de embocadura, bóveda interior, tímpanos, imposta horizontal sobresaliendo sobre éstos, pretiles y albardillas de protección. También, como en el puente de Camaleño, este paso se hizo perpendicular al curso del Deva, siendo sus dimensiones de unos 10 metros de vano y 6 metros de ancho.

La ampliación de esta carretera en los años 80 del siglo XX, aconsejó hacer aquí un nuevo puente (*figuras 64.43*), cerca del anterior y aguas abajo del río, que aborda el paso de éste de modo esviado u oblicuo a su curso. También aquí, se hizo un puente de hormigón de características similares al de Camaleño: estribos de apoyo y un tablero de vigas pre-fabricadas y losa, cuyas dimensiones son de unos 18 metros de luz y 12 metros de anchura.

La carretera continua aguas arriba del Deva y llega a la zona en que enlaza la vía secundaria que lleva a **Pembes** (828 m), aquí en los años 60 del siglo XX se hizo su nueva iglesia parroquial de San Vicente (*figura 64.44*). Su carretera de acceso se hizo en los años 50 del siglo XX y en la *figura 64.45* se muestra el pontón que existe sobre el río de Trespalacios, afluente del Deva, en el kilómetro 1 de esta vía, donde ésta hace su pri-mer torno, de modo de ir cogiendo altura de forma gradual hasta subir al pueblo. Esta pequeña estructura está resuelta con fábrica de mampostería y el paso sobre el río se resuelve con una bóveda de medio punto hecha de hormigón armado, la obra se ubica en la zona denominada El Pontón.

Más adelante la carretera alcanza Cosgaya, donde en su barrio de **Areños** se construyó en los años 70 el bello hotel del Oso (*figura 64.46*), que ha permitido dinamizar la economía del pueblo.

Puentes de Cosgaya sobre el río Deva. Al oeste de este pueblo la carretera pasa nuevamente este curso fluvial. Al igual que se ha ex-puesto para los puentes de Los Llanos, aquí se ubican dos pasos sobre el río y tienen unas características similares a las descritas anteriormente: uno, hecho en la segunda década del siglo XX, es una bóveda escarzana ejecutada con sillares pétreos (*figura 64.47*), de unos 10 metros de vano

Figuras 64.44 a 64.48.
Construcciones del siglo xx en el municipio de Camaleño: iglesia y pontón en Pembes; Hotel El Oso en Areños; puentes sobre el río Deva al oeste de Cosgaya (de principios de la centuria y de finales de los años 80) (LVC).

y 6 metros de anchura; junto a él se encuentra el construido en los años 80 de la centuria, es un puente de hormigón (*figura 64.48*), con tablero de vigas prefabricadas y losa, salva una luz de unos 13 metros y tiene un ancho de 11 metros.

Figuras 64.49 a 64.52. *Construcciones del siglo xx en el oeste del municipio de Camaleño: iglesia de Espinama; puente al oeste de Pido; parador y teleférico de Fuente Dé (LVC).*

Siguiendo hacia poniente la carretera llega a **Espinama**, donde en los años 60 del siglo xx se construyó su nueva iglesia parroquial dedicada a San Vicente Mártir (*figura 64.49*), que sustituyó a la antigua del siglo xvii; en su fachada de poniente tiene un bello escudo que perteneció a un Obra Pía benéfico docente fundada en este pueblo, en el siglo xviii, por un indiano lebaniego oriundo del mismo.

Pontón al oeste de Pido sobre el río Cantiján (*figura 64.50*). Se le denomina «puente Melendro» y permite el paso a un camino local que va desde la carretera principal hacia el sur a la zona del Monte del

Carbón, también se alcanza este paso desde Pido por un camino interior. Es una estructura de hormigón armado de mediados del siglo xx, tiene una luz de unos 5 metros y un ancho de 3,5 metros. Su tablero está constituido por tres robustas vigas sobre las que apoya una losa, toda la obra está ejecutada *in situ*.

Finalmente, la carretera llega a **Fuente Dé**, un bello circo glaciar rodeado por grandes montañas calizas. En este impar escenario natural se inauguró en 1966 un parador nacional (*figura 64.51*) y un teleférico (*figura 64.52*) que salva un desnivel de unos 750 metros (de 1 070 a 1 823 metros) en poco menos de 4 minutos, y que acerca al viajero a la estación y mirador del Cable, desde donde pueden iniciarse travesías de alta montaña por los Picos de Europa y disfrutar de esplendidas vistas de éstos y del valle de Camaleño.

C.   *La carretera desde Potes hacia el puerto de San Glorio.*
Otras carreteras del municipio de Vega de Liébana

Esta carretera tiene 27 kilómetros entre Potes (291 m) y el Puerto de San Glorio (1 609 m) y debe superar un desnivel de más de 1 300 metros. Señalar que, entre los pasos asfaltados en la cordillera cantábrica entre Castilla y León y Cantabria, este puerto es el más elevado. Esta vía fue comenzada a finales del siglo xix, en el mapa de 1900 de la Diputación de Santander (*figura 44.2*), se muestra que estaba en construcción hasta La Vega y en fase de estudio a partir de este pueblo.

El plano de 1914 de la Jefatura de Obras Públicas de Santander (*figura 64.1*) muestra que esta vía ya estaba en servicio hasta Vada, cerca de Bores. Ya antes de la Guerra Civil la carretera por el valle de Cereceda estaba concluida (Ansola *et al.* 2014), en concreto en 1934, y ya aparece en el mapa de 1942 del Instituto Geográfico, que sólo recoge con el nivel de carretera esta infraestructura, señalando los accesos a los pueblos cercanos a la misma como «caminos ordinarios».

Puente Hinojo sobre el río Quiviesa (*figura 64.53*). La nueva carretera va por la margen derecha de este río desde Potes hasta alcanzar este paso, a unos 5,5 kilómetros de la capital lebaniega, y una vez dejados atrás a los pueblos de Valmeo y Naroba. El puente primigenio de la carretera era de fábrica pétrea, de sillería, fue destruido a finales de agosto de 1937, en la retirada de las tropas republicanas hacia la costa. Después, durante varios años, el paso de la vía por este lugar fue resuelto con una estructura provisional de madera situada en paralelo a las ruinas del de piedra.

El puente actual fue reconstruido por la Dirección General de Regiones Devastadas y Reparaciones. Es una estructura de un vano de 32 metros de larga por 7 metros de ancha: está conformada por unos muros de acompañamiento de piedra, de mampostería careada, que se adaptan en altura al perfil del barranco; el paso del río lo permite con una bóveda de hormigón de medio punto y que tiene una luz de unos 14 metros; los muros de tímpano, sobre el arco de embocadura, y los pretiles de protección son de mampostería careada; la imposta horizontal, que marca la rasante recta de la carretera, y las albardillas de remate son de sillería.

A la salida de este puente, en los años 80 se suprimió una revuelta que hacía la carretera, rectificándose el trazado de la vía. Dejada atrás esta zona, la carretera sigue por la margen izquierda del Quiviesa y a poco más de dos kilómetros alcanza **La Vega**, capital del municipio. Aquí el viajero puede apreciar dos edificios públicos del siglo XX: la iglesia parroquial de San Vicente Mártir (*figura 64.54*), construida en la segunda mitad de los años 50, y el ayuntamiento (*figura 64.55*) inaugurado en 1982.

La carretera continua por Vada, Bores y Enterrías. Aquí, se puso en marcha en 2011 un interesante museo etnográfico denominado «*Casa de las Doñas*» (*figura 64.56*) que recrea el ambiente (con muebles, vajillas, ropas, libros y otros elementos) del modo de vida tradicional, en un entorno rural, de una casa acomodada lebaniega en la parte final del siglo XIX y primera parte del XX.

Figuras 64.53 a 64.57.
Puente Hinojo sobre el río Quiviesa.
Construcciones contemporáneas
de La Vega: iglesia parroquial y
ayuntamiento del municipio.
Museo etnográfico Casa de las Doñas
en Enterrías. Mirador con un reloj de sol
antes del acceso a Dobárganes (LVC).

Más adelante, en las zonas de acceso a los pueblos de Vejo y Dobárganes, se han modificado dos curvas al final de la segunda década del siglo XXI; junto a la segunda de ellas se ha dispuesto un área de descanso con un gran reloj solar que proyecta la hora sobre el suelo (*figura 64.57*), desde el mirador se contemplan unas bellas vistas del valle del río Vejo, del pueblo homónimo y de sus barrios de Dobares, Valcayo y Ongayo.

En esta zona nos encontramos a mitad del camino hasta el puerto de San Glorio, todavía quedan unos 13 kilómetros hasta alcanzarle; desde Potes hemos ascendido unos 500 metros y nos faltan subir otros 800 metros para superar la cordillera y entrar en la provincia de León. A partir de aquí nos vamos a encontrar con numerosas revueltas en zigzag o tornos, algunos con nombre propio como el «torno de la bolera» y otros.

La *figura 64.58* recoge una imagen de los últimos 6 kilómetros antes del puerto. En el último torno, en los años 70 del siglo XX, se ubicó un mirador con una bella escultura de un corzo (*figura 64.59*), obra de Jesús Otero (Santillana del Mar, 1908-94); desde aquí el viajero puede contemplar unas hermosas vistas: en primer término, el valle de Vega de Liébana y, al fondo, las sierras de Peña Sagra y Peña Labra.

Finalmente, se alcanza el alto de San Glorio de 1 609 metros (*figura 64.60*). Antes de pasar a tierras leonesas, desde aquí puede tomarse una carretera de montaña que, hacia el nordeste, nos conduce al collado de Llesba (1 680 metros) desde donde se pasa a la parte alta del valle del Deva y del municipio de Camaleño. También, en este lugar y en los años 70, se ubicó otra bella escultura de Jesús Otero, un oso (*figura 64.61*) esculpido en un gran bloque de piedra blanca.

Otras carreteras del municipio de Vega de Liébana. Después de recorrer la carretera nacional N-621, verdadera columna vertebral del valle del río Quiviesa, en lo que sigue se recogen las principales novedades habidas en las carreteras secundarias. Hay que señalar que estas se hicieron ya después de la Guerra Civil, aunque algunas de ellas tienen sus primeras gestiones antes de ésta.

Se ha escrito que el mapa de 1942 del Instituto Geográfico Nacional sólo recoge la carretera nacional N-621 en este valle de Vega de Liéba-

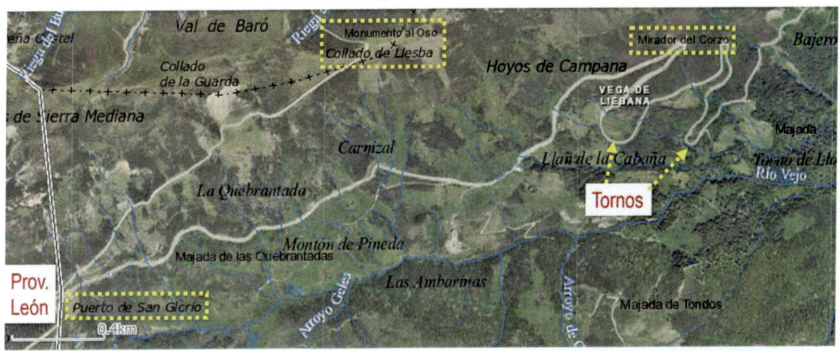

Figura 64.58 a 64.61.

Imagen aérea de los últimos kilómetros de la carretera al puerto de San Glorio (mapas.cantabria 2017 y LVC).
Mirador del corzo y carteles en el puerto de San Glorio.
Monumento al oso en el collado de Llesba (LVC).

na. Ya el mapa de 1974 del IGN (*figura 64.2*) incluye como carreteras construidas: la de Campollo; la de Valcayo, Soberado, Bárago, Dobres y Cucayo; y la de Barrio. En esta fecha, todavía aparecen varios pueblos sin carretera, y su acceso se hacía por los caminos tradicionales más o menos mejorados, estos son: Tollo y Tudes; Toranzo; Dobárganes; Villaverde y Ledantes. Ya en el mapa de 2017 de la Consejería de Obras Públicas de Cantabria, todos los lugares del municipio cuentas con carreteras asfaltadas.

La carretera entre La Vega y Dobres-Cucayo. En los años cuarenta a sesenta del siglo xx se abordó esta carretera de unos 12 kilómetros, que cuenta con una gran dificultad en los 7,7 kilómetros que hay entre la entrada a Bárago (615 m) y Cucayo (945 m), en donde debe superar un desnivel de 330 metros. Esta vía vendría a reemplazar al antiguo camino de «Las Retuertas» (3.4C) que enlazaba, vía la Peña de las Ánimas, los dos lugares y luego llegaba a Dobres (936 m). Hay que reseñar que, en el mapa de la provincia de Santander de 1942, del Instituto Geográfico Nacional, todavía viene recogida esta vía como «camino ordinario» para alcanzar este último pueblo.

La carretera actual, CA-894, tiene desde Bárago un nuevo trazado que va a occidente de la vía inicial, en ella se aborda primero alcanzar el pueblo de Dobres, por la zona de la Peña de Lobacillas, y luego su vecino Cucayo. En el recorrido de esta vía pueden verse puentes muy interesantes de esta época, años 40 a 60 del siglo xx. Madrazo (2020), recoge que el firme de esta vía es de tipo macadam, de piedra machacada y consolidada, de 15 centímetros de espesor, y sus obras se culminaron en los años 60 con el la apertura del puente de Bárago y el afirmado asfáltico de la vía.

Puente de La Vega sobre el río Quiviesa (*figura 64.62*). Es un paso de tramo recto de unos 10 metros de largo por 5 metros de ancho. Sus estribos son de fábrica pétrea de sillarejos y están rematados por un zuncho de hormigón que reparte sobre ella la carga que transmite el tablero; éste está conformado por tres vigas rectangulares de hormigón armado sobre las cuales apoya una losa con voladizos del mismo material; del cual, también, están hechas sus barandillas de protección.

Puente de los Vejos sobre el río Frío (*figura 64.63*). Se encuentra al sudeste de La Vega, pasado su cementerio, en la zona de El Molino. Sus características son similares al anterior en dimensiones y conformación y ambos ya estarían construidos a mediados de los años 40 del siglo XX, tal como muestra la foto aérea de 1946 de mapas.cantabria.

Puente a Valcayo sobre el río Frío (*figura 64.64*). Permite el acceso a este pueblo desde la carretera que venimos recorriendo. Se trata de una gran estructura de unos 32 metros de larga y 5,5 metros de ancha, construida en los años 60 del siglo XX.

Está constituida por un gran arco de medio punto, de hormigón armado y unos 16 metros de luz y cuatro bóvedas más pequeñas, también de hormigón, dos de las cuales apoyan directamente sobre el arco principal y las otras dos lo hacen en éste y en sus dos estribos extremos. El tablero del puente se apoya en la clave del arco principal y en las cuatro bóvedas secundarias citadas. Los muros de tímpano y de acompañamiento, los estribos y los pretiles son de fábrica de mampostería careada de roca caliza; los arcos de embocadura de las bóvedas pequeñas, la imposta que marca la rasante de la carretera y las albardillas de remate de los pretiles son de sillares calizos.

Puente en Soberado sobre el río Frío (*figura 64.65*). Se ubica en un camino local que baja de este pueblo hacia el cauce fluvial y lo cruza con esta estructura. Se trata de un puente de un vano resuelto con una bóveda de medio punto que tiene una luz de unos 10 metros y un ancho de 5 metros. Tanto ésta como los muros de tímpano son de hormigón armado. Por encima de la clave del arco lleva una placa de fundición con el escudo de los ingenieros de caminos y la inscripción *«Año 1976»*. La barandilla, de montantes verticales y largueros, es también de hormigón armado.

Puente en Bárago sobre el río Frío (*figura 64.66*). A partir de Bárago empieza el nuevo trazado de la carretera que conduce a Dobres.

Figura 64.62 a 64.67. *Puentes de hormigón armado, de los años 40 a 70 del siglo xx, en el entorno de la carretera de La Vega a Dobres en: La Vega, El Molino, acceso a Valcayo, Soberado y Bárago. Tornos para acceder a Dobres (LVC).*

Al sudoeste de ese pueblo la vía cruza el río Frío, lo que hace con un gran puente de hormigón armado de unos 48 metros de largo y 6,5 metros de ancho, que fue construido en 1965, según consta en el pretil que se encuentra en el centro del puente. Su estructura está conformada por una gran bóveda de hormigón armado de unos 24 metros de luz. El tablero es una losa que apoya en la clave de este elemento, en tres pilas y en los estribos. Su barandilla de protección es del tipo que se utilizaba en esa época, con montantes y un larguero de hormigón armado.

Desde este puente, que está a 6,3 kilómetros de Dobres, hay un desnivel de 340 metros, y el nuevo trazado los superó con una serie de pronunciadas revueltas o tornos (*figura 64.67*), y se enfrentó en la parte más alta a dos macizos calcáreos que cerraban el paso para llegar a Dobres. Poco antes de llegar a éstos, se ubica el mirador Sopeña, donde existe un monolito y placa conmemorativa (*figura 64.68*) en agradecimiento al ingeniero que proyectó y dirigió las obras, dice así:

> Liébana agradecida a D. Alfredo García Lorenzo, doctor ingeniero de caminos, canales y puertos, director de la sección de vías y obras de la Excma. Diputación Provincial de Santander por sus trabajos y desvelos en favor de las comunicaciones de esta comarca. 17-Octubre-1971.

Los citados macizos exigieron la ejecución de dos túneles de unos 150 metros de longitud, que se concluyeron en 1949 (Ayto. de Vega de Liébana). La *figura 64.69* recoge la entrada del primero de ellos, donde al borde de la carretera se ubica el mirador el Túnel. A la salida del segundo de éstos, que está frente al pueblo de Dobres, una placa pétrea adosada a la embocadura de la galería (*figura 64.70*), recuerda a tres personas que fueros claves en estas obras de la carretera que duraron unos 20 años; el texto es: «*Gobierno y Diputación. Ingeniero D. Alfredo García Lorenzo. Contratista D. Felipe Diez Zubelzu. Párroco D. Marcial Martínez. Años 1924-1967*». Señalar que la primera fecha es cuando los vecinos de Dobres y Bárago hicieron la petición de esta obra y la misma no se inició hasta 1946.

Figuras 64.68 a 64.72.
*En la carretera de Dobres: monolito y
placa de agradecimiento al ingeniero
de caminos Alfredo García Lorenzo,
entrada al primer túnel y mirador y
placa conmemorativa a la salida
del segundo túnel.
Escuela de Dobres (1952).
Puente de Cucayo sobre el río Frío (LVC).*

La carretera llega a **Dobres** (936 m) y nos llama la atención, por su
robustez pétrea y estilo tradicional, el edificio de su «*Escuela Nacional de
Dobres. Año 1952*», según reza una placa de mármol adosada a su fachada
principal (*figura 64.71*); su visión, pensando en las actuales construccio-

nes, nos muestra los profundos cambios habidos en los materiales y las tipologías utilizados a partir de los años 70 del siglo XX.

A poco menos de un kilómetro la carretera alcanza **Cucayo** (950 m), que se encuentra un poco más elevado que el pueblo anterior. Ponemos fin a nuestro itinerario, a cerca de 1 000 metros de altitud; al sudeste y no lejos, la Peña Bistruey con sus 2 002 metros preside el paisaje, y a su poniente el collado de Aruz (1 713 m) franquea el paso a tierras palentinas.

Puente de Cucayo sobre el río Frío (*figura 64.72*). Se ubica al sudeste del pueblo, por donde entraba el camino histórico que conducía desde Bárago a este pueblo y luego se continuaba a Dobres. En 2010 se ha inaugurado aquí un nuevo puente de un vano, de tablero recto y de unos 14 metros de largo por 5,5 metros de anchura. Su plataforma está conformada con vigas prefabricadas pretensadas, de sección «doble T» y sobre ellas va una losa ejecutada *in situ*; sus pretiles son también piezas prefabricadas de hormigón, de las que vuela un plano inclinado que remata lateralmente, a modo de imposta, el tablero horizontal; éste se apoya en dos estribos construidos con escolleras.

Carreteras desde Vada hacia al sur. Los accesos desde este pueblo, lindante a la carretera nacional N-621, hacia las aldeas del sur, Barrio, Villaverde y Ledantes se planteó en los años 60 y 70 del siglo XX; estas poblaciones están situadas alrededor de la impar Peña Socastillo, al sur de la cual se unen varios arroyos que dan lugar al río Quiviesa y que poco después cortará citada peña.

Puente de Vada sobre el río Quiviesa (*figura 64.73*). Se encuentra al sur del núcleo principal del pueblo y frente a la cascada que hace el río Vejo al entregar sus aguas al Quiviesa; aquí ha existido un paso desde antiguo que permitía comunicar Vada con su barrio de Pollayo. El puente actual es un tramo recto de un vano, de 11 metros de largo por 3,5 metros de ancho. Sus estribos son muros de mampostería concertada; sobre ellos apoya un tablero de hormigón armado, compuesto por dos vigas rectangulares y una losa con voladizos. Por la tipología de esta estructura horizontal y el tipo de barandillas de que tiene, también de hormigón, su construcción parece ser de mediados del siglo XX.

Nuevo puente de Vada sobre el río Quiviesa (*figura 64.74*). En los años 60 del siglo XX se planteó la ejecución de una nueva carretera de acceso desde la carretera general N-621 y Vada a los pueblos aguas arriba del río Quiviesa; o sea, Barrio, Villaverde y Ledantes. Hasta ese momento, la vía hacia esos pueblos utilizaba un camino que pasaba por el núcleo de Vada y cruzaba con un puente de piedra (ver 3.4C) el río Vejo antes de su desembocadura en el citado previamente.

La nueva carretera bordea Vada por el oriente y cruza el rio Quiviesa con un puente de un vano de unos 30 metros de largo y 6,5 metros de ancho. El paso tiene unos muros de mampostería careada de aproximación al cauce y estribos del mismo material; el río se salva con una bóveda escarzana de hormigón armado de unos 11 metros de vano. También, son de mampostería los muros de tímpano y pretiles; las albardillas de cubrición de éstos son unas losas de piedra caliza; hoy en día su cara superior aparece blanquecina, ello es debido a que los líquenes que cubren este tipo de roca con calcita son, predominantemente, de este color.

Acceso a Vejo desde la carretera nacional. A mediados del siglo XX el camino tradicional de acceso a este pueblo y sus barrios de Dobares, Valcayo y Ongayo, se convirtió en una carretera. En conmemoración de este importante hecho para los vecinos de este valle que riega el Vejo, éstos colocaron junto a la N-621, una pilastra cuadrangular de sillería rematada en su cúspide con una pirámide truncada y una esfera (*figura 64.75*), en dos caras de la misma hay dos placas inscritas con los siguientes textos:

> Monumento que el pueblo de Vejo dedica con todo cariño a sus hijos bienhechores que tan generosamente han contribuido a realizar grandes obras de interés público. Vivan los indianos de Vejo 1953.

Figuras 64.73 a 64.76. *Dos puentes de hormigón en Vada, junto a la carretera nacional N-621, sobre el río Quiviesa: de tramo recto y de bóveda. Carretera a Vejo: pilastra conmemorativa, junto a la N-621, de la construcción de la carretera al pueblo en 1953 y puente sobre el río Vejo en el pueblo homónimo (LVC).*

Esta carretera ha sido construida por el pueblo de Vejo con la ayuda económica de sus hijos residentes en Cuba y la colaboración de buenos amigos en Santander y Madrid. Vejo 1953.

Puente de Vejo sobre el río homónimo (*figura 64.76*). En la carretera citada en el punto anterior, ésta al llegar al pueblo debe cruzar el río; esto lo hace con un puente de un vano de 15 metros de largo por 4,5 metros de ancho. Sus estribos son de sillería y están rematados con una imposta de piezas salientes y biseladas; los muros de acompañamiento hacia el cauce son de fábrica de mampostería de piedra caliza; el hueco para el paso del río se logra con una bóveda de hormigón de medio punto y unos 6 metros de luz.

D. *La carretera por los municipios de Cabezón de Liébana y de Pesaguero hacia el puerto de Piedras Luengas*

Como se ha expuesto en 4.4D la carretera principal de este valle fue construida en los años 70 del siglo xix, tiene 26 kilómetros entre el cruce de Ojedo y el límite provincial con Palencia y 3 kilómetros más hasta el puerto de Piedrasluengas (1 355 m). Ojedo, en Cillorigo de Liébana, está a poco más de medio kilómetro del límite del municipio de Cabezón de Liébana y desde ahí a Frama hay dos kilómetros.

El mapa de 1914 de la Jefatura de Obras Públicas de Santander (*figura 64.1*) recoge la citada carretera principal que recorre, a la vera del río Bullón y por su margen derecha, todo este valle hasta el paso de la cordillera; también, muestra la carretera de conexión de Valdeprado con el valle de Polaciones. Esta situación se mantiene en el plano de 1942 del Instituto Geográfico Nacional, como novedad este documento recoge para el municipio de Pesaguero una carretera a Basieda y Lomeña y marca como «camino ordinario» el que conduce a Vendejo y Caloca.

El plano de 1974 del IGN (*figura 64.2*) recoge ya para el municipio de Cabezón de Liébana tres carreteras secundarias, son las que conducen a Cambarco y Aniezo, a Perrozo y Lamedo, y a Piasca. Para el municipio de Pesaguero añade dos nuevas carreteras, a Lerones y Barreda, y a Vendejo, a partir de este pueblo la carretera no continua hasta Caloca. Finalmente, el plano de 2017 de la Consejería de Obras Públicas del Gobierno de Cantabria (*figura 64.3*) muestra que todos los pueblos de este valle del río Bullón están comunicados con carreteras.

Hay que señalar que la carretera principal del valle del Bullón, aparte de las labores de mantenimiento de la misma, ha mantenido sus características básicas a lo largo del siglo xx. Al comienzo de la segunda década del siglo xxi ha tenido una importante obra de mejora en la mitad de su recorrido, los 13 kilómetros que hay entre Ojedo y Pesaguero, incluyendo los encuentros con las carreteras secundarias que dan servicio a los pueblos: la anchura se ha incrementado hasta los 7 metros, se han instalado luminarias en las travesías y se ha construido un carril peatonal de 1,5 metros de anchura de Ojedo hasta Frama.

Las carreteras transversales al río Bullón. En lo que sigue se recorren las vías secundarias que sirven a los pueblos de este valle y se recogen los puentes e hitos constructivos más relevantes de estos últimos 120 años.

La carretera del valle de Aniezo. En esta cuenca afluente del Bullón, en los primeros años del siglo xx se hicieron obras de mejora en sus caminos, gracias a la beneficencia del citado indiano Félix de las Cuevas, oriundo de Aniezo, que había «invertido unos cuantos miles de duros en construir muchos puentes de piedra labrada, que hacen cómodo el paso, antes peligroso en tiempo de grandes crecidas de los riachuelos de aquel valle; murallones de gran solidez y longitud que evitan los frecuentes desprendimientos de alguna partes del camino y permiten en otras suprimir cuestas muy pronunciadas» (según recoge Ansola *et al.* 2014, de un documento de 1913, sobre Liébana y los Picos de Europa). En lo que sigue se recogen dos de estos puentes.

Puente de piedra en Aniezo (*figura 64.77*). Junto a su iglesia parroquial, se encuentra un paso sobre el río Aniezo, se trata de un puente de piedra construido a comienzos del siglo xx, de unos 6 metros de vano y 3,6 metros de ancho, conformado por una bóveda escarzana de dovelas bien talladas, tanto en su arco de embocadura como en su interior; sus muros de tímpano y pretiles son de mampostería y se utilizan sillares labrados en la línea de imposta horizontal que marca la rasante del camino y en las piezas albardilla que rematan los muretes de protección frente a caídas.

Puente de piedra en Somaniezo (*figura 64.78*). En este barrio de Aniezo hay otro paso sobre el citado río, de características similares, igual factura y cronología al descrito en el párrafo anterior, y que permite el acceso a este lugar. Desde aquí parte el camino que lleva a la ermita de Nuestra Señora de la Luz, que alberga la «Santuca», patrona de la comarca de Liébana.

En la primera década del siglo XXI la carretera del valle de Aniezo se mejoró a lo largo de sus más de 6 kilómetros: su ancho se amplió hasta los 6 metros, se reparó su firme y acabó con nueva capa de aglomerado, y se dispuso señalización horizontal y nuevo balizamiento lateral.

Nuevo puente de Cabariezo (*figura 64.79*). El acceso a este pueblo desde la carretera general se encuentra poco después de haber dejado atrás la vía del valle de Aniezo. Dado que citado pueblo se encuentra en la margen izquierda del Bullón, para alcanzarlo debe cruzarse este río. El viejo puente que existe en este lugar es estrecho y no permite cargas excesivas, por ello se decidió construir uno nuevo, a unos 160 metros aguas arriba.

La nueva estructura se construyó en la primera década del siglo XXI, es de hormigón y tiene tres vanos, con una longitud total de 52 metros de largo y una anchura de 9 metros. Dado que la vía de acceso al pueblo pasa el río a bastante altura del mismo, esto condiciona que sus elementos portantes verticales sean altos, en concreto sus dos pilas centrales tienen unos 15 metros de altura. El tablero está constituido por una viga en cajón sobre la que apoya una losa con voladizos.

Puente sobre el río Bullón en la carretera a Piasca (*figura 64.80*). Pasado Cabezón de Liébana a poco más de un kilómetro se ubica el acceso a la carretera hacia Piasca, también en la margen izquierda del Bullón. El paso de este río se hacía por el puente de piedra que se describió en 3.4D, dada su insuficiencia, a mediados del siglo XX se hizo un nuevo puente, a unos 30 metros aguas abajo del anterior.

Figuras 64.77 a 64.81.
*Puentes contemporáneos en el municipio
de Cabezón de Liébana: sobre el río Aniezo,
en este pueblo y en Somaniezo;
sobre el río Bullón, en Cabariezo y
en el acceso a Piasca; sobre el arroyo
de Tornes antes de Buyezo (LVC).*

El nuevo puente tiene unos 33 metros de largo total por 6 metros de ancho, pasa el río a bastante altura y es de un vano. Los muros de acompañamiento hacia el cauce son de fábrica de mampostería pétrea y la estructura que permite el paso del Bullón es de hormigón armado, tanto en sus estribos como en el tablero; éste está compuesto por cuatro vigas rectangulares de gran espesor sobre las cuales apoya una losa con voladizos. Su barandilla primigenia, también era de hormigón del tipo habitual en los puentes de esa época; actualmente, los laterales del paso están protegidos con un entramado de barras y bionda de acero.

Puente sobre el arroyo de Tornes en el valle de Lamedo (*figura 64.81*). En la carretera que desde Puente Asnil sube hacia Perrozo y Lamedo, en los años 70 del siglo xx se hicieron importantes obras en la mejora del trazado de la vía. Una de ellas fue la construcción de este importante puente sobre el arroyo citado, el mismo se encuentra junto a la ermita de San Cosme y San Damián, poco antes de que la carretera alcance Buyezo y sustituyó a un paso previo.

Se trata de una estructura de planta en curva, de unos 80 metros de larga y 7 metros de ancha, la misma está conformada por muros de altura variable de mampostería careada que se adaptan al barranco existente y sostienen la plataforma de la carretera. En esta obra van cuatro bóvedas de medio punto y hormigón armado, que apoyan en pilas del mismo material, la de mayor luz tiene unos 18 metros de vano, y permite el paso del curso fluvial. A lo largo del puente corre una imposta de hormigón que marca la rasante de la carretera y remata la estructura, ésta lleva en sus laterales pretiles de protección ejecutados con mampostería careada.

Puente sobre el río Bullón en la carretera a Basieda y Lomeña (*figura 64.82*). Ya en el municipio de Pesaguero, junto a la venta Viñón se encuentra el enlace con la carretera que lleva a los pueblos citados y, poco después, la vía atraviesa el río Bullón, esto lo hace con un paso de un vano construido en el ecuador del siglo xx. Se trata de una estructura con altos estribos de fábrica de grandes mampuestos, que contienen un relleno de hormigón ciclópeo, sobre ellos apoya un tablero compuesto por dos robustas vigas de hormigón armado sobre las que va una losa con voladizos del mismo material, todo ello ejecutado *in situ* sobre cimbras y encofrados apropiados.

Figuras 64.82 a 64.84.
*Construcciones contemporáneas
en el municipio de Pesaguero:
puente sobre el río Bullón en la carretera
a Basieda y Lomeña.
Carretera de Vendejo a Caloca y
tornos en esta vía (LVC).*

La carretera de Pesaguero a Vendejo y Caloca *(figuras 64.83 y 64.84).* Éste es el tercer pueblo más alto de Cantabria (1 108 metros de altitud) y, obviamente, el llevar la carretera al mismo supuso un reto; la vía tiene un recorrido de 7,3 kilómetros y debe superar 500 metros de altura.

En principio, en los años 60 del siglo xx, la carretera alcanzó Vendejo, desde aquí a Caloca quedaban por superar 4 kilómetros de recorrido y un desnivel de 300 metros, esto se consiguió en los años 70 de la centuria, con una carretera que contaba con varias revueltas de modo que, con una pendiente media del orden del 7,5%, se llegaba al pueblo, a través de un recorrido con bellos paisajes. En los años 80 se hicieron algunas mejoras en el trazado de la carretera. En 2011, esta vía se ha mejorado nuevamente con arreglo completo del firme y la extensión de una capa de rodadura.

ANEXOS

BIBLIOGRAFÍA

ACANTO-VV.AA.: *Castros y Castra en Cantabria*. Acanto, Federación de Asociaciones para la defensa del Patrimonio Cultural y Natural de Cantabria, 2010.

AJA SÁNCHEZ, José Ramón; CISNEROS CUNCHILLOS, Miguel y RAMÍREZ SÁDABA, José Luis (Coordinadores): *Los Cántabros en la Antigüedad: La Historia frente al Mito*. Editorial de la Universidad de Cantabria, 2008.

ÁLVAREZ FERNÁNDEZ, Pedro: *Guía de Liébana y Picos de Europa*. 1998. Internet.

— «Nuevas aportaciones a las Ordenanzas del Valle de Liébana». *Revista Altamira del Centro de Estudios Montañeses*, Tomo LVI Santander, 2000.

ÁLVAREZ LLOPIS, Elisa y BLANCO CAMPOS, Emma: *Las vías de comunicación en Cantabria en la Edad Media*. I Encuentro de Historia de Cantabria. Universidad de Cantabria y Gobierno de Cantabria, 1996. Editado por la Universidad de Cantabria en 1999.

AMADOR DE LOS RÍOS, Rodrigo: *Santander-España, sus Monumentos y Artes, su Naturaleza e Historia*. Establecimiento Tipográfico «Arte y Letras», Barcelona, 1891.

ANSOLA FERNÁNDEZ, Alberto y SIERRA ÁLVAREZ, José: «El Camino Real de La Montaña: De Liébana a la costa por el valle de Lamasón (Cantabria)». *Ería Revista de Geografía*, n° 71, 2006a.

ANSOLA FERNÁNDEZ, Alberto: «Las venas del territorio cántabro: Estudio de la red caminera en la geografía histórica del paisaje». Universidad de Alicante. *Investigaciones Geográficas,* nº 40, 2006b.

— Casi mil kilómetros de historia: «Una experiencia de investigación en geografía histórica de los caminos del occidente de Cantabria». *Ería Revista de Geografía,* nº 91, 2013.

ANSOLA FERNÁNDEZ, Alberto; CORBERA MILLÁN, Manuel; CUETO ALONSO, Gerardo y SIERRA ÁLVAREZ José: *Los Caminos de Liébana:Transitando por su historia documental y arqueológica.* Montañas de Papel Ediciones, 2014.

ARAMBURU-ZABALA HIGUERA, Miguel Ángel: *La arquitectura de puentes en Castilla y León: 1575-1650.* Junta de Castilla y León, 1992.

ARAMBURU-ZABALA HIGUERA, Miguel Ángel y LOSADA VAREA, Celestina: *Las Asturias de Santillana en 1890: El fondo fotográfico Quijas.* Ver libro colectivo de Cisneros y Cuñat (Eds.) de Editorial de la Universidad de Cantabria, 2016.

ARCE DÍEZ, Pedro: *Diccionario de Cantabria: Geográfico, Histórico, Artístico, Estadístico y Turístico.* Ediciones de Librería Estudio, Santander 2006.

ARCE VIVANCO, Manuel de: *Ordenanzas de los Concejos de Mogrovejo y Tanarrio (Provincia de Liébana, año 1739).* Publicaciones del Instituto de Etnografía y Folklore Hoyos Sainz, Vol. VI. Institución Cultural de Cantabria. Diputación Provincial de Santander, 1974.

— *Ordenanzas del lugar de Santo Andrés deValcerro (Cabezón)-Provincia de Liébana-Año de 1762.* Publicaciones del Instituto de Etnografía y Folklore Hoyos Sainz, Vol. XII. Institución Cultural de Cantabria. Diputación Provincial de Santander, 1984-1985-1986.

ARIAS PRIETO, Leopoldo: *Datos Histórico-Eclesiásticos de Treceño y algo deValdáliga.* Imp. Lib. y Enc de A. Fernández,Torrelavega, 1926.

ARENAS DE PABLO, Juan José: *Caminos en el aire: Los puentes.* Colegio de Ingenieros de Caminos, C. y P., Madrid, 2002.

ARÍZAGA BOLUMBURU, Beatriz y SOLÓRZANO TELECHEA, Jesús Ángel: *Historia de Cantabria - Las actividades económicas de las villas medievales.* El Diario Montañés, Editorial Cantabria S.A. 2006.

ASOCIACIÓN DE AMIGOS DEL CAMINO DE SANTIAGO DEL ASTILLERO Y CANTABRIA: *Cantabria y el camino de Santiago: Guía del Peregrino.* Gobierno de Cantabria, 1999.

ASSAS, Manuel de: *Crónica de la Provincia de Santander.* 1ª edic. Rubio y Compañía, Madrid 1867. 2ª edic. Estudio, Santander 1995.

BAHAMONDE MAGRO, A.; MARTÍNEZ LORENTE G. y OTERO CARVAJAL, L.E.: *Atlas histórico de las Comunicaciones en España: 1700-1998.* E.P.E. Correos y Telégrafos, 1998.

BARREDA Y FERRER DE LA VEGA, Fernando; CASADO SOTO, José Luis y GONZÁLEZ ECHEGARAY, Mª Carmen: *Rutas Jacobeas por Cantabria.* Centro de Estudios Montañeses y Gobierno de Cantabria, Santander 1993.

BARRENA OSORO, Elena: *Los caminos medievales y sus precedentes romanos.* Semana de Estudios Medievales de Nájera, 1993.

BASTERRA ADÁN, Miguel Vicente: «Las antiguas vías de comunicación de la Montaña Palentina». *Publicaciones de la Institución Tello Téllez de Meneses,* nº 80, 2009.

BIBLIOTECA NACIONAL DE ESPAÑA: *Imágenes de la Guerra Civil en Cantabria: Puentes destruidos.* 2020. http://cantabria.esy.es/index.php/puentes-destruidos/

BOHIGAS ROLDÁN, Ramón: «Las fortificaciones tardoantiguas y altomedievales en Cantabria, un estado de la cuestión». *Castillos de España,* nº 161-162-163 (2011).

BOHIGAS ROLDÁN, Ramón y VV.AA.: *El itinerario de Carlos I en 1517 entre Treceño, Cabezón de la Sal y Cabuérniga (Cantabria)*. Premio Cabuérniga-Revista Cantárida. 2014.

CABANES, Francisco Xavier de: *Guía General de Correos, Postas y Caminos del Reino de España*. Imprenta de D. Miguel de Burgos, Madrid. 1830.

CABIECES IBARRONDO, María Victoria: *La arquitectura de los centros docentes en Cantabria en los siglos XIX y XX*. Tesis Doctoral, Universidad de Cantabria, 2016.

CALVENTE IGLESIAS, Virginia: «Ordenanza por la que se regían los concejos de Ucieda y Ruente, siglo XVI». *Revista Altamira del Centro de Estudios Montañeses*, Tomo LXIX. Santander, 2006.

CAMARERO BULLÓN, Concepción: *El Catastro de Ensenada, 1749-1759: diez años de intenso trabajo y 80 000 volúmenes manuscritos*. CT Catastro, 2002.

CANO SANZ, Pablo: *Fray Antonio de San José Pontones: Arquitecto, Ingeniero y Tratadista de España (1710-1774)*. Universidad Complutense de Madrid. Facultad de Geografía e Historia. Tesis Doctoral, 2004.

CASADO SOTO, José Luis *et al.*: *Cantabria a través de su historia: La crisis del siglo XVI*. Institución Cultural de Cantabria, Santander, 1979.

CASADO SOTO, José Luis: *Cantabria vista por viajeros de los siglos XVI y XVII*. Centro de Estudios Montañeses-Gobierno de Cantabria. 1ª edición en 1980. 2ª edic. en 2000.

— *Historia General de Cantabria: Siglos XVI y XVII*. Ediciones Tantin, 1986.

— «Fundación y ordenanzas de la Orden y casa de hospital para leprosos de Abaño, en el ayuntamiento de San Vicente de la Barquera», *Edades*, 3, Santander, 1998.

Catalina y Cobo, Mariano: *Memoria sobre el estado de las carreteras de España en el año de 1883*. Presentada al Excmo. Sr. Ministro de Fomento. Madrid, Tipografía de los Huérfanos, 1886.

Ceballos Cuerno, Carmen: *Arozas y ferrones. Las ferrerías de Cantabria en el Antiguo Régimen*. Publicaciones de la Universidad de Cantabria, 2001.

Cendrero Uceda, A. y VV.AA.: *Guía de la Naturaleza de Cantabria*. Ediciones de Librería Estudio. Santander, 1986.

Cisneros Cunchillos, M. y López Noriega, P.: *Vías romanas o caminos antiguos en el sector central de la cordillera cantábrica*. Actas XXIII Congreso Nacional de Arqueología. Elche, 1995.

Cisneros Cunchillos, Miguel y Cuñat Ciscar, Virginia (Eds.): *Patrimonio olvidado, patrimonio recuperado*. Editorial de la Universidad de Cantabria, 2016.

Coll y Puig, Antonio M.: *Guía, consultor e indicador de Santander y su provincia*. Santander, Imprenta de La Voz Montañesa, 1896.

Consejería de Cultura y Deporte del Gobierno de Cantabria: *Cantabria y El Camino de Santiago: Guía del Peregrino*. Edita Asociac. de Amigos del Camino de Santiago del Astillero y Cantabria, 1999.

Corbera Millán, Manuel y VV.AA.: *Guía de los Caminos del Ecomuseo Saja-Nansa*. Grupo de Acción Local Saja-Nansa, 1995.

Correa, Lorenzo: «Nuevas aportaciones para la historia de Ruiloba». *Revista Altamira del Centro de Estudios Montañeses*, Tomo XLIII. Santander, 1981-1982.

Cossío y Martínez Fortún, José María: *Rutas literarias de la Montaña*. Ediciones de Librería Estudio. Santander, 2006. Primera edición, Diputación Provincial, Santander, 1960.

Creática Ediciones: *Cantabria a través de sus municipios*. Santander, 1998.

Cueto Alonso, Gerardo J.: «Una experiencia fallida en la minería del norte de España: la Compagnie des Mines et Fonderies de la Province de Santander et Quiros (1855-1888)». *De Re Metallica*, 10-12, 2008.

C&C Publicidad, S.A.: *Cuadernos: Puentes de Cantabria*. Imprenta J. Martínez, 1999.

Díez, Carlos y Menéndez De Luarca, José Ramón: *Caminos Históricos,Valle del Nansa y Peñarrubia*. Fundación Botín, Santander. 2009.

Díez Herrera, Carmen; Álvarez Llopis, María Elisa; Mantecón Callejo, Lino y Marcos Martínez, Javier: *La organización medieval de los territorios del Valle del Nansa y Peñarrubia (Cantabria)*. Fundación Botín, Santander. 2011.

Editorial Cantabria S.A.-El Diario Montañés: *Gran Enciclopedia de Cantabria (GEC)*. 11 tomos. Santander, 1985 y 2002.

— *Cantabria 102 municipios*. Santander 2004.

— *Historia de Cantabria*. Santander 2007.

Escagedo Salmón, Mateo: *Crónica de la provincia de Santander*. Santander 1919. Librería Estudio, 2003.

Escalante, Amós de: *Costas y Montañas*. Primera edición de 1871. Ediciones de Librería Estudio, Santander, 1999.

Escribano, Josef Matias: *Itinerario español o Guía de caminos para ir desde Madrid a todas las ciudades y villas más principales de España*. Madrid, Impr. de M. Escribano, 1775.

Fernández Casado, Carlos: *Historia del puente en España. Puentes romanos.* Colegio de Ingenieros de Caminos, Canales y Puertos. Madrid, 2008.

Fernández Fernández, Mª Luz y VV.AA.: «La red hospitalaria y asilar de Cantabria en la ruta de la costa del Camino de Santiago». *Híades, Revista de Historia de la Enfermería*, nº 8, 2001.

Florez, E.: *La Cantabria-1778.* Reedición en Santander, 1981.

Fonseca García, José Mª: «Calzadas romanas de acceso a Cantabria». *Revista de Arqueología*, nº 49, 1985.

Fundación Botín: *Guía del valle del Nansa y Peñarrubia.* 2010.

— Programa Patrimonio y Territorio en el valle del Nansa y Peñarrubia. Internet.

Gadow, Hans Friedrich: *Por el norte de España. In northern Spain 1897.* Adam y Charles Black, Londres, 1897. Editorial Librucos, Torrelavega, 2015.

García Díaz, Jesús: *Guía del parque natural Saja-Besaya.* Ediciones de Librería Estudio, 1995.

García Guinea, Miguel A. y VV.AA.: *Historia de Cantabria: Prehistoria. Edades Antigua y Media.* Ediciones Estudio, Santander 1985.

García Guinea, Miguel A.: *Cantabria: Guía artística.* Ediciones Estudio, Santander 1988.

Gobierno de Cantabria: *Guía del peregrino a Santo Toribio.* Consejería de Cultura y Deporte, 2000.

Gobierno de Cantabria-Consejería de Obras Públicas, Ordenación del Territorio, Viviendas y Urbanismo: *Plan Especial de la red de sendas y caminos del litoral-PESC.* 2010.

Gobierno de Cantabria: *Patrimonio Cultural de Cantabria (por Municipios)*. Junio de 2015.

Gobierno de España-Ministerio de Fomento: *Puentes Arco en España*, 2012.

Gómez Hernández, Jerónimo: *Ordenanzas para la Muy Noble y Antigua Villa de Santillana, aprobadas por el Real y Supremo Consejo de Castilla el año de 1773*. Publicaciones del Instituto de Etnografía y Folklore Hoyos Sainz, Vol. V. Institución Cultural de Cantabria. Diputación Provincial de Santander, 1973.

Gómez Portilla, Pedro A.: *Caminos. Carreteras*. Gran Enciclopedia de Cantabria. Editorial Cantabria, 1985.

González de Riancho Mariñas, Anníbal: *Barcas, barcos y Barcajes en los pasos de ríos, rías y bahías de Cantabria*. Centro de Estudios Montañeses. Santander, 2022.

González Echegaray, Joaquín: *Cantabria a través de su Historia*. Santander, 1977.

González Echegaray, Joaquín y Díaz Gómez, Alberto: *Manual de etnografía de Cantabria*. Ediciones Librería Estudio. Santander, 1988.

Guerin, Patricio: *Cildad de Alfoz de Lloredo*. Publicaciones del Instituto de Etnografía y Folklore Hoyos Sainz, Vol. II. Institución Cultural de Cantabria. Diputación Provincial de Santander, 1970.

Guerin Batts, Fray Patricio: *La venta de la Vega*. Publicaciones del Instituto de Etnografía y Folklore Hoyos Sainz, Vol. III. Santander, 1971.

Guerra de Viana, Daniel: «La red viaria romana en el Sur de Cantabria». *Cuadernos de Campoo*, nº 13. 1999.

Iglesias Gil, José Manuel; Mañanes Bedia, B. y Muñiz Castro, Juan Antonio: *El trazado de las vías de comunicación desde la Antigüedad en las*

Asturias de Santillana. Ilustraciones Cántabras-Institución Cultural de Cantabria, Santander 1989.

IGLESIAS GIL, José Manuel y MUÑIZ CASTRO, Juan Antonio: *Las comunicaciones en la Cantabria Romana*. Universidad de Cantabria y Ediciones de Librería Estudio, 1992.

IGLESIAS GIL, José Manuel: *Ciudades y Comunicaciones en época romana*. Cátedra Cantabria 1995. Universidad de Cantabria y Asamblea Regional de Cantabria.

INSTITUTO GEOGRÁFICO NACIONAL (IGN) y GOBIERNO DE CANTABRIA: *Mapas Cantabria.Visualizador de Información Geográfica*. En internet.

LASTRA VILLA, Alfonso de la: *Un puente desaparecido*. Publicaciones del Instituto de Etnografía y Folklore Hoyos Sainz Vol. IX, 1977-1978. Institución Cultural de Cantabria. Diputación Provincial de Santander.

LECLERCQ SÁIZ, José María: *Puentes destruidos durante la guerra civil y reconstruidos por la 61ª división nacional*. Blog de Internet comedurasdetarro, 2015.

LOBO QUIRCE: Autor de numerosas entradas sobre Puentes en Wikipedia org.

LÓPEZ, Santiago: *Nueva Guía de Caminos para ir desde Madrid a todas las Ciudades y Villas más principales de España y Portugal, y también para ir de unas Ciudades a otras*. Madrid, por Gómez Fuentenebro y Compañía, 1809.

LOPEZ CADAVIECO, Miguel: www.regiocantabrorum.es

LÓPEZ-CALDERÓN BARREDA, Manuel: *La Cia Ferro-Carril Cantábrico: Línea de Santander-Llanes*. ACAF (Asociación Cántabra de Amigos del Ferrocarril) y ACANTO (Federación de Asociaciones en Defensa del Patrimonio Cultural y Natural de Cantabria). Santander, 2020.

LÓPEZ GARCÍA, Dámaso: *Cinco siglos de viajes por Santander y Cantabria*. Colección Pronillo, Ayuntamiento de Santander, 2000.

LÓPEZ MANZANO, Susana; QUINTERO, Francisco y MARTÍN PARDINA, Miguel: «El proceso de construcción del viaducto de Tina Menor». *Revista de Obras Públicas*, n° 3 417, 2002.

LUJÁN DÍAZ, Alfonso: *La modernidad latente de la obra pública: Primeras aplicaciones del hierro en los puentes españoles (1815-1846)*. Tesis Doctoral, Universidad Complutense de Madrid, 2015.

MADOZ IBÁÑEZ, Pascual: *Diccionario Geográfico-Estadístico-Histórico 1845-1850, Santander*. Edición facsímil. Ámbito/Estudio, 1995.

MADRAZO REVILLA, Fermín: *Ingeniería vital-Carreteras Autonómicas: de la Vega a Dobres y Cucayo (Liébana)*. Diario Montañés, 10 de febrero de 2020.

MANTECÓN CALLEJO, Lino: «La calzada de Cambera de los Moros (Cantabria) y su datación». *Boletín Arkeolan*, 12, 2004.

MARCOS MARTÍNEZ, Javier y MANTECÓN CALLEJO, Lino: «El castillo del monte Subiedes (Camaleño, Liébana, Cantabria). Control del territorio lebaniego en la Alta Edad Media». *Territorio, sociedad y poder*, n° 4 (2009).

MARTÍNEZ VARA, Tomás y VV.AA.: *Mercado y desarrollo económico en la España contemporánea*. Siglo XXI de España Editores. Madrid, 1986.

MARTINO GARCÍA, D.: *La vía Vadiniense. Una vía secundaria de montaña en la Cantabria romana*. Memorias de Historia Antigua XIX-XX. 1998-1999.

MAZARRASA MOWINCKEL, Karen: *Liébana: Arquitectura y arte religioso. Siglos XV-XIX)*. Colegio Oficial de Arquitectos de Cantabria, 2009.

Meer Lecha-Marzo, Ángela de y VV.AA.: *Cabezón de la Sal: Tradición, Cambio y futuro*. Ayuntamiento de Cabezón de la Sal, Textil Santanderina y Universidad de Cantabria, 2003.

Mellado, F. de P.: *Guía del viajero en España*. Madrid, 1842.

Menéndez de Luarca, José Ramón: *Los caminos del Nansa: Biografía de un valle a partir de la documentación recogida por E. Álvarez Llopis desde el enfoque de los caminos y el transporte*. 2013. Internet.

—— *Los caminos históricos en la articulación del territorio: Caminos y transportes en el valle del Nansa*. Ver Cisneros y Cuñat, 2016.

Menéndez Pidal, Gonzalo: *Los caminos en la Historia de España*. Madrid, 1951.

Meneses Correo, Alonso de: *Repertorio de caminos de 1576*. Publicaciones del Ministerio de Educación y Ciencia, 1976.

Ministerio de Cultura-Biblioteca Nacional de España: *Imágenes de la Guerra Civil en Cantabria*. Madrid, 2020. http://cantabria.esy.es/

Monterde, Agustín: «Carreteras de la provincia de Santander». *Revista de Obras Públicas*. Años 1872 (21 y 23), 1873 (2, 3, 5, 6, 10, 13, 16, 17 y 21) y 1874 (1).

Moreno Gallo, Isaac: *Vías romanas: Ingeniería y Técnica constructiva*. Ministerio de Fomento-Centro de Estudios Históricos de Obras Públicas (CEHOPU). 2006.

Muñiz Castro, Juan Antonio: *Articulación del espacio en la Cantabria prerromana y romana: Red viaria y territorio*. Actas del I Encuentro de Historia de Cantabria-1996. Universidad de Cantabria, 1999.

Muñoz Jiménez, José Miguel: *Caminos y fortificaciones en la Cantabria Medieval*. Actas del Congreso *El Fuero de Santander y su época*. Ediciones Estudio, 1989.

Nárdiz Ortiz, Carlos: *El territorio y los caminos en Galicia: Planos históricos de la Red Viaria.* Colegio de Ingenieros de Caminos, C. y P. Madrid, 1992.

Nubarron: *Carreterucas: Historia de las carreteras de Cantabria.* En internet http://carreterucas.blogspot.com/

Obregón Goyarrola, Fernando: *Breve historia de Cantabria.* Ediciones de Librería Estudio, 2000.

—— *República, Guerra civil y Posguerra en los valles del Saja (1931-1957).* Edita el autor, 2008.

—— *Poblamiento y comunicaciones de Cantabria durante la Edad del Hierro: Castros y caminos de altura.* En Castros y Castra en Cantabria-ACANTO, (Federación de Asociaciones para la defensa del Patrimonio Cultural y Natural de Cantabria), 2010.

Olavarri, Rogelio *et al.*: *Historia General de Cantabria: Siglo xx (1).* Ediciones Tantín, 1987.

Ortega Valcarcel, José: *Cantabria 1886-1986: Formación y desarrollo de una economía moderna.* Conmemoración del primer centenario de la Cámara de Comercio, Industria y Navegación de Santander. Ediciones de Librería Estudio, 1986.

Ortiz Real, Javier y Pérez Bustamante, Rogelio: *Historia General de Cantabria. La Baja Edad Media.* Ediciones Tantín, 1986.

Pastor Mártinez, José M.: *Con la tierra. Aproximación a Cantabria.* Imprenta Cervantina, Santander 1998.

—— *En lo hondo y alto. Prehistoria y ciclo Cántabro.* Ediciones Tantín, Santander 2013.

Pereda de la Reguera, Manuel: «Documentos y noticias inéditos de artífices en la Montaña». *Revista Altamira del Centro de Estudios Montañeses,* n° 2-3, 1952.

Pérez Bustamante, Rogelio: «El régimen municipal de la villa de Potes a fines de la Edad Media». *Revista Altamira del Centro de Estudios Montañeses*, Tomo XLII. 1979-80.

Pérez Bustamante, Rogelio y Ortiz Real, Javier: *Historia General de Cantabria. La Alta Edad Media*. Ediciones Tantín, 1986.

Pérez Galdós, Benito: *Cuarenta leguas por Cantabria-1876*. Ed. Ediciones Tantín, 1996. Prólogo y notas Benito Madariaga de la Campa.

Pérez de Urbel, Justo: *Origen y caminos de los repobladores de la Castilla primitiva*. Diputación de Burgos, 1973.

Peris Torner, Juan: www.spanishrailway.com/2012/05/04/ferrocarril-del-cantabrico/

Prats Simó, A. y Sánchez González, M.: *El Camino de Bárcena Mayor a Campoo*. Obras Públicas en Cantabria-Escuela Técnica Superior de Ingenieros de Caminos, C. y P., Santander, 1985.

Quirce, El Lobo: Blogs *Cazando Puentes* y *Desde mi cubil*. Internet.

Roberston, Ian: *Los curiosos impertinentes: Viajeros ingleses por España desde la accesión de Carlos III hasta 1855*. Ediciones del Serbal S.A. y Consejo Superior de Investigaciones Científicas (CSIC), 1988.

Rodríguez Fernández, Agustín y Arce Vivanco, Manuel de: «Las Ordenanzas del Concejo de Tresabuela». *Revista Altamira del Centro de Estudios Montañeses*. Tomo L. Santander 1992-93.

Rubio Celemin, Ana y Ruiz Cobo, Jesús: *Los Antiguos Hospitales de Cantabria*. Ediciones de Librería Estudio, 2016.

Ruiz Cobo, Jesús y Rubio Celemín, Ana: *Ventas y Arrieros de los viejos caminos de Cantabria*. Ediciones de Librería Estudio, 2018.

Sáenz Ridruejo, Fernando: *Ingenieros de Caminos del siglo XIX*. Colegio de Ingenieros de Caminos, Canales y Puertos, Madrid, 1990.

Sainz Díaz, Valentín: *Notas históricas sobre la Villa de San Vicente de la Barquera*. Institución Cultural de Cantabria-Centro de Estudios Montañeses. Santander, 1973.

Saldaña Martín, Fernando y Colina Gutiérrez, Ángel de la: «Cantabria: la construcción de la autovía. Temas de interés específico y actuaciones destacadas». *Revista Ingeniería y Territorio*. Año 2006, n° 73. Autovía del Cantábrico.

Sanchez Gómez, M.A.: *Cantabria en los siglos xviii y xix: Demografía y Economía*. Ediciones Tantín, 1987.

— *El puente fantasma*. Nota histórica facilitada al autor. 2018.

Sánchez Trujillano, Mª Teresa: *Los humilladeros de la Montaña: Los Santucos de las Ánimas*. Instituto de Etnografía y Folklore Hoyos Sainz, Vol. VIII, 1976.

— *Los humilladeros de la Montaña: Los Santucos de la Pasión*. Instituto de Etnografía y Folklore Hoyos Sainz, Vol. IX, 1978.

— *Los humilladeros de la Montaña: Las Cruces*. Instituto de Etnografía y Folklore Hoyos Sainz, Vol. X, 1979-1980.

Santos Briz, Gabino: *Apuntes históricos sobre el camino de Remoña*. http://www.espinama.es/historia.html

Santos Madrazo: *El sistema de transportes en España, 1750-1850*. Colegio de Ingenieros de Caminos, Canales y Puertos-Ediciones Turner. 1984.

Sazatornil Ruiz, Luis: *Arquitectura y desarrollo urbano de Cantabria en el siglo xix*. Universidad de Cantabria y otras Instituciones, 1996.

Serna, Victor de la: *Nuevo viaje de España. La ruta de los foramontanos*. Editorial Prensa Española. 1955.

Sojo y Lomba, Fermín de: «De re toponímica: Comunicaciones en Cantabria». *Boletín de la Real Sociedad Geográfica*, n° 190. Madrid, 1947.

Solana Sainz, José María: *Los cántabros y la ciudad de Iuliobriga*. Ediciones de Librería Estudio, Santander, 1981.

Solórzano Telechea, Jesús Ángel y Vázquez Álvarez, Roberto: *Rutas históricas por Cantabria*. Gobierno de Cantabria, 2001.

Solórzano Telechea, Jesús Ángel y VV.AA.: *San Vicente de la Barquera 800 años de historia*. Ayto. San Vicente de la Barquera. Ediciones Universidad de Cantabria, 2010.

Teira Mayolini, Luis C.: *El megalitismo en Cantabria: Aproximación a una realidad arqueológica olvidada*. Publicaciones de la Universidad de Cantabria, 1994.

Uriol Salcedo, José Ignacio: «Apuntes para una historia del transporte en España: Los caminos de ruedas del siglo XVIII». *Revista de Obras Públicas*, n° 3 143, 1977.

— *Historia de los caminos de España: Hasta el siglo XIX*. Colegio de Ingenieros de Caminos, Canales y Puertos-Editorial AC. 1990.

Vega Benjumea, Juan Ramón de la: *El puente de la Rabia y de Zapedo*. Diario Montañés, 11 enero 2019.

Vega de la Torre, José R. (en libro colectivo, Dirección: M.A. García Guinea): *Historia de Cantabria-La romanización*. Ediciones de Librería Estudio, 1985.

Vega Zamanillo, Ángel: *Puentes y túneles históricos de Cantabria*. América Grafiprint. Santander, 1997.

Villegas Cabredo, Luis y Lombillo Vozmediano, Ignacio: «El Patrimonio de los Puentes Arco en Cantabria». *Cuadernos Técnicos GTED-UC*, n° 3,

2015. Grupo de Tecnología de la Edificación de la Universidad de Cantabria.

V**illegas** C**abredo**, Luis: «Puentes arco en Cantabria». *Revista Altamira,* Tomo LXXXVII. Centro de Estudios Montañeses, Santander 2016.

— «Historia de los caminos de Toranzo». *Revista Altamira,* Tomo LXXX-VIII. Centro de Estudios Montañeses, Santander 2017.

— *Un viaje por los caminos y puentes de las comarcas centrales de Cantabria: Santander, Besaya, Pas-Pisueña y Campoo-Los Valles.* Editorial de la Universidad de Cantabria, Santander 2020.

— *Un viaje por los caminos y puentes de las comarcas orientales de Cantabria: Trasmiera, Costa Oriental y Asón-Agüera.* Editorial de la Universidad de Cantabria, Santander 2022.

V**illuga**, Juan: *Repertorio de todos los caminos de España.* Medina del Campo, 1546. Reimpresión en Madrid, 1951.

Z**orio** B**lanco**, Valeriano: «Breve historia de las carreteras». *Revista de Obras Públicas,* enero de 1987.

ÍNDICE DE PUENTES POR MUNICIPIOS

ALFOZ DE LLOREDO

LUGAR (NOMBRE)	RÍO (VÍA)	ÉPOCA	MATERIAL	APT.
Toñanes	Arroyo La Presa	Moderna	Piedra	3.2A
Novales	Arroyo La Cigüenza	Moderna	Piedra	3.2C
Cigüenza	Arroyo La Cigüenza	Moderna	Piedra	3.2C
Novales	Arroyo La Cigüenza	S.XIX	Piedra	4.2C
Caborredondo	Sobre CA-131	S. XX (años 90)	Hormigón	6.2C
Toñanes (nuevo)	Arroyo La Presa	S. XX (años 70)	Hormigón	6.2C

CABEZÓN DE LA SAL

LUGAR (NOMBRE)	RÍO (VÍA)	ÉPOCA	MATERIAL	APT.
Puente Santa Lucía	Saja	Moderna	Piedra	3.3B
		S. XIX	Piedra. Madera	4.3B
		S. XX	Piedra. Hormigón	6.3C
Puente Palacio Bodega	Rey	S. XIX	Piedra. Madera	4.3A
Cerca Cabezón	Rey	S. XIX	Piedra	4.3A
Puente FC Ontoria	Arroyo San Ciprián	S. XIX	Piedra. Metálico	5.2
Puente FC Cabezón	Arroyo Las Navas	S. XX	Piedra. Hormigón	5.3
Autovía A-8	Arroyo Las Navas	S. XXI (2002)	Hormigón	6.2B
Virgen de la Peña	Saja	S. XX (años 20)	Hormigón	6.3A
		S. XX (años 40)	Hormigón	6.3A
Virgen de la Peña	Saja	S. XXI (2023)	Colgante acero	6.3A
Ontoria	N-634 sobre FC	S. XX (años 90)	Hormigón	6.3A
Cabezón (Textil)	Arroyo San Ciprián	S. XX	Hormigón	6.3A
Periedo. A-8	Arroyo Ceceja	S. XX (1998)	Hormigón	6.3B
Periedo. A-8	Saja	S. XX (1998)	Hormigón	6.3B
Cabrojo (sur). A-8	Sobre FC y N-634	S. XXI (2002)	Hormigón	6.3B
Cabezón. A-8	Glorieta acceso	S. XXI (2002)	Hormigón	6.3B

LUGAR (NOMBRE)	RÍO (VÍA)	ÉPOCA	MATERIAL	APT.
Aniezo	Aniezo	Medieval	Piedra	2.4D
Frama (noroeste)	Bullón	Moderna	Piedra	3.4D
Frama (iglesia)	Bullón	Moderna	Piedra	3.4D
Cabezón	Bullón	Moderna	Piedra	3.4D
Piasca (acceso a)	Bullón	Moderna	Piedra	3.4D
Puente Asnil	Lamedo	Moderna	Piedra	3.4D
Aniezo	Aniezo	S. XIX	Piedra. Madera	4.4D
Puente Vieda	Aniezo	S. XIX (finales)	Piedra	4.4D
Puente Asnil	Lamedo	S. XIX (finales)	Piedra	4.4D
Aniezo	Aniezo	S. XX (principios)	Piedra	6.4D
Somaniezo	Aniezo	S. XX (principios)	Piedra	6.4D
Cabariezo	Bullón	S. XXI (principios)	Hormigón	6.4D
Piasca (acceso a)	Bullón	S. XX (mediados)	Piedra. Hormigón	6.4D
Buyezo	Arroyo Tornes	S. XX (años 70)	Piedra. Hormigón	6.4D

Cabuérniga

LUGAR (NOMBRE)	RÍO (VÍA)	ÉPOCA	MATERIAL	APT.
Fresneda	Arroyo Valfría	S. XIX	Piedra	4.3B
Renedo	Saja	S. XX (mediados)	Hormigón	6.3C
Renedo	Arroyo Viaña	S. XX (mediados)	Piedra. Hormigón	6.3C
Viaña	Arroyo Viaña	S. XX (mediados)	Hormigón	6.3C
Fresneda	Saja	S. XX (años 90)	Hormigón	6.3C
Carmona nordeste	Quivierda	S. XX (años 60)	Piedra	6.3E
Carmona noroeste	Quivierda	S. XX (años 90)	Hormigón	6.3E

CAMALEÑO

LUGAR (NOMBRE)	RÍO (VÍA)	ÉPOCA	MATERIAL	APT.
Beares	Deva	Moderna	Piedra	3.4B
Los Llanos	Deva	Moderna	Piedra	3.4B
Enterría	Deva	Moderna	Piedra	3.4B
Espinama	Nevandi	Moderna	Piedra	3.4B
Pido	Deva	Moderna	Piedra	3.4B
Oeste Pido	Salvorón	Moderna	Piedra	3.4B
Camaleño	Deva	S. XIX (finales)	Piedra	4.4B
Areños-Cosgaya	Deva	S. XIX (¿?)	Piedra	4.4B
Baró. San Pelayo	Deva	S. XX (años 80)	Hormigón	6.4B
Quintana. San Pelayo	Deva	S. XX (mediados)	Hormigón	6.4B
Camaleño	Deva	S. XX (años 80)	Hormigón	6.4B
Los Llanos	Deva	S. XX (principios)	Piedra	6.4B
Los Llanos	Deva	S. XX (años 80)	Hormigón	6.4B
Pembes (acceso)	Trespalacios	S. XX (mediados)	Piedra. Hormigón	6.4B
Oeste Cosgaya	Deva	S. XX (principios)	Piedra	6.4B
Oeste Cosgaya	Deva	S. XX (años 80)	Hormigón	6.4B
Oeste Pido	Cantiján	S. XX (mediados)	Hormigón	6.4B

Cillorigo

LUGAR (NOMBRE)	RÍO (VÍA)	ÉPOCA	MATERIAL	APT.
Ojedo (desapareeido)	Bullón	Moderna	Piedra	3.4A
Tama	Deva	Moderna	Piedra	3.4A
Castro Cillorigo (desaparecido)	Deva	Moderna	Piedra	3.4A
Ojedo	Bullón	S. xix	Piedra	4.4A
Castro Cillorigo	Santo	S. xix	Piedra	4.4A
Lebeña	Deva	S. xix S. xxi (2018)	Piedra Hormigón	4.4A 6.4A
«Juancho»	Deva	S. xix S. xxi (2018)	Piedra Hormigón	4.4A 6.4A
Ojedo	Deva	S. xx (años 70)	Hormigón	6.4A
Ojedo	Bullón	S. xx (años 90)	Hormigón	6.4A
Aliezo	Riega Llayo	S. xix y S. xx	Piedra. Hormigón	6.4A
Castro Cillorigo	Deva	S. xx (años 40)	Piedra. Hormigón	6.4A
Colio	Sorda	S. xx (años 70)	Hormigón	6.4A
Pumareña	Santo	S. xx (años 70)	Piedra. Hormigón	6.4A
Bejes (iglesia)	Corvera	S. xx (mediados)	Piedra. Hormigón	6.4A
Bejes (carretera)	Corvera	S. xx (años 80)	Hormigón	6.4A

COMILLAS

LUGAR (NOMBRE)	RÍO (VÍA)	ÉPOCA	MATERIAL	APT.
El Portillo	Arroyo Gandaria	S. XIX-S. XX S. XXI (años 10)	Piedra Ensanch. hormigón	4.2A 6.2C
La Rabia	Arroyo Ruiseñada	S. XIX	Piedra	4.2A
Variante norte	Centro Comillas	S. XX (años 70)	Hormigón	6.2C
La Rabia	Arroyo Ruiseñada	S. XXI (2009)	Acero. Hormigón	6.2C

HERRERÍAS

LUGAR (NOMBRE)	RÍO (VÍA)	ÉPOCA	MATERIAL	APT.
Camijanes. Tortorio	Nansa	Moderna	Piedra	3.3C
Bielva	Arroyo Berrellín	S. XIX	Piedra	4.3C
Puente El Arrudo	Nansa	S. XIX	Madera	4.3C
Bielva	Arroyo Berrellín	S. XX (años 90)	Hormigón	6.3D
Puente El Arrudo	Nansa	S. XX (años 20)	Piedra	6.3D
Casamaría	Suspino	S. XX (1910)	Piedra	6.3D
Casamaría	Suspino	S. XXI (2010)	Acero. Hormigón	6.3D

Lamasón

LUGAR (NOMBRE)	RÍO (VÍA)	ÉPOCA	MATERIAL	APT.
Quintanilla	Arroyo Calacó	S. xx	Piedra. Hormigón	6.3E
Quintanilla	Tanea	S. xx (principios)	Piedra	6.3E
Sobrelapeña	Lamasón	S. xx	Piedra. Hormigón	6.3E
Lafuente	Arroyo	S. xx (principios)	Piedra	6.3E
Los Pumares	Riega la Hoz	S. xx (principios)	Piedra	6.3E
Quintanilla	Tanea	S. xx (mediados)	Hormigón	6.3E
Quintanilla	Lamasón	S. xx (años 70)	Hormigón	6.3E
Sobrelapeña	Arroyo Lafuente	S. xx (mediados)	Piedra. Hormigón	6.3E
Venta Fresnedo	Lamasón	S. xx (años 90)	Hormigón	6.3E

Los Tojos

LUGAR (NOMBRE)	RÍO (VÍA)	ÉPOCA	MATERIAL	APT.
Bárcena Mayor	Argonza (Lodar)	Moderna	Piedra	3.3B
		S. xix (rehabilitación)	Piedra	4.3B
Saja	Saja	S. xx	Piedra. Madera	6.3C
		S. xx	Piedra. Hormigón	6.3C
Hombre Bueno	Saja	S. xx	Piedra. Hormigón	6.3C
Correpoco	Saja	S. xx (principios)	Piedra	6.3C
Ponvieja	Argonza	S. xx (mediados)	Piedra. Hormigón	6.3C

MANCOMUNIDAD CAMPOO-CABUÉRNIGA

LUGAR (NOMBRE)	RÍO (VÍA)	ÉPOCA	MATERIAL	APT.
Pozo del Amo	Saja	S. XIX S. XX (años 40)	Piedra Bóveda Hormigón	4.3B 6.3C
Mina de Lápiz	Saja	S. XX	Piedra. Hormigón	6.3C

MAZCUERRAS

LUGAR (NOMBRE)	RÍO (VÍA)	ÉPOCA	MATERIAL	APT.
Villanueva de la Peña	Saja	S. XIX	Madera	4.3B
Luzmela	Arroyo Pulero	S. XX	Piedra. Hormigón	6.3C
Riaño de Ibio	Arroyo Ceceja	S. XX (años 10)	Piedra	6.3C
Sierra de Ibio	Arroyo Sierra	S. XX	Hormigón	6.3C

Peñarrubia

LUGAR (NOMBRE)	RÍO (VÍA)	ÉPOCA	MATERIAL	APT.
Balneario La Hermida	Deva	S. XIX	Piedra. Metálico	4.3D
Carretera Desfiladero	Riega Cicera	S. XIX	Piedra	4.4A
Carretera Desfiladero	Arroyo Navedo	S. XIX	Piedra	4.4A
Carretera Desfiladero «Junco»	Deva	S. XIX S. XXI (2018)	Piedra Hormigón	4.4A 6.4A
La Hermida N-621	Corvera	S. XIX	Piedra	4.4A
Estragüeña N-621	Deva	S. XIX S. XXI (2018)	Piedra Hormigón	4.4A 6.4A
La Hermida	Deva	S. XX (años 10)	Piedra	6.3E
La Hermida	Deva	S. XXI (principios)	Acero	6.3E
Coto del Arenal	Deva	S. XX (años 60)	Hormigón	6.4A

Pesaguero

LUGAR (NOMBRE)	RÍO (VÍA)	ÉPOCA	MATERIAL	APT.
Puente Robullón	Bullón	Moderna	Piedra	3.4D
Venta Las Puentes	Vendejo	Moderna	Piedra	3.4D
Avellanedo	Bullón	Moderna	Piedra	3.4D
Basieda. Lomeña	Bullón	S. XX (mediados)	Piedra. Hormigón	6.4D

Polaciones

LUGAR (NOMBRE)	RÍO (VÍA)	ÉPOCA	MATERIAL	APT.
Puente Pumar	Arroyo Collavín	Moderna	Piedra	3.3C
Pejanda	Guariza	S. XIX	Piedra	4.3C
La Laguna	Nansa	S. XX (mediados)	Piedra. Hormigón	6.3D
Callecedo	Nansa	S. XX (años 90)	Hormigón	6.3D

Potes

LUGAR (NOMBRE)	RÍO (VÍA)	ÉPOCA	MATERIAL	APT.
San Cayetano	Quiviesa	Medieval	Piedra	2.4
Puente La Cárcel	Quiviesa	Moderna	Piedra	3.4
Puente Nuevo	Quiviesa	S. XX (años 40)	Piedra. Hormigón	6.4
Puente Barrio Valmayor	Deva	S. XX (años 70)	Piedra. Hormigón	6.4
Pasarela	Deva	S. XX (años 70)	Piedra. Hormigón	6.4

Reocín

LUGAR (NOMBRE)	RÍO (VÍA)	ÉPOCA	MATERIAL	APT.
Puente San Miguel	Saja	Moderna S. xix	Piedra Piedra	3.3A 4.3A
Puente Santa Isabel	Saja	S. xix	Piedra	4.3A
Caranceja	Saja	S. xix S. xx (años 40)	Piedra Hormigón	4.3A 6.3A
Puente FC Santa Isabel	Saja	S. xix	Piedra. Metálico	5.2
Variante Puente San Miguel	Saja	S. xxi (principios)	Hormigón	6.3A
Golbardo	Saja	S. xx (1902)	Hormigón	6.3A
Golbardo	Puente sobre FC	S. xx (años 80)	Hormigón	6.3A
Barcenaciones	Saja	S. xxi (principios)	Acero. Hormigón	6.3A
Caranceja (nuevo)	Saja	S. xx (años 70)	Hormigón	6.3A
Caranceja	Autovía A-8	S. xx (1998)	Hormigón	6.3B

RIONANSA

LUGAR (NOMBRE)	RÍO (VÍA)	ÉPOCA	MATERIAL	APT.
Celis. La Herrería	Nansa	Moderna	Piedra	3.3C
Cosío	Vendul	Moderna	Piedra	3.3C
Rozadío	Nansa	Moderna	Piedra	3.3C
Puentenansa	Quivierda	S. XIX S. XXI (principios)	Piedra Ensan. Hormigón	4.3C 6.3D
Cosío. La Herrería	Nansa	S. XIX	Piedra	4.3C
Cosío	Vendul	S. XIX	Piedra	4.3C
Celis	Arroyo Rioseco	S. XXI (principios)	Ensan. Hormigón	6.3D
La Cotera	Arroyo Cabrilla	S. XXI (principios)	Acero. Hormigón	6.3D
Puente Primicies	Arroyo Primicies	S. XXI (principios)	Ensan. Hormigón	6.3D
Cosío. La Herrería	Nansa	S. XXI (2012)	Acero. Hormigón	6.3D
Puentenansa	Nansa	S. XX (años 40)	Piedra. Hormigón	6.3E

RUENTE

LUGAR (NOMBRE)	RÍO (VÍA)	ÉPOCA	MATERIAL	APT.
Ruente	Arroyo La Fuentona	Medieval	Piedra	2.3B
Ucieda. Meca	Río Bayones	S. XIX	Piedra	4.3B
Barcenillas	Río Saja	S. XIX S. XX	Madera. Piedra Piedra. Hormigón	4.3B 6.3C
Ucieda. Meca	Río Bayones	S. XX (años 90)	Hormigón	6.3C
Ucieda (3 puentes)	Río Bayones	S. XX (principios)	Piedra. Hormigón	6.3C
Ruente	Saja	S. XX S. XXI (2021)	Piedra. Hormigón Hormigón	6.3C 6.3C
Barcenillas	Arroyo Barcenillas	S. XX	Hormigón	6.3C

RUILOBA

LUGAR (NOMBRE)	RÍO (VÍA)	ÉPOCA	MATERIAL	APT.
Liandres	CA-131	S. XX (años 90)	Hormigón	6.2C

SAN VICENTE DE LA BARQUERA

LUGAR (NOMBRE)	RÍO (VÍA)	ÉPOCA	MATERIAL	APT.
La Maza	Ría San Vicente	Moderna	Piedra	3.2A
		S. XIX (ensanch.)	Piedra	4.2B
		S. XX (ensanch.)	Piedra	6.3A
El Peral (ruinas)	Río Gandarilla	Moderna	Piedra	3.2A
Tras San Vicente	Ría San Vicente	Moderna	Piedra	3.2A
		S. XIX	Piedra	4.2B
		S. XX (ensanch.)	Piedra. Hormigón	6.3A
Viaducto La Acebosa	Autovía A-8	S. XXI (2001)	Hormigón	6.2B
Entrambosríos	Río Gandarilla. A8	S. XXI (2001)	Hormigón	6.2B
El Arna	Brazo ría San Vicente	S. XX (principios)	Piedra	6.2D
Hortigal	Río Gandarilla	S. XX (principios)	Piedra	6.2D
Punta Escubilles	Brazo ría San Vicente	S. XXI (principios)	Hormigón	6.2D
El Arna (nuevo)	Brazo ría San Vicente	S. XXI (principios)	Hormigón	6.2D
Abaño	Río Escudo	S. XX	Hormigón	6.2D

TRESVISO

LUGAR (NOMBRE)	RÍO (VÍA)	ÉPOCA	MATERIAL	APT.
Urdón. Puente Viejo	Urdón	Moderna	Piedra	3.3D
Camino Tresviso	Urdón	S. XIX	Piedra	4.4A
Camino Tresviso	Afluente Urdón	S. XIX	Piedra	4.4A
Carretera Desfiladero	Urdón	S. XIX	Piedra	4.4A
Camino Tresviso	Urdón	S. XX (principios)	Piedra. Hormigón	6.4A
Urdón. Pasarela	Urdón	S. XXI (años 10)	Acero. Hormigón	6.4A

TUDANCA

LUGAR (NOMBRE)	RÍO (VÍA)	ÉPOCA	MATERIAL	APT.
Hoz de Bejo	Arroyo El Potro	S. XIX	Piedra. Hormigón	4.3C
Sarceda	Nansa	S. XX (mediados)	Hormigón	6.3D
Tudanca	Nansa	S. XX (mediados)	Piedra. Hormigón	6.3D

VALDÁLIGA

LUGAR (NOMBRE)	RÍO (VÍA)	ÉPOCA	MATERIAL	APT.
Treceño (Moros)	Junto río Escudo	Moderna	Piedra	3.2B
Ceceño	Arroyo Capitán	S. XIX	Piedra	4.2A
Roiz. Las Cuevas	Río Escudo	S. XIX	Piedra	4.2C
Roiz. La Cocina	Arroyo Bustriguado	S. XIX S. XXI (2010)	Piedra Ensanchamiento hormigón	4.2C 6.2D
Roiz. La Vega	Arroyo Bustriguado	S. XIX	Piedra	4.2C
La Herrería (FC) «Puente San Andrés»	Río Escudo	S. XX	Vigas metálicas Bóveda hormigón	5.3
Treceño (FC)	Paso superior cementerio	S. XX	Piedra	5.3
Este El Mazo (FC)	Río Escudo	S. XX	Vigas metálicas	5.3
Roiz (FC)	Sobre CA-848	S. XXI	Hormigón	5.3
Roiz (FC)	Bº Las Cuevas	S. XX	Piedra	5.3
Nordeste Villanueva (FC)	Río Escudo	S. XX	Piedra	5.3
Norte Villanueva, «Dovalina» (FC)	Río Escudo	S. XX	Vigas metálicas - Piedra	5.3
La Vega (FC)	Río Escudo	S. XX	Vigas metálicas	5.3
La Acebosa	Paso superior sobre FC	S. XX	Estr. hormigón	5.3

LUGAR (NOMBRE)	RÍO (VÍA)	ÉPOCA	MATERIAL	APT.
Entrambosríos FC	Río Gandarilla	S. xx	Acero. Hormigón	5.3
Treceño. Estación	Río Escudo	S. xx	Piedra	6.2A
Viaducto Caviedes	Autovía A-8	S. xxi (2002)	Hormigón	6.2B
Viaducto Roiz	Autovía A-8	S. xxi (2002)	Hormigón	6.2B
Viaducto Río Escudo	Autovía A-8	S. xxi (2001)	Acero	6.2B
Ceceño	Arroyo Capitán	S. xxi (2009)	Hormigón	6.2C
Labarces	Arroyo Árdiga	S. xx (principios)	Piedra	6.2D
El Mazo (al este)	Río Escudo	S. xxi (2010)	Hormigón	6.2D
Hualle	Río Escudo	S. xx (mediados)	Hormigón	6.2D
La Herrería (sur 1)	Río Escudo	S. xx (mediados)	Hormigón	6.2D
La Herrería (sur 2)	Río Escudo	S. xx (mediados)	Hormigón	6.2D
La Herrería (norte)	Río Escudo	S. xx (mediados)	Hormigón	6.2D
La Cocina (sur)	Arroyo Bustriguado	S. xx	Hormigón	6.2D
Movellán-Roiz	Río Escudo	S. xx (mediados)	Hormigón	6.2D

VAL DE SAN VICENTE

LUGAR (NOMBRE)	RÍO (VÍA)	ÉPOCA	MATERIAL	APT.
Pesués	Río Nansa	Moderna S. XIX S. XX (ensanche)	Piedra (desapar.) Piedra Piedra. Hormigón	3.2A 4.2B 6.2A
Unquera	Río Deva	Moderna S. XIX	Piedra (propuesta) Madera	3.2A 4.2B
Pesués	Río Nansa	S. XIX	Piedra	4.2B
Serdio	Paso superior sobre FC	S. XX S. XXI	Hormigón Hormigón	5.3 5.3
Oeste Estación de Pesués (FC)	Sobre CA-181	S. XX	Hormigón	5.3
Pesués (FC)	Río Nansa	S. XX (inicio) S. XXI (2006)	Vigas metálicas Vigas metálicas	5.3 5.3
Unquera (FC)	Río Deva	S. XX (inicio) S. XX (finales)	Vigas metálicas Vigas metálicas	5.3 5.3
Pesués (nuevo)	Río Nansa. N-634	S. XX (finales)	Hormigón	6.2A
Unquera	Río Deva	S. XX (años 20 y reconstrucción)	Hormigón	6.2A
Unquera (nuevo)	Río Deva N-634	S. XX (años 70)	Hormigón	6.2A
Viad. Tina Menor	Río Nansa (A-8)	S. XXI (2001)	Hormigón	6.2B
Viaducto Pesués. A-8	Sobre FC y N-634	S. XXI (2001)	Hormigón	6.2B
Unquera	Río Deva (A-8)	S. XXI (principios)	Hormigón	6.2B

VEGA DE LIÉBANA

LUGAR (NOMBRE)	RÍO (VÍA)	ÉPOCA	MATERIAL	APT.
Valmeo	Quiviesa	Moderna	Piedra	3.4C
Hinojo	Quiviesa	Moderna S. xx (años 40)	Piedra Piedra. Hormigón	3.4C 6.4C
Vada	Vejo	Moderna	Piedra	3.4C
La Vega	Quiviesa	S. xx (años 40)	Piedra. Hormigón	6.4C
La Vega. Los Vejos	Frío	S. xx (años 40)	Piedra. Hormigón	6.4C
Valcayo (acceso)	Frío	S. xx (años 60)	Hormigón	6.4C
Soberado	Frío	S. xx (1976)	Hormigón	6.4C
Bárago	Frío	S. xx (1965)	Hormigón	6.4C
Cucayo	Frío	S. xxi (2010)	Piedra. Hormigón	6.4C
Vada	Quiviesa	S. xx (mediados)	Piedra. Hormigón	6.4C
Vada	Quiviesa	S. xx (años 60)	Piedra. Hormigón	6.4C
Vejo	Vejo	S. xx (años 50)	Piedra. Hormigón	6.4C

AGRADECIMIENTOS

EN primer lugar, a los autores que aparecen en la Bibliografía. De la lectura de sus escritos he adquirido un razonable conocimiento del tema que trata este libro.

Varias Instituciones y amigos me han facilitado imágenes de planos o fotografías que ilustran el libro y ayudan a comprender lo que en él se escribe. El reconocimiento a su aportación se hace en cada uno de los mapas o reproducciones de que se trate. A todos ellos les manifiesto mi gratitud.

Además, varios compañeros y amigos me han facilitado datos, prestado documentación, animado, etcétera; lo que me ha permitido completar mis conocimientos y la información que yo disponía, motivado y facilitado mí estudio. En lo que sigue, recojo los relacionados con este tercer tomo; como es inevitable que, involuntariamente, me olvide de alguna persona, ruego sepa disculparlo.

Álvarez Lecue, Luis María	López-Calderón Barreda, Manuel
Ansola Fernández, Alberto	López Campillo
Arce Díez, Pedro	Losada Varea, Celestina
Barquero, Familia.	Mantecón Callejo, Lino
Cendrero Uceda, Antonio	Marcos Martínez, Javier

Fuente Porres, Miguel de la

Fundación Botín

Gándara Sancho, Isabel María del Mar

Gomarín Guirado, Fernando

González de Riancho Colongues, Aurelio

Gutiérrez Marcos, Enrique

Leclercq Sáiz, José María

Lombillo Vozmediano, Ignacio

Mazarrasa Mowinckel, Karen

Ortiz Velasco, Manuel Angel

Ruiz Bedia, María Luisa

Sánchez Ortega, Rafael

Santamaria Gutierrez, Ana Maria

Suárez Martínez, Abel

Unzué Pérez, Ángel Vicente

Valdeolivas Abad, María Jesús

Luis Villegas Cabredo

Ingeniero de Caminos, Canales y Puertos (1977). Dr. Ing. CCP (1981). Profesor Titular (1984). Catedrático de Mecánica de los Medios Continuos y Teoría de las Estructuras (1993). Responsable de «Edificación» y «Patología y Rehabilitación de la Edificación» de la Esc. Téc. Sup. Ing. de Caminos, C. y P. de la Universidad de Cantabria (UC). // Prof. del Departamento de Ing. Estructural y Mecánica (UC) y Ex-Director (1991-95 y 1999-2003) del mismo. // Prof. del Máster Europeo de la Construcción (1993-2007). Profesor Visitante en: Loughborough y Coventry (UK), Porto (P), Aalborg (DK), Politécnico de Bari y Tor Vergata Roma (It), en 4 Univ. de Argentina, Bolivia y Chile (Prog. Intercampus 95) y en 2 de Chile (05).

Fundador (1990) y Director (hasta abril 2019) del Grupo I+D «Tecnología y Gestión de la Edificación (GTED-UC)», con Certific. Calidad ISO 9001 (desde sept. 2007), y del «Máster Internacional UC-UIMP en Tecnología, Rehabilitación y Gestión de la Edificación» (14 edic. y sigue) –Premio Internacional AUIP a la Calidad del Postgrado (Asoc. Univ. Iberoameric. de Postgr.)–. // Director 37th IAHS World Congress on Housing Science (Stder. 2010) y del Congreso Euro-Americano REHABEND «Patología de la Construcc., Tecnología de la Rehabilitación y Gestión del Patrimonio» (8 edic. y sigue).

Intervención en 70 trabajos profesionales sobre estructuras de Edificación (1980-1990). // Estudios sobre Edificación, Estruct. de Hormigón Armado y de Fábrica, Gestión de la Calidad y Patología y Rehabilitación de la Construcc.: 60 cursos monográficos, 80 ponencias y conferencias, 70 artículos técnicos. // Dirección de 60 Convenios de Investigación y de 8 Tesis Doctorales. En 50 Tribunales de Tesis Doctorales. Un sexenio de investigación. Publicación de 2 libros y 3 monografías. Coeditor de 8 libros.

Es miembro de la Real Academia de Doctores de España, del Centro de Estudios Montañeses y de la Sociedad Cántabra de Escritores. Pertenece al Grupo Alceda y a Hispania Nostra. Socio de Honor de la Asociación Cántabra de Amigos del Ferrocarril. // Ex-Miembro del Consejo Editorial UC y de la Comisión Técnica del Patrimonio Edificado del Gobierno de Cantabria. // En Patrimonio de las Obras Públicas: conferencias, artículos y el proyecto editorial *Un viaje por los caminos y puentes de Cantabria* (3 tomos).

Diciembre, 2024